图 1　永春县自然地理环境要素

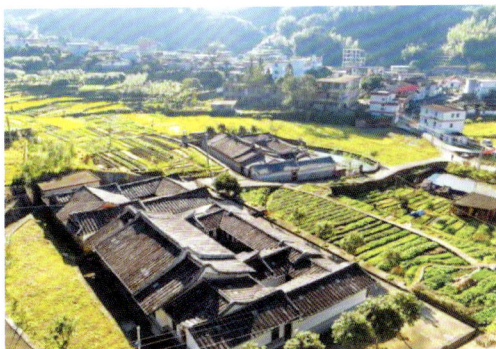

图 2　传统建筑与山水环境的共生关系
（仙夹镇政府供图）

图 3　传统建筑与空间肌理

图 4　传统建筑地形（仙夹镇政府供图）

图 5　传统民居与水塘环境的空间关联

图 6　传统建筑群与山水田园景观格局

图 7　闽南传统民居与农田景观的关系

图 8　传统民居与周边农田

图 9　山地聚落建筑与自然环境的关系

图 10　传统民居与周边的地形

图 11　传统民居与农田-水塘复合生态空间

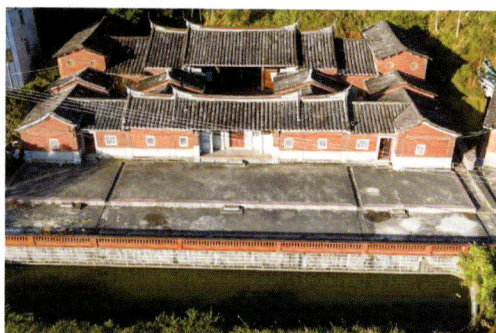

图 12　传统民居聚落鸟瞰

图 13　闽南传统建筑屋脊形制及构造特征

图 14　东里村传统建筑与微环境

图 15　东里村红砖建筑与微环境

图 16　传统民居与周边环境的空间关系

图 17　桃城镇赞修堂建筑形制与地域特征

图 18　印川书院空间布局与功能

图 19　五里街历史街区街巷风貌与空间结构

图 20　近代民居崇节堂

图 21　近代民居崇节堂建筑立面

图 22　岵山镇敦福堂近代民居形制

图 23　树南山庄近代民居建筑特征

图 24　红砖隔墙丰富空间

图 25　红砖墙的分隔

图 26　传统民居前埕空间功能

图 27　红砖墙面

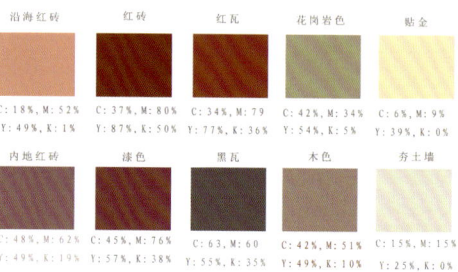

沿海红砖	红砖	红瓦	花岗岩色	贴金
C:18%,M:52% Y:49%,K:1%	C:37%,M:80% Y:87%,K:50%	C:34%,M:79 Y:77%,K:36%	C:42%,M:34% Y:54%,K:5%	C:6%,M:9% Y:39%,K:0%
内地红砖	漆色	黑瓦	木色	夯土墙
C:48%,M:62% Y:49%,K:19%	C:45%,M:76% Y:57%,K:38%	C:63,M:60 Y:55%,K:35%	C:42%,M:51% Y:49%,K:10%	C:15%,M:15% Y:25%,K:0%

图 28　民居色彩比较

图 29　凹寿式门楼石雕工艺（崇德堂）

图 30　福兴堂门额石雕纹样

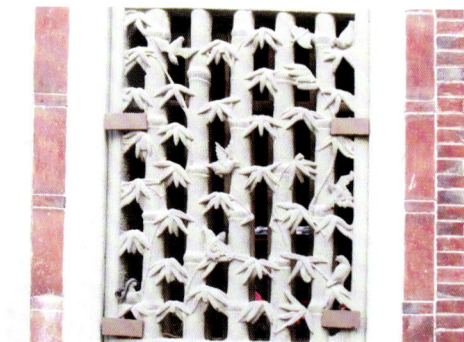
图 31　竹节纹石雕窗棂形制及工艺

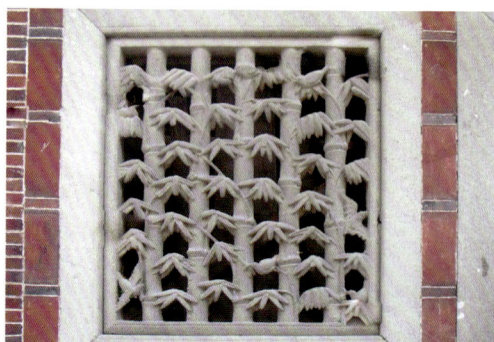
图 32　崇德堂竹节窗构造与装饰母题

图 33　福兴堂柱头石雕工艺与题材

图 34　福兴堂柱头装饰

图 35　传统建筑石雕柱础类型

图 36　闽南传统建筑门额石雕装饰

图 37　福兴堂石雕方窗纹样与工艺

图 38　螭虎纹石雕窗立面形制

图 39　岵山镇镜山寺镂空花砖窗形制

图 40　红砖镂空窗构造技术 1

图41 红砖镂空窗构造技术2

图42 红砖镜面墙几何纹样

图43 厢房木雕窗棂

图44 木雕窗（沈家大院）

图45 螭虎木雕圆窗

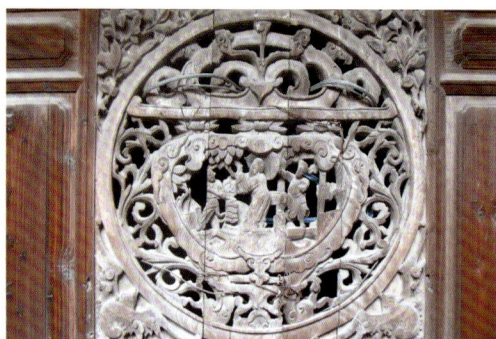
图46 传统木雕窗棂工艺与通风采光

图47 闽南传统建筑木雕装饰

图48 进士第木雕构件

图 49　崇德堂木雕窗工艺

图 50　福兴堂泥塑-交趾陶-彩绘复合工艺

图 51　传统建筑屋顶灰塑装饰题材与工艺

图 52　修德堂雨篷灰塑装饰

图 53　山墙规带装饰形制与构造

图 54　闽南传统建筑燕尾脊形制

图 55　沈家大院山花装饰纹样与地域特征

图 56　锦斗徐氏宗祠穿瓦衫墙体构造

图 57　立面檐下的建筑彩画（德成堂）

图 58　民居立面水车堵的建筑彩画

图 59　民居立面水车堵堵头装饰

图 60　余光中故居周边环境

图 61　普济寺建筑群

图 62　传统廊桥建筑结构（东关桥）

图 63　家庙（刘氏家庙）

图 64　石塔

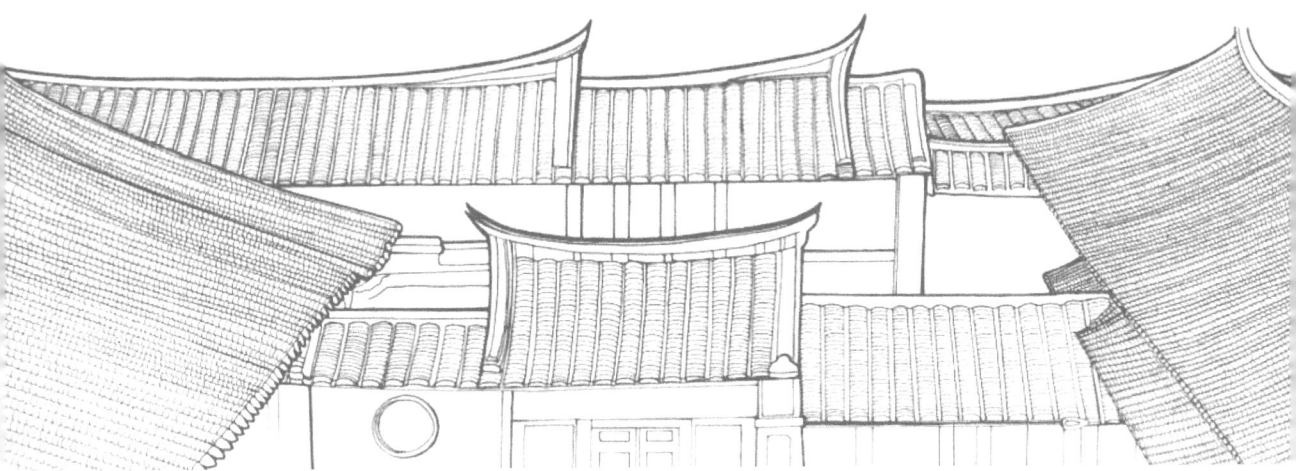

永春传统建筑解析

Yongchun Traditional Architecture Analysis

郑慧铭／著

东南大学出版社
SOUTHEAST UNIVERSITY PRESS
·南京·

内 容 提 要

永春县位于闽南地区，其传统建筑受到所处的自然环境、地理条件、历史文化和社会经济等因素的多重影响，这些建筑巧妙运用了当地乡土材料，展现因地制宜、因材施用的设计理念，形成独具特色的地域风格。本书通过永春地区地域建筑的样式分析和比对，梳理典型特征和文化特性。

永春传统建筑继承了闽南传统建筑的材料和工艺特色，有着鲜明的地域特征。永春地区传统建筑类型多样，有规模宏大的红砖建筑，也有土堡和民居聚落。这些建筑依山傍水，环境优美，布局灵活，细部精致。永春传统建筑深深扎根于民间，从布局到细部，展现了红砖建筑过渡区域的建筑特色和审美，集中了当地传统营造的经验和智慧。本书对传统建筑布局、营造手法及细部特征的深入剖析与总结，对于当代新建住宅的设计与建造具有重要的传承与借鉴价值。

图书在版编目（CIP）数据

永春传统建筑解析 / 郑慧铭著 . -- 南京：东南大学出版社，2025. 6. -- ISBN 978-7-5766-2233-1

Ⅰ. TU-092. 957. 4

中国国家版本馆 CIP 数据核字第 2025X34L24 号

责任编辑：宋华莉　**责任校对**：张万莹　**封面题字**：马国良　**封面设计**：王 玥　**责任印制**：周荣虎

永春传统建筑解析

Yongchun Chuantong Jianzhu Jiexi

著　　者	郑慧铭
出版发行	东南大学出版社
出版人	白云飞
社　　址	南京市四牌楼 2 号（邮编：210096）
网　　址	http://www. seupress. com
电子邮箱	press@ seupress. com
经　　销	全国各地新华书店
印　　刷	苏州市古得堡数码印刷有限公司
开　　本	787mm×1 092mm　1/16
印　　张	24.5
字　　数	493 千字
版　　次	2025 年 6 月第 1 版
印　　次	2025 年 6 月第 1 次印刷
书　　号	ISBN 978-7-5766-2233-1
定　　价	98. 00 元

序 言 一
ORDER

    传统建筑不仅是历史的见证者，也是文化的传承者。永春县是闽南具有独特风格和悠久历史的县域。永春的传统建筑也是一部生动的历史长卷，它记录了自然地理、历史文化和社会经济的演变。永春传统建筑丰富多彩，独具特色，可以说是闽南红砖建筑的瑰宝。它们见证了明清、民国直至新中国成立前永春的历史，正是我们研究和理解永春地域建筑文化的重要窗口。

    传统民居是对地域、人文、自然的积极回应。这里包括与自然环境的协调，对地域气候的适应和地方材料的应用，对人们生存、生活、物质与精神功能最大限度的满足。因此，传统民居是地域先民的生存智慧、建造技艺、社会伦理和审美意识等文明成果最终的载体。作为乡土建筑不可或缺的民居、庙宁、宗祠以及书院等建筑，虽功能各异，但在建筑空间、结构和装饰上与民居有着共通之处。

    郑慧铭毕业于清华大学建筑学院，深受楼庆西、王贵祥诸位先生的学术影响，一直耕耘在传统建筑研究领域。作为一名从小生长于桃溪之畔的永春人，怀着对家乡深切的爱，精心著就的《永春传统建筑解析》一书，正是一本深刻解读地域建筑文化、贡献于桑梓的精品之作。它立足于深入的田野调查和测绘，运用建筑学、类型学的理论和方法，对永春传统建筑的布局、结构特征和装饰艺术进行剖析。它不仅内容丰富，还配有实拍的照片、建筑速写以及测绘的平立剖面图，为读者提供了一个全面了解永春传统建筑的视角。

    作为一名四十多年工作在福建的建筑人，我很高兴有更多的年轻学者能够热爱地域建筑研究，希望有更多此类书籍能够展现出传统建筑的形态之美、文化之魂。

    近年来，随着社会各界的关注和政府保护力度的加强，地域传统建筑的研究和保护工作日益受到重视。《永春传统建筑解析》一书是对永春县建筑文化遗产的真诚记录，也是对地方传统建筑研究的一个重要贡献。愿此书能启发更多的学人一同探索和保护我们宝贵的建筑文化遗产。

黄汉民

2024 年 12 月 2 日

序 言 二

ORDER

郑慧铭的著作《永春传统建筑解析》即将出版，她邀请我为其撰写序言，我对于闽南建筑，尤其是泉州地区的建筑一直抱有浓厚兴趣。我曾在广东东部的潮汕地区汕头大学设计学院工作多年，对闽南建筑的了解也是从潮汕建筑开始的。对于广东人而言，古代的传统建筑沿北江、东江传入珠江三角洲，成为广东传统建筑的一部分，而潮汕地区的建筑则是从闽南传入的，尽管都是中国传统建筑的组成部分，但闽南与潮汕体系的建筑和珠江三角洲的传统建筑之间依然存在明显不同。这种差异主要是由地理、气候、人文特点造成的。闽南建筑不仅影响了潮汕建筑，也影响了台湾地区的建筑，是一个典型的节点扩展的范例。

中国传统建筑的共同特点，傅熹年先生很早就对传统建筑的形式进行了总结：

第一，传统建筑以木结构体系为主。木结构广泛使用的原因是文明发展的主要区域木材资源丰富，逐步形成了使用木结构建筑的习惯、方式和系统。木结构体系的优点包括围护结构与支撑结构相分离，抗震性能较高，取材方便和施工速度快等。但木结构也存在缺点，如易遭受火灾、白蚁侵蚀、雨水腐蚀，与石材、砖瓦建筑相比，维持时间比较短；成材的木料因施工量的增加而变得紧缺；梁架体系较难实现复杂的建筑空间等。傅熹年先生在《中国古代建筑概说》中提到，中国古代的木构架主要形式为三种：柱梁式、穿斗式、密梁平顶式。

第二，中国建筑以"开间"为面积单位。开间指相邻两个横向定位墙体间的距离，是房屋的基本计算单位，房屋的面宽、进深、构架断面尺寸都用这个模数单位。

受夏季东南风、冬季西北风的季节风向影响，中国传统建筑一般坐北朝南，呈长方形。上开间指房屋北边的开间，下开间指房屋南边的开间，左右进深指房屋西边和东边的进深。木结构体系采用构架制的结构原理：以四根立柱，上加横梁、竖枋构成"间"，一般建筑由奇数间构成，如3、5、7、9间，开间越多，等级越高。

第三，建筑三段式，由于采用木构架，建筑外观分成三段：台基、屋身、出檐较大的屋顶。官式建筑的屋顶体形硕大、出挑深远，是建筑造型中最重要的部分。传统建筑的屋顶外形多样，体积庞大，可以显示屋主的身份地位。屋顶材料由内而外依次由基层、结合层与面层组成，并加上屋脊装饰等。

屋顶的形式按照等级分为：单坡、平顶、硬山、悬山、庑殿、歇山、卷棚、攒尖、重檐、盔顶等，其中重檐庑殿为最高等级。外部轮廓由多层台基、色彩鲜艳的曲线坡面屋顶和相当朴素的屋体组成。

第四，建筑结构上广泛应用"斗拱"，它是东亚木构架建筑结构的关键性部件，能够将建筑屋檐的荷载经斗拱传递到立柱。斗拱也具有一定的装饰作用，是东亚古典建筑的显著特征之一。

第五，传统建筑采用院落式的布局，以建筑群展现广阔的内部空间。

这五大特点在闽南建筑中都有体现，闽南与潮汕民居继承了中原汉式合院式建筑传统，结合当地气候和环境，平面布局多为南北朝向，坐北朝南，以矩形院落和天井构成"府第式"民居。建筑多由两部分组成，为"前埕后厝"的总体布局。前半部称为"外埕"或"前埕"，埕面用贝灰沙土打夯或石材铺砌，三面围墙，主体建筑称为"后厝"，由中轴线的主体建筑和左右对称的护厝构成。

福建人与潮州人在建筑上都严格遵循人伦理念，以家庭、家族为本，遵循维持家庭秩序的行为准则。这在建筑上体现为两个特点：

第一个特点是建筑空间的内向型和封闭性。以天井为中心，建筑沿四周围合。依院墙围合，独立门户，形成院落齐正，铺砌整齐的民居建筑。

第二个特点是建筑空间的秩序性。主体建筑和主要厅堂位于中轴中央，次要建筑分列两旁和前后。从房间的分布可以推断家庭成员的居住位置，也表明各人的家庭地位。

由于地理、气候条件和人文传统的差异，闽南建筑逐步发展出基于传统建筑原则上的个性化特点。例如屋脊采用特别的燕尾脊、高度装饰化的剪瓷雕运用、闽北闽南都有的三合院、独创的骑楼，这些特点使得福建和台湾地区的许多传统建筑与其他地区的建筑有很大的差异。

我在潮汕工作期间，经常去乡下看民宅，后来也去漳州、泉州看过乡土民居建筑，它们的基本形态非常复杂而丰富，如"竹竿厝""下山虎""四点金""五间过"等，规模较大的府第则有"三座落"、"二落二从厝"、"三落四从厝"（驷马拖车）、"百间厝"（百鸟朝凤）等形式，这些都是在其他地区看不到的。潮汕地区现在还保存完好的府邸有许驸马府、林氏家庙、林乔槐府、德安里、资政第、顺德居、梅康里、张氏旧家、莼园、通祖家墅、思成大厝、亲仁里、仰德里、陈慈黉故居和黉利宅等。现存完好的宗祠有袁氏家庙、揭阳古溪陈氏家庙、南澳康氏宗祠、聚祖公祠、己略黄公祠等。再到泉州，发现此地与潮汕相似，但是有自己更加独特的形式，如泉州传统民居以红砖厝为主，与潮汕相当不同，泉州的"手巾寮"是纵向住宅，骑楼式的商住合一的建筑则是清末民初时期发展起来的中西混合的新型住宅。泉州地区还有与山村环境十分协调的吊脚楼（木楼），也有因地制宜采用本地的蚵壳拌海泥筑屋而居的蚵壳厝，非常常见。类似的建筑群体我在台湾地区看过李腾芳古宅、高雄的地公庙，新加坡的天福宫，印度尼西亚苏拉威西望加锡的妈祖庙也都是闽南风格的。闽南系统的建筑如此丰富、影响面如此广阔，我总希望有人能够在这个领域深入探讨。

早几年看了曹春平的《闽南传统建筑》（厦门大学出版社，2006），又有《闽南文化研究》（海峡文艺出版社，2004），都是关于闽南传统建筑非常精彩的参考著作。

闽南位于福建南部，晋江流域和九龙江流域一带。主要涵盖福建省南部漳州、泉州、厦门三个地级市及其下辖代管的各县市，这些地区经济发达，有"闽南金三角"之称。闽南文化以福建南部为基地，辐射中国台湾地区，以及东南亚的新加坡、文莱、菲律宾、马来西亚、印度尼西亚等国。至于粤东潮汕、海陆丰等地区虽然存在使用闽南语的族群，但不被视作闽南。

泉州在闽南处于中心的位置，是闽南文化的发祥地，于孙吴永安三年（260年）始置东安县，至今有1760多年的独立建制史。泉州作为聚落则建城于720年，距今1300多年。泉州包括市区，外围从北到南分别是德化、永春、安溪、南安、惠安、晋江，金门等县，这一片地区的建筑中具有数量不少的极为典型的闽南传统建筑，单体民居建筑、居民建筑群落、府邸建筑和寺庙建筑的数量惊人。我总是说，除了大范围谈闽南建筑之外，也需要具体到一个县，这样才能够既有宏观的认识，又有微观的分析，为将来民族传统建筑的保护做基础储备。

郑慧铭是泉州永春人，她是研究泉州市历史文化保护与传承的专家，在厦门大学、清华大学建筑学院、中央美术学院建筑学院分别取得学士、硕士及博士学位。我是她在中央美术学院的博士生导师，对于她研究这个主题一直非常感兴趣，她从自己熟悉的家乡动手做研究，经过好长的时间，博士生论文也是这个方向的，最近她完成了自己的《永春传统建筑解析》这本书，寄来给我看，我颇为高兴。她的工作能够在闽南传统建筑的大框架上添砖加瓦，奠定基础的工作，可贺可喜。谢谢她多年的努力，也希望她在这个研究方向上继续发展。

2024 年 3 月 24 日 于上海科技大学

前　言
PREFACE

　　建筑作为文化传承的载体，承载着不同历史时期的文化印记，而建筑遗产有不可估量的价值。永春古称为"桃源"，现为泉州市辖县，该地区拥有丰富的建筑文化遗产。传统建筑受到自然地理、历史文化和社会经济等多重影响，展现出鲜明的地域特色。民居作为居住空间，不仅是生活方式的反映，也随着社会发展而发生变化，呈现类型多样、分布较广、文化内涵丰富的特点。民居是各类建筑的原型和基础。庙宇和宗祠，主要以木质梁架或穿斗式为主，墙坯是砖或生土，规模宏大、装饰华丽，民居在建筑空间、结构和装饰上与这些建筑具有一定的共性。同时，由于自然条件、社会发展和文化传统的差异，民居随环境的变化而发生了适应性改变。

　　永春传统建筑受到自然、信仰、风俗、历史和经济等因素的影响。永春县是闽南红砖建筑的边缘区，保留了明清至民国时期的传统建筑文化遗产。这些建筑类型丰富、形式多样、装饰丰富、内涵深刻，近年来逐渐得到社会各界的关注，政府对传统建筑的保护力度也不断加强。通过这些建筑，我们可以理解建筑文化的内涵，并探索传统文化在现代生活中的体现。

　　本书在闽南建筑文化的基础上，立足于调查和测绘，深化了对传统建筑文化的理解。同时，本书运用建筑学与类型学的理论及方法，对永春传统建筑的布局原则、结构特征及装饰艺术进行剖析。本书内容条理清晰，辅以照片、建筑速写以及测绘的平面图、剖面图和立面图，内容丰富，具有一定的文献资料价值。

目　录
CONTENTS

1　绪论 ·· 001

2　建筑文化的源流和特点 ······································ 003

   2.1　地理环境的特点 ·· 004

   2.2　气候条件的影响 ·· 009

   2.3　地方建筑材料及其应用 ································ 011

3　永春的历史文化 ·· 017

   3.1　历史沿革 ·· 018

   3.2　村落结构布局 ·· 024

   3.3　建筑色彩和风貌特色 ·································· 033

4　传统民居的类型 ·· 039

   4.1　传统民居主要类型 ····································· 040

   4.2　住宅主要空间 ·· 050

   4.3　传统民居空间构成要素 ······························ 058

   4.4　传统民居的典型案例 ·································· 082

   4.5　传统民居的主要特征 ·································· 108

5　近代城镇民居 ··· 133

   5.1　近代建筑洋风文化和社会环境 ····················· 134

   5.2　近代典型侨乡民居 ····································· 141

   5.3　近代建筑特征总结 ····································· 154

6　骑楼——以五里街为例 ······································ 165

   6.1　历史街区的骑楼 ·· 166

   6.2　骑楼的样式特征 ·· 172

   6.3　骑楼的细部特征 ·· 182

7　宗祠建筑 ·· 201

   7.1　宗祠建筑的类型 ·· 202

7.2　宗祠建筑的布局 ……………………………………………… 203

7.3　传统祠堂的典型案例 ………………………………………… 210

7.4　祠堂特征分析 ………………………………………………… 217

8　寺庙建筑 ……………………………………………………… 231

8.1　寺庙概述 ……………………………………………………… 232

8.2　传统寺庙和杂祀的典型案例 ………………………………… 237

8.3　教会建筑的典型案例 ………………………………………… 249

8.4　宗教建筑特征 ………………………………………………… 250

9　文教建筑和其他建筑 ………………………………………… 259

9.1　文庙 …………………………………………………………… 260

9.2　书院 …………………………………………………………… 267

9.3　古塔 …………………………………………………………… 279

9.4　廊桥 …………………………………………………………… 287

9.5　其他建筑 ……………………………………………………… 294

10　建筑装饰与文化 ……………………………………………… 305

10.1　装饰范围 …………………………………………………… 306

10.2　装饰工艺 …………………………………………………… 314

10.3　装饰题材 …………………………………………………… 326

10.4　装饰内涵 …………………………………………………… 334

结语 …………………………………………………………………… 342

附录1　传统建筑的传承与创新 …………………………………… 344

附录2　永春代表性历史建筑名单 ………………………………… 360

附录3　永春县古塔一览表 ………………………………………… 362

附录4　永春名人故居列表 ………………………………………… 363

附录5　永春古寨建筑列表 ………………………………………… 366

参考文献 ……………………………………………………………… 367

后记 …………………………………………………………………… 370

绪

论

1

中国有着深厚的传统建筑文化底蕴，其传统建筑不仅细部精美、文化内涵丰富，而且构成了民族建筑文化的宝贵遗产。闽南传统建筑是技术与艺术的完美结合，历经千年的历史传承与演变，融合了地域环境、人文信仰、建筑技术和文化景观等要素，形成了独具特色的地域风格，并蕴含了丰富的地域建筑文化。作为我国改革开放的前沿阵地和重要的侨乡，闽南地区在社会经济发展取得了巨大成就的同时，其传统建筑也面临危机。

永春县位于闽南的内陆地区，历史上因交通不便而保留了大量传统民居建筑实例。清雍正十二年（1734年）永春县升格为永春直隶州，历史上人文荟萃，商贸繁荣，并逐渐发展成为著名的侨乡。近代，海外华人在事业有成后纷纷回乡置田地、盖大厝，以彰显其成就。永春地区的人们根据当地风俗习惯、生产需要、经济状况和审美文化，并结合自然条件和乡土材料，因地制宜地设计和营造各类建筑。这些建筑不仅反映了各个时期人们的生活状况，更展现了当时的建筑技术水平，其造型朴实，成为地方历史和文化的见证。

永春地区依托山峦和平原构成的农耕文明，同时受到海洋文化的影响，形成了多元多样的人居环境。永春的传统建筑传承自中原，保留了明清以来传统建筑特征，成为闽南传统建筑体系中的重要组成部分。永春传统建筑类型多样，包括民居、祠堂、家庙、牌坊、廊桥和书院等，这些建筑与人们的生活息息相关。广义上，传统建筑还包括寺庙、园林、古桥和古塔等。永春传统建筑的类型多元，既有两进或三进的官式大厝，又有防御性强的土堡建筑，以及各式各样的近代洋楼和整体统一且变化丰富的骑楼建筑。永春传统民居建筑色彩以暗红、白、青灰为主，形成了鲜明的地域色彩风格。建筑高低起伏，屋顶层次丰富，外立面使用具有地方特色的暗红色砖，并饰有精美的石雕、木雕、砖雕等装饰。

永春传统建筑丰富，蕴含闽南传统文化。作为侨乡地区，闽南传统民居经过长时期的历史演进发展，不断开拓创新，留下丰富的建筑文化遗产。永春地区在近代较早出现了华侨群体，随之而来的近代风格也被引进、模仿和融合，出现了洋楼等新型建筑。从民国时期到新中国成立初期，人们进行了现代与传统的融合探索，出现了两层建筑，采用新材料，这些既有传承又有创新的近代建筑，其历史演变的脉络值得深入研究。

永春的人文精神具有开放包容、开拓进取的鲜明特征。在东西方文化的交融下，多元化的传统建筑成为地域特征的重要组成部分。永春地区传统建筑和地域特色的研究，有利于保持文化基因，更好传承建筑文明。

建筑文化的源流和特点

2

2.1 地理环境的特点

　　永春县位于福建省东南部，是连接闽南沿海地区和闽中内陆的过渡地带，隶属于泉州市。它坐落于晋江东溪的上游，东边临近仙游县，西边与漳平市交界，南边挨着南安市和安溪县，北边与德化县和大田县相接。

　　截至 2023 年末，永春县行政区划包括 18 镇和 4 个乡，下辖 27 个社区和 209 个行政村。区域内呈带状形，东西长约 84.7 公里，南北向宽 37.2 公里，总面积达到 1 456.87 平方公里，人口约 42 万。

2.1.1 自然地理环境

　　建筑特色往往深受地域条件的影响，其中地形和地貌等自然条件为主要影响因素。永春县的地势由西北向东南倾斜，地形复杂、丘陵较多，形成了"八山一水一分田"的地理特征（图 2.1）。东部地区地势呈阶梯状，海拔降至 200 米左右，形成了以县城为中心的盆地地形，最低点位于东关镇东关村海拔仅有 83 米。该区域是永春县的主要农业耕作区。

图 2.1　永春自然地理环境鸟瞰

（图片来源：仙夹镇政府供图）

永春县城被群山环绕，其中一些山脉因其文化和历史价值而被誉为"文脉祖山"。如大鹏山以其山势雄奇、气象恢宏、风光秀美著称；山上遍布丰富的人文景致，包括唐代古刹大鹏岩和清代摩崖石刻等。大鹏山的大尖和小尖据传是由人工培土增高的，据记载，这项工程是清代康熙年间，由永春知县骆起明主持。县城南郊的马岭尖峰和东平镇云美村的鹦哥尖同样是人工堆积的山尖。清代翁学本在《修筑永春大鹏山龙脉碑记》中提到："侧出一峰，俗谓'学龙'，两峰对峙，形如文笔，蜿蜒而下，直抵城阙，北多圳塌，脉络几断，堪舆家以兹山为人文攸关，常深惜之……"[1] 这反映了古人注重风水，他们认为自然地理环境和人文环境是相互影响的，需要共同营造和维护。

2.1.2 村落环境

传统村落是文化传承的摇篮，也是人与自然和谐共生的居住空间。闽南地区的传统村落深受地域文化的影响展现出独特的风貌。闽南人的祖先，从北方移居到南方，依靠家族的集体力量，形成了聚居的传统。他们在新的定居地继续采用家族共居的方式，使得聚落的形成与家族的发展密切相关。

永春的传统村落多环山而建，交通相对闭塞。来自中原的外来移民带来了丰富的文化，他们精耕细作土地，为村落的发展提供坚实的基础。除农业外，手工业的兴起也为农业经济活动提供了有力支撑，生产了各种加工制品。

农业与商业的结合促进了传统村落的发展。一些村落的自然条件并不理想，仅仅靠农业不足支撑村落的发展，因此需要发展商业活动。一些村落因交通的有利位置，便于从事经商活动。历史上，由于人多地少，许多村民走向经商之路，甚至到海外谋生。勤劳的永春人积累了财富后，回家乡建造了很多精美的民居，进一步推动了村落的繁荣和发展。

永春独特的地理位置和文化底蕴，使得传统建筑的类型多样性，民居建筑包含大厝式、骑楼、土堡民居和洋楼民居等多种形制。永春县的传统村落主要分布在县城周边，充分利用自然地势，建筑依地形分布，街道路面多铺设河卵石，形成独特的村落景观。

永春县县城周边的传统村落保留较为完整，国家级传统村落分布在岵山镇和五里街镇，包含岵山镇的茂霞村、塘溪村、铺上村、铺下村，以及五里街镇的西安村。省级传统村落包括岵山镇的和林村、磻溪村，五里街镇的埔头村和大羽村，东关镇的南美回族村，仙夹镇的东里村，夹际村，德田村，达埔镇的汉口村，蓬壶镇的西昌村，石鼓镇的吾江村，仙夹镇的龙水村、山后村，湖洋镇的溪西村。省级传统村落遍布永春多个乡镇。

---

① 翁学本. 修筑永春大鹏山龙脉碑记，清同治七年（1868 年）.

　　岵山镇是永春传统村落聚集的地方，主要由茂霞、和林、铺上、铺下、塘溪和磻溪部分地区组成，下辖46个自然村和3条老街区。如磻溪村位于岵山镇西北部，三面环山，交通便捷。磻溪村东邻塘溪村，西至龙阁村，南至仙夹镇，北到石鼓镇（图2.2）。磻溪村区域面积约3.3平方公里，下设13个村民小组，村落集中分布在道路周边，呈带状分布，聚落特征明显，现有住户700多户，人口约3 000人，耕地面积约1 500亩，展现了永春传统村落的繁荣景象。

1 荣福堂

图 2.2　永春县岵山镇磻溪村平面图

(图片来源：岵山传统村落保护规划，戴志坚供图)

　　岵山塘溪村的村庄位于一个小盆地之中，金溪河贯穿其中，全村森林覆盖率达到56.7%。村落整体风貌为传统闽南古街、古厝、宗祠、森林和稻田相间的自然村落（图2.3）。村庄角落分散着许多传统古厝，其中百年以上的民居达62座。典型民居代表有福兴堂（李家大院）。塘溪村有和塘古街、清末炮楼、崇德祖宇、三斗溪自然森林公园等古迹，村庄祥和安宁，生活气息浓厚。

　　铺上村位于永春县东南部，金溪与山斗溪蜿蜒流淌穿村而过，使得整个村落古韵悠悠，风景秀美。铺上村被列入第2批中国传统村落名录（图2.4）。村子历史悠久，百年以上的古厝达67座。这些建筑造型精美、技艺精湛，建筑类型丰富多样，民居、宫庙和店铺等成片相接。村落还有历史悠久的长街——铺街，至今仍可见铺上村往来商贾带来的繁华景象。

1 儒苑堂
2 福兴堂
3 崇德祖宇
4 如在堂
5 美前堂
6 仰奎堂
7 儒丰宫
8 儒林堂

0 50 100 150 200 250 m

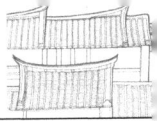

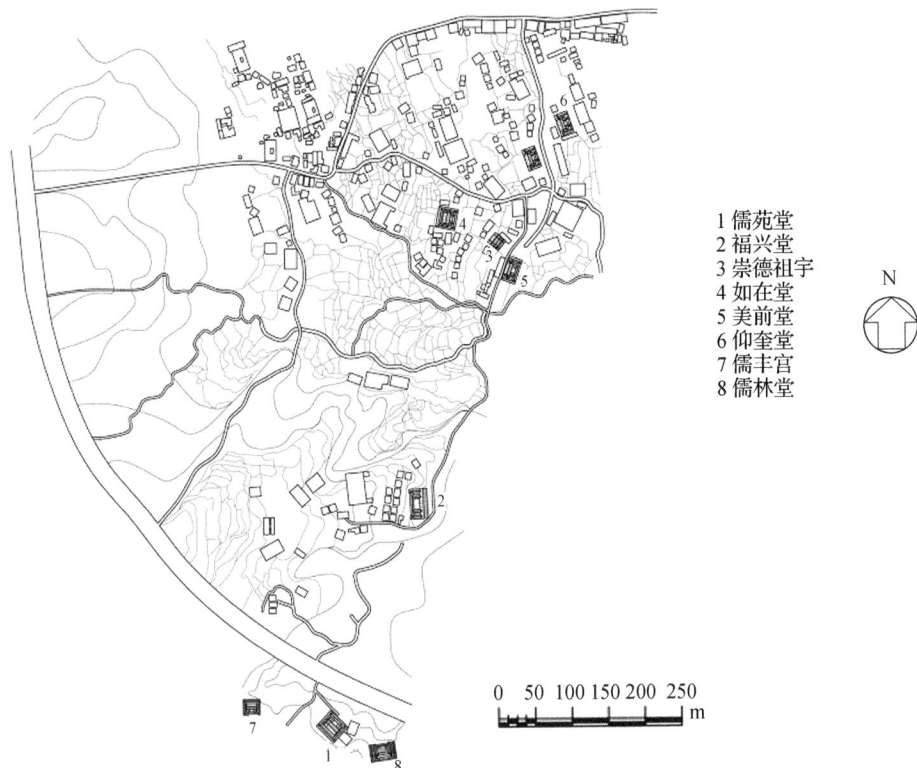

图 2.3　岵山塘溪村

（图片来源：岵山传统村落测绘图集，戴志坚供图）

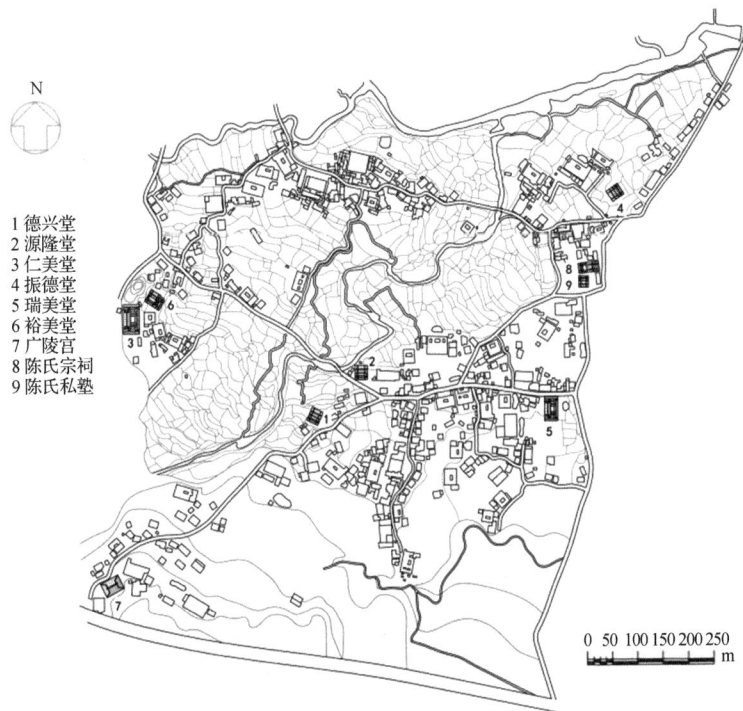

1 德兴堂
2 源隆堂
3 仁美堂
4 振德堂
5 瑞美堂
6 裕美堂
7 广陵宫
8 陈氏宗祠
9 陈氏私塾

0 50 100 150 200 250 m

图 2.4　岵山铺上村

（图片来源：岵山传统村落测绘图集，戴志坚供图）

　　铺下村，位于岵山镇的东南面，是远近闻名的醋村，也是第 2 批中国传统村落之一。村域面积 5.67 平方公里，全村近 3 000 人。村落有 6 个自然角落，下设 12 个村民小组，约 786 户，耕地面积约 800 亩。村落依山傍水，金溪河蜿蜒流经，田园成片，古树成林，古厝交错其间，整体形成"村在田间，厝在林中"的景观效果（图 2.5）。铺下村保存着 80 多座闽南传统民居，其中包括县级文物保护单位——世德堂、世美堂、振美堂和振德堂。

1 儒苑堂
2 福兴堂
3 崇德祖宇
4 如在堂
5 美前堂
6 仰奎堂
7 儒丰宫
8 儒林堂

0　40　80　120　160　200
　　　　　　　　　　　m

图 2.5　岵山铺下村平面图

（图片来源：岵山传统村落测绘图集，戴志坚供图）

2.2 气候条件的影响

永春县位于亚热带季风性气候带，受东南季风影响显著。该地区气候温暖、四季常青、降水量充足。雨季主要集中在春夏两季，而夏秋多台风和暴雨，冬季以东北风为主，气候相对温和。永春县年平均气温大约 22 ℃，超过 35 ℃的高温有 30 多天，年平均降水量约 1 700 毫米，水资源丰富。

永春县地形复杂，以蓬壶镇的马跳为界，自然划分为东西两部分，海拔最高达到 1 366 米。该县气候条件多样，东半县属于南亚热带，西半县属于中亚热带，而海拔千米以上山地则属于北亚热带。此外永春县还是晋江东溪上游的发源地，地处闽江和晋江水系的分水岭，主要水系流经蓬壶镇、达埔镇、岵山镇和湖洋镇等，河流呈带状分布。

2.2.1 适应隔热、防潮和遮阳

由于永春县纬度较低，太阳高度角大，全年日照时间超过 200 天，冬季较短而夏季较长。为了适应这样的气候条件，永春传统建筑采用防晒、防热、通风、防暴雨、防台风和防潮的设计。民居的屋檐较宽，出檐较深，有利于遮阳和排解雨水。日照范围内的材料容易老化剥落，因此天井周边和外立面木构件很少油饰。传统建筑取向偏东，以实现冬暖夏凉的效果，冬季能避免北风侵袭，夏日能阻挡阳光。建筑采用外封闭、内宽敞的格局，开敞的天井有利于降低室内的温度，提供良好的通风和采光。墙体的砖石结构以满足隔热防潮和耐久性的需求。民居建筑通常选用石柱、石墙、石阶和石铺装等，以防止地面潮湿。

屋顶采用较厚的青瓦，具有一定的隔热性和防水性。内凹的门廊提供缓冲的空间，便于遮风避雨，适应多变的气候（图 2.6）。漏窗设计满足遮阳、通风，安全性和私密性的需求。永春地区木材资源丰富，尤其是优质的杉木，为建筑提供了良好的材料。近代中西结合的外廊式建筑适应温暖湿润的气候，既便于遮阳和避雨，又能感受室外的自然环境，体现了建筑对气候的适应性调整（图 2.7）。

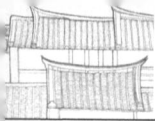

图2.6 内凹门廊适应气候

（图片来源：自摄）

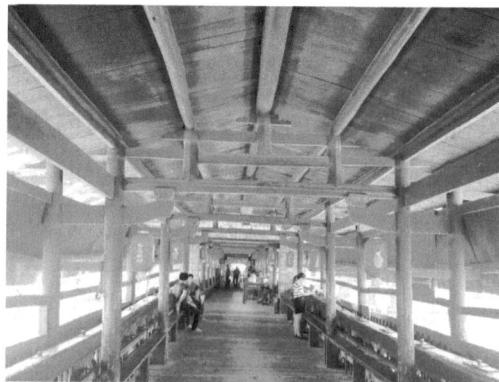

图2.7 外廊式建筑崇节堂

（图片来源：自摄）

2.2.2 结构设计需适合抗地震和排水

　　永春地区传统民居建筑工艺不仅体现了对自然条件的适应性，还考虑了抗震和防潮的需求。永春传统建筑广泛采用穿斗式结构，这种柱网结构增加支撑力和承受力，有利于抵抗地震的影响（图2.8至图2.9）。穿斗式结构通过柱与梁的穿插连接，形成稳定的三角支撑，增强了建筑的抗震性能。建筑的花头和垂珠构件能减少檐口和檩头受到雨水的侵蚀。

　　地面竖向有高度差，主厅最高，厢房较低，天井最低，形成自然的排水坡度便于汇集雨水和庭院内排水。大厝天井汇集的雨水，通过涵孔的陶管排出。排水沟的弯曲处容易淤积，在涵孔内放置小乌龟，让其在涵孔内活动以减少淤泥的沉积，这是一种生态且有效的排水维护方法。

图2.8 穿斗式结构有利于防地震（民居）

（图片来源：自摄）

图2.9 传统建筑结构有利于防地震（廊桥）

（图片来源：自摄）

2.2.3　传统建筑的气候适应性设计

　　永春县的传统建筑在设计上充分考量了当地的气候特征，并采取了多种气候适应性对策，以应对极端天气条件。在屋顶设计方面常见双坡的屋面，屋顶的坡度较低，出檐较长，有利于雨水的引导和遮阳。在沿海地区多分布硬山屋顶，有利于风力的消减、避雷和防止台风侵袭。此外花岗岩的条石构件能够增加建筑的抗风能力和结构稳定性。永春地区夏季多暴雨和台风，气温炎热，传统建筑特别注重自然通风。内庭院式的建筑布局，通过冷巷和天井，加速空气对流，能降低室内温度。永春传统建筑考虑了风的影响，厢房门上方设置的通风花格，便于自然通风和采光。墙体和屋顶的交界处也有通风格栅，满足通风要求，又能给室内带来高侧光，改善室内光照条件。由于通风和采光的需求，居民养成了常年开窗的生活习惯，这与建筑设计的通风和采光功能相辅相成。燕尾脊的设计有助于抵消风力的影响，特别是在台风季节，能够减少风对建筑的直接冲击。

2.3　地方建筑材料及其应用

　　永春县地形多样，西部山形纵横，东部较为平坦。传统建筑充分利用当地资源，采用适宜的建筑材料和营造技术，形成了风格多样、结构坚固的民居建筑。永春地区的主要乡土材料有木材、泥土、卵石、红砖和夯土等。早期建筑多就地取材，后期建筑采用花岗岩和红砖等，形成建筑特色。永春地区因地理环境形成了山地民居和平原红砖民居两种类型。西部耕地稀缺，内陆区木材较多，村落坐落于河谷和溪流交错之间，避免占据耕地，民居常建在山脚缓坡的地方，以丰富的木材资源和夯土技术建造住宅。永春传统建筑多采用乡土材料，这些材料具有原色和质感，体现了建筑的朴实。材料的肌理感丰富了建筑立面。山区的红砖材料有限，夯土墙体的比例增多，通常搭配以黄色夯土和白灰墙，屋顶则采用传统的黑瓦，墙基则由大理石或卵石砌成。永春平原的红砖建筑受到泉州地区红砖文化的影响，靠近城镇的建筑基本以红砖建筑为主。永春县的红砖建筑以深红和暗红的色彩为主，墙身采用红砖。

2.3.1　木材

　　永春地区气候适宜，土壤肥沃，利于林木生长。杉木作为亚热带针叶林的主要树种，生长成材速度快，可防虫蛀，透气性好，是理想的建筑材料。山区民居广泛采用全木结构和大出檐瓦屋面设计，大量使用杉木。普通民居的柱子、屋架和橼条用杉木，

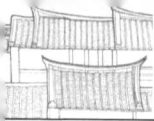

楼板、隔墙和屋面也用杉木板，通常保留木纹以展现自然美感（图2.10）。在永春东部的平地较多，木材较少，民居采用红砖和木材为主的建筑材料，木雕装饰构件较多（图2.11）。木材运用榫卯构造，使木构的性能得到充分发挥。

图 2.10　五里街木骑楼

（图片来源：自摄）

图 2.11　传统建筑的木雕构件

（图片来源：自摄）

2.3.2　泥土

　　闽南地区土壤以红、黄壤为主，其黏性好，是墙体材料的理想的选择。在永春传统建筑中，90%以上的民居采用夯土墙作为主要墙体材料，因其坚固、承重、耐久且吸潮性能较好。外墙常用石灰粉刷，以增强防潮性能。

　　永春地区东部木材资源较少，人们使用石块、土块砖和夯土作为墙体材料。它的制作方法是用红黏土或田土掺砂并加入稻草，搅拌均匀后晾干使用（图2.12至图2.13）。土坯厝是以石头或三合土作为基础，土坯作为墙体，墙角等容易损毁的部分用砖、石做构造。

图 2.12　夯土墙体 1

（图片来源：自摄）

图 2.13　夯土墙体 2

（图片来源：自摄）

2.3.3　红砖

闽南地区黏土中铁含量较高，适合烧制成砖。在红砖烧制时通过控制火候和引入空气，砖坯中的铁元素被氧化生成三氧化二铁，从而形成红色的砖。红砖相对坚固、耐磨，且有利于防水和防潮。永春的红砖犹如猪血的深红色常见于传统民居中（图2.14至图2.15）。红砖建筑在永春的外半县广泛分布，主要有五里街镇、岵山镇和仙夹镇等。

红砖建筑装饰种类繁多，主要有花头瓦、垂珠和红砖块。花头瓦主要用于檐口前的瓦当，称"花头当"。垂珠是砌在檐口的带有三角形下垂的瓦上面有纹样。红砖拼砌的墙面缝隙小，砖纹细密，纹样精致。砖雕以几何拼贴为主，常用于对看堵的雕饰。民居通常用红砖砌墙体大壁，称"封砖壁"（内填瓦砾、砂土），转角处以砖叠砌，称"搭勾砌"，即五六层砖为一组，上下以顺丁搭砌，以保护和美化墙角。

永春地区大多属于红砖区，沿海的红砖色泽红润，而永春民居红砖更加深色，民居立面常见红砖拼砌的纹样和朴素的砖雕。厚薄大小多样，能满足多种立面需要。

图2.14　红砖墙面和漏窗

（图片来源：自摄）

图2.15　红砖结合夯土、卵石的民居

（图片来源：自摄）

2.3.4　石材

福建地区盛产石材，尤其是沿海地区出产的花岗石，因其材质均匀、强度较高被广泛运用在桥梁、寺庙和民居上。石楼板跨度可达四米多，建造桥梁用的巨型条石跨度可以达到十几米。在长期的生活中，人们创造出多种石材墙体砌法用于民居和寺庙等，如青石与白石相间的砌筑形成色彩弱对比，不规则与规整石并用形成质感对比。

永春传统建筑中石材运用广泛，主要用于建筑的梁柱、门窗框、外墙、门廊、墙身、槛墙、台基、柱础、门枕石、窗户、石柱和台阶等（图2.16至图2.17）。民

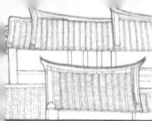

居或祠堂的正门和墙壁常用石雕窗户。石雕窗质地朴实、加工精致，成为美观的建筑构件。

图 2.16 六角形花岗岩石材墙基
（图片来源：自摄）

图 2.17 壁堵（德成堂）
（图片来源：自摄）

卵石指自然形成的岩石，主要分为河卵石、海卵石和山卵石。卵石的形状偏圆形，表面比较光滑，质地坚硬。永春传统建筑主要采用河卵石。作为自然材料，河卵石易于开采，其在建筑中的应用不仅美观，还坚固耐用，适用于当地气候等，主要用于墙基，可以防潮等。常见的石材建筑有卵石厝，以河卵石为基础和墙体，瓦片做屋面搭盖而成；石头厝以石头（条石、块石）为基础和墙体，砌筑而成。

2.3.5 屋瓦

闽南传统建筑普遍使用红瓦，红瓦包括筒瓦和板瓦两种形式，通常为橙红色，不施釉的居多。筒瓦其形状如竹筒形，横截面呈半圆形，直径 10 厘米左右，主要用于屋间铺装，其特殊形态，尤其适配屋脊、檐角等转折部位的覆盖。永春传统民居建筑的屋顶、飞檐翘角多采用专门烧制的青瓦。青瓦因具有结实、质朴、耐用和不褪色的特性而受到青睐（图 2.18）。青瓦的屋顶结合玻璃，可增加采光性。

在莆仙和永春地区，民居的外墙用红色或青色的板瓦或鱼鳞瓦饰面。这些瓦用竹钉固定在木墙或夯土墙上，并用白灰进行勾缝，俗称"穿瓦衫"。板瓦在墙面形成红底白线或青底白线的方格，而鱼鳞瓦则使墙面犹如铠甲，不仅有地方特色，还具有防潮功能。

本章小结

永春县作为典型的内陆山区县，其地形特征由西北向东南倾斜，气候上则呈现出亚热带季风气候的典型特点，即有春早、夏长、秋迟、冬短的特点。在这样的地理环境和气候条件下，永春的传统建筑展现出独特的风貌。

图 2.18　青瓦（崇节堂）

(图片来源：自摄)

　　永春传统建筑色彩以暗红、白、青灰为主，这些色彩不仅与周围环境和谐相融，也反映了地域文化的审美倾向。屋顶设计层次分明，丰富了建筑的视角效果。外立面则巧妙使用具有地方特色的暗红色砖，并配以镂空的砖饰等，增添了艺术性和文化性。永春传统建筑的墙体多采用夯土墙，正立面及厅堂墙面由红砖、辉绿岩、白花岗岩构筑。这些材料的使用不仅增强了建筑的地域性色彩，也体现了永春传统建筑在材料选择上的地域特色和文化传承。

　　永春县的自然条件为建筑提供了丰富的材料选择，如花岗岩、木材和红砖等。这些地方材料不仅美观，还能满足建筑的实用需求，如适应当地气候、坚固耐用等。此外永春传统建筑还广泛运用河卵石等自然材料，进一步展现了建筑与地理环境和自然条件的和谐共生。

　　综上所述，永春传统建筑的地理环境、自然条件和气候条件共同塑造了其独特的建筑风格。这些建筑美观实用，充分体现了对地方文化的尊重与传承。永春传统建筑的实践，为我们提供了一个研究和保护传统建筑的宝贵案例，也为现代建筑设计提供了可借鉴的经验。

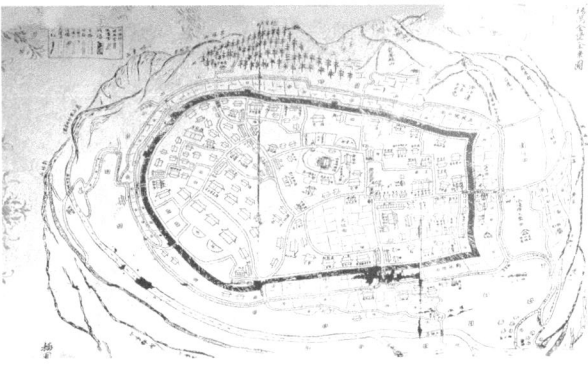

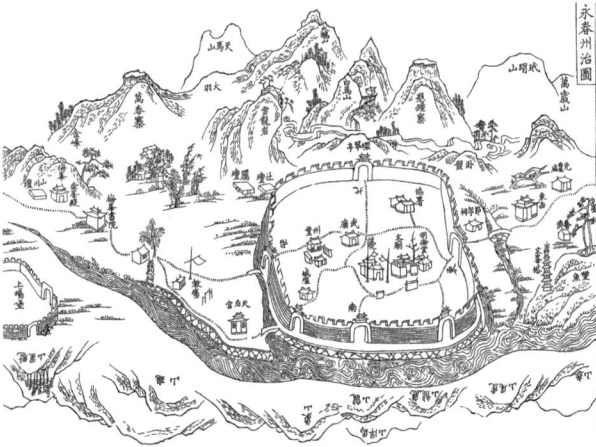

永春的历史文化

3

3.1 历史沿革

传统建筑是人们对自然环境的适应和调整的结果。民居作为公共建筑的原型，其格局、结构方式和装饰对寺庙、宫观、廊桥和书院等产生了影响。永春传统建筑继承了中原传统建筑的布局、结构和装饰特点。《吕氏春秋·为欲》中记载："蛮夷反舌殊俗异习之国，其衣服冠带、宫室居处、舟车器械、声色滋味皆异。"这里的"宫室居处"反映了闽南人注重建筑和装饰的文化习惯。地理环境、气候条件、营建材料和环境色彩等因素共同塑造了永春地区传统建筑的特色。

近代闽南侨乡的文化构成是复杂且多元。永春民居分布广泛，受中原和侨乡文化等因素影响，样式丰富。大部分民居采用木结构，也有使用墙坯、砖或生土以及土堡等材料的围合建筑。

民居不仅是物质载体，也是精神文化的反映，它映射出当时的社会经济状况和思想文化。永春传统建筑的形成与其对特定自然地理环境的适应性密切相关，同时也受到生活方式、场所布局、环境和多元文化的影响。

3.1.1 多元文化的影响

闽南文化具有多元性特点，这种多元性体现在文化的复合性和多向性上。与中原文化相比，闽南文化缺乏正统性，但形成了丰富的文化形态。闽南的地理位置，对历史发展产生了深远影响。

历史上闽南地区的多次移民促进了古越族文化、中原文化和海外文化的交融。中原的文化传统、儒家思想、传统礼制、宗族伦理、佛教文化等得到了继承。中原汉族文化对传统建筑的轴线、细部和建筑样式产生了影响。

永春历史悠久，地区文化源远流长，早在夏商时期就有古闽人在此活动，是中华原始青瓷的发祥地。三国时期，北方战乱导致大量的北方移民南迁，带来人口、生产方式、建筑技术和文化传播。晋代以后，中原人不断进入永春生息发展。永春古称"桃源"，隋开皇九年（589年）析南安县西北两乡置桃林场（治所在今石鼓镇的桃场社区）。后唐长兴四年（933年）升为桃源县。宋元时期闽南地区相对平安，海上丝绸之路的发展带动经济和人口的增长。当时一部分人到海外经商，发家致富后回到家乡

盖房子。海外交通贸易也影响永春传统建筑特色，受到东南亚等外来建筑的影响，融合了西方的建筑文化。明清时期，永春县人才辈出，儒家文化盛行。永春是"海上丝绸之路"的内陆起点，在清代曾升置为直隶州，历史上人文荟萃。

中西文化的冲撞是明代以来福建文化的另一特色。闽南地区历史上是海上丝绸之路的起点，闽南文化长期受到海外文化的影响。海上丝绸之路的贸易往来，天主教和伊斯兰教的传入丰富了当地文化。

近代闽南侨乡建筑的视觉呈现是中西建筑文化博弈的结果。在永春的商业街区，西式风格（如骑楼）最适应于经济空间，而对于社会空间构成复杂的住宅建筑，则出现了中西合璧的民居形式。侨乡建筑体现了地域化设计手法、文化复兴意识、乡土格调与民族情结。侨乡民居建筑在自然适应性、文化融合等方面展现出独特的审美特征，体现在建筑风格的多元化和地域性建筑文化的形成。

闽南的多元文化影响了永春传统建筑，闽南地区地势较为平坦，适宜农业发展，尤其是水稻种植。山区的梯田耕作也是闽南农业的一大特色，为当地居民提供了稳定的粮食来源。由于地理位置的优势，闽南地区历史上是海上丝绸之路的重要节点之一，吸引了大量的商贸活动在这里举行，促进了当地经济的繁荣。闽南地区历史上是多民族聚居的地区，加之海外交流频繁，具有了多元文化交融的特点，如闽南语、南音、木偶戏等都是闽南文化的重要组成部分。

永春地域具有闽南文化的特点，拥有较好的自然条件和自给自足的自然经济，形成了浓厚的小农意识。泉州历史上受到海外文化的影响，永春人也受到海外文化的影响，具有艰苦创业的精神，不满足现状，勇于进取。

永春地区在近代受到了西方文化的影响，华侨从海外带回的西方建筑元素与传统的闽南建筑风格相结合，形成了独特的中西合璧的建筑风貌（图3.1）。闽南地区的多元文化对近代建筑产生了深远的影响，这些建筑不仅展现了中西方文化的融合，也承载了丰富的文化内涵和历史记忆，成为闽南文化的重要组成部分。

受闽南红砖文化的影响，永春红砖大厝以其规模较大和明显的中轴线而闻名，其中布置了家族最重要的公共空间，如门厅、下厅、中厅和后厅。整个家族的生产生活的房屋围绕着公共厅堂。房屋布置在中轴线的两侧，多为横堂式的住宅，有两堂两横、两堂四横、三堂两横等形式，如仁美堂为两堂两横住宅（图3.2）。

土堡是闽南内陆地区常见的建筑形式，永春的土堡比闽南大厝更注重防御，土堡和土楼有厚厚的土墙，给民居增加安全感，使得宗族组织更加紧密。

图 3.1　外碧乡土记忆馆

（图片来源：自摄）

图 3.2　红砖民居（仁美堂）

（图片来源：自摄）

3.1.2 宗族文化

宗族文化中的"尊祖敬天"观念深植于对祖先的崇拜。在周王朝时期，祭祀祖先不仅是家族事务，更是一项重大的政治活动。立庙的数量与立庙者的等级身份相关。"庶人无庙，可立影堂"中提到的"立影堂"是在住宅"祭于寝"，正厅的左侧设龛供族。而庙指供奉祖先的祠堂或宗庙。普通百姓没有资格建立庙宇，但他们可以通过设立影堂的方式来纪念祖先，这与建筑设计的通风和采光功能相辅相成。

这进一步强调了宗族文化在家庭和社会中的核心地位。朱熹在《家礼》中提到"君子将营宫室，先立祠堂于正寝之东，为四龛，以奉先世神主"。这体现了中国古代社会等级制度的特点，也反映了庶人对祖先的敬仰之情和对家族传统的重视。

在闽南地区家族制度盛行，聚族而居成为一种普遍现象。一个村落往往是一姓一族，或是一个大宗祠附近有几个聚居村落。在永春的传统建筑中，有的在乡村建立单独的祠堂。祠堂无论是外观还是内部结构，与普通住宅有很大不同，形成独特的建筑形制。祠堂往往是村落里最雄伟、最华丽的建筑物，多位于村落的核心，有的建在村落的最高处或是交通枢纽的位置。民居环绕着宗祠和家庙而建，体现了宗族文化在地域社会结构中的重要性。这些村落的居民通常属于同一宗族或有血缘关系，他们共同维护宗祠，进行祭祀活动，并在宗祠内举行各种社会活动。

在某些民居中，祠堂与民居的功能结合在一起。在闽南大厝中，几乎每个大型建筑都有中堂，中堂类似祠堂的功能，能够供奉祖先的牌位，并定期举行祭祖活动，也是宗族内议事和举办各种喜庆、治丧活动的场所。在祭祀过程中，联合同姓宗族的祭拜，使得族人聚集一起，感受血脉相连。祠堂是宗族血缘关系的象征，具有神圣性和庄严性，加深宗族成员之间的感情。

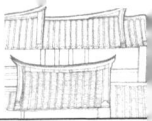

　　海上贸易对永春地区的家族和社会结构产生了深远的影响。海上贸易的风险很大，一个商人出海经商，常年不归，他的家人必须从事农业和手工业的生产，以保证家庭收入。出外商人的成功也是基于家庭其他成员的付出，因而闽南人重视宗族关系。其次，商业的发展，促进家族的富裕，也带动了家族的分化。

　　闽南人重视宗族的关系在建筑上得到体现，红砖大厝的设计促进了家族的聚居。大厝中每个居住单元具有相对的独立性，每个院落有独立的入口，给分家后的小家庭出入提供方便。闽南地区人口密集，家族分化严重，有的大厝的防御性比较强，可以利用土堡、梳妆楼、角脚楼进行瞭望和射击，门窗设计也比较坚固。有的大厝的聚居保持小家庭的相对独立，既体现重视宗族文化的同时，也注重家庭的个体性和安全性。

3.1.3　华侨文化

　　永春地区的城镇化进程迅速推进，加之耕地面积有限，促使农业转向种植经济作物，如茶叶等，同时家庭手工业也迅速发展。住宅多建在山坡或平地，形成具有地域特色的民居聚落。唐宋时期航海技术的成熟，海上贸易促进了泉州和漳州等地的开发。宋代之后，国家经济中心南移，福建地区的移民增多。清初，朝廷对福建沿海实行海禁，直至清政府统一台湾以后，才准许商民出海贸易。福建的对外贸易转向厦门、漳州、泉州，航船多至东南亚，形成冬去夏回的贸易模式。清代福建的教育发达，清末出现了众多学堂，教育的兴盛推动文化方面的发展。清代以后永春人大量出洋谋生，经商有成，在南洋地区创造了"无永不开市"的口碑，并积累了财富。永春人的足迹遍布中国的台湾地区，以及新加坡、马来西亚等东南亚地区及世界各地。

　　近代，永春的民居受到华侨文化的影响。永春作为著名的侨乡，其民居建筑不仅体现了传统的地域文化，还融入了海外华侨的多元文化元素。华侨通过侨汇资金支持家乡建设，推动了永春民居建筑的发展。受西方建筑文化的影响，永春侨乡民居在材料技术、建筑符号、空间形态及装饰语言上表现出与侨居地建筑文化的趋同性。随着华侨家族和家庭独立性的增强，永春民居建筑呈现单体式洋楼的建造趋势，改变了乡村聚落的景观面貌。在中外文化交流的背景下，永春侨乡民居展现了多样化的审美文化特征，体现了开放兼容的精神，表现出世俗化、商品化和个性化的特点。华侨的价值观和家庭观念对永春民居的设计和功能产生了深远的影响，如宽敞明亮的厅堂作为家庭的象征。这些影响体现了永春侨乡民居建筑的美学特征，反映了华侨文化与本土文化的交流与融合，以及社会变迁对建筑形态和功能的深刻影响。

　　近代，永春有几十万侨胞移居海外，主要集中在东南亚各国。海外华侨回国建造的房子带有中西合璧的风格，被称为"番仔楼"。这些建筑在保留了闽南传统民居布局

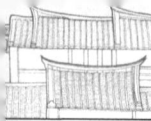

的同时，融合了国外的建筑特色，形成独特的中西合璧风格（图3.3）。这种风格的建筑不仅体现了华侨对家乡文化的眷恋，也展示了他们对西方文化的接受和融合，成为永春地区建筑文化多样性的重要体现。

图3.3 华侨建筑（敦福堂）

（图片来源：自制）

3.1.4 信仰习俗

民俗是人们在特定的地理环境、时代背景和区域中创造、使用和传承的文化传统，与人们的日常生活融合并形成、演变和发展。永春县作为海上丝绸之路的内陆起点，不仅是著名的侨乡，也是许多台湾同胞的祖籍地。永春地区保留着闽南地方特色的民俗活动和文化传统。在古代社会、由于科学技术不发达，人们对自然现象认识不清楚。为了生存和追求理想，各种自然神和教派应运而生。随着佛教的传入，敬神拜佛成为当时的精神信仰和思想寄托。

福建地区受到佛教的深刻影响较多，各种佛教宗派都曾在福建传播。永春人对于神灵充满敬畏，其崇拜仪式比对祖先崇拜更隆重。永春县宗教信仰丰富，历史上深受儒家思想影响，民众具有强烈的祖先崇拜传统。家族在永春地区的民间祭祀中扮演了重要角色。闽南人对祖先崇拜的传统从古延续至今，如俗语所言："求神不如拜祖！"在永春的古建筑中，祠堂占了近一半。每个建筑中，在大厅上都设立历代祖先牌位。对永春人来说，祖先是神圣的，崇拜祖先可以得到回报。祭祀成为对祖先表达哀思的一种方式，祭祖是一件很隆重的事情。祖先祭祀有年节祭祀，还有不定时的祭祀。永

春的风俗风情还受到宗教的影响，古代永春有多神信仰融合文化特点，民间佛教、道教和基督教并存。

祖先和神灵共同庇佑世俗生活的芸芸众生。泉州寺庙兴盛，佛教长盛不衰。佛教各派在福建影响最大、最流行的是禅宗①。大多数寺庙都属于禅宗各个分派，但相互渗透，兼容并蓄。宋代福建的佛教更加兴旺，寺院较多，这些寺院都占据好地，建造得富丽堂皇。元代时期，伊斯兰教、天主教等宗教发展，直接涌入泉州，永春地区也受到宗教的影响，至今还留有近代的教堂和遗址。

在古代，风水说盛行，对传统建筑影响较大。人们认为水即财气，留住水就是留住财气，必须紧锁水口。处理水口的手法多样，最常见的是利用桥梁、庙宇、文昌阁、风水塔、风水林等，结合地形进行不同的组合与建构，如留安塔和东关桥，就是结合风水理论的景观构造物。风水理论对于民居建筑也有影响。要寻找合适的宅基地，首先需要观察山势，风水理论认为山脉即"龙脉"，可以藏风聚气；其次需要观察场地周边的水流，理想的水势是缓慢、平稳、弯曲和环绕，避免直冲而下。宅基地的场地尽量选择坐北朝南、背靠大山和丘陵、面朝河流和水塘的地方。

在民居建筑的平面和空间布局上，前厅通常作内大门，门外设有围墙，背山面水；左右的护厝守护着两侧。后落比前落高，突出中堂的重要性。房屋的方向也受到风水的影响，风水先生按照阴、阳和八卦的排列测定房屋坐向。住宅不能坐正北朝南，祠堂和宫殿可以。民居的布局按照房屋定位后，再定门、路、井、厨灶和卫生间等。

（1）厅前走廊大石砛的尺寸应略超过厅的宽度，这一设计称为"出丁"，寓意着生育男孩的愿望。台阶分为"三踏"，称为天、地、人"三才"。

（2）厅前门楣的高度位置亦有讲究，人站在厅前不能看到"中脊"（中梁），如果看到叫作"见梁"；在厅中不能看到"滴水"，看到叫"露齿"。

（3）厅前石砛与厢房之间应留有缝隙，称为"子孙缝"，暗含子孙满堂之意。

（4）在上落与下落中间的"样头"、厢房，应有一根梁连接上下落的梁，称为"牵手梁"，以示代代相传。

（5）厅前走廊的角门（即左右边门）位置不能超出砛石，若超过称为"落丁"。同时，两扇门的开启方向应向内，不能向外，叫作"开门入"，以利招财进宝。厅与厅后房之间左右设置两扇门，一边一个。

在民间无论是婚娶、添丁、盖房、上学或家人遭遇到不幸，人们都会祭祀祖宗，以求保佑。永春地区的婚嫁习俗、丧葬习俗基本和传统建筑的中堂有关。古代生男孩称为"添丁"，还有开灯、挂灯的习俗，有传宗接代之意。

---

① 何绵山．八闽文化［M］．沈阳：辽宁教育出版社，1998．

　　永春的民居布局基本上遵循闽南人的居住习惯和风俗，长者居住在左边（龙边），幼者住在右边（虎边）。子女多的家庭孩子长大后会分家，也要按照次序居住，老人住左边大房，老二住右边大房，老三住左边前房，老四住右边前房等。大门左侧有排水孔，右侧设置狗洞。郭氏家庙、苏氏祠堂见图 3.4 至图 3.5 所示。

图 3.4　郭氏家庙

（图片来源：自摄）

图 3.5　苏氏祠堂

（图片来源：自摄）

3.2　村落结构布局

　　闽南地区包括厦门市、泉州市、漳州市等，位于福建省的东南部。福建省因其地形复杂，自古有"东南山国"之称。永春县隶属于泉州市，地和丘陵比较多，三面环山，河谷和盆地相互交错。永春县的山地占比高达 80%。山、河流和森林一定程度上限制了人们的往来，影响农业生产和文化交流。

　　村落作为传统建筑和地域文化的载体，其传统建筑及其形式和使用的材料，体现了古人营造建筑时追求与周边山水的和谐统一。农耕文明地域的多样性，决定了传统村落具有地域性的特征，不同地域的自然特色也影响着不同地域适宜人居的聚落形态和建筑形制。吴良镛在《广义建筑学》中提出："聚居在一个地区的人们，对本地特殊的自然条件不断认识，因生活需要钻研建筑技术等，总结独特经验，形成地区的建筑文化与特有的风格和场所精神。"地形地貌对建筑的影响显著，各种复杂的环境使得建筑做出调整和适应。

　　永春地区以山地和丘陵为主，其山势和水系营造出多样的局部环境。在山区、盆地和滨水区，建筑的朝向依据地势，适应自然环境和地形。传统建筑与农田共同形成山水环境，建筑的体量较实，作为前景，嵌入山水环境中。民居通常坐北朝南，负阴抱阳，以山为背景便于避风，面水有利于生活用水，展现出对地形的巧妙利用。

有些传统建筑前设置"月形池",与背后的山体共同构成圆形布局,符合传统风水的理想模式。自然景观作为建筑的背景,水系呈带状,池塘散点分布。永春传统建筑注重植被和绿化,房前屋后常有荔枝树、龙眼树、木瓜树和竹林等,营造小气候环境。

经过历史演变,永春传统建筑在选址、方位和朝向与周边环境相互协调。有学者认为永春传统民居的朝向受风水观念的影响。建筑与自然环境和谐,需要根据周围的环境考虑建筑的位置、方向和设计,营造较好的人居环境。从古代地图可以看出永春四周为群山,村落与建筑相对集中,农田分布在住宅的周边,建筑分布比较有序,如图 3.6 所示。这种有序的布局不仅反映了对自然环境的深刻理解,也体现了对居住环境的精心规划。

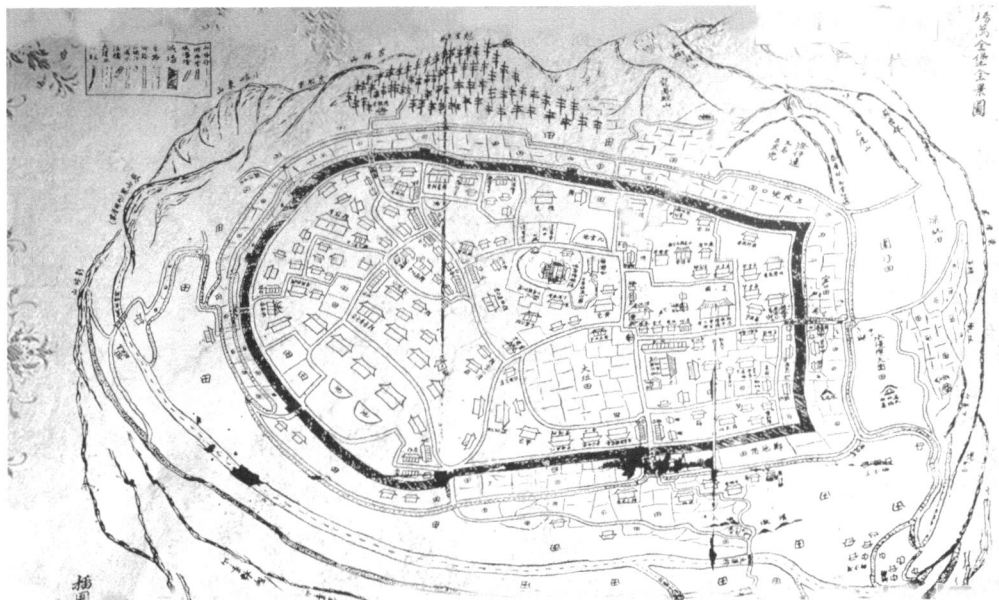

图 3.6　传统建筑与景观融合:桃场万全堡全景图

(图片来源:《永春县志》,民国十七年(1928 年))

3.2.1　村落的选址布局

村落作为人们居住的集中地,随着时间的流逝,逐渐发展成为边界明确的区域。它们不仅是乡村农民生活的基本功能单元,也是农业社会中从事生产活动的人们组成的空间实体。传统村落的形成是一群人经过选择而决定居住的场所,反映了他们的社会关系、社会组织、宗教信仰和传统习俗。村落可以理解为人和土地、人和环境之间关系的具象化,同时也是特定生活方式的体现。

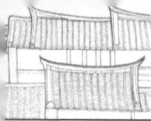

乡村景观是人与自然长期相互作用与平衡的结果。村落的构成要素通常包括自然环境和人文。自然环境要素包含山脉、水体、植被和气候等，在传统村落中包含住宅、祠堂、庙宇和学校等，而非主导的构成要素还有桥梁、坟墓等，非建筑类的构成要素有池塘、道路、树林和溪流等。村落选址一般依托于良好的自然地理环境，包括地势条件、农耕用地、山脉依托、水资源、植被、气候和防灾条件等。在村落的自然要素中，宜居性是最重要的。

永春地区最初的村落依赖水域，在沿河地带形成集聚的村落。随着村落的人口增长，房子增加，聚集的村落逐渐增多，形成集聚性村庄。村庄建筑和农耕用地根据自然条件，布置在地势平缓的区域。山地村落则充分利用天然条件，以抵御外敌、猛兽、自然灾害和恶劣气候等。

永春地区的地理条件和亚热带季风气候，以及丰富的石材、木材和卵石等，使得当地聚落有鲜明的特色。正屋的后面，植物起到天然的屏障作用。建筑后面和两侧种植荔枝树、龙眼树、木瓜树和竹林，使得房屋掩映于郁郁葱葱的环境中，为住宅创造了清新的小气候环境。

人文要素反映了村寨居民长期形成的历史文化和风俗习惯。人文环境要素包含公共建筑、民居建筑、耕地、街巷和桥梁等。村落自然环境要素与人文要素相结合，共同塑造了村落的空间格局、有机整体和风貌特征。村落的公共建筑以祠堂和广场为主，是村民的精神家园，起到凝聚人心、加强村民交往的作用，有利于传统文化的传承。这些公共建筑通常分布在村落的中心，易于到达，具有标志性。

乡村的选址受到农业生产和生活影响，既要满足生存的物质条件，也受传统风水理论的影响。建筑后面经常是小山或是地势较高的坡地，周边种植翠竹或树木。村落选址宜背山面水、因地制宜，与山水融为一体。历史上永春传统的民居随着地形而建，山岭较多，溪流蜿蜒，村落的选择与自然山水有密切的关系，建筑与环境互为景观（图3.7）。永春传统建筑风格呈现了闽南红砖建筑到山地建筑的过渡特征，其独特性及蕴含的地域文化主要体现在以下方面：

永春的传统聚落以集村形态为主，民居一般以自然地形、地势和湖泊等分界组成不同的聚落空间。多数村落朝南或东南，背靠小山，面朝河流、池塘或道路，周围是稻田，根据地理条件，村落形成不同的山水特色布局。

永春县位于亚热带季风气候区，这一气候条件对当地传统村落的选址和布局产生了显著的影响。亚热带季风气候的特点是四季分明、气候温和、雨量充沛，为永春地区的传统村落提供了良好的自然环境和适宜的生活条件。永春县的气候条件处于南亚热带和中亚热带之间，形成了过渡性气候带。多样的气候条件对村落的建筑风格、材料选择以及居民的生活方式都产生了一定的影响。

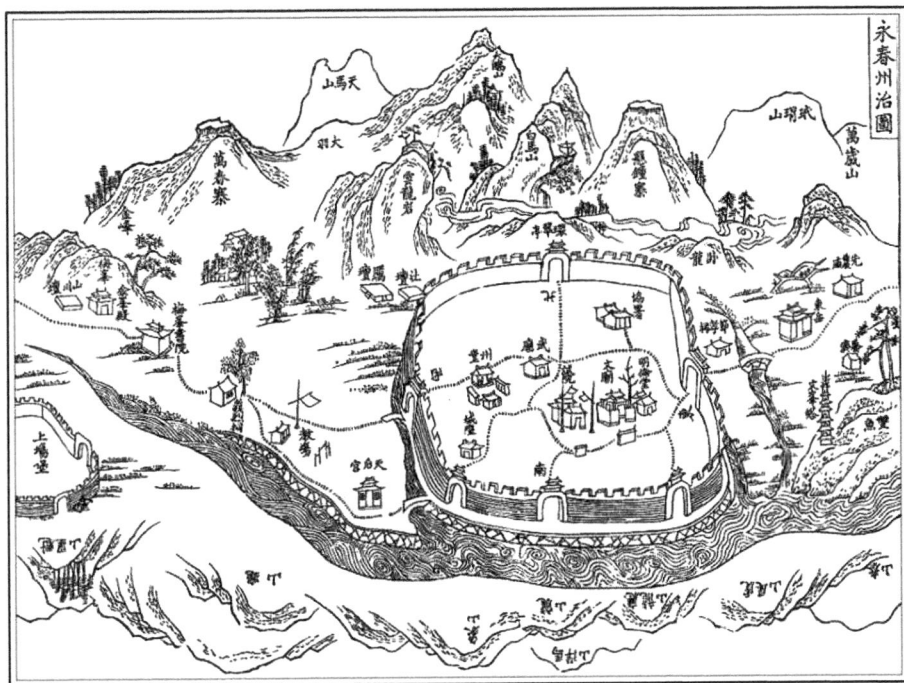

图 3.7 永春历史地图

(图片来源：《永春州志》，清乾隆五十二年（1787 年））

在这样的气候条件下，永春的传统村落在选址时往往会考虑到地形、水源、植被等因素，以适应和利用当地的气候资源。例如，村落可能会选择在地势较高、排水良好的地方建造，以避免雨季时的洪水侵袭。临近水源的地方可以方便居民的生活用水和农业灌溉。

亚热带季风气候带来的充足降水和适宜的温度为农业生产提供了良好的条件，使得村落周围能够发展稳定的农作物种植，保障了居民的食物供应和生计。永春地区的传统村落在选址和布局上充分考虑了亚热带季风气候的特点，通过合理的设计，实现了与自然环境的和谐共生。

村庄或住宅有的依山造屋，有的傍水结村，前有水塘或是小河，呈负阴抱阳之势。一些村落面向开阔的地带，风水布局与农田结合，另一些则注重保护和利用古树。永春传统民居的选址与自然山水的关系主要有枕山环水型选址、控山带水型选址、山地型选址、谷地聚集型选址等（表 3.1 至表 3.4）。

枕山环水型的村落背靠山丘，前方视野开阔，有良好的视觉享受，而且靠近水源的位置便于灌溉农田。山脚的梯田也适合耕作，符合农业生产的需要，体现了对地形的合理利用。

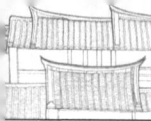

表 3.1　枕山环水型选址

类型	枕山环水型	
案例		
村落	东关村	卿园村
特征简介	村落位于溪流附近，村落依托水运，基址具有一定的天然防御性，是传统村落常见的格局	

表 3.2　控山带水型选址

类型	控山带水型	
案例		
村落	桃城镇榜头村	东关镇南美村
特征简介	村落背靠山脉，面向溪流，有利于生产生活和农业灌溉，依托便利水运的条件，是传统村落常见的格局	"控山带水"的村庄往往有着悠久的历史和深厚的文化底蕴，独特的景观价值，形成了村庄与自然环境的和谐统一

表 3.3　山地型选址

类型	山地型	
案例		
村落	桃城镇丰山村、上沙村	呈祥乡
特征简介	山区地带的聚落，村落四面环山，建于坡度较大的台地之上；聚落在地形起伏的山坡上，获得避风向阳的良好环境；村落可用耕地较少，以林业经济为支撑产业	四周是山脉，平均海拔 800 米以上；为山垄地，种植水稻、地瓜、佛手瓜以及茶叶；村落建于地形上，形成高低错落的建筑；建筑材料多为石头，设计的房屋沿山坡建造，地理环境相对隔离，具有抵御山洪和滑坡的结构

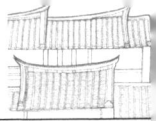

表 3.4 谷地集聚型选址

类型	谷地集聚型	
案例		
村落	桃城镇洋上村	仙夹镇东里村
特征简介	村落呈聚集型，四周群山包围，是典型的水抱山环之风水宝地	村落位于土地平旷场所，水资源充足；村落随着河岸的形态变化，背靠山岭可以挡住冬季凛洌北风，夏季风逆溪而上，小气候宜人

　　控山带水型的村落依托水运，基址具有一定的天然防御性，这是传统村落常见的格局。东关镇南美村的村庄选址和布局充分利用了当地的自然地形，背靠山脉，前临水系，形成了一种与自然和谐共生的居住环境。山脉作为屏障，可以阻挡冬季寒冷的北风，在夏季提供凉爽的气候，这体现了对气候条件的适应性设计。水系为村庄提供了灌溉农田的水源和日常生活用水，这种布局被认为是理想的居住环境。靠近水源的位置便于灌溉农田，梯田也适合耕作，符合农业生产的需要。这种布局不仅提高了农业生产的效率，也增强了村落的自给自足能力。

　　谷地集聚型村落多位于城市周边的平原地区，因靠近河流或谷地而形成。这些区域拥有肥沃的土地，适合水稻种植，以农业为主，有较为完善的水利设施。这些村落还可发展手工业、商贸等经济活动，并保留有丰富的非物质文化遗产，如南音等传统音乐。村落的建筑通常采用红砖材料，并有燕尾脊等传统屋顶形式，公共建筑有宗祠，是社区活动的场所。这些村落有许多历史遗迹，如古桥、古塔和古庙等。

　　永春的传统村落和民居在空间形态上的变化，反映山势和水流对传统村落空间布局的深刻影响。建筑群以院落为中心组织，明确主次关系，体现了中国传统建筑的组织原则。建筑群落形成外部封闭、内部开敞的布局，符合中国传统建筑思想和审美观念。村落的空间关系可以分为枕山环水型、盆地型、山麓型和山地型等。每种类型都与当地的自然环境紧密相关。

　　（1）枕山环水型村落

　　枕山环水型村落依山傍水而建，有平地则聚，无平地则散，与自然环境相融。依托环境，构成"枕山、环水、面屏"的理想格局。民居村落布局，村落往往注重风水，以求得吉祥（图3.8）。这些村落往往有悠久的历史，村落中保存有古桥、古塔、古庙等历史遗迹。

（2）盆地型村落

盆地型村落位于地势比较平坦开阔的地带，如山间平原，是村镇聚落发展的有利地形。永春地区四面环山，层峦叠嶂，盆地间包含大量的村落。这些村落通常位于山脚下或河流环绕的地带，有优美的自然景观和丰饶的自然资源。建筑风格融合了闽南传统建筑元素，如红砖和燕尾脊等。这些地区宗族观念强烈，宗族组织发达，往往建有宗祠、家庙等。盆地的村落四面环山，土质较好，可以利用平坦的地势营造家园，是村落选址的首选。

（3）山麓型村落

山麓型村落多位于群山怀抱中，可用的平坦土地相对较小。特点是依山而建，功能、设施与枕山环水型相近。房屋朝着阳面修建，朝向基本一致，各户高低错落，分台而建。村落沿山麓地带顺势而建，形成了阶梯状的分布，这一特点在视觉上尤为显著。建筑多采用当地材料，如红砖、石材等，具有鲜明的地域特色（图3.9）。

图 3.8　枕山环水型（东关村）	图 3.9　山麓型
（图片来源：谷歌地图）	（图片来源：仙夹镇政府供图）

（4）山地型村落

山地型村落用地紧凑，地形起伏显著、高差大，并且坡度陡峭。这些村落的建筑风格往往与当地的自然环境和文化传统紧密相关，如红砖古厝。山地型村落承载了丰富的历史文化信息，一般山地型的村落受到地形的制约，建筑沿着等高线分布，内部道路比较陡峭（图3.10）。

按照村落的功能分类主要有农耕居住型和商业交通型两类，两者相互联系。

（1）农耕居住型

农耕居住型村落主要是自给自足的生产生活方式。这类村落有大量的耕地，村民也会种植茶叶、芦柑等。村落内的道路方便村民耕作，主要溪流穿村而过，沿街设有商铺，有一定规模的商业活动（图3.11）。农耕居住型的村庄主要围绕农业产业发展，如茂霞村以种植水稻和荔枝为主要农业产业同时也种植其他的水果。

图 3.10 山地型（东里村）

（图片来源：百度地图）

图 3.11 农耕居住型

（图片来源：仙夹镇政府供图）

（2）商业交通型

商业交通型村落通常位于交通枢纽，以商业贸易活动为主要功能，这些村庄往往依托其地理优势和交通便利的条件，发展出与商业、服务业和交通物流等相关的经济活动。商业交通型村庄有较为发达的商业活动，包括零售、餐饮、娱乐等多个领域。

比如五里街古集镇，老街两旁多为前店后宅或下店上宅的建筑布局，使得商业的门面能够充分发挥空间功能。街区呈带状，主街作为基本骨架向外延伸。连接主街的有多个街巷向外延伸，有的配备码头让人们进入主街的内部，进行货物贸易。又如五里街的许港，旧码头成为商品贸易的重要场所。

3.2.2 村落构成与宗族组织

传统村落的空间构成通常包括保留完好的传统民居、宗祠和宫庙建筑等。村落的地名包含着历史信息。在永春地区，除了村庄地名信息外，各村庄还根据自然地形、地貌和地理位置建立了特殊标志或构筑物，以便于明确方位和地点。

传统村落的结构体系基于以姓氏血缘为中心的宗族制度。每个自然村由多个家庭组成，土地相互连成一片，形成了以宗族为单位的聚落结构。随着人口的增长，较大的村落会分化出新的小村落。每个村落一般以一个姓氏为主姓，少数村庄有多个姓氏，被称为杂姓的村庄。在新中国成立前，提到某人来自哪个村庄，通常能够推断出其姓氏。

在闽南文化中建房屋被视为人生中的一件大事。民居的选址通常不会建在宫庙前或祖屋之后，以示对祖先的尊重。民居的布局遵循竖向层次的原则，即后座房屋的地平线必须高于前座房屋，后座屋面要高于前座屋面，形成有序的空间序列。随着家庭的发展，子女长大成人后通常会分家，根据经济条件决定是否另建房屋。新建的住房一般跟祖屋并排或间隔排列，或者离祖屋不远的地方，逐步形成有序的民宅群。

宗祠亦称为祖祠、家祠，用于祭祀先祖的场所，是村落社会与空间中心，拥有较大的广场和风水塘，其广场和建筑装饰一般比较讲究。宗祠的布局方式与村落拥有的祠堂数量相关，单一祠堂村落通常只有一个宗祠，而多个祠堂村落则拥有两个及以上的宗祠。这种布局反映了宗族的分支和村落的发展。

3.2.3 传统村落的空间特征

传统村落选址主要分布在古代交通要道、相对封闭的自然环境，或区域经济中心地区。传统村落的轴线与周边山水环境有呼应关系，轴线用于确定村落的方位和地域关系，对于营造和谐的小气候环境至关重要。村落的轴线与重要建筑的空间布局共同构成公共空间的结构（图 3.12 至图 3.15）。

图 3.12　岵山传统村落

（图片来源：自摄）

图 3.13　东关镇南美村

（图片来源：永春县自然资源局供图）

图 3.14　仙夹镇传统村落风貌

（图片来源：仙夹镇政府供图）

图 3.15　仙夹镇传统村落

（图片来源：百度地图）

永春村落的布局特点是建筑沿溪流线形排列，与自然地形平行，与自然环境和谐统一。水渠与道路的平行设计便于灌溉农田。乡村中的标志性建筑选址会考虑周围环境，避免与溪流垂直，而建筑轴线通常以南北方向为主，重要建筑多沿溪流方向布置，面朝河流或池塘。轴线附近的建筑需与轴线结构保持一致。

永春的村落规划深受风水学影响，选址注重山川形胜，以山为"龙脉"，以水"聚气"，关注自然的形态特征，强调人与自然和谐共生。民居营造前，屋主通常会邀请风水先生进行阴阳八卦的勘察。大厝背靠山脉，门前是开阔的庄稼地，平坦的前埕既作为空间过渡，也可以用于晒晒粮食。风水先生依据周边的山水地势确定房屋的型制和朝向，并择吉日动工。为维持宫庙和宗祠的神圣地位，其轴线上不能有民宅。宗祠一般位于村落后方的高处，或位于村落前方或侧方，全村环绕河水，形成"金带环抱"的格局，象征村落的繁荣与和谐，如湖洋镇的湖城村。

3.3 建筑色彩和风貌特色

建筑的色彩、自然环境色彩，共同塑造地域景观。色彩的运用影响空间的氛围，对人们的情感和心理也产生影响。中国传统色彩遵循"五方正色"原则，即红、白、黑、黄、青等基本色彩。传统建筑装饰的色彩有严格的规定，尤其是在彩绘方面。

明清时期的装饰风格继承了传统，而清代的装饰材料更为丰富，拓展了地方性材料的运用。在构图、色彩和工艺等方面，清代建筑装饰具有了创新，反映了当时的美学特征。色彩的运用趋向世俗化，多运用红色、金色等色彩表达吉祥的寓意。

永春地区气候潮湿，建筑油饰多采用朱漆和黑漆，形成沉稳的装饰色调。闽南传统建筑彩绘不受法式约束和严格的色彩等级的束缚，而是受苏氏彩绘的影响，彩画风格活泼，表现灵活，常与木雕构件（如瓜筒、雀替和吊筒等）相结合。寺庙和宗祠建筑色彩运用丰富，主要以红、黄、青绿和黑为主，通常以暖色为主调。斗拱以红黑两色装饰，底色刷红，表面刷黑。

永春传统建筑根据功能的不同展现出各自的特色：民居以优雅低调、自然朴实为特点，祠堂庄严肃穆，牌坊通透明亮，书院和商业建筑则各具特色。在建筑色彩的运用上，主要采用黑、暗红和灰，古朴典雅，与自然山水景观和谐相融、层次丰富，形成韵律美。

永春传统建筑将装饰重点放在人的视线范围内，色彩营造主要有两种：一种是利用花岗岩、红砖、白石、木材和瓦片等天然材料，展现其自然的色调；另一种是运用对比鲜明的人工色彩，如彩绘、交趾陶、剪粘和油饰等，主要用于宗祠和庙宇。

传统建筑色彩的主要特点如下：

（1）传统建筑的暖色调与周围青山绿水的冷色调形成鲜明对比。建筑的檐下和室内运用暖色装饰，如红砖、木材和砖雕。

（2）建筑的色彩对比。如以檐下青绿色水车堵与建筑主体的暖色形成对比，屋顶、

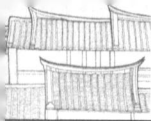

裙堵和台基等花岗岩的绿灰色与红砖形成对比。建筑中冷暖色的对比很常见，如赭色与群青、金色与蓝色，以突出色彩效果。

（3）建筑材料的自然色与装饰色之间形成对比。如白石与红砖、青斗石与花岗岩、红砖雕与白灰底等，展示层次分明的美感。

（4）传统建筑的彩画受风水影响，体现了阴阳五行的哲学思想。寺庙和宗祠油饰和彩绘丰富，映射出人们对自然元素的崇敬。

永春地区的传统建筑色彩与风貌特色体现了地域文化的深厚底蕴，以及与自然环境的和谐共生（表 3.5）。

表 3.5　永春传统民居色彩提取

砖色（暗红色）	木材（褐色）	砖瓦（青灰色）	灰色（花岗岩）
色彩提取 RGB R：192 G：130 B：131	色彩提取 RGB R：131 G：109 B：87	色彩提取 RGB R：107 G：100 B：107	色彩提取 RGB R：126 G：132 B：130

3.3.1　室外色彩组成分析

永春传统建筑的色彩经过时间的积淀，与自然环境的融合塑造了其独特地域特色。这些色彩的来源与当地的土壤（红壤、水稻土和砖红壤等）有关，同进受到地理环境和气候条件的影响。建筑色彩不仅反映了环境特征，也与地域文化和审美偏好有着内在联系。

在清代后期，永春传统建筑装饰色彩风格趋向华丽，体现了一种复杂精细的美学趋势。随着装饰手段增多，灰塑、交趾陶、彩绘和红砖等材料的使用丰富了建筑色彩的表达。永春传统建筑彩绘多集中在屋檐下的水车堵上，展现了艺术化的表现手法。近代的永春建筑中，金漆木雕技法盛行，使得庙宇和祠堂的装饰色彩更加艳丽。

永春地区的青山绿水、蓝天白云，形成了一幅生动的自然画卷。在山区，建筑常采用黑瓦、暗色红砖和夯土构成，掩映在自然的景观中。红砖与石材的搭配，泥塑和剪黏装饰的鲜艳色彩，丰富了视觉体验，也满足了人们对美好生活空间的心理追求。

永春传统建筑的色彩注重对比、和谐统一，强化了地域特色。传统建筑注重建筑的用材，其色彩与周围环境和谐相融（图 3.16 至图 3.17）。民居色彩源自乡土建筑材料，如烟熏砖、石材、卵石（图 3.18）。屋顶铺设青瓦，以黑灰色、浅灰色为主要的色调，古典质朴（图 3.19）。暗红色的红砖外墙和木材给人温暖的感觉。建筑的台基、柱

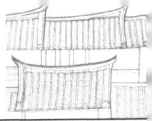

础采用花岗岩石材，体现了质感和庄重。

图 3.16　民居建筑环境（仙夹民居）

（图片来源：自摄）

图 3.17　骑楼木质建筑（五里街）

（图片来源：自摄）

图 3.18　夯土建筑（巽来庄）

（图片来源：自摄）

图 3.19　永春青瓦与环境和谐（仙夹民居）

（图片来源：仙夹镇政府供图）

　　永春传统建筑色彩体现其独特的审美功能，使其在视觉上引人入胜，而且丰富了色彩的联想。如红色表达吉祥、喜庆和避邪的文化寓意。剪粘和红砖墙面等装饰，色彩对比强烈，适合远观，如表 3.6 所示。

表 3.6　永春传统建筑色彩及联想

色彩	建筑材料色彩	色彩物像	色彩联想
红色	红砖墙、朱漆	红花、夕阳、火	热情、吉庆
褐色	山花、彩绘、木构件	泥土、大地、木材	吉祥、温暖
青色	水车堵、青瓦、彩绘	绿树、农田、小草	生命、活力
蓝色	水车堵、山花、彩绘	蓝天、大海、远山	沉静、理智
黑色	梁柱的油漆	黑夜、大地、煤	严肃、神秘
白色	壁堵、柱础、台阶花岗岩	白云、雾	神圣、质朴
金色	窗棂、梁枋和隔墙的贴金箔	光、黄金	尊贵、辉煌

与沿海地区建筑相比，永春传统建筑的色彩比较沉稳。传统的红砖古朴，花岗岩的白灰色、青斗石的绿灰色，以及建筑内部运用的木材原色，共同营造出色彩的厚重感。富裕家族偏爱用黑漆和朱漆，这些色彩不仅是传统的代表，也彰显了家族地位和财富。永春传统建筑盛行金漆画装饰，显得室内金碧辉煌。永春传统建筑的色彩组成是其地域特色的重要体现，它们不仅反映了自然环境的影响，也展现了当地文化和审美的深层内涵。

3.3.2 室内色彩特征分析

在明清时期经济繁荣背景下，华侨纷纷回乡盖房，不仅推动了家乡的建设，也引入了新的建筑风尚。永春传统建筑室内的色彩偏爱暖色调，尤其在入口和中堂区域，这种色彩的应用营造出温馨而庄重的氛围。

永春传统建筑室内大多采用材料的自然色彩。暗红色的砖材、白色的墙面和木材的湿润色泽形成室内的主要色调。顶上的中檩、灯梁采用暖色调，匾额一般贴金或彩绘，体现木材的自然美感。

中堂或宗祠等重要空间常用油漆、矿物质颜料、金箔贴饰和彩绘来装饰，营造庄重的氛围。供奉祖先的神龛背景一般用暗红色，并用金箔点缀，体现对祖先的崇敬。

建筑彩画清新淡雅、画法灵活，赋予墙面如绘画般的艺术效果。彩画技法中的如"落墨搭色"和以墨色为主、色彩为辅的"白活"技法，绘山水、人物和花鸟题材，展现传统绘画的写意与工笔的精妙结合。"攒退"技法通过色彩的晕染变化，为寺庙和祠堂的装饰构件增添立体感。

永春传统建筑室内色彩的运用，体现对自然材料的尊重，也反映了对传统文化的继承和发扬。色彩的选择和搭配，旨在营造出一种既庄重又具有生活气息的室内环境。通过对色彩的精心设计和运用，永春传统建筑的室内空间成为了文化传承和审美表达的重要载体。

本章小结

永春传统村落的选址、布局、景观和建筑空间布局等具有鲜明的地域特征。当地历史悠久，文化多元，受到中原移民、传统宗族文化、华侨文化和地方信仰习俗的影响。这些文化交融在村落内传统建筑中得以体现，建筑类型多样化，反映当时社会对建筑的物质和精神功能的多维需求，营造丰富多彩的空间环境。

永春传统建筑的空间设计传承了与自然和谐共生的理念，巧妙应对当地气候条件，体现了宗族组织的凝聚力，并建立半开敞的公共空间以促进社区交流。建筑布局上以轴线为对称，住宅、祠堂围绕天井布局，体现内聚性和向心性。

永春属于侨乡，永春的民居积极融合近代外来文化元素，创造新时期文化风貌。建筑不仅融合了古越族和近代华侨文化，还展现移民文化特征。此外，外廊式建筑也影响了永春民居的设计。

在建筑色彩上，永春传统建筑的室外装饰以暗红的砖材、乡土石材、青瓦和夯土等材料，构成了质朴的建筑色彩语言。室内色彩以木材的自然色为主，局部贴金和彩绘，构成了地域建筑色彩特色。

永春村落的建筑特色不仅体现在其独特的地域文化和历史传承上，还体现在对传统与现代、本土与外来文化融合的空间设计和色彩运用上。这些设计原则和手法共同塑造了永春传统建筑的独特魅力，并为研究地域建筑提供了丰富的实例。

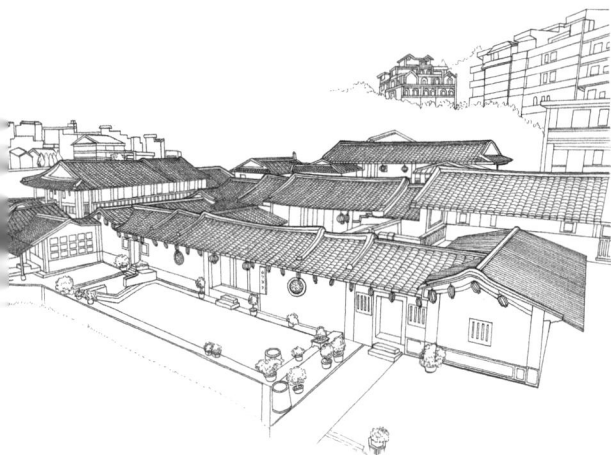

传统民居的类型

4

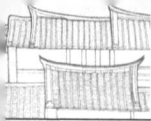

在建筑学的范畴内，类型学是一种分析建筑形态和文化意义的方法论。建筑不仅是历史与现实的映射，也是个人与社会的关系。罗西认为，建筑是历史进程中自然演进而来，建筑产生于它的内在合理性。随着时代的发展，民居的形态随之演变，反映了社会功能对建筑形式有决定性的影响。

永春传统民居具有多样性，这是由其复杂的地理条件和社会人口结构的多样性所塑造的。历史上永春居民根据居住的区域不同，形成了独特的社会分类，包括城市居民、乡村居民和山区居民。城市居民大多为小商贩和手工业者组成，他们的住所多位于城市城道街道，如五里街，街道仍保留着骑楼的形式。山区居民的民居大多就地取材建造，朴素、实用，有的建成防御性的土堡。乡村居民倾向于宗族聚居，因地理位置比较优越，交通便利，他们的住所多建成闽南大厝。

清末民国时期，许多永春人前往东南亚谋生，成功积累财富后回乡建造了各式"番仔楼"。这些建筑在技术和装修风格上都有所创新，反映了外来文化的影响。

永春传统建筑受到地形地貌、气候、材料、风俗和审美偏好等多种因素，形成和谐、精致的地域性风格。建筑的美观和个性的统一是通过材料、工艺，以及雕刻、图案和色彩的运用来实现的。

4.1 传统民居主要类型

永春传统民居是地域文化的生动体现，其多样性的建筑类型包括红砖大厝、土堡、洋楼、骑楼和夯土建筑等。这些建筑不仅提供居住功能，也承载着丰富的历史信息。明清时期的官式建筑主厝以中堂为中心，对称布局反映了传统礼仪的秩序感。永春民居一般坐北朝南，内向封闭，注重通风采光，面宽三间或五间，以木梁承重，运用砖、石和土砌护墙，进深多为二进落或三进落。

4.1.1 永春传统民居基本类型

永春传统民居的基本单元是"合院式天井"院落，其中三间张两落大厝为三开间的合院，五间张两落大厝为五开间合院。

（1）建筑布局

规模较大的大厝，平面布局一般包含五个分区，以主大厝为基点，前面为宅，称为"下落"，正房称为"顶落"，两侧厢房称为"榉头"，两侧房屋称为护厝（图4.1）。宅以墙街（围墙）为界，墙外为外宅，墙内为内宅。外宅包含外埕、埕围、鱼塘等；内宅包含内埕、鱼池、古井、花池和护院等。永春传统民居遵循层次分明的

布局原则，后落地坪和屋顶设计高于前落，象征着家族的繁荣和后代的昌盛。

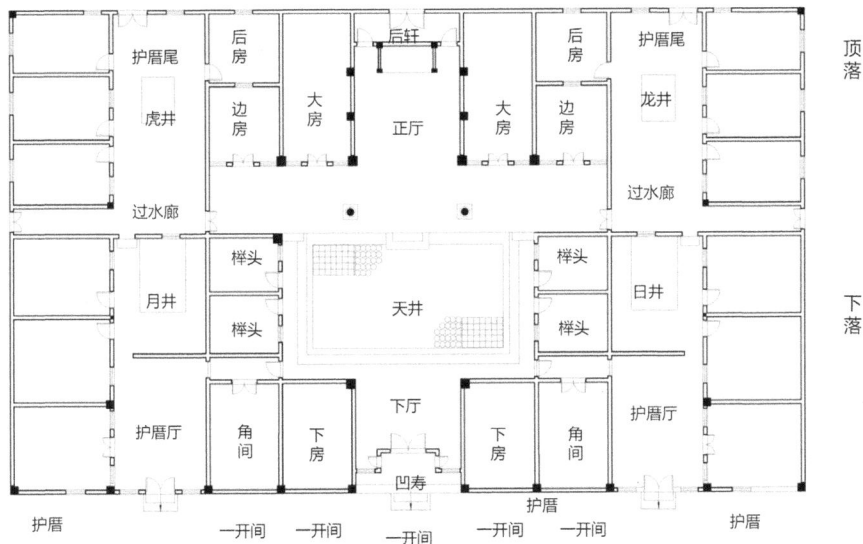

图 4.1　传统民居平面图（朱庆堂）

(图片来源：自制)

（2）居住习俗

闽南居住习俗中，长者住左（龙边），幼者住右（虎边），体现家族长幼有序。多子女家庭中，子女成年后会分家，按次序分配住宅。

（3）排水设计

大门左侧设置排水孔和右侧的狗洞，体现建筑实用性和对居住环境的细致考虑。雨水经弯曲的涵孔（排水沟），由大门的左侧排水孔排出。涵孔用陶土烧制，埋设或砖砌暗沟而成，排水沟做成弯曲状，排水系统展现了生态智慧。

4.1.2　闽南院落式民居

闽南大厝以红砖外观为特征，呈现出中轴对称美学和严谨的空间组织。永春地区的民居基本单元是"合院"式院落，具有多层次进深，通常为三开间或五开间。

1）合院

（1）合院式布局

合院式是闽南民居的经典形式，这种布局不仅可以横向或纵向扩展。合院的平面布局模式为前后两进，与左右厢房围合成一个中庭型庭院，形状如"口"字形，也反映了闽南人对家庭团聚和私密性的重视。合院在屋身的正前方设户外广场（称"埕"），以围墙环绕。基本的合院布局为两进三开间，其中第一进"下落"，明间为门厅，两边为次要房间；第二进"顶落"包含正厅及后轩，是主要居住用房。左右两

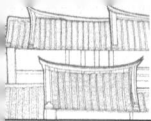

厢可以敞开作为过廊，也可以隔出房间。

（2）建筑结构

合院建筑结构通常采用穿斗式构架，以稳固和简洁著称。在一些厅堂或檐廊中采用抬梁式构架。外墙的勒脚、墙裙常采用石材，山区的建筑多用卵石砌筑墙裙。屋顶多采用硬山或悬山结构。

（3）规模与布局

规模较大的大厝中，中轴对称的布局彰显了家族的社会地位。前面有宅，右面有园，左右护厝，进深有一进、二进、三进等，每一处都体现了对家族成员生活需求的细致考虑。主大厝一般包含三落，即前落（下落）、中落、后落（顶落），还包括连接前、中落的前天井、前落两侧过水（前落过水厅、厢房），连接中、后落的后天井、后落两侧过水（后落过水厅、厢房）。大厝一般左右对称，以大门为中心线，左边为大边，右边为小边（图4.2）。主厝的两侧或单侧带有护厝。门前有石埕，视野开阔。

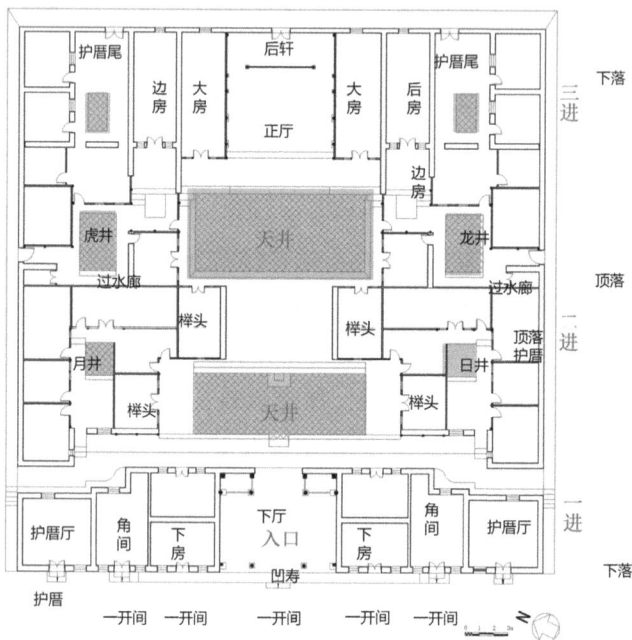

图4.2 三落带护厝（福茂寨）

（图片来源：自制）

大门相当于北方民居的"金柱大门"。门斗称为"塌寿"或"凹寿"，通过塌寿，进入前厅，门厅两侧的次间称为"下房"。五间张的大厝中，下厅的梢间也称为"边间"。下落是开敞的前厅，也称为"第一进"。天井两侧是厢房，称为"榉头"，中间是厅堂及后轩，称为"第二进"（顶落）。"顶落"为正厅，也称为"中堂"。中堂的两侧厢房称作"大房"，梢间称作"边房"或"五间"。中堂由一面"寿屏"分割成前后两部分，前面部分供奉祖先。中堂后面部分称为"后轩"，"后轩"两侧次间称作"后房"，梢间称作"后边房"（图4.3）。

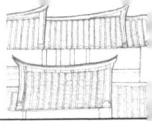

（4）室内与私密空间

大厝基本能满足大家庭的生活需求。室内空间以左右大房和下房构成最重要的四间卧室。卧室常常挂着布帘或是竹帘，房间的天窗比较小。室内大多用红色方砖铺砌，构成吉祥图案。窗棂大多为螭虎木雕窗，雕刻人物、瑞兽、建筑、花草和器物等纹样。如果大家庭分家分灶，大厝的四个角——下落的两间角房和顶落的两间后边房一般改造成厨房。四个家庭分居四个角落，保证了小家庭的私密性（图4.4至图4.6）。

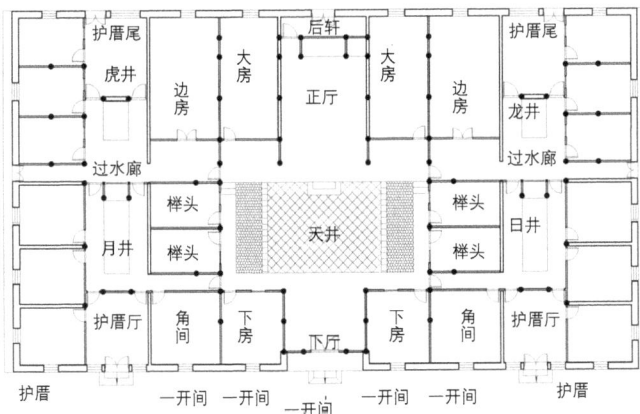

图4.3　茂霞村平面图（殿溪堂）

（图片来源：自制）

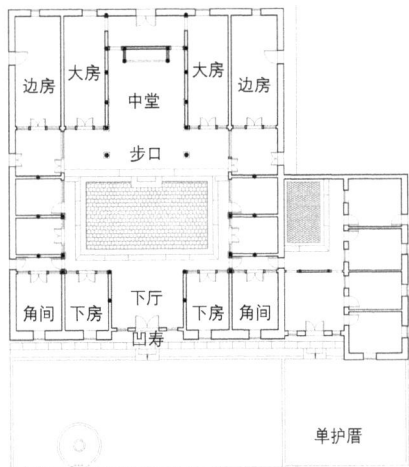

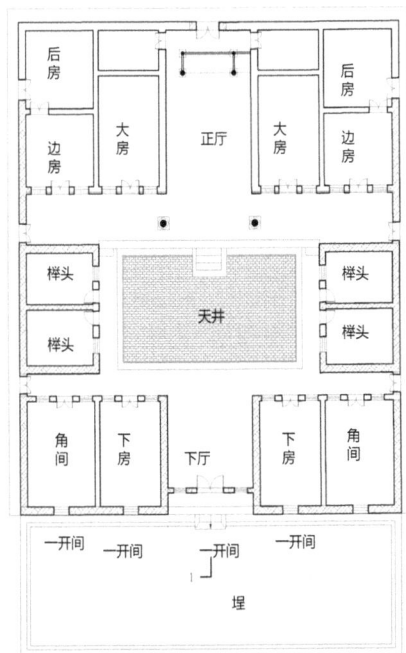

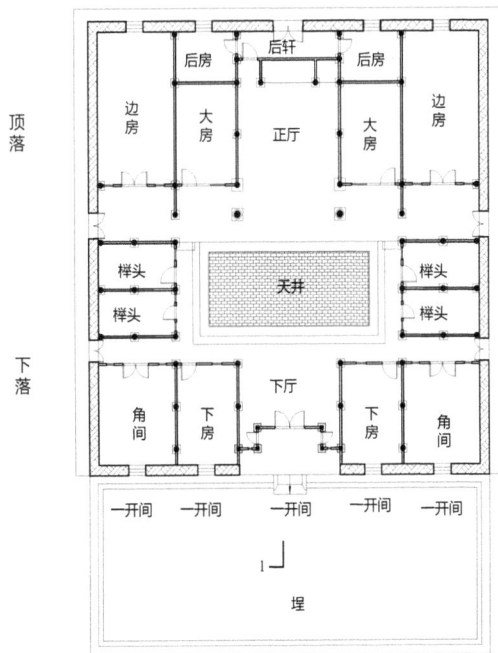

图4.4　两落大厝单边带护厝平面图
（岵山集福堂）

（图片来源：自制）

图4.5　小六路厝平面图（茂霞村福春堂）

（图片来源：自制）

图4.6　两落大厝平面图（合兴堂）

（图片来源：自制）

永春民居公共空间和私密空间明显，主次分明，层次递进。护厝具有相对的独立性。每列护厝都会被砖墙分隔成前后两个院子，每个院子有独立的门通向户外。有的门庭有门埕和围墙环绕，当有大事发生时才开启大门，平时由左右两侧进出。这些门保证了院落的独立性，也保证了大家族中小家庭的私密性（图4.7）。

图4.7　前埕护厝门（龙潜堂）
（图片来源：自摄）

图4.8　民居中堂
（图片来源：自摄）

海上贸易风险大，家族为了分担风险，会让更多的家庭成员耕地务农。大厝满足当时农业生产的需求，每个大厝门前都有一个长方形小广场"前埕"，是用于家庭晾晒粮食和蔬菜的地方。前埕周围加建的"回龙"常作杂物间、鸡窝、猪圈和谷仓使用。前埕中往往有洗衣洗菜的设施，讲究的会在前方修建半月形的水塘，并在大厝背后修建花园。整个建筑保证了一个大家庭日常的生活。

永春的闽南大厝主要分布在岵山镇和仙夹镇等，如岵山镇的传统民居有350多座。岵山镇的世德堂有精美的木雕、石雕和花砖，是民国后期闽南传统建筑的代表（图4.9）。此外还有玉津堂、永丰堂、沈家大院、福春堂等，也是红砖大厝的代表（图4.10）。

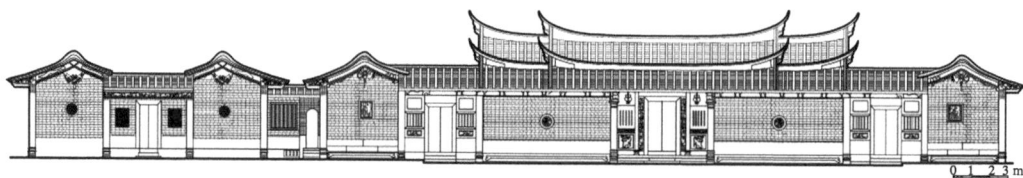

图4.9　铺下村世德堂北立面图
（图片来源：永春县岵山传统村落测绘图集，戴志坚供图）

2）骑楼

骑楼作为一种独特的建筑形式，于19世纪由东南亚传入我国南方，它不仅是建筑学的体现，更是生活哲学的象征。骑楼的设计采用了沿街柱廊式结构，其平面布局根植于传统建筑，同时创造了一种创新的街屋模式。闽南的骑楼为两层以上建筑，底层部分做成柱廊（"五脚基"），楼层部分跨建在人行道上，多为前店后宅或下店上宅布局。沿街骑楼绵延数百间相接，形成一条能够避雨、遮阳的人行道。永春骑楼的设计

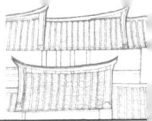

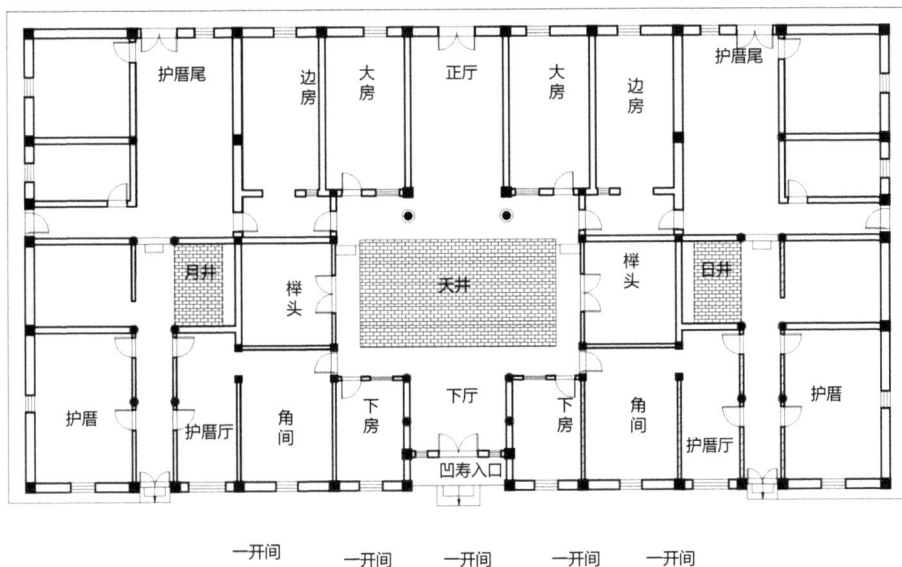

图 4.10　福春堂平面图（茂霞村）

（图片来源：自制）

融合了地方工艺和西式装饰手法，较为成熟地运用新技术、新材料，多采用折中主义风格的洋楼立面。小商贩和手工业者大多居住在城里的街道两侧，民居多为骑楼建筑，因地理位置较优越、交通便利，对外交流较多，所以生活条件较好。骑楼民居一般面宽3~4米，深度不等，如五里街老街的房屋（图4.11~图4.13），不仅实用，还体现了地方特色。

图 4.11　五里街骑楼街道

（图片来源：周塱绘）

图 4.12　五里街骑楼

（图片来源：周塱绘）

3）洋楼

清末民初时期，闽南人前往东南亚地区谋求发展，有些华侨带着在海外积累的财富回乡买田、置业、建房，推动了当地建筑的革新。这些华侨将南洋的建筑样式融入本土建筑之中。永春大厝出现多样的洋楼（"番仔楼"），在建筑材料、建筑技术、功能分区和装修风格上实现了创新。

图 4.13　五里街骑楼

（图片来源：自摄）

图 4.14　洋楼（树南山庄）

（图片来源：自摄）

永春的近代洋楼作为近现代历史阶段的建筑遗产，深受西方建筑风格的影响，它们不仅融合了中西方建筑元素，而且承载着独特的历史和文化价值，是华侨文化和商业贸易的见证，标志着当地社会经济发展和对外交流的重要标志。

树南山庄位于五里街镇，是中西合璧的红砖洋楼，它不仅展现了当时中西方建筑风格的融合，也体现了时代的审美和文化自信（图 4.14）。德鑪五间张为爱国华侨蔡德鑪宅邸，继承传统闽南红砖大厝，融入近代洋楼的设计元素，是近代洋楼的代表之一。这些洋楼在建筑风格上具有独特性，在装饰艺术、材料使用以及空间布局上展现了当时的建筑技术和审美趣味。

4）土堡

土堡是福建西南部和中部山区的独特居住建筑，以其显著的防御功能而著称。这些建筑不仅是闽南地区传统建筑的典范，也是当地居民智慧与生活方式的体现。

（1）巽来庄：土堡建筑的典范

位于永春县五里街仰贤村的巽来庄，是闽南土堡中的杰出代表。其墙体厚度在1.5 米至 3 米之间，底部采用花岗岩和卵石，上层为夯土结构，展现了中西方建筑风格的融合。巽来庄融合了闽南人和客家人的建筑艺术，兼具内陆土堡的特征和闽南红砖建筑的特色。其堡宅合一的形式，具备防盗、防震、防兽、防火、防潮、通风、采光等功能，实现了冬暖夏凉的居住环境。

（2）土堡的建筑特点

土堡的建筑特色在于其厚重的墙体和严密的防御体系，如城垛、瞭望口、枪眼等。内部布局遵循中轴对称原则，从前堂、中堂到后堂，体现了中国传统的宗法礼制。巽来庄采用中轴对称布局，以门厅—天井—中堂为基本形制，中厅作为主要的祭祀空间，也是建筑最神圣及华丽的部分。土堡聚落的分家模式与闽南大院相似，由原有的住宅划分新的家庭单元或扩建新房，图 4.15 为巽来庄总平面图。

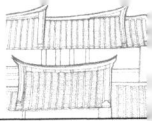

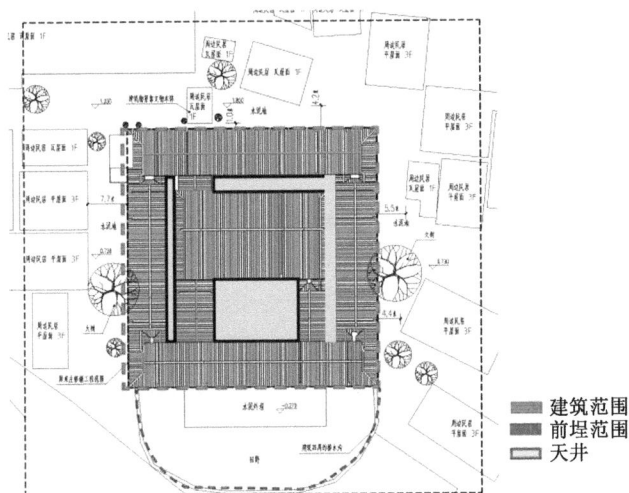

图 4.15 巽来庄总平面图示意

（图片来源：姚洪峰供图）

（3）巽来庄的内部结构

巽来庄的内部结构严谨而复杂，设有东、西、南三个楼门，内部回字形布局，共有 96 间房间，占地 3 100 平方米。建筑外围高达 9.5 米，内部木构架和精美装饰展现了闽南传统建筑的精致与实用性。内部布局以中轴对称，分为前堂、中堂和后堂，中堂为核心，用于家族聚会、祭祀等重要活动。巽来庄的结构与闽西土楼存在差异，堡墙不作为建筑的受力体，外围木结构体系独立存在。图 4.16 和图 4.17 分别为巽来庄建筑一层、二层平面图。

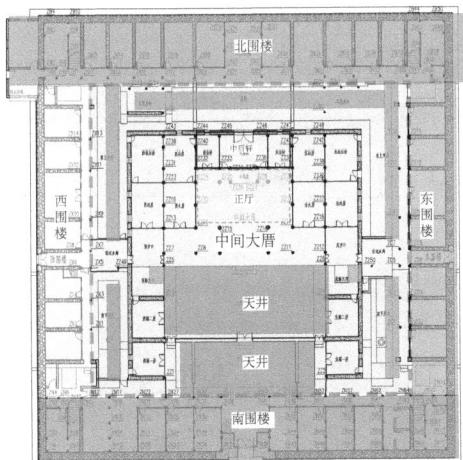

图 4.16 巽来庄平面图

（图片来源：自制）

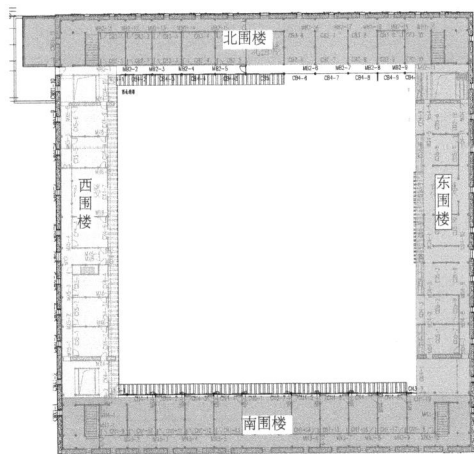

图 4.17 巽来庄二层平面图

（图片来源：自制）

（4）土堡的防御与宜居

巽来庄土堡的设计兼顾了防御与宜居。在和平时期，家族成员在内部官式大厝

群中生活；战乱时，族人可迅速躲进堡内，利用其防御设施抵御外敌。内部的合院式结构，既满足了居住需求，也方便了家族成员间的互动。其平面布局合理，内部空间可用于日常生活，土楼内是闽南典型的居民建筑。图 4.18 和图 4.19 分别为巽来庄南、东立面图。

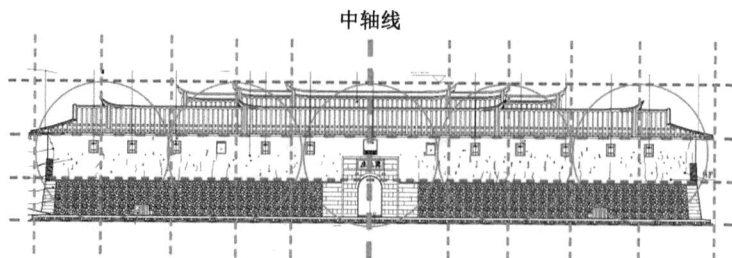

图 4.18　巽来庄南立面图

（图片来源：自制）

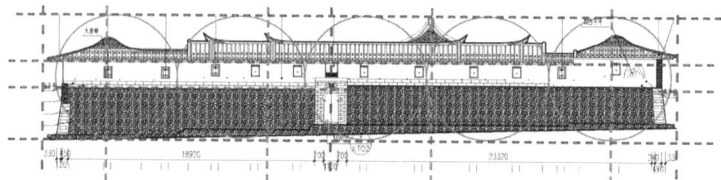

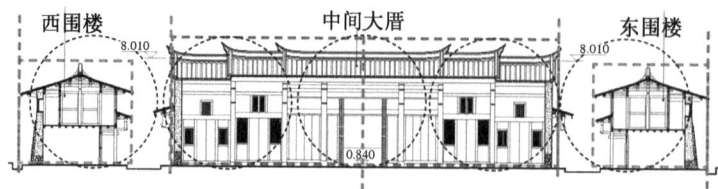

图 4.19　巽来庄东立面图

（图片来源：自制）

巽来庄土堡作为历史建筑，为研究永春乃至闽南地区的近现代历史、文化、经济提供了宝贵的实物资料。图 4.20 和图 4.21 为巽来庄建筑剖面图。

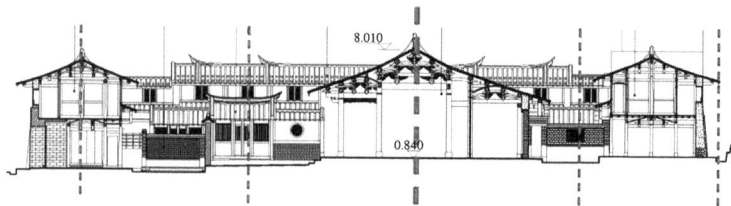

图 4.20　巽来庄剖面图 1

（图片来源：自制）

图 4.21　巽来庄剖面图 2

（图片来源：自制）

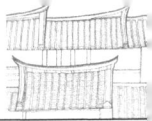

5）山区多层护厝

永春山区的建筑风格深受闽中内陆文化的影响，其建筑特色在于对木材的广泛应用。该地区的建筑结构以木结构为主，墙壁采用木竹匾，内隔墙和外围护结构则以木板或竹匾构成，再涂抹灰泥。一些木构楼房还有挑檐，作为楼上住户的活动空间，可以休息、纳凉，方便晾晒衣服。这种木构建筑多出现在木材资源丰富的山区，如永春县的内半县。

清代三堡建筑位于横口乡贵德村。建筑占地 1 亩①，共 3 层，主体结构是 7 间 11 架，采用穿斗式结构，承重结构是木框架、夯土墙，外围护是木板和夯土。屋面覆盖青瓦，地面铺设夯土。这些木构建筑以自然朴素的风格和精细的雕刻，与周边环境色彩协调（图 4.22）。

图 4.22 三堡（横口乡）

（图片来源：自摄）

承汾堂位于永春县横口乡上西坑村坑尾角落，始建于乾隆末期。建筑面积 652 平方米，房间 33 间，全屋以木质结构为主，结构采用穿斗式结合抬梁式。木构建筑采用乡土材料和工艺，展现了闽南木构建筑的精湛工艺。

永春内地山区的民居普遍采用木瓦结构，悬山顶，配以青瓦翘脊。与沿海民居相比，这些山区民居面阔很大，挑檐较深，较多保存了宋元时期建筑的原始特色。得益于山区木材资源丰富，木材在民居中得到了广泛的使用。除了主要的木构架外，墙体多使用木板，并施以白灰层，在碧水青山间，顺应地形而建，展现出特有的山林韵味（图 4.23）。

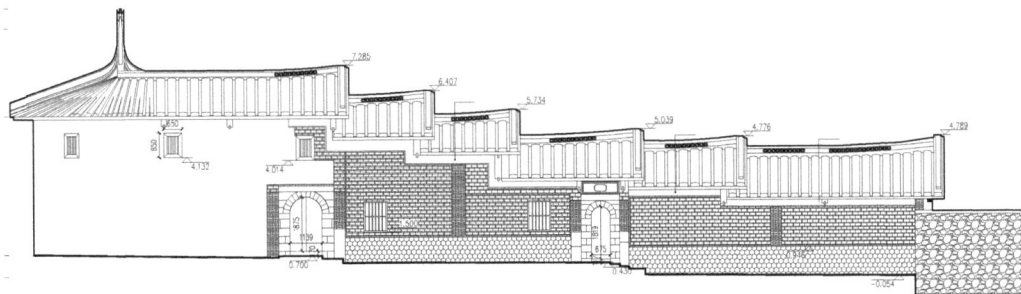

图 4.23 山区民居多层护厝（长泰新居）②

（图片来源：庄平辉绘）

---

① 1 亩＝666.67 平方米。
② 厦门翰林文博建筑设计有限公司，绘图庄平辉。

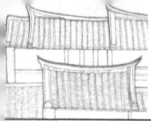

永春内陆地区民居建筑多采用质朴的砖木结构，一些佛寺也借鉴了这种山地式建筑的古朴风格。永春山区的木构建筑不仅实用，更蕴含着深厚的文化价值和历史意义。

4.2 住宅主要空间

永春传统民居以其独特的空间布局，不仅满足了生产、生活的需求，而且共同构成了一个和谐的整体。传统住宅的主要空间包括前宅、天井、中厅、大屋间、厢房和两侧护厝。

（1）前宅

① 外埕：外埕建在墙街（围墙）外，其设计相对简约，为大厝提供开阔的视野，成为大厝与田野之间的过渡带，同时衬托出大厝的美观。宽敞的外埕可用于晾晒谷物，还能在节日时演戏、人员疏散、举行婚丧活动等（图 4.24、图 4.25）。

图 4.24 外埕（仙夹民居）	图 4.25 外埕（沈家大院）
（图片来源：自摄）	（图片来源：自摄）

② 埕围：埕围是建筑前部的围合，它不仅界定了建筑界线，更提供了安全感和私密性。在永春传统院落式建筑中，基本是没有围合的，房屋的左右两侧以自然植物作为边界，而近代民居建筑出现了新的围合，以增强私密性。

③ 池塘：建造大厝需要大量用土，结合建筑布局，取土后修建池塘是常用的做法。有的池塘可利用了天然地形建造。池塘可以吸纳雨水，防止水涝，还能用于养殖鱼类、洗涤衣服，夏天也能作为游泳池。在早期水利设计不发达时，池塘的水可集水防涝和农田灌溉，有利于农业生产。

④ 墙街（围墙）：闽南话中围墙也称为"墙街"，它沿着大厝周边建设，设有大门、侧门或后门，围墙内属私人领地。围墙上的大门称为宅门，是进出大厝的主要入口。宅门的设计与装饰反映了主人的地位和荣耀。

⑤ 前落：通常由三开间构成，中间是前厅，两侧是次间。前厅因通风采光较好，

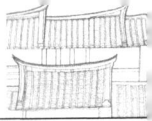

用来接待贵宾和亲朋好友。大门的门前墙体内凹，也称为"凹寿""塌秀"，避免出门直接受到风吹雨淋。大门两侧设置边门，供平时人们日常出入。前落的装饰，如木雕、石雕、砖雕等装饰艺术体现了主人的品位和地位。前落与后落（或上落）通过"榉头"（厢房）相连，使得整个建筑群既分隔又连通，方便居住者的日常活动。图4.26为住宅主要部分平面图。

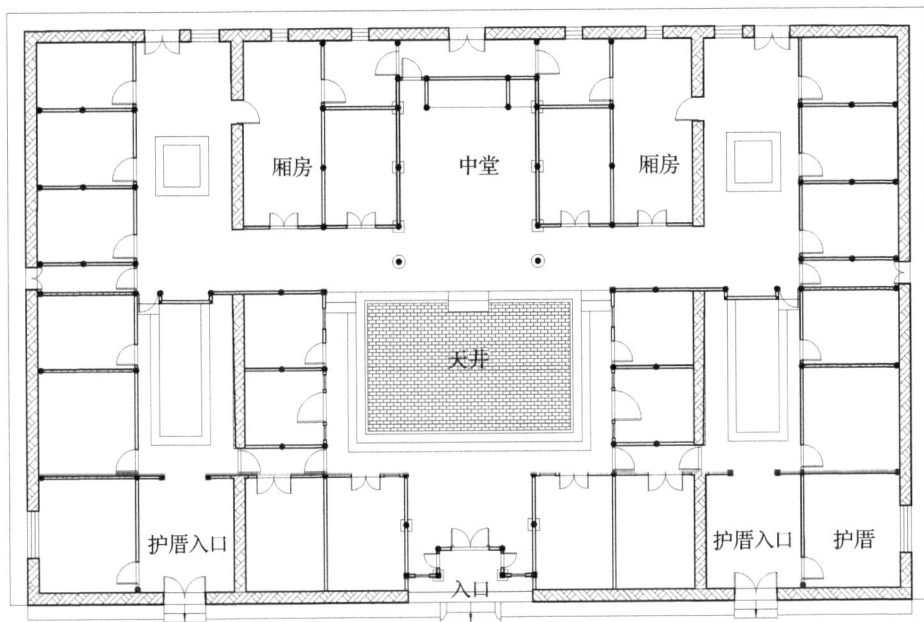

图4.26　住宅主要部分平面图（茂霞村锦溪堂）

（图片来源：自制）

（2）天井

在闽南地区的天井俗称"深井"，地面铺满石板。其设计综合考虑了水源、地势和周围的环境等。井壁的造型有圆形、方形和八角形等。天井提升了生活的便利性，在传统村落留存，具有人文色彩。

天井的面积较小、空间规整，一般以条石铺砌。大天井作为中心空间之用，厅堂和大天井融为一体，天井和厅堂在铺地上有一级踏步的高差。厅堂前铺的一条长石板称为"大石砛"，它的起点和终点正对两根厅堂的廊柱。石板缝和柱础形成"丁"字形，暗含家族人丁兴旺。

天井与敞廊和敞厅相连，作为过渡空间。庭院天井具有采光、通风和排水等作用，适应亚热带气候，可以营造良好的气候环境（图4.27至图4.28）。天井的一圈都是排水沟，以适应当地雨水多的特点。表4.1是永春传统民居天井与北京四合院天井比较。

图 4.27　天井里种植植物（永春民居）

（图片来源：自摄）

图 4.28　天井的花台

（图片来源：自摄）

表 4.1　永春传统民居天井与北京四合院天井比较

类型	闽南永春民居天井	北京四合院天井
面积	面积狭小	面积较大
植物	低矮的花卉	乔木
朝向	房屋朝向天井	房屋朝向天井
中堂	中堂开敞	中堂有隔窗、木门
轴线	轴线正对中堂	纵轴线和横轴线形成十字形
特色	出檐较宽，天井日照少，便于排水、遮阳，四水归堂	天井的日照充足，作为公共活动空间
铺装	以花岗岩为主	青砖
风格	精致优美	大气开阔

（3）中堂

永春传统民居的明间是中堂，亦称为"正厅"或"中厅"，不仅是建筑的中心，也是民居的主体。中堂的前檐开敞，通常不设置门窗，形成一种开放的空间感，体现了建筑的通透性和包容性。中堂的建造工艺水平较高，雕梁画栋，次间常有四扇雕花窗，还有沥粉贴金。厢房的花窗衬托中堂的气派，共同营造一种庄重而又温馨的氛围。中堂是住宅的公共活动空间，用于祭祀祖先、神明和接待客人。每逢过年过节、婚丧祭日，都在中堂设祭行礼。中堂与下厅隔天井相对，内部后檐墙正中设置寿屏，为前后两部分，前部设置祖龛和神龛，供奉祖先神位及土地神，有的在神龛的右侧供奉神位。神龛前有长案桌、八仙桌和焚香处。

中堂两侧是次间，左侧称为"大房"，右侧称为"次房"，内有隔墙，分为前房和后房。大房和榉头的廊称为巷廊，两端的门称为巷头门。这种布局不仅体现了家族的等级制度，也方便了家族成员的日常活动。重要活动中邀请的客人，都请至中厅上座。如锦溪堂中堂剖面图以及金玉堂的平面图和剖面图见图 4.29 ~ 图 4.31。

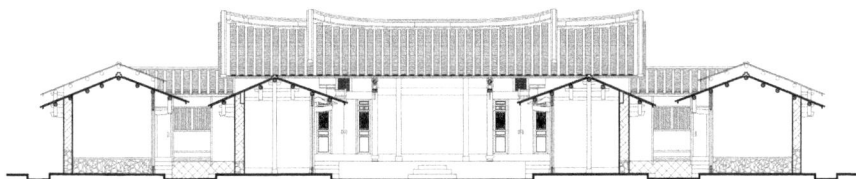

图 4.29 中堂剖面图（茂霞村锦溪堂）

（图片来源：永春县岵山镇传统建筑测绘图集，戴志坚供图）

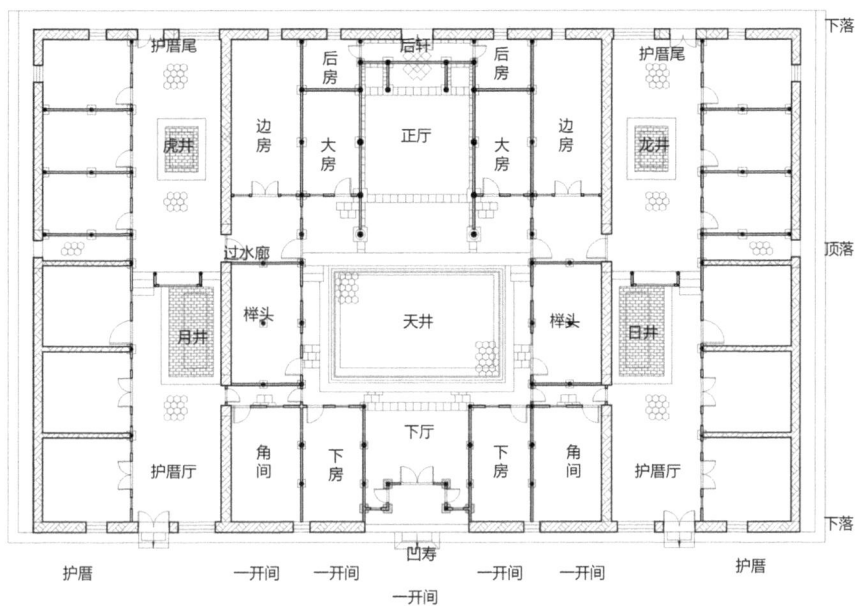

图 4.30 平面图（茂霞村金玉堂）

（图片来源：自制）

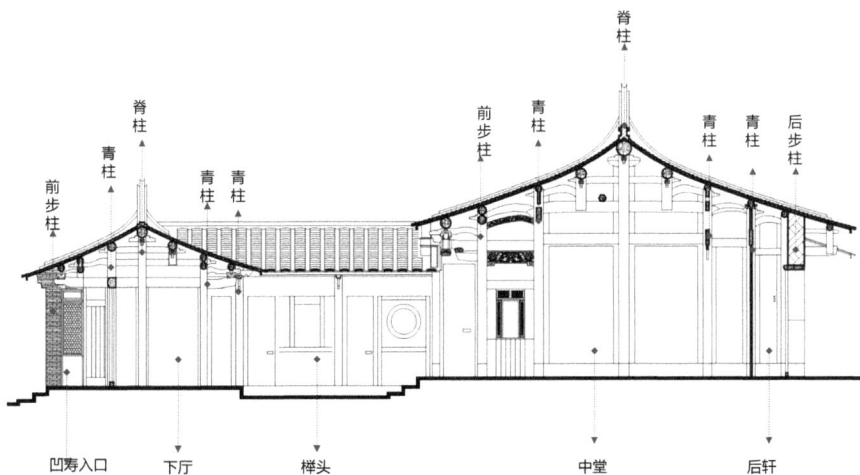

图 4.31 剖面图（茂霞村金玉堂）

（图片来源：自制）

（4）大屋间

闽南大厝中堂的左右次间称为"大屋间"，是住宅中的主要住房，通常作为卧室使用。大屋间是家中辈分较高的长辈居住的，待儿子长大成年后，按照等级来安排住房，长子在中堂的左大屋间，次子在右大屋间，三子在上厅堂大屋间，四子再次被安排在右大屋间。这种安排体现长幼有序的家族观念，也是家族等级制度的物理体现。

（5）厢房

永春传统民居中心部位是由四房一厅所组成，这一布局又是由六道纵墙围合而成。厢房在这种布局中扮演着多重角色，不仅是家庭成员的居住空间，也是日常生活的休闲和娱乐场所。在住宅分配上，严格遵循"左为上，右为下"的规则，依据长辈顺序居住。家里的男孩们也依照长幼次序来分配住房。这些空间为家庭生活提供了一个集居住、娱乐、教育于一体的多功能场所。这种分配方式体现了家族对辈分和年龄的尊重，同时也确保了居住空间的合理利用。图4.32是茂霞村赞福堂一层平面图。

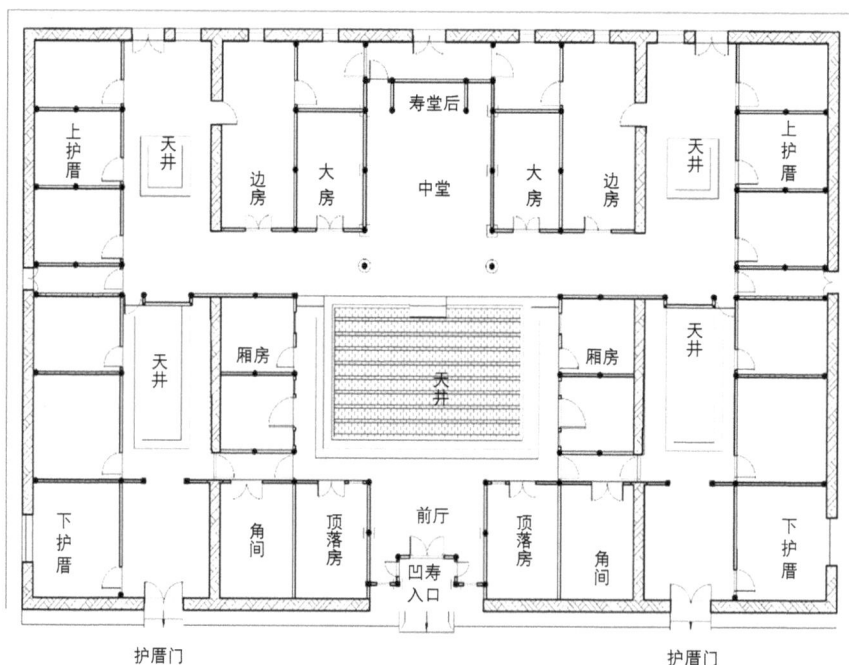

图 4.32　茂霞村赞福堂一层平面图

（图片来源：自制）

（6）两侧护厝

在永春传统民居中，东西厢房的两侧或一侧加建房屋，称为"护厝"的辅助用房（图4.33至图4.34）。护厝的设计反映了建筑的空间组织和对居住需求的细致考量。护

厝可以有单护厝，也可以有双护厝。护厝通常平行于厅堂的纵轴线，作为卧室或储藏间。单护厝通常有通巷，作为前后各落房屋出入的通道。护厝和主大厝连接，各落具有一定独立性，又相互联系。上落和下落护厝之间由一道墙壁隔离（图4.35）。

图4.33 两侧护厝

（图片来源：自摄）

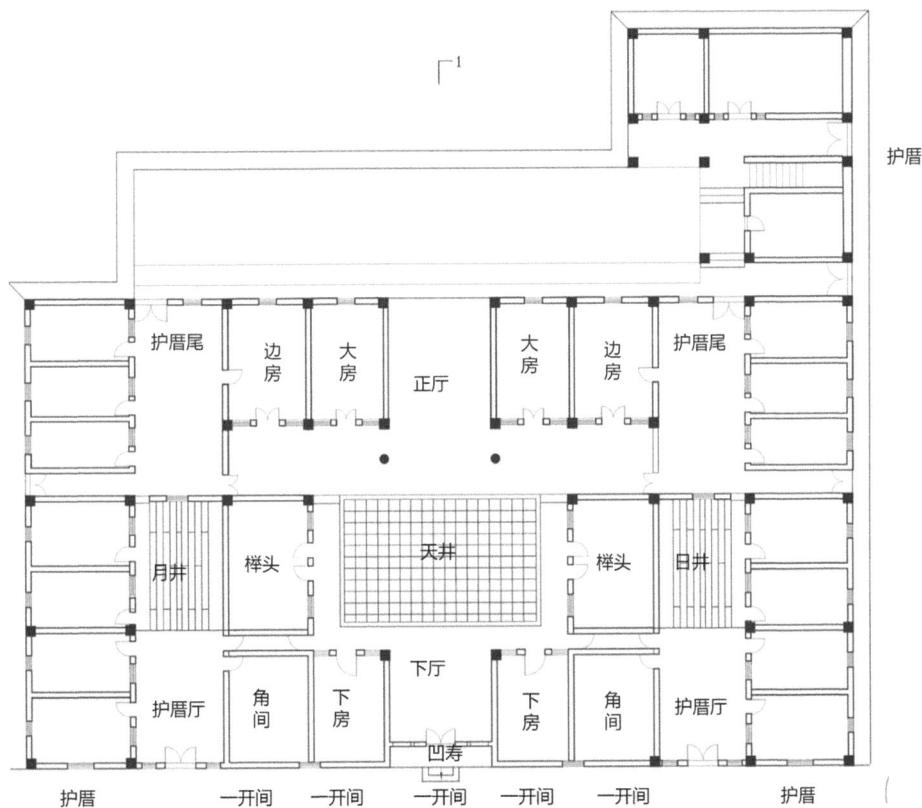

图4.34 带护厝的院落

（图片来源：自摄）

图4.35 塘溪村儒苑堂一层平面图

（图片来源：自制）

护厝包含上、下护厝厅（东厅），上、下护厝房，以及连接大厝的前廊、过廊、雨廊、天井（日、月井和龙、虎井）。护厝的设计和布局体现了对环境的深刻理解和利用。为了防御的需要，外立面做较小的砖窗或石材窗（图4.36）。

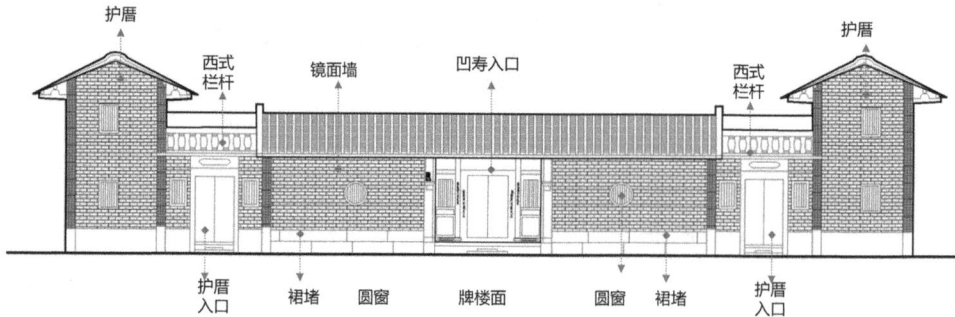

图4.36 荣福堂西南立面图

（图片来源：自制）

（7）后落

在闽南传统建筑中后落是关键组成部分，位于建筑群的最后面。后落通常更加私密，主要功能是为家庭成员提供居住空间。后落的结构包括主厅堂、卧室、书房以及其他辅助用房。在一些大型的民居中，后落可能包含多层建筑，如后楼或梳妆楼。后落还可能用于存放贵重物品或作为家族祭祀的场所。后落通过"榉头"（厢房）与前落相连，形成了一个整体的院落结构，方便家庭成员的活动。后落的建筑风格和装饰细节与前落相似，更加注重居住的舒适性和私密性。在一些闽南民居中，后落两侧可能会增建护厝，增加居住空间，也增强了整个建筑群的完整性与和谐性。

4.2.1 院落的平面模数与拓展方式

院落是中国传统建筑的核心元素，它不仅实现了内外空间的和谐贯通，更体现了一种内敛而开放的建筑理念。永春传统民居是低层院落形式，以有限体量和跨度，一定程度上满足大家族的居住需求。

永春传统民居的设计者根据模数的基本规则，通过对空间功能的调整，构建出了数个平面原型。平面原型相互排列组合，拼接出了单体建筑和建筑群体。院落的功能包含分化空间、联系空间和采光通风等。永春传统民居多为两进或三进的院落形式，满足生活的需求。中庭处于中心，有半户外的效果，使得建筑与自然融合。永春传统民居院落横向发展，平面布局呈长方形，拓展方式是左右两边增加护厝，增强了院落的功能性，更丰富了空间的层次感。这种拓展方式保持了院落的完整性，又赋予了建筑丰富的形态和灵活的发展空间，如图4.37至图4.40所示。

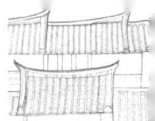

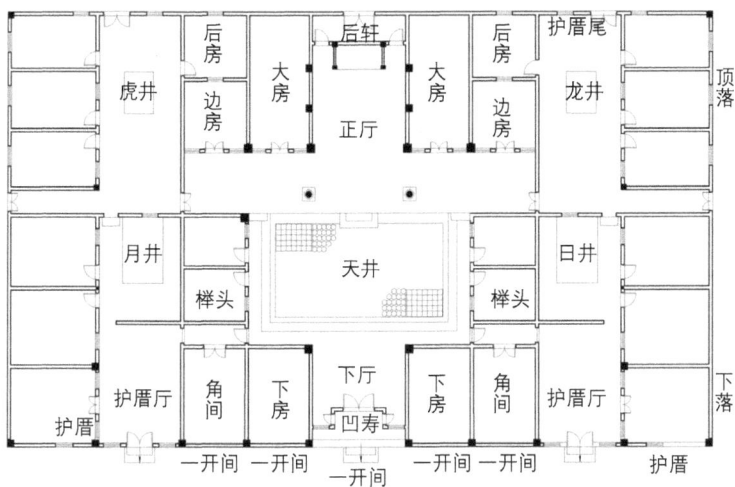

图4.37 两进院落加护厝平面图（茂霞村朱庆堂）

（图片来源：自制）

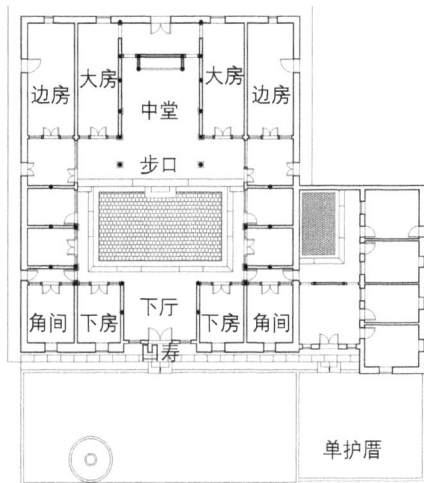

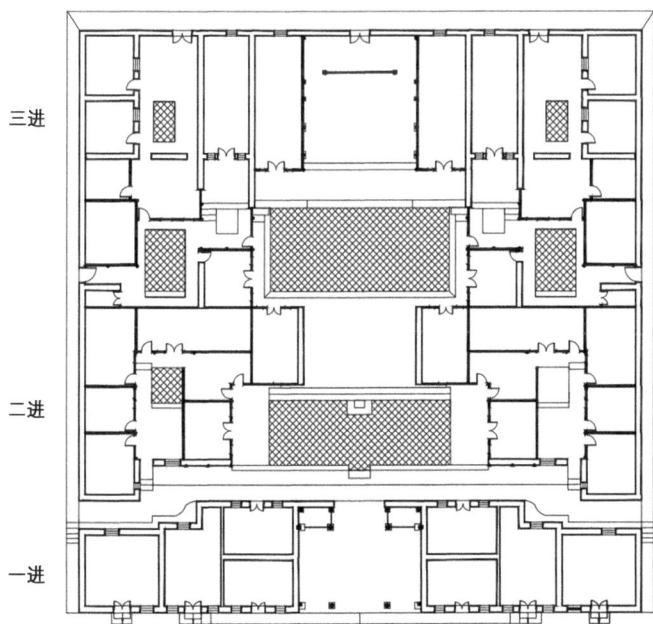

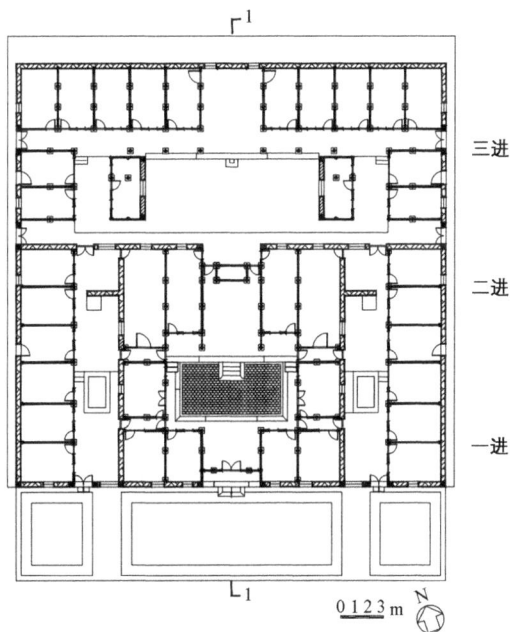

图4.38 永春县茂霞村集福堂一层平面图

（图片来源：自制）

图4.39 三落院落（茂霞村福茂寨）

（图片来源：自制）

图4.40 三落大厝（茂霞村大贻福堂）

（图片来源：自制）

4.3 传统民居空间构成要素

传统民居作为一种地域文化的载体，其构成要素体现了特定地理环境和文化背景的融合。这些要素主要包含门、窗、栏杆、石造构件、墙体、檐边、勒脚和屋顶等，它们共同塑造了传统民居的独特风貌。

4.3.1 门

在永春传统民居中，门不仅作为室内与室外的出入口，更是空间分隔与防护的象征。门的设计与装饰细节反映了居住者的社会地位和审美品位。

永春传统的大门有三种形式："行叫式""门屋路"和"踏寿式"。"行叫式"由大门和左右两道扣门所组成，比较豪华。大门的门框一般还刻有楹联，门额嵌入石匾，雕刻房屋名称。左右两边各嵌入"门簪"，一般是石雕构件，有的用镂空的手法刻画人物故事、花草题材的图案。

永春地区将大门作为分界线，大门以外，正面向内伸进的空间称为"凹寿""塌寿"或"凹肚门楼"。凹入的门廊不仅为了防晒防雨，而且体现了尊卑有序的空间秩序。大门以内的空间称为前厅或前庭。曹春平在《闽南传统建筑》中提到："凹寿即是入口处内凹一至三个步架而形成的门斗空间，也称为"塌寿""塔秀""行阁""行叫""倒吞砛""凹肚"，为房屋入口处内缩，相当于步口廊。

塌寿由大门、两侧的角门和壁堵组成，装饰集中于牌楼面、两角门和两侧壁堵。大门的"塌寿"分为两种，内凹一次称为"单塌"，内凹两次称为"双塌"。"对看堵"以石雕和砖雕为主。凹寿是内外空间的过渡，强化内外有别和尊卑有序的空间秩序。

凹寿的尺度遵循古典建筑的黄金比例。如《考工记》对门堂的规定："门堂三之二，室三之一。"门堂的尺度是正堂的三分之二，门堂的室进深为正堂的三分之一，前厅占进深的三分之二。凹寿为一到三个步架，其空间布局均衡，装饰元素丰富。凹寿的入口，通常以木雕、石雕和砖雕装饰。大门两侧边框称为"门竖"，上边框称为上斗，下边框称为下斗（图 4.41）。

门是建筑外观的中心，是重要的装饰部位。大门的装饰细节，如门楣、门簪、匾额等，进一步丰富了建筑的文化内涵。传统民居大门由木材和石材组成。门框即门的边框，上端称为门楣，中间称为中槛，下端称为下槛。门框以条石或木材构成，其上带有浮雕的花草图案装饰（图 4.42 至图 4.43）。

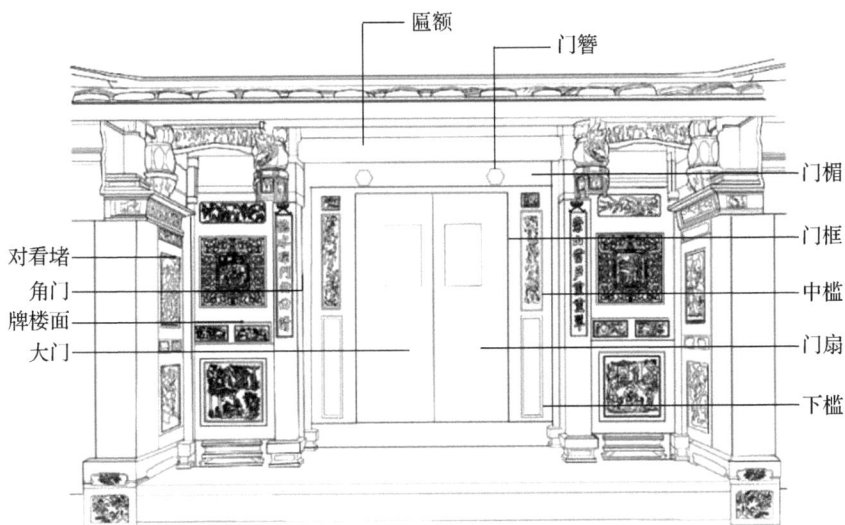

图 4.41　凹寿（永春崇德堂）

（图片来源：自制）

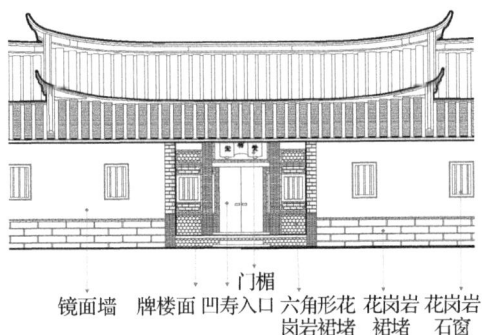

图 4.42　大门局部（赞福堂）

（图片来源：自制）

图 4.43　敦福堂正门

（图片来源：自摄）

　　门楣又称为"门额"、"门匾"或"门头"，通常有房屋的名称。门簪以花草纹或人物纹装饰，增添了建筑的文化深度。宗祠建筑多数雕刻龙首，普通民居门簪有雕刻成圆形或方形，称为"门斗印"。门环大多数是金属材料，上面用八卦形。门上有附加装饰，如门神、对联、祈福物。民居常在春节时贴门神，宗祠和庙宇通常在门板上绘制门神，以祈求平安，赋予了大门特定的文化和象征意义。

　　角门位于大门的两侧，称为"圆光门"或"弯光门"，通常以花岗岩砌成的半圆形，对称分布。闽南地区以石砌的门框为主，由顶堵、门额、门楣和小门组成。角门的装饰集中在门额，以石材雕刻的构件，展现了传统工艺的精湛技艺。门额的文字内涵丰富，如永春丰山村的福兴堂，门额"景星"，门联装饰写着"入孝"（图 4.44）。壁堵又称"龙虎垛""对着堵"，是屋前步口廊之左右两端相对的墙壁，常以砖雕装饰（图 4.45）。寺庙和宗祠的左边雕龙，右边雕虎，象征"龙蟠虎踞"。闽南传统民居的护厝门方便家庭成员的进出, 疏离门有利于安全防护, 通风采光和增加私密性, 建图4. 46所示。近代建筑厢房门见图4.47所示, 宗祠大门见图4.48所示, 洋楼侧门见图4.49所示。

图4.44　角门 (福兴堂)

(图片来源: 自摄)

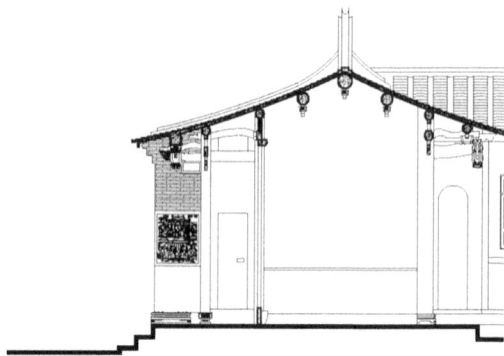

图4.45　角门和对看堵 (朱庆堂)

(图片来源: 自制)

石雕竹节窗　护厝门　梳门

顶堵

身堵

腰堵

柜台脚

图4.46　护厝门 (振德堂, 岵山镇)

(图片来源: 自摄)

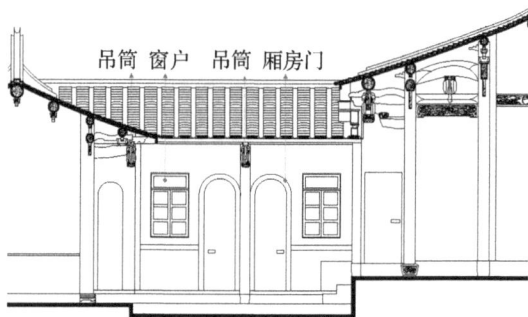

吊筒　窗户　吊筒　厢房门

图4.47　近代厢房门 (朱庆堂)

(图片来源: 自制)

图4.48　宗祠大门 (刘氏家庙, 湖洋镇)

(图片来源: 自摄)

拱形门框

门楣

漏空窗

图4.49　洋楼侧门 (崇节堂)

(图片来源: 自摄)

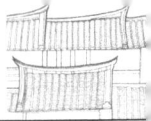

大门的材料选择，如花岗岩、石雕、砖雕和木雕等，不仅体现了建筑的坚固和美观，也反映了闽南地区丰富的文化传统和对吉祥寓意的追求。花岗岩雕制的大门，镌刻的对联，以及门楣上的石雕门簪，都是大门美学的重要组成部分，它们共同构成了永春传统建筑中大门的丰富象征和文化内涵。永春传统建筑侧门见图 4.50 至图 4.52 所示，永春传统民居的建筑立面示意见图 4.53 至图 4.54 所示。

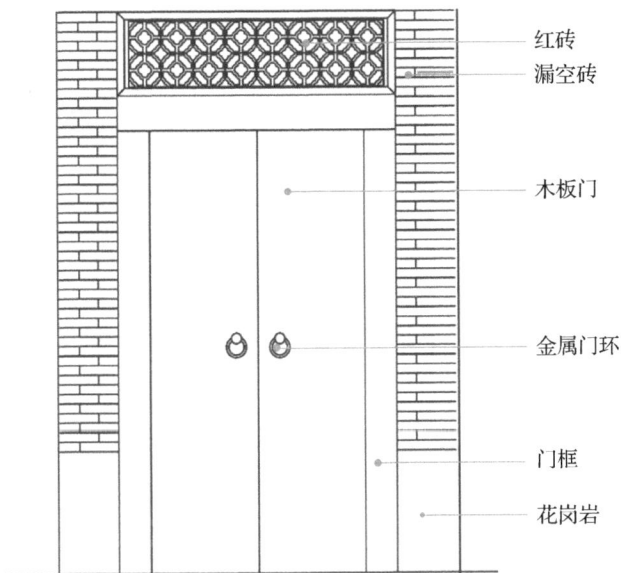

图 4.50　永春传统建筑侧门 1

（图片来源：自制）

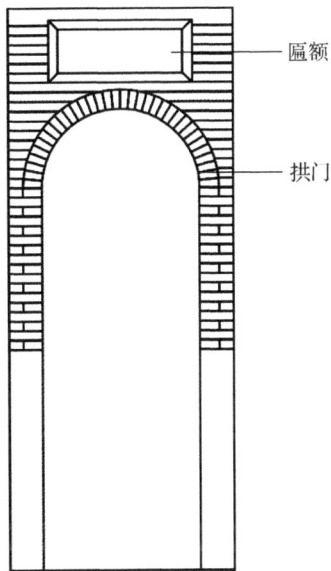

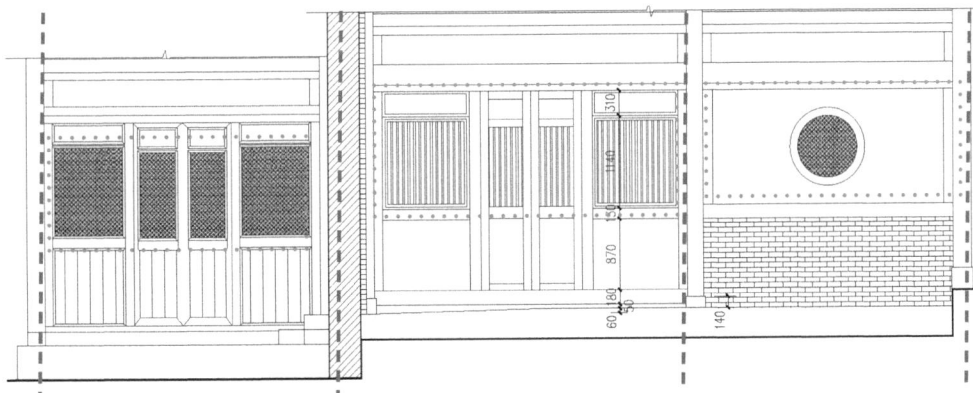

红砖
漏空砖
木板门
金属门环
门框
花岗岩

图 4.51　永春传统建筑侧门 2

（图片来源：自制）

匾额
拱门

图 4.52　巽来庄东西厢房立面图

（图片来源：姚洪峰供图）

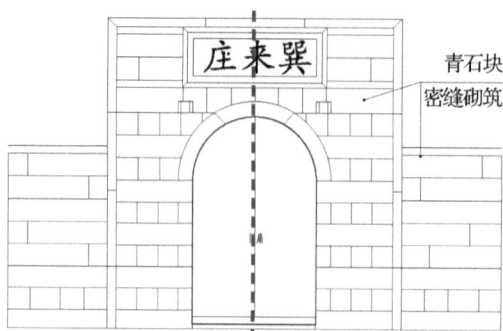

图 4.53　正面大门（巽来庄）

（图片来源：姚洪峰供图）

青石块
密缝砌筑

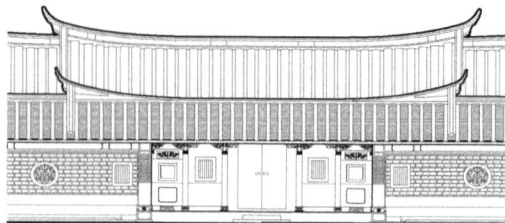

图 4.54　大门（茂霞村福海堂）

（图片来源：自制）

4.3.2　窗

　　在永春地区民居窗户设计充分考虑了气候特征，旨在满足通风、保暖和安全性等要求。窗户的材料选择多样，包括砖、木、瓷、石材和水泥等，这些材料不仅满足了功能需求，还丰富了建筑的立面效果。

　　永春传统民居的窗户形状多样。圆形窗常见于外立面的"镜面墙"和天井厢房，其"外方内圆"的设计美观实用，体现了传统建筑中对"天圆地方"宇宙观的体现。方形窗则广泛运用于镜面墙、厢房、槛窗、护厝侧面和背面等，使得建筑墙体虚实相间，促进了空气流通（图 4.55 至图 4.58）。

图 4.55　立面镂空砖窗

（图片来源：自摄）

图 4.56　护厝窗户

（图片来源：自摄）

　　窗户根据其功能可分为多种类型。石条窗、竹节窗、螭虎窗和红砖花格窗主要用于外墙防盗；花砖窗专用于通风散热（图 4.59 至图 4.60）；面向天井的笼扇窗，兼有通风采光和美观的功能。天窗的设计让阳光洒满室内，而阁楼小窗和临街的开放窗则与建筑主体融为一体，展现了传统建筑的地域特色。竹节窗不仅是一种建筑装饰，还蕴含着深厚的文化象征和实用功能（图 4.61 至图 4.62）。

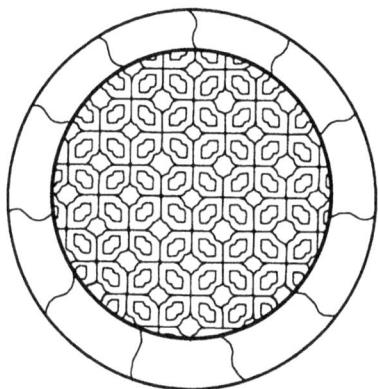

图 4.57　镂空花砖窗 1

（图片来源：自制）

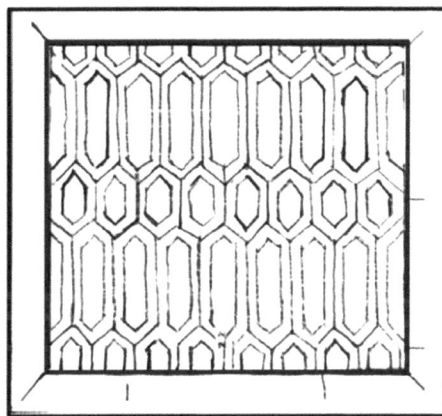

图 4.58　镂空花砖窗 2

（图片来源：自摄）

图 4.59　花砖窗 1（琉璃砖）

（图片来源：自制）

图 4.60　花砖窗 2（红砖）

（图片来源：自制）

图 4.61　竹节窗 1（花岗岩）

（图片来源：自制）

图 4.62　竹节窗 2

（图片来源：自摄）

　　窗户的材料选择体现了建筑的坚固美观，也反映了永春地区丰富的文化传统。木窗的温润质感，瓷窗的精致细腻，石材窗的稳重大气，混凝土的镂空窗户图案简洁、坚固大方，常用于护厝的立面。每一种材料都以其独特的方式，为建筑增添了地域的色彩（图 4.63 至图 4.65）。

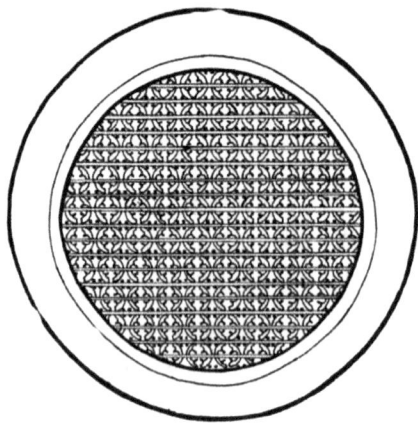

图 4.63　木窗

（图片来源：自制）

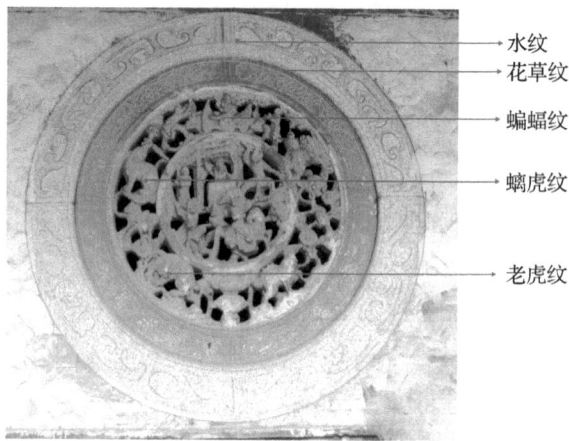

水纹
花草纹
蝙蝠纹
螭虎纹
老虎纹

图 4.64　立面石雕圆窗

（图片来源：自摄）

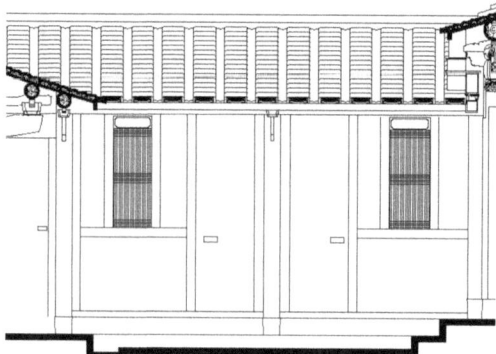

图 4.65　厢房木制窗户（赞福堂）

（图片来源：自制）

图 4.66　螭虎石雕窗

（图片来源：自制）

　　螭虎窗具有鲜明的地域特色和文化内涵。螭虎窗的窗框可以是圆形或四方形，螭虎窗的纹样结合了云纹、花草纹、龙头、龙身和龙足等（图 4.66 至图 4.70），螭虎线条弯曲修长，暗含长寿之意。永春的螭虎窗设计一般结合香炉、蝙蝠、八卦图案、人物纹样，制作材料以木材和石材为主。外墙的螭虎窗通常采用青石或白石制作，石材不仅保证了窗户的坚固性，还保留了石材的纹理和色泽。内院的螭虎木雕窗以其精美的木雕工艺和彩漆装饰著称，螭虎窗常见于宗庙、祠堂等建筑的大门两侧，增添了建筑的庄严与神秘感。

图 4.67　螭虎石雕窗

（图片来源：自摄）

图 4.68　螭虎木雕窗

（图片来源：自摄）

图 4.69　牌楼面的螭虎木雕窗

（图片来源：自摄）

图 4.70　厢房木雕窗花（沈家大院）

（图片来源：自摄）

4.3.3　栏杆

　　栏杆（古称"阑干"）是建筑中多功能的构件。栏杆是外檐装饰的特色部分，主要设置于建筑的台基、走廊和池水边等处。栏杆不仅承担着安全防护的功能，防止人员坠落，同时也在空间划分、导向、装饰和景观隔离方面发挥着重要作用。

　　石栏杆有敦厚朴实的质感，木材易于加工和雕刻，可以根据需求制作成各种式样和形状，木制栏杆有温暖感和自然美。在永春传统民居中，木制栏杆广泛运用，普通栏杆没有靠背，主要作为围栏，提供安全防护，同时也起到装饰作用。木栏杆通常设置在楼梯、走廊、阳台等处，普通栏杆简洁的设计体现了建筑的实用主义精神。

　　清末以后，中西融合的栏杆式样增多。永春传统民居见证了风格上的变革，如坐凳栏杆、靠背栏杆、花式栏杆、瓶式栏杆和栏板栏杆等，这些栏杆不仅丰富了功能性，也增添了建筑的美学价值。

（1）坐凳栏杆

坐凳栏杆以实用性和舒适性著称，比较低矮，上面放置平整的木板像条凳，具有安全保护作用，还为过往行人提供了休息之处。如东关桥廊桥的坐凳栏杆，湖洋民居和侯龙书院的坐凳栏杆，既提供了休息和赏景空间，又美化了建筑（图4.71至图4.72）。

图4.71　栏杆（湖洋民居）

（图片来源：自摄）

图4.72　坐凳栏杆（侯龙书院）

（图片来源：自摄）

（2）靠背栏杆

靠背栏杆也称为"美人靠"，以其优雅的设计和人性化的考量著称。靠背栏杆安装了向外倾斜的矮栏，其弯曲的矮栏不仅美观，更适合人们的倚靠姿势，提供更舒服的坐姿体验。在园林建筑中，靠背栏杆常出现在桥、亭、榭、阁和敞厅等地方，方便游人休憩和观景。永春湖洋民居也常见靠背栏杆，通常用于二层（图4.73至图4.74），便于乘凉和观景。民居走廊栏杆和楼梯栏杆见图4.75至图4.76所示。

图4.73　栏杆（湖洋民居）1

（图片来源：自摄）

图4.74　栏杆（湖洋民居）2

（图片来源：自摄）

图 4.75　民居走廊栏杆

（图片来源：自摄）

图 4.76　楼梯栏杆（湖洋民居）

（图片来源：自摄）

（3）花式栏杆

花式栏杆也称为"花栏杆"，主要由望柱、花格棂条和横枋等元素构成。望柱作为栏杆的垂直支撑，花格棂条则以规律或自由的形式排列，形成透空的图案，而横枋则起到连接和稳定的作用。栏杆上有花卉纹、几何图案等精美的雕刻，如侯龙书院运用多种纹样的花式栏杆。花式栏杆也包含"镂空砖"，如文庙的镂空花砖栏杆（图 4.77）。栏杆的材质多样，常见的有木材、石材等，其中石雕栏杆坚固自然，木质栏杆常用彩漆，稳重古朴。近代的洋楼普遍运用水泥的栏杆和绿铀瓶栏杆，造型坚固规整，富有装饰感（图 4.78 至图 4.80）。木质栏杆的纹样见图 4.81 至图 4.82 所示。这些装饰不仅美化立面，也体现了工匠的技艺。

图 4.77　花式栏杆（镂空砖）

（图片来源：自摄）

图 4.78　水泥的花式栏杆 1

（图片来源：自摄）

图 4.79　水泥的花式栏杆 2

（图片来源：自摄）

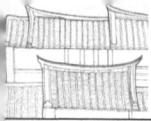

图 4.80　水泥栏杆

（图片来源：自摄）

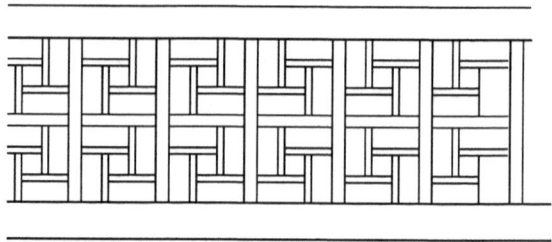

图 4.81　木质栏杆纹样 1

（图片来源：自制）

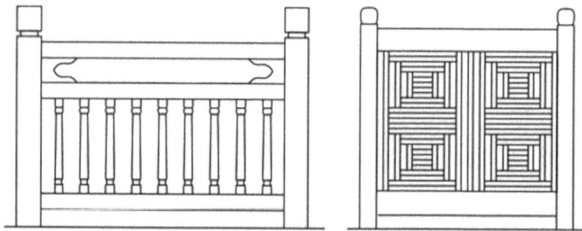

图 4.82　木质栏杆纹样 2

（图片来源：自制）

（4）瓶式栏杆

瓶式栏杆亦称西洋瓶式栏杆，栏杆的设计灵感源于生活中的瓶子，栏杆的柱头和栏板部分呈现出瓶状的轮廓，像古代瓷器中的梅瓶或玉壶春瓶。它们通常被设置在阳台、走廊、楼梯二层或是顶层。瓶式栏杆以绿柚瓶为主，蕴含"平平安安"之意（图 4.83）。瓶式栏杆不仅是一种视觉美感也承载着对居住者的美好祝愿，其形态和装饰体现了闽南地区的工艺美学和文化传统。

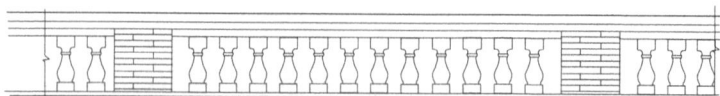

图 4.83　宝瓶栏杆（阳台）

（图片来源：自摄、自制）

（5）栏板栏杆

栏板栏杆中只有望柱及柱间的栏板。望柱作为栏杆的垂直支撑，而栏板则连接其间，共同构成了栏杆的连续线条。栏板上可以做雕刻，也可不做雕刻，浮雕增添了栏杆的艺术性，素面栏板光洁素雅（图4.84）。雕刻可以是精致的浮雕，描绘着传统的图案和纹样，如花卉、动物或吉祥的符号，它们不仅增添了栏杆的艺术性，也富含深厚的文化象征意义。

图4.84　栏板栏杆（五里街骑楼）

（图片来源：自摄）

4.3.4　石造构件

闽南人对石材的偏爱，与其丰富的海洋文化有着密切的相关。石材因抗腐蚀的性能，在民居的梁柱、石阶、门框、门肚、墙裙和门簪等处广泛使用。闽南传统民居的石材构造也有榫卯的构架搭建，易于横向连接，多数石雕构件以横向分布的，形成了独特的构造美学。这些石造构件不仅承担着结构的稳固性，而且体现了闽南人对耐久性与美观性的双重追求。

（1）石阶

永春传统民居的石阶比较讲究，通常为单数，以白色的花岗岩构成，不易磨损，如图4.85所示。宅院门口通常是三级，设计成案桌形，两端雕刻出脚，俗称"脚踏石"（图4.86至图4.87）。石阶下方雕刻成柜台脚形状，既满足了实用功能，又体现了装饰艺术的匠心独运。石阶顶部的"大石砰"，两端特意超出明间的面阔，避免拼接，展现了石材的完整性和大气。

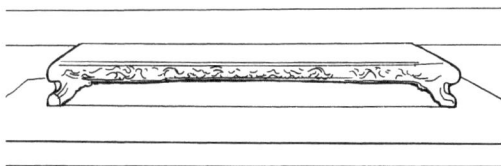

图4.85　台阶1（永春民居）

（图片来源：自制）

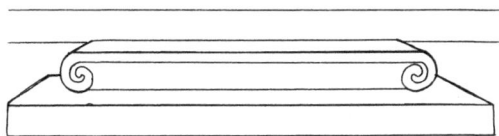

图4.86　台阶2（永春民居）

（图片来源：自制）

图4.87　台阶3（永春民居）

（图片来源：自制）

（2）柱子

柱子被称为"台柱"，是建筑的重要承重构件。柱子不仅是关键的承重构件，其装饰艺术体现了建筑的美学追求和文化深度。在永春的传统建筑中，民居柱子一般用木材，局部用石材。这种材料的结合提升了建筑的稳定性，也展现了清末至民国时期闽南石材加工水平的提高，在祖祠和庙宇中常运用石雕构件。柱子的装饰一般集中在柱头和柱础，柱头一般由石刻构成。富商之家的柱头用多层次的线条和精细的镂雕组成，雕刻人物或瑞兽，形象生动。永春福兴堂的柱头用精细的雕刻装饰（图4.88至图4.89），柱身分为圆形、四角形和八角形等（图4.90至图4.95）。八角形柱身常用于宗祠和庙宇，包含"两仪生四象，四象生八卦"之意。圆柱常用于大厅的檐柱，方柱用于榉头、前厅和入口处。柱身常雕刻带有堂名的藏头诗，以体现家族文化。

柱子的装饰艺术根据建筑的性质和需求而定，讲究的采用石雕阳文或是木柱上以黑漆打底，朱漆上描金字。这些装饰手法不仅增加了柱子的美感，也体现了朴实浑厚的风格。

图4.88　柱头装饰（福兴堂）

（图片来源：自摄）

图4.89　方柱柱头装饰（福兴堂）

（图片来源：自摄）

图4.90　八卦柱、方柱、圆柱（永春福兴堂）

（图片来源：自制）

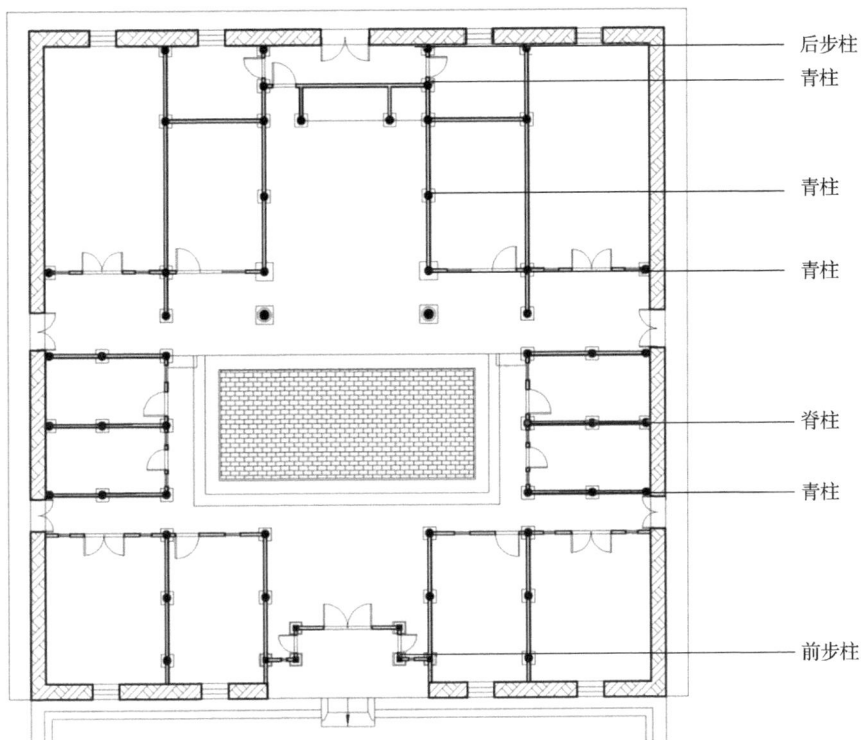

图 4.91　柱子的分布和名称

（图片来源：自制）

图 4.92　圆柱	图 4.93　四方柱 1	图 4.94　龙柱	图 4.95　四方柱 2
（图片来源：自摄）	（图片来源：自摄）	（图片来源：自摄）	（图片来源：自摄）

（3）柱础

柱础是中国传统建筑构件，用于承受屋柱压力的基石，通过将柱脚与地面隔离，发挥着防潮和加强柱基承压力的作用。柱础坚固与美观象征着家族的稳固与繁荣，是家族社会地位和文化传承的重要标志。柱础的设计和制作体现了工匠的精湛技艺，其形状多样，包括圆柱形、方形、南瓜形、莲瓣形、扁圆形和八角形等（图4.96），每一种形态都展现了独特的艺术风格（图4.96）。

图4.96　柱础

（图片来源：自摄）

（4）屋顶

在中国民居中屋顶是最富表现力的部位之一。它不仅承载着结构和气候适应性的功能，还体现了地域性的建筑美学。闽南民居的屋顶设计，呈双向凹弧形的曲面，展现了地域性的建筑美学。

永春地区的传统建筑屋顶具有鲜明的特色，通常由正脊、曲脊、垂脊和斜屋面组成。正脊，又称"中脊"，采用三段式设计，其中心部分称为"中堆"或"中墩"，常以灰塑或剪粘工艺塑造，以增强其装饰性。这种设计不仅增强了屋顶的视觉吸引力，也提升了屋顶的防水性能。

屋面以双曲屋面做法，两端高高翘起，以硬山式屋顶为主，有利于遮阳和排水。永春传统屋顶上的装饰丰富，包括吻兽、灰塑、陶塑、剪瓷等，不仅美观，还有防水和保护建筑的功能。传统建筑的正脊两端线脚向外延伸并分叉，形成"燕尾脊"。特别是在"皇宫起"大厝中，多采用燕尾脊，称为"双燕归脊"，不仅增加建筑的动态美感，也象征着吉祥和尊贵（图4.97）。

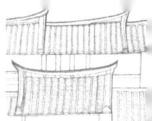

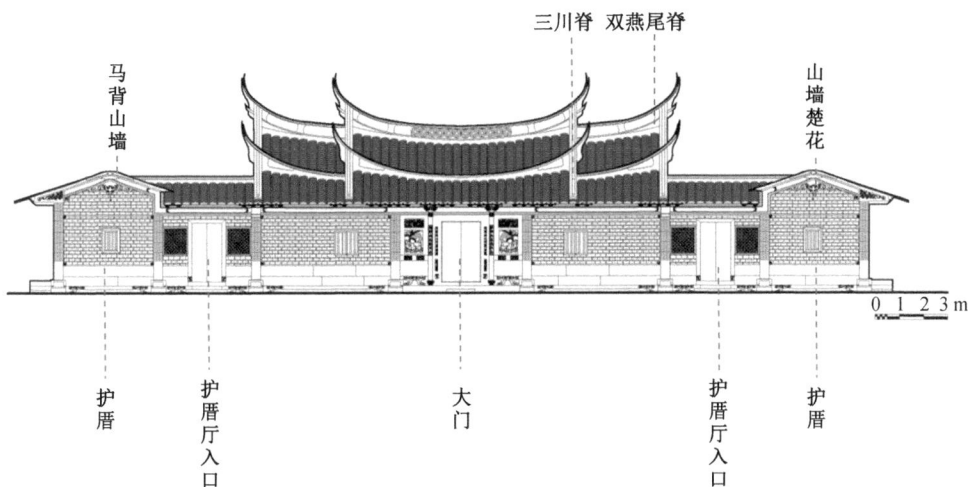

图 4.97　顺信堂屋顶立面

（图片来源：自制）

永春传统寺庙屋顶的屋脊装饰丰富，常见的有燕尾脊和马背脊两种形式。燕尾脊的正脊呈弧形曲线，两端起翘较高，如燕子的尾巴，而马背脊则为半圆形山墙。剪粘是特有的建筑装饰工艺，通常用于屋顶装饰，以灰塑为载体，将剪裁好的瓷片粘贴，构成多彩的图案。红砖拼花或称砖雕，也用于寺庙建筑的屋顶装饰，通常拼凑成几何图案或吉祥字样。中堆装饰常用于寺庙屋顶，增强对称性和轴线感，具有祈福内涵。这些装饰常见于大户、有功名的民居、祠堂、寺庙等建筑，体现了社会地位和文化传承（图 4.98 至图 4.99）。

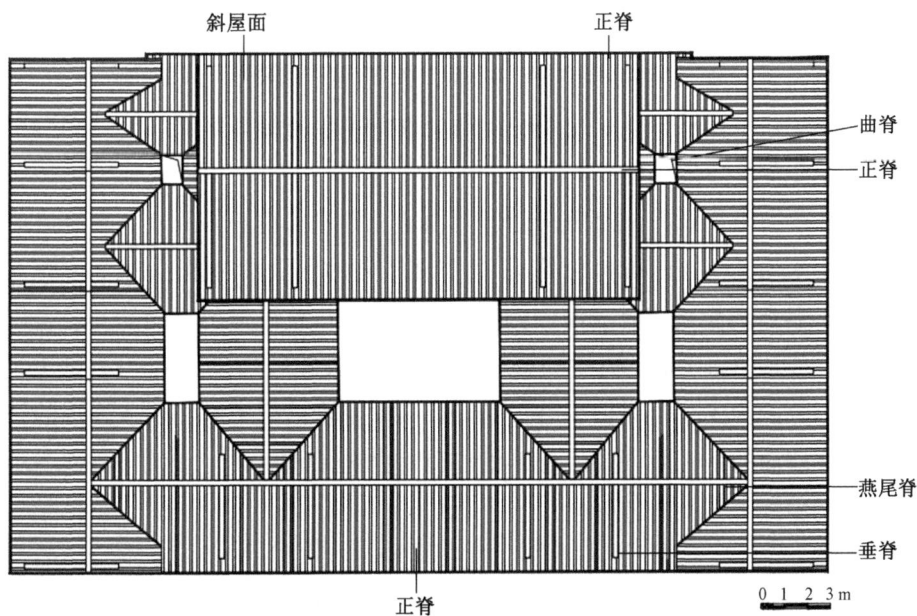

图 4.98　屋顶平面图（岵山和林村昌大堂）

（图片来源：自制）

图 4.99　屋顶装饰（岵山福德堂）

（图片来源：自摄）

　　三川脊指的是屋顶的中间高出一架，两端翘起，曲线平缓柔和，这种设计不仅减少屋顶的笨重感，也适应了季风性气候，减轻台风对屋脊的影响，体现了对气候环境的适应性。屋顶根据平面布局形成多种组合与交接方式，形成高低错落、层次丰富、变化生动的屋面，这种设计体现了对建筑美学的深刻理解。

4.3.5　墙体

　　永春地区的传统建筑，传承自中原建筑风格，并融合了当地特有的地域特色。在墙体材料的选择上，以红砖作为主要元素，采用青石或白石作为基础和墙裙，与红砖或白墙的墙身相结合，体现永春传统民居因地制宜和就地取材的建筑智慧。墙体除砖木结构外，还有砖石结构、卵石地基和夯土墙等技术的应用，进一步丰富了墙体的构造方式。

　　永春传统民居的装饰集中于建筑的立面，如凹寿、牌楼面、镜面墙和水车堵等，这些装饰不仅美化了建筑外观，也反映了地域性的审美特征。墙裙底下的柜台脚、勒脚、台阶和踏步等，蕴含地域审美特征。

　　墙身是传统建筑重要组成部分，包含了山墙、腰线和窗户等元素。山墙以对称式分布，腰线则采用红砖、白石和青石等，增加了墙体的视觉层次感。"镜面墙"又称为"镜面壁"，是位于传统建筑外立面两侧的墙面。永春传统民居的镜面墙一般采用黑色烟熏的深色红砖和白石砌成，其中烟熏砖又称为"烟炙砖"，其色泽暗红，烟熏纹不明显。镜面墙以分段构成，中间常用白石或青石构成身堵，正中有方形或圆形的镂空石雕窗，丰富了墙面的装饰效果。墙底部的雕刻如"柜台脚"和"地牛"，进一步展现了永春建筑的精细工艺。

　　（1）山墙

　　"山墙"是屋顶左右两侧的砖墙。在永春地区的传统建筑中起着至关重要的作用。永春传统山墙底层通常是花岗岩构成，而腰身则使用红砖。墙头线条正中称为"腰

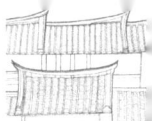

肚"。山墙的装饰丰富多样，常见的有马鞍山墙和燕尾山墙。传统建筑主要有硬山、悬山和歇山式屋顶。装饰线条如"规带"或"归带"，以及"马背"鼓起的形状，都是传统建筑中的特色。

永春传统建筑受到了传统的哲学思想和阴阳五行学的影响。陆元鼎先生在《广东建筑》中提出有五种形式与五行相对应，"金形圆、木形直、水形曲、火形锐、土形方"。山墙规带的造型通常是相生的，丰富了建筑的形象，反映了传统哲学思想对建筑美学的影响。

山墙常有散热的小窗，被称为"老虎窗"，以方形和圆形居多，采用镂空花砖以增强通风散热效果。山墙设计的"鸟踏"，不仅防止墙身淋湿，增加了墙体的美观和层次感，还体现了人与自然和谐共生的理念。

山墙檐柱以外的部分称为"墀头"，采用泥塑和彩绘装饰。墀头内部是高浮雕，形成几层砖逐渐出挑的瓦头。"浮楚"称为"山花"或"楚花"，是墙体的重点装饰，采用灰塑和剪粘等工艺（图 4.100）。山花装饰源于中原传统图案，题材衍化为花草纹、吉祥图案和云卷纹等。装饰的物件丰富多样，图像内涵丰富，如象征道教的八宝和佛教的八宝，寓意平安吉祥等。永春传统民居的墙体形式多样，各种红砖拼贴的图案，为镜面墙的立面效果增色不少。这些红砖或横或竖，或斜或拐，排列成菱形、圆形、波浪形等多种图案，不仅丰富了视觉层次，还赋予了建筑独特的美感。色彩上，红砖的鲜艳与白灰墙面形成鲜明对比，尽显活泼与灵动。这种独特的装饰手法，既体现了永春人民对美的追求，也彰显了传统建筑的智慧与魅力。（图 4.101 至图 4.106）。

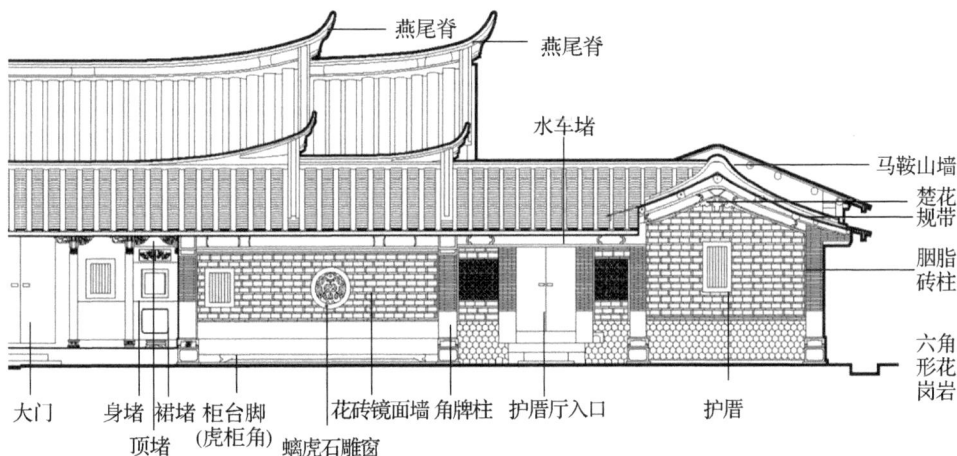

图 4.100 山墙装饰

（图片来源：自制）

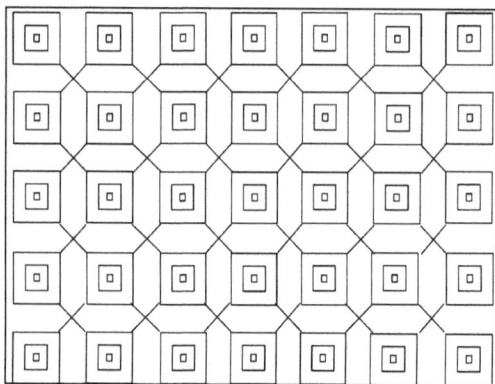

图 4.101　墙面装饰的几何纹样 1

（图片来源：自制）

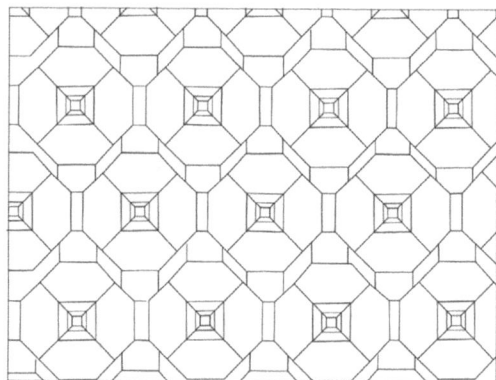

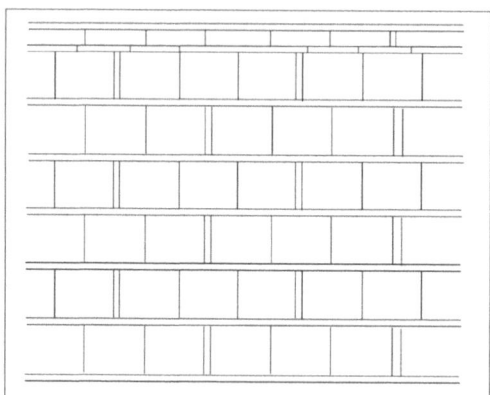

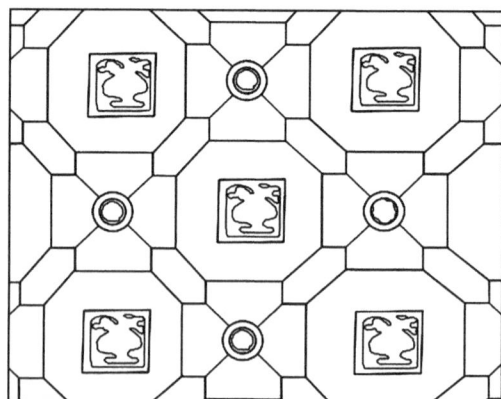

图 4.102　墙面装饰的几何纹样 2

（图片来源：自制）

图 4.103　墙面装饰的钱纹 1

（图片来源：自摄）

图 4.104　墙面装饰的钱纹 2

（图片来源：自制）

图 4.105　红砖墙的工字纹

（图片来源：自制）

图 4.106　红砖墙的几何纹

（图片来源：自制）

在山墙的规带以下，墙体上的线脚称为"模线"或"板线"（图 4.107），其上常有彩绘或图案，较窄的则为线条，主要色彩为蓝色、白色和红褐色，为建筑立面增加

层次美感，并表达了对生活的美好理想（图 4.108 至图 4.109）。红砖主要用于建筑立面，山墙的楚花装饰性强（图 4.110）。

图 4.107 燕尾脊山花装饰（仙夹民居）

（图片来源：自制）

图 4.108 山墙规带的模版和模线（桃城民居）

（图片来源：自摄）

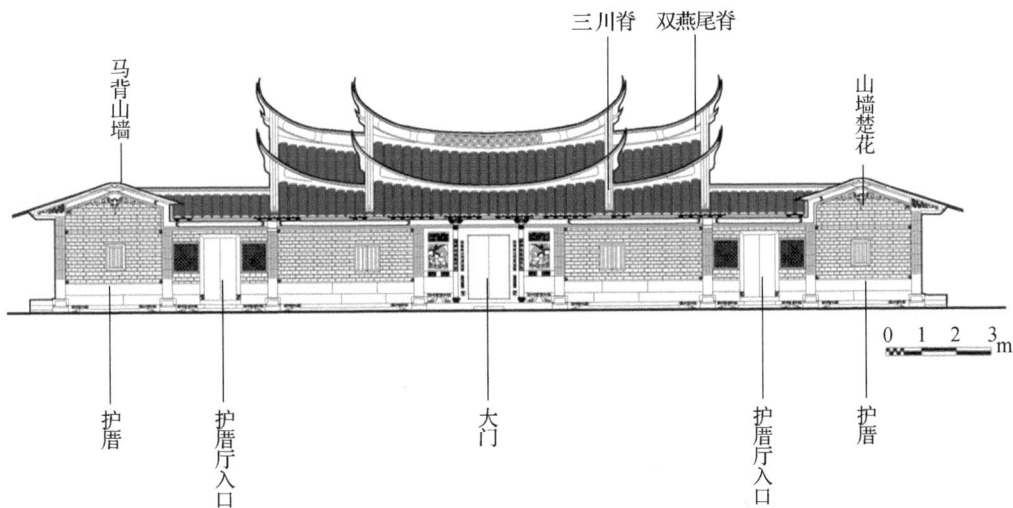

图 4.109 山花装饰（沈家大院）

（图片来源：自摄）

图 4.110 红砖墙立面分析图（顺信堂）

（图片来源：自制）

在永春传统民居中，为防止潮湿，红瓦或是灰瓦通过竹钉固定在木墙、土坯墙或是夯土墙面之上。瓦的四周用白色石灰填缝，形成块状的装饰效果，远看就像穿上盔甲似的，被称为"穿瓦衫"（图4.111）。该技术常运用于山墙下方，有效抵御多雨潮湿的气候对建筑的侵蚀，避免雨水的冲刷，多见于泉州和莆田仙游地区。

永春地区的夯土墙采用三合土，即黄土、沙和大壳灰混合而成。外墙是泥沙灰的混合

图 4.111　穿瓦衫

（图片来源：自摄）

墙，为增加黏度，常加入糯米、红糖和稻草等天然材料。夯土墙以其防潮保温、坚固耐用、取材方便及色彩自然，成为山区传统建筑的常用材料。

（2）红砖隔墙

红砖隔墙在闽南传统建筑中扮演着重要的空间划分角色，常见于二进院落，与灰瓦屋顶相配合，起到了仪门或照壁的作用。这种隔墙不仅在物理上划分了庭院空间，而且在视觉上起到了类似屏风的隔离效果，如图4.112所示。有的红砖隔墙位于祠堂前方，作为一种礼仪性的构造物，它的存在强化了祠堂的庄严与神圣感。隔墙为闽南传统民居立面形式，立面分为檐口水车堵、身堵、裙堵、腰堵等。这种分层的设计不仅丰富了视觉层次，也体现了建筑的精致与细腻。东西两边有一堵和红砖墙相垂直的墙，砌成漂亮的图案，称为"六雀墙"，六雀墙有屏风和装饰的作用，如图4.113。红砖围墙兼做照壁，常见于祠堂建筑中，是祠堂建筑中不可或缺的组成部分。

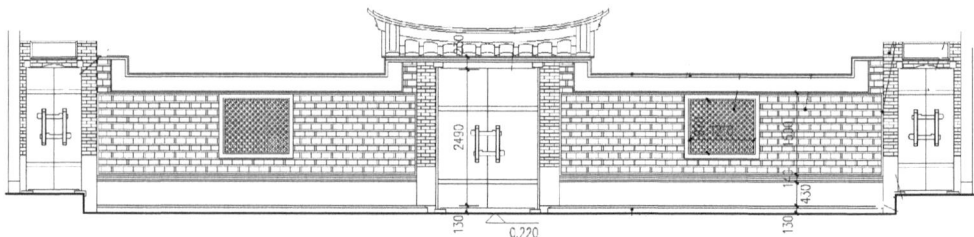

图 4.112　红砖隔墙（横向长墙）立面图（巽来庄）

（图片来源：姚洪峰供图）

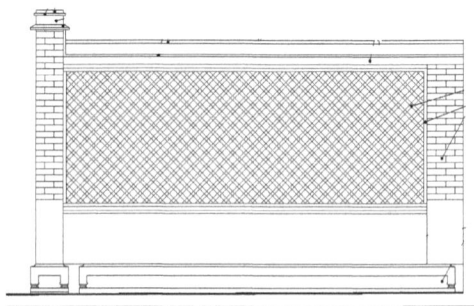

图 4.113　六雀墙（巽来庄）

（图片来源：自摄、自制）

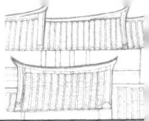

（3）勒脚

勒脚是永春传统民居建筑的主要组成部分，通常采用白石或青石作为装饰材料。勒脚设计模仿虎脚造型，外观上显得古朴敦厚，象征着建筑坚固有力（图4.114）。六角形的花岗岩勒脚以其几何形态展现了对称美（图4.115、图4.116）；永春传统民居的勒脚常见花岗岩或卵石构成的（图4.117），卵石的自然形态以它们不规则的边缘和自然色泽，为建筑基座带来了一种自然的美感和质朴的气息。

图4.114 红砖隔墙
（图片来源：自摄）

图4.115 勒脚（花岗岩）
（图片来源：自摄）

图4.116 八角形勒脚（花岗岩）
（图片来源：自摄）

图4.117 卵石勒脚
（图片来源：自摄）

永春传统民居中的"地牛"是指建筑外墙体最下层的矮平线脚，其形态相对简约，主要起到视觉平衡的作用，赋予观者结构上的均衡与稳定感。地牛有时与"虎脚"（或称为"勒脚"、"大座"）相结合，通常用整块大白石板经过精细加工后而成，其上方会砌筑粉堵，即墙裙。在永春地区的传统民居中，"地牛"的图案设计呈现出多样化，进一步丰富了建筑的装饰效果和文化内涵。这种设计手法不仅体现了对材料的巧妙运用，也展现了地域文化的独特魅力和建筑工艺的精湛技艺。这一部分同样用大块石板构建，在视觉上增强了建筑的稳定感，也在一定程度上反映了闽南民居建筑的美学特质（图4.118）。

图 4.118 "地牛"

(图片来源：自制)

4.3.6 檐边

在永春传统民居中墙面的檐边装饰带，俗称"水车堵"，是闽南地区传统民居立面设计中不可或缺的装饰元素。该装饰带通常采用砖石材料，四周以线脚边框为界，边框内采用浮雕技术进行装饰。装饰内容丰富多彩，包括灰塑、彩绘、剪粘或彩陶塑等手法，主题涵盖自然景观、动植物图案、建筑元素及人物形象等（图 4.119 至图 4.120）。

图 4.119 水车堵彩画

(图片来源：自摄)

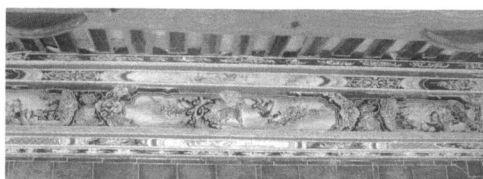

图 4.120 水车堵彩绘（沈家大院）

(图片来源：自摄)

檐边装饰带丰富了建筑的视觉层次，边框装饰技术能够增加装饰带的立体感和艺术表现力。它们不仅美化了建筑外观，保护墙面免受雨水的侵蚀，体现了工匠的高超技艺和建筑主人的身份和社会地位，也展现了永春传统建筑艺术的审美追求。

4.3.7 室内装饰

永春传统民居装饰主要集中在前厅、中堂等公共空间，体现了所处时代的经济状况和工艺水平。传统民居的室内装饰和传统家具体现鲜明的地域特色和丰富的文化内涵。这种布局不仅满足了宗教仪式、宾客接待等社交功能，也适应了各类社会活动的

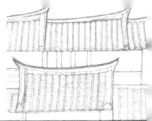

需要。中堂的梁架、斗拱、门窗和屏风等部位常饰以精美的木雕，展现了高超的木工技艺。中堂的家具摆放讲究对称和平衡，常见的家具有八仙桌、太师椅、长条案几等。这些家具不仅实用，其雕刻和装饰也体现了主人的品位和地位。中堂常悬挂匾额和对联，内容多为励志、祝福或反映家族家训的词句。中堂往往还设有神龛或祖先牌位，用以供奉祖先，表达敬意和缅怀，这是闽南地区尊宗敬祖文化的重要体现（如图 4.121至图 4.122）。

（a）中堂室内装饰崇节堂

（图片来源：自摄）

（b）民居室内（八二三西路 133 号）

（图片来源：自摄）

图 4.121　室内装饰

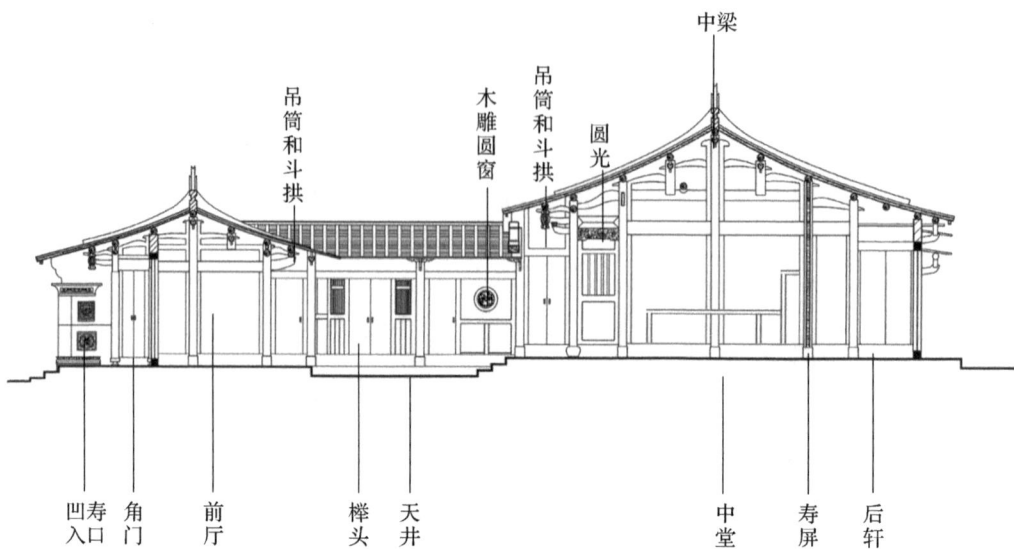

中梁

吊筒和斗拱　　木雕圆窗　　吊筒和斗拱　　圆光

凹寿　角　前　　榫　天　　　　　　中　寿　后
入口　门　厅　　头　井　　　　　　堂　屏　轩

图 4.122　民居室内剖面图（世美堂）

（图片来源：自制）

　　眠床是闽南家庭中最基本的传统家具之一，采用传统的"榫卯"技术。眠床装饰通常精美，包括木雕、浮雕和镂空雕等。此外，漆篮、手工编织的点心篮等，也是日常生活中的实用物品。在婚嫁习俗中，传统家具还包括桌子、衣柜、脸盆架子以及两条长联椅，这被称为"标准五件套"，是婚嫁仪式中的家具组合。这些家具不仅满足了实用功能，也承载了文化和仪式的意义，体现了永春地区对婚姻和家庭的重视。

4.4　传统民居的典型案例

　　永春传统民居多采用坐北朝南的布局，以优化自然光照、通风条件和遮阳效果。这些建筑以木梁作为主要承重结构，墙体则采用砖、石、土等材料砌筑。中堂为中心，通常采用木雕、石雕和彩绘等装饰，展现永春传统民居独特的建筑形式和丰富的变化。砖墙通常是实砌工艺，蕴含着深厚的审美价值。永春传统民居建筑的体量通过"间张"和"落"来称呼，如小三开间、大三开间，以及小五开间、大五开间，这些称谓区分了建筑规模，也暗示了屋主的社会地位。通过对典型的民居分析，可以发现永春传统民居在风格上受到中原文化、海外文化和宗教文化等多元因素影响。

4.4.1 福兴堂（峃山镇）

福兴堂也称为李家大院，位于峃山镇塘溪村上，是闽南传统建筑的杰出代表。该建筑由爱国商人李武宗及其兄弟李武庸于 1942 年开工兴建，1947 年竣工，历时 5 年多。建筑占地面积 5 380 平方米，建造面积 1 570 平方米。建筑由正门、门厅、天井、两厢、正厅和左右护厝等组成，共有 22 间房间、6 间厅堂、5 个天井。2019 年被列入第八批全国文物保护单位。

福兴堂以中轴线对称布局，建筑的主体结构采用悬山式抬梁穿斗的土木砖石混合，以四合院为中心，组成了二落五间张双护大厝的格局，如图 4.123 所示。

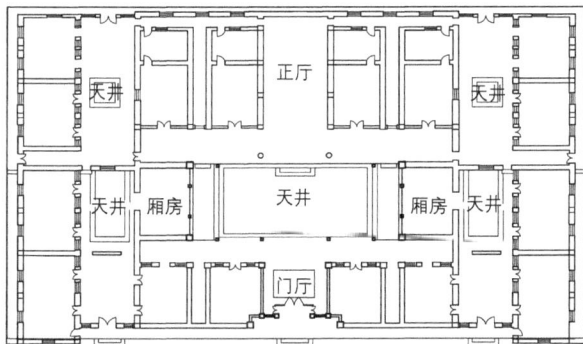

图 4.123 福兴堂平面图

（图片来源：自制）

图 4.124 福兴堂

（图片来源：自摄）

福兴堂的建筑装饰具有较高的技艺，装饰材料、形式和内容丰富多样。福兴堂的门户、窗棂、廊檐、角柱和柱础等，饰有大量的木雕和石雕构件等（图 4.124）。大门立面中间是辉绿岩墙面、窗雕与门柱。正立面墙面有两个圆形的镂空石雕窗，左右两边是红砖拼砌的墙（图 4.125）。室内地板铺的是英式花砖，柱石和墙壁雕刻着名家联句。石雕和木雕内容有郭子仪祝寿、三国演义、昭君出塞等，还有汽车、自行车图案和华侨形象等。福兴堂体现中西融合，是民国时期闽南民居的典型代表（图 4.125 至图 4.126）。

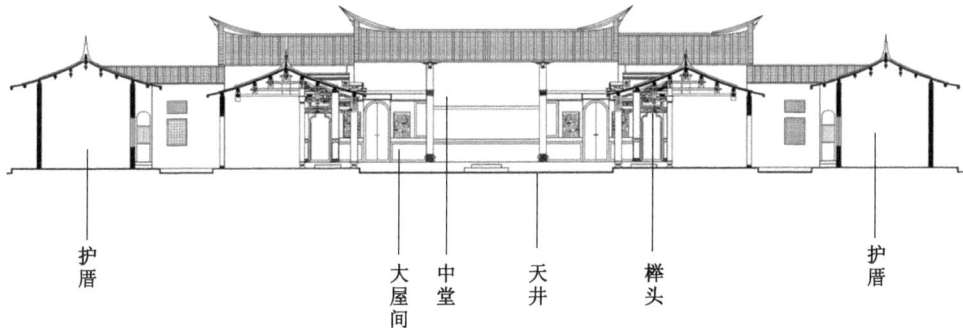

图 4.125 福兴堂剖面图 1（峃山镇）

（图片来源：自制）

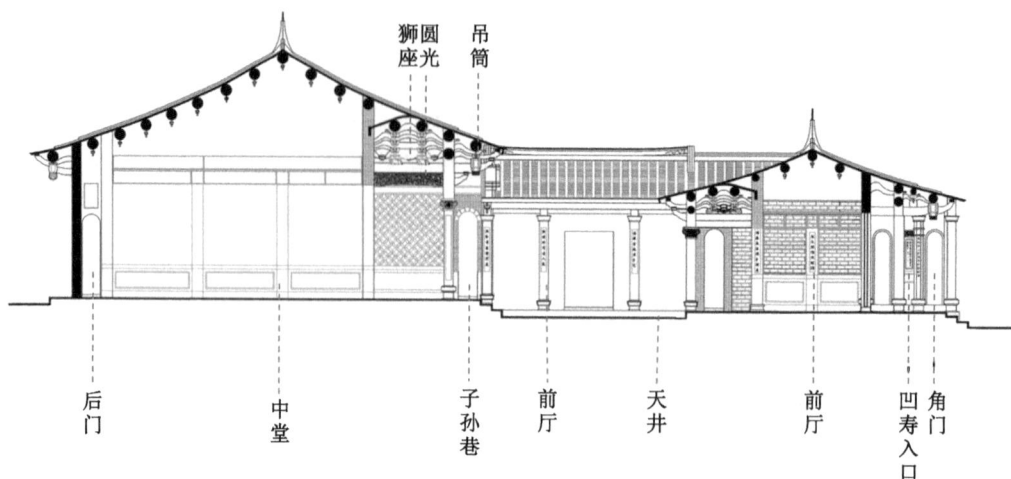

图 4.126　福兴堂剖面图 2（岵山镇）

（图片来源：自制）

石雕艺术尤为突出，不仅代表当时较高的工艺水平，也体现了传统文化、华侨文化和宗教文化等多元文化因素的影响（图 4.127、图 4.128）。

图 4.127　福兴堂大门（岵山镇）

（图片来源：自摄）

图 4.128　福兴堂石雕窗户（岵山镇）

（图片来源：自摄）

福兴堂的建筑装饰具有中西合璧风格特点，体现在内墙彩绘、券拱门洞、门柱、石柱（图 4.129 至图 4.130）。内墙彩绘有反映异国情调的新加坡鱼尾狮、伊斯兰人服饰、基督教天使等。石柱融西方柱式、地方石雕装饰工艺为一体，立柱的形态多样，有八角形、方形、圆形三种形态（图 4.131）。

福兴堂其间的木梁枋、窗棂、门楣额枋均饰有精美的雕刻，装饰手法有圆雕、线雕、浮雕、镂空雕等，雕琢的内容有历史人物、珍禽异兽、鱼虫花鸟、山水树木等（图 4.132）。福兴堂集多元文化和艺术于一体，被誉为"闽南传统建筑技艺的绝唱"。

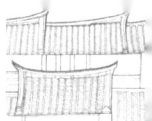

图 4.129　福兴堂镜面墙红砖几何纹样

（图片来源：自摄）

图 4.130　灰塑、交趾陶和彩绘的结合（福兴堂）

（图片来源：自摄）

图 4.131　柱头装饰（圆柱）

（图片来源：自摄）

图 4.132　石雕窗装饰

（图片来源：自摄）

4.4.2　崇德堂（五里街镇）

　　崇德堂坐落于永春县五里街镇仰贤村，是一座具有历史和文化价值的传统民居，建筑占地面积约 1 070 平方米，建筑面积约 714 平方米。该建筑背山面水，为单层的木建筑。崇德堂的主人是郑锦起，曾旅居马来西亚槟城。建筑布局以三进悬山式，包含三厅二埕。建筑前低后高，向心性明显，装饰元素集中在向阳朝南。门窗采用精美的青岗石，其工艺精湛。（图 4.133 至图 4.137）

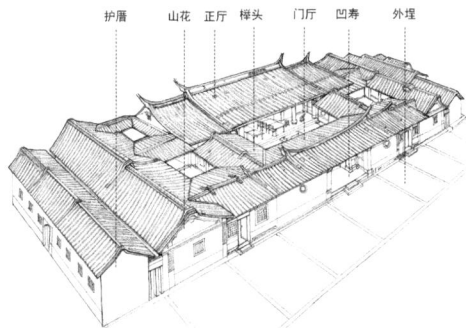

图 4.133　崇德堂鸟瞰手绘图

（图片来源：自制）

图 4.134　崇德堂鸟瞰图

（图片来源：自摄）

图4.135　崇德堂民居凹寿入口（石雕1）

（图片来源：自摄）

图4.136　崇德堂民居护厝门（石雕2）

（图片来源：自摄）

　　崇德堂的大门有前对联，如"崇山当户重重翠；德水环门曲曲清"，以及"来崇福禄增新庆，通德门庭守旧规"（图4.135）。左右护厝和后门有变体的大篆字体，左边的护厝门上书"瑞霭南湖"，右边的护厝写着"福耀西城"，中厅有"星岩拱翠"等题字"（图4.136）。建筑立面水车堵精致，如图4.137所示。

　　崇德堂的正中是中堂，沿中轴线对称布置，面向天井，宽敞明亮。中堂在建筑序列中的开间最大，等级最高。中堂的功能多样，不仅用于祭拜祖先、神明，还举行喜庆宴请、家族议事、婚丧嫁娶、宾客接待和公共议事等。中堂悬挂有金匾"崇德堂"，署张寿仁题，还有匾"乐施好善"等。

　　崇德堂中堂的中间有祖先牌位，左边是神龛，神龛的装饰题材涵盖历史人物、古代神话和建筑楼阁等。木隔墙采用精致的木雕装饰，展现了永春传统民居建筑的工艺美学和文化内涵（图4.138）。

图4.137　崇德堂的水车堵

（图片来源：自摄）

图4.138　崇德堂中堂

（图片来源：自摄）

4.4.3　裕德堂（岵山镇）

　　裕德堂位于岵山镇和林村，建造者是著名的华侨陈克相。裕德堂见证了清光绪年间至宣统辛亥年的永春传统建筑艺术发展。该建筑以基单层和土木砖石混合材料，民

居朝向东北,面临农田,背靠荔枝林,展现了五开间二落两边护厝的建筑格局。民居占地面积756平方米,建筑面积728平方米。

裕德堂顺着地形展开,屋面呈现悬山式,覆盖青瓦(图4.139),并用石块加固,主体结构采用穿斗式,地面铺设砖,承重结构以木框架为主,辅以夯土围护。这些结构特点不仅展现了建筑的坚固性,也彰显了当时建筑工艺的精湛。

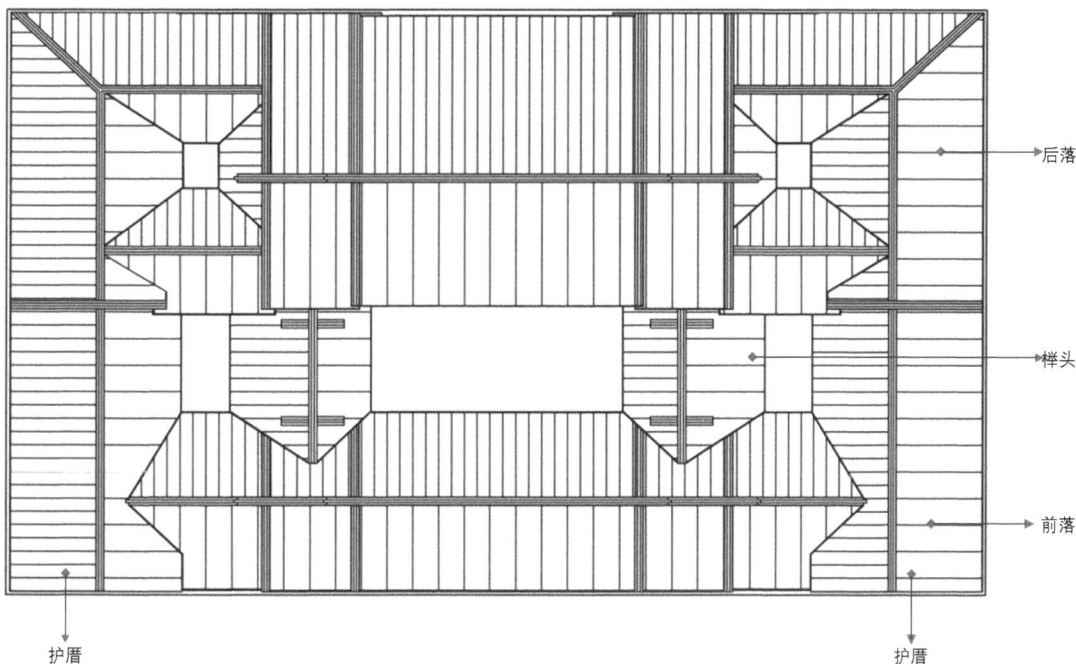

右边标注(从上到下):后落、榫头、前落
左下标注:护厝   右下标注:护厝

图 4.139 裕德堂屋顶平面图

(图片来源:自制)

建筑前原有半月形的水塘,左右两侧各有一口水井(图4.140)。主脊是燕尾设计,规带采用灰塑、剪瓷和堆雕工艺,体现了建筑装饰的精细与多样性(图4.141)。护厝为四坡顶注水,以及硬山式山墙,山墙楚花装饰丰富,暗含吉祥(图4.142)。镜面墙采用红色封规砖构建,使用石雕须弥基座。水车垛采用灰泥塑绘,彩绘以典故、瑞禽、花草为题材。门堂采用单塌寿,墙裙、墙身、对联、门额、门簪和窗户等布满石雕构件(图4.143)。工艺主要有圆雕、透雕和浮雕等。镜面墙砖身垛设置成方形与圆形的石雕窗,凸显建筑的艺术价值。

建筑大厅前廊"肥束"、吊柱和雀替等,局部采用鎏金。厅堂灯梁上绘制"凤舞牡丹"题材,寓意吉祥与繁荣。柱础的鼓状设计和厢房采用螭虎木雕窗(图4.144),展现石雕和木雕的精湛技术。下厅大门的背面墙上、寮墙头的雨篷使用灰塑与彩画装饰。天井周边以六角形青砖铺饰,不仅实用,还有很高的审美价值。裕德堂在结构、材料、装饰等方面展现了闽南传统建筑的特色(图4.145),体现了深厚的历史底蕴和地域特色。

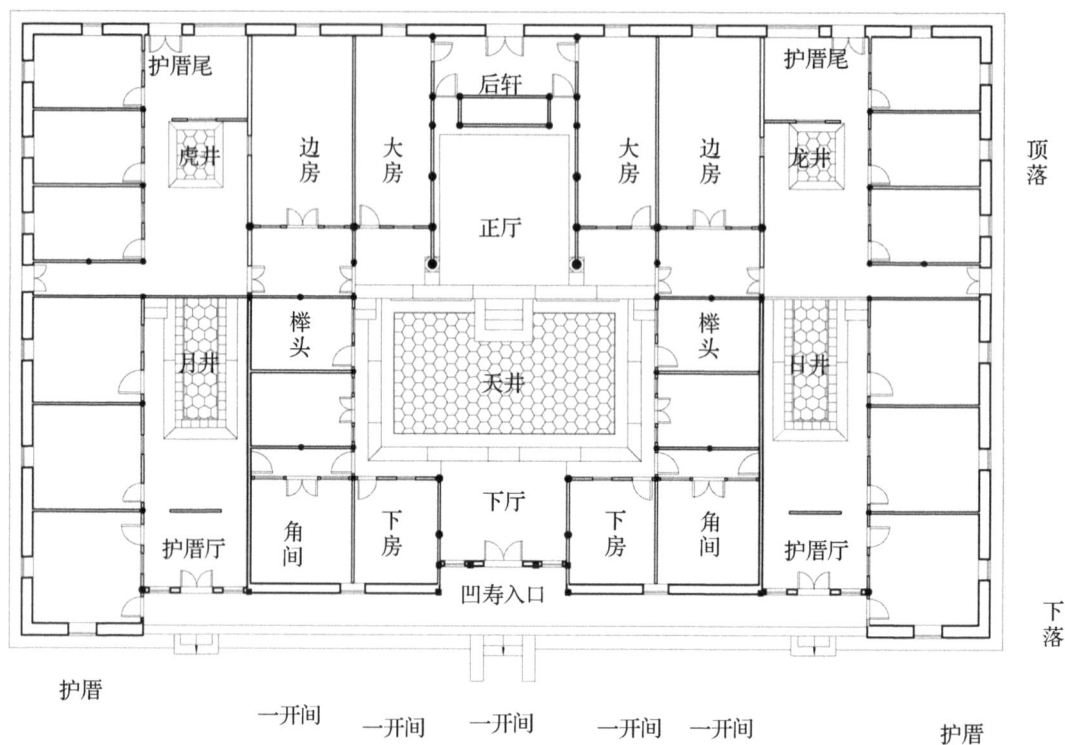

图 4.140 裕德堂平面图

（图片来源：自制）

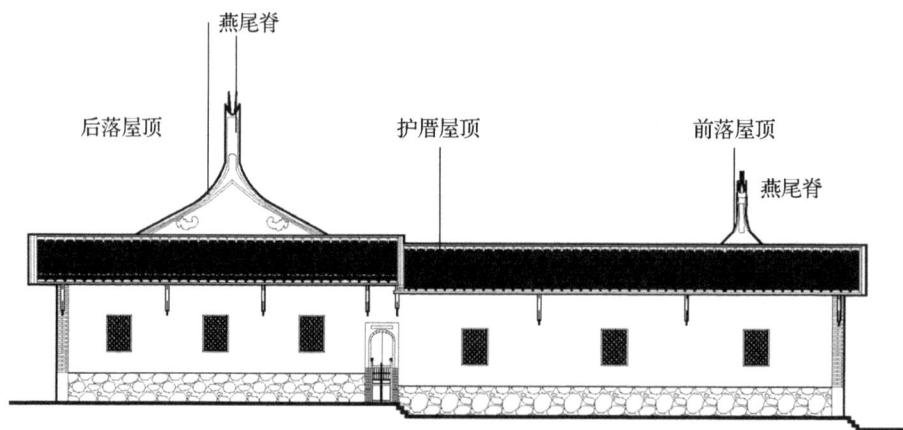

图 4.141 裕德堂西北立面图

（图片来源：自制）

图 4.142 裕德堂大样图

（图片来源：自制）

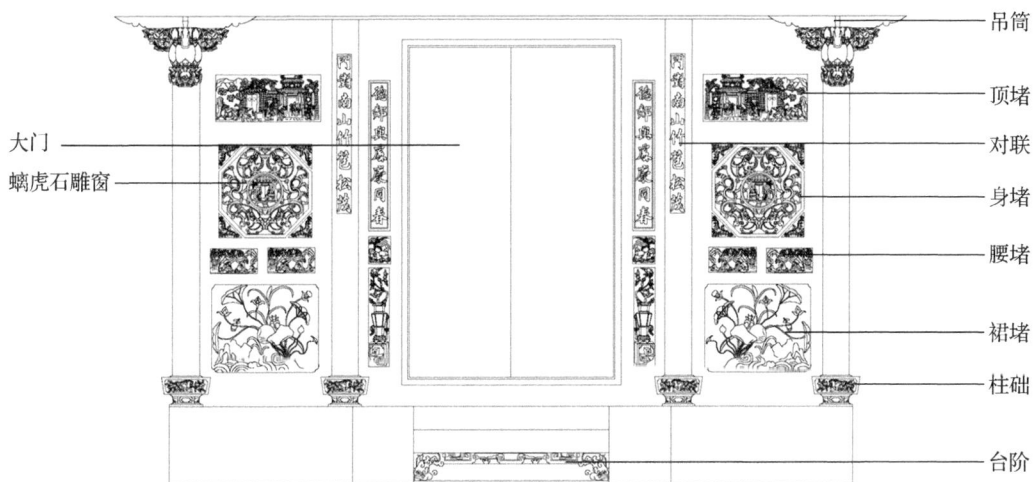

马背山墙

规带

山花

水车堵

图 4.143 裕德堂大门

（图片来源：自制）

吊筒

顶堵

对联

身堵

腰堵

裙堵

柱础

台阶

大门

螭虎石雕窗

图 4.144 和林村裕德堂窗户浮雕大样图

（图片来源：戴志坚供图）

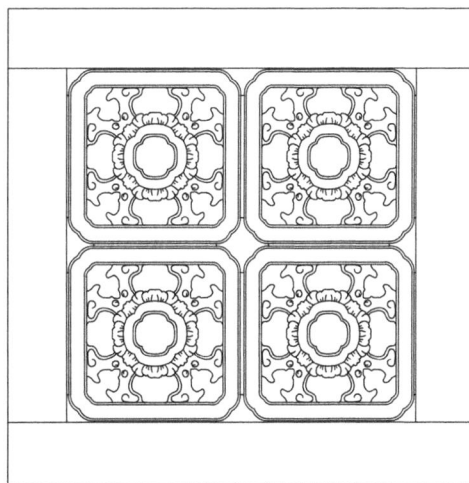

图 4.145 和林村裕德堂琉璃窗大样图

（图片来源：戴志坚供图）

4.4.4 霞溪堂（岵山镇）

霞溪堂位于永春岵山镇茂霞村4组，建于1923年，由陈兴煦及其三个儿子共同建造。霞溪堂建筑面积约780平方米，采用了土木砖结构，建筑布局为五开间二进深，带左右护厝，共有12间房间（图4.146）。

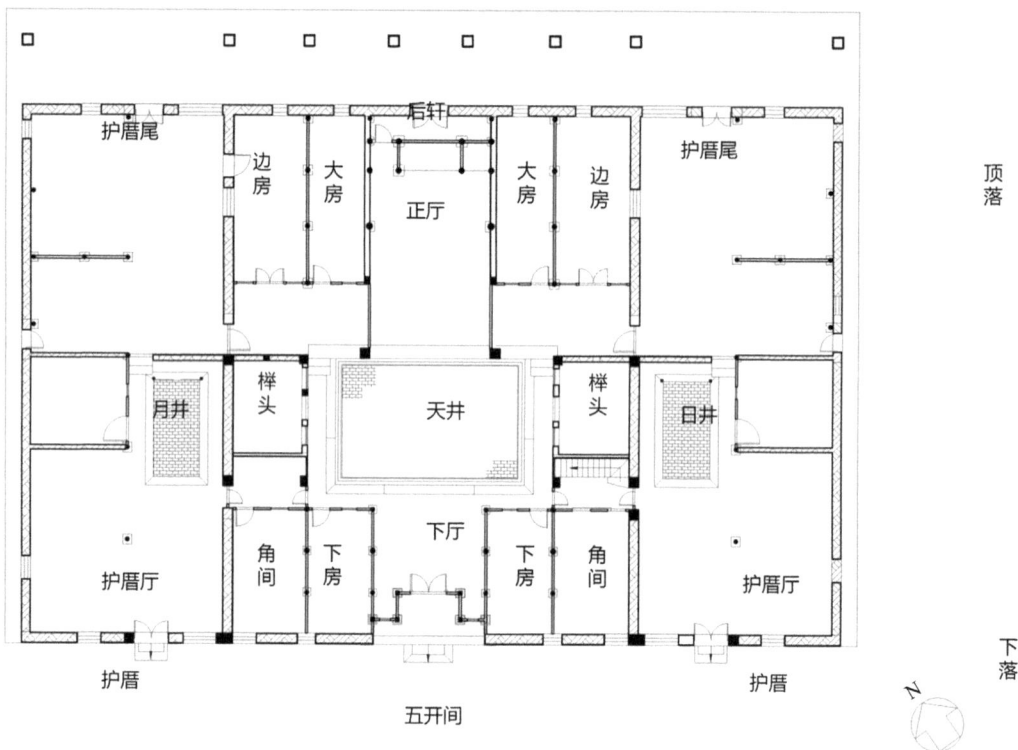

图4.146　霞溪堂平面图

（图片来源：自制）

霞溪堂的墙体设计独具匠心，墙基和墙裙采用大块白色花岗岩条石，墙面以红砖叠砌，屋面覆以青瓦，歇山顶的设计，形成鲜明的色彩对比，"两伸脚"山墙为悬山规。屋脊四面挑密檐注水，二层的护厝增加立面的效果。建筑立面可以看到丰富变化的屋顶造型（图4.147）。

霞溪堂的石雕艺术尤为引人注目。石雕窗楞装饰题材丰富，其中还包含诸葛亮巧设空城计的故事。入口为单塌岫，门面包括耳窗的石雕装饰，内容涵盖了荷花、竹子、牡丹、梅花、桃花和兰花等图案。门楣上石雕的书卷造型刻有"霞溪堂"，石雕装饰为"八仙过海"。大门嵌头联"霞光灿烂文明盛；溪水漾绕福泽长"。杉木的楼道，砖砌墙面，所用的材料和工艺体现时代特征（图4.148至图4.150）。

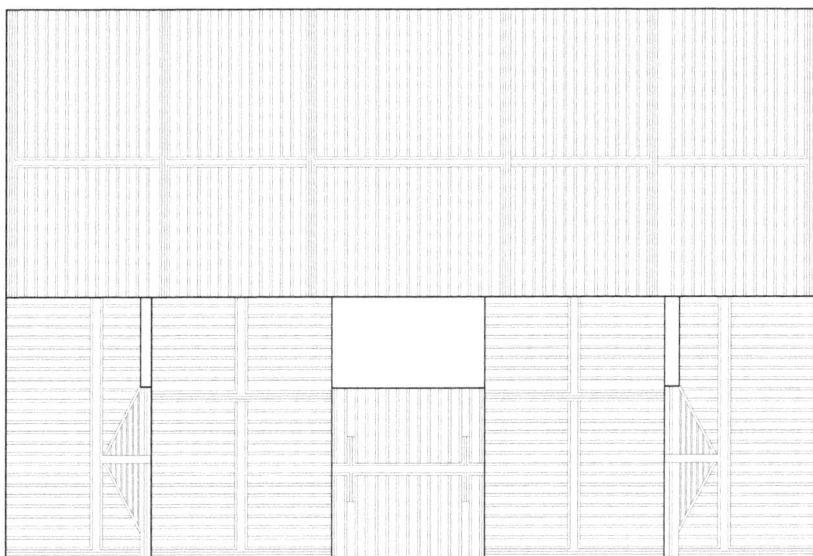

图 4.147　霞溪堂屋顶平面图

（图片来源：自制）

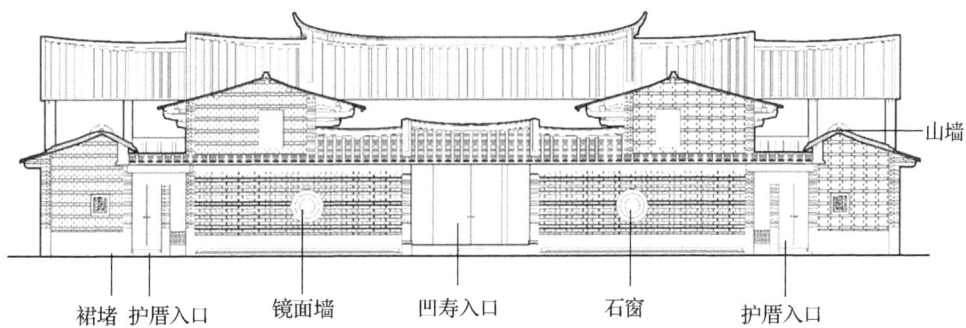

裙堵 护厝入口　　　镜面墙　　　凹寿入口　　　石窗　　　护厝入口

山墙

图 4.148　霞溪堂立面图

（图片来源：自制）

图 4.149　霞溪堂 1（岵山镇）

（图片来源：自摄）

图 4.150　霞溪堂 2（岵山镇）

（图片来源：自摄）

振德堂（岵山镇）

振德堂位于永春岵山镇铺下村4组，始建于清末期间，占地面积618平方米，建筑面积529平方米。该建筑采用土木结构，主体为单层，以穿斗式木构架为显著特征，展现五开间二进深四间两边护厝的建筑格局。左边外护小厝为三间两伸脚硬山式风格（图4.151）。

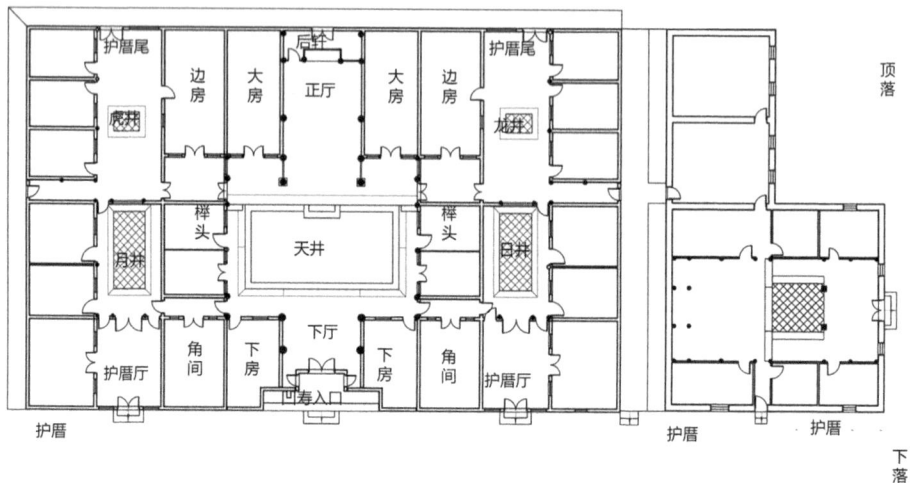

图4.151　振德堂平面图

（图片来源：自制）

振德堂是印尼同乡会会长陈子惠的祖厝，由曾祖父"陈伯太公"于18世纪末所建，具有重要的家族和文化传承意义。振德堂左侧护厝外侧建有三开间四合院"振鹏轩"，曾作为私塾使用。其厅堂采用抬梁和穿斗混合式构架，空间宽敞（图4.152至图4.153）。

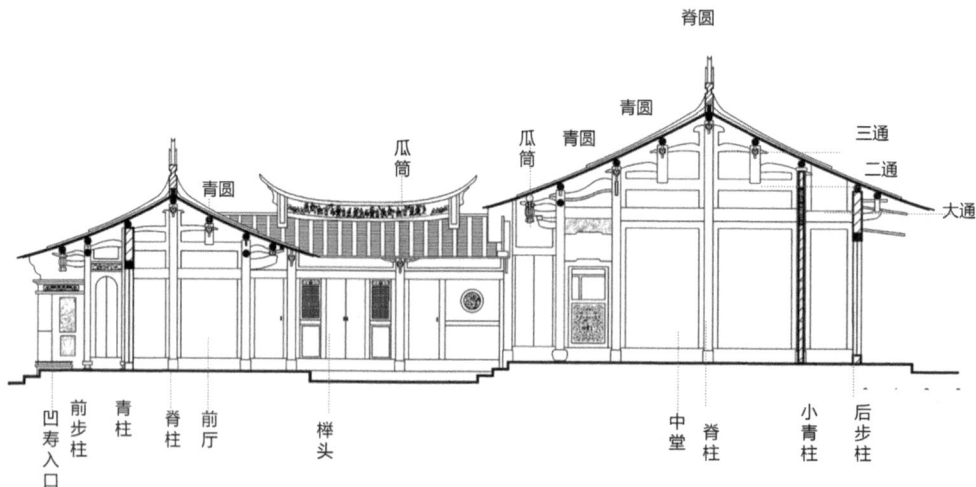

图4.152　振德堂剖面图

（图片来源：自制）

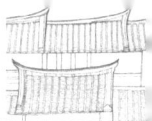

振德堂的立面宽阔，镜面墙体以青石须弥座为基础，白石为墙裙，叠砌传统红砖身垛，建筑立面以石材为基础，红砖墙体，墙体材料包含木枋、芦苇夹板篾壁抹灰等。屋顶形式为悬山顶，配以燕尾脊和青瓦铺盖。立面共有七开间，屋面装饰有瓦当垂珠（图4.154）。台阶的踏步有立面浮雕，大门为塌寿式，门堂装饰吊柱、墙裙、墙身、对联、门额、窗户等构件，雕刻手法有透雕、浮雕、线雕、影雕和沉雕等。镜面墙身嵌以方形石雕窗与红砖拼花窗，进一步丰富了立面的艺术表现。（图4.155）

图4.153　振德堂中堂檐下

(图片来源：自摄)

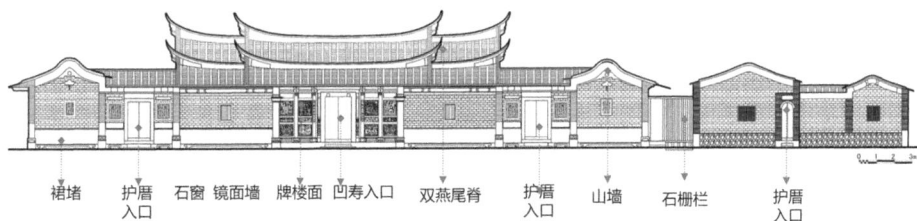

图4.154　振德堂大门

(图片来源：自摄)

裙堵　护厝入口　石窗　镜面墙　牌楼面　凹寿入口　双燕尾脊　护厝入口　山墙　石栅栏　护厝入口

图4.155　振德堂立面图

(图片来源：自制)

振德堂大厅廊顶采用抬梁式构架，斗拱、驼峰狮座、梁椽枋、吊柱等部位采用鎏金工艺，木构窗花等细节同样精致。水车垛运用灰塑与彩画，塑造山水、走禽和典故等图案。厅堂灯梁上有"凤舞牡丹"的彩画，十分精美。厅堂前木柱以浮雕装饰，柱联"地接虎山标气概；门瞻凤髻兆文明"体现了建筑的文化寓意。

在闽南古厝建筑中，"单护厝"是指在主建筑一侧增建的纵向长屋，起到辅助和补充主建筑的作用。护厝亦称或"护龙"，是大厝两侧跨院的东西朝向建筑，起到翼护作用（图4.156）。当建筑规模不满足使用需求时，人们会在建筑两侧加建房屋，形成护厝。振德堂右侧增加了护厝建筑，这样的设计既满足了居住的实用性，也体现了闽南古厝在空间布局上的巧妙与智慧。

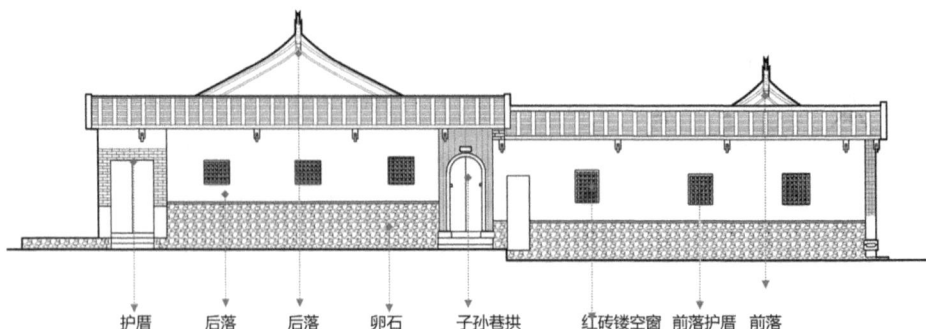

护厝　　后落　　后落　　卵石　　子孙巷拱　　红砖镂空窗　前落护厝　前落

图 4.156　振德堂南立面图（护厝）

（图片来源：自制）

4.4.6　儒林堂（岵山镇）

儒林堂位于岵山镇塘溪村，始建于 1942 年。该建筑占地面积 868 平方米，建筑面积 818 平方米，采用单层的穿斗式结构，砖木混合材料体现了建筑工艺的精湛与创新。该建筑平面布局以五开间三进深六间双护厝的传统格局（图 4.157）。儒林堂采用合院式布局，以厅堂为中心，形成对称、严谨、封闭的传统布局，红砖墙基础上以垒砌卵石，屋顶为悬山式，屋面用青瓦，覆盖石头或砖（图 4.158）。正脊翘起燕尾，规檩上装饰有悬鱼。

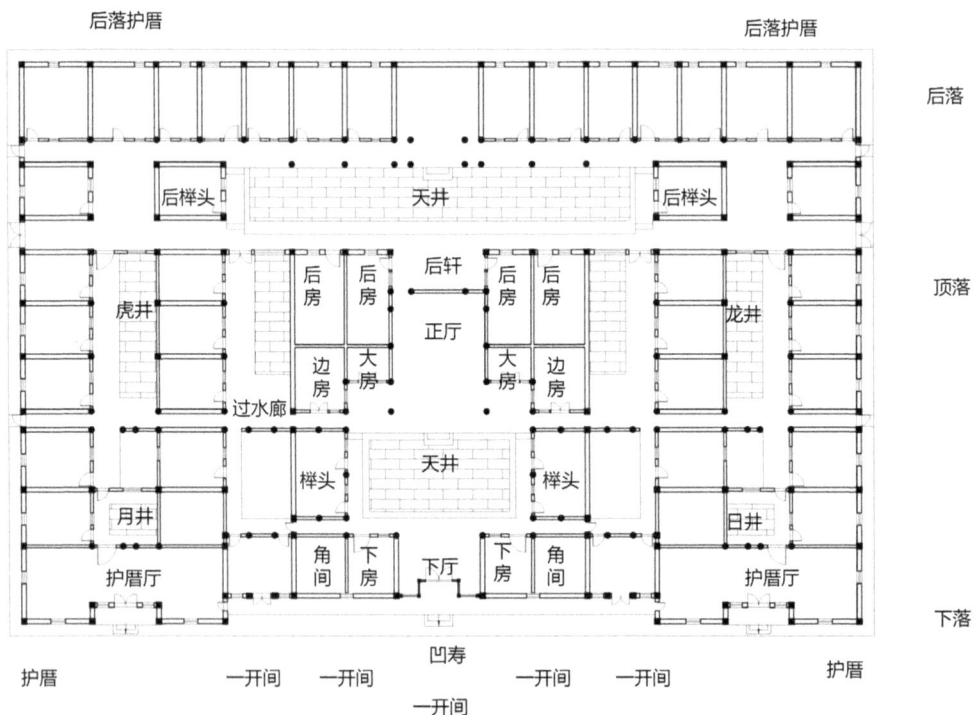

图 4.157　五开间三进深双护厝

（图片来源：自制）

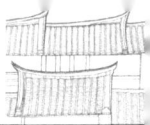

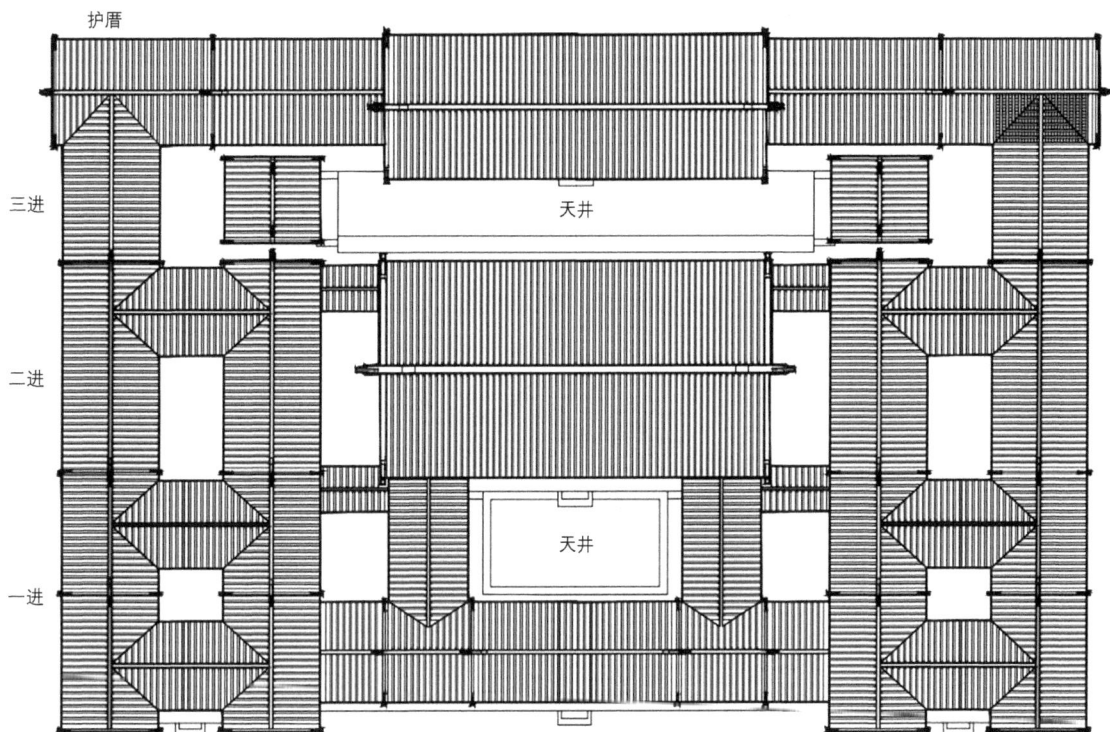

图 4.158 儒林堂屋顶平面图

(图片来源：自制)

建筑前有宽敞的大埕，周边环绕的荔枝林为儒林堂提供优美的自然环境。镜面墙体以青石板为墙裙，身垛采用分段式设计，设有青石须弥基座。两侧护厝与主厝墙以红封规砖叠砌，形成了丰富的立面效果。护厝的"过水"面墙由青石板浮雕，透雕螭虎窗，水车堵以彩绘装饰。山墙采用硬山式，灰塑与彩绘相结合，装饰以典故、瑞禽和花草等图案，进一步丰富建筑的文化内涵。

门堂采用单塌式，墙裙、墙身、对联、门额、门簪、窗户等部位为青白石雕装饰，运用了浮雕、圆雕、影雕、线雕和沉雕等技艺。墙体承重，墙顶部做彩画，墙裙采用六角龟背纹红砖。木构件如驼峰、狮座、梁椽枋、吊柱、雀替和神龛等部位的木雕雕刻精美。

门厅、大房、耳房与天井的墙体以龟背纹红砖为墙裙，拱门、圆窗、八角窗与直棂方窗等设计元素，充满形式感。后落厅堂采用石柱，柱头与柱础雕刻精致。后楼一层厅堂前设罗马柱式装饰，雕刻精美，展现了中西合璧的建筑特色，也彰显了儒林堂深厚的文化意蕴和历史传承。厅堂红砖铺地，天井以条石铺装，便于防潮。

儒林堂建筑采用砖（石）木构造，红砖白石是其主要的建筑元素之一。屋顶采用坡屋顶和燕尾脊，正立面图体现了其独特的建筑风格和构造特征。大门采用精美的石雕或木雕，并有门匾显示家族的郡望或人望，以彰显家世。在正立面上，镜面墙由多个块面组成，每块面称为一"堵"，工匠利用红砖采用砌筑、拼花、镶嵌等工艺手法，筑成各种花式花样（图4.159）。入口处的大门多采用"凹寿式"构造。大门横额写着"儒林堂"三个大字，门楹联："儒士富经纶立德立言传世文章皆事业；林园成苑委有华有实一门新读足春秋"。厅堂对联："儒席堪称贤子弟饶诗书气；林峦拱翠佳山水当书图看"。门联体现主人的价值观和审美（图4.159）。

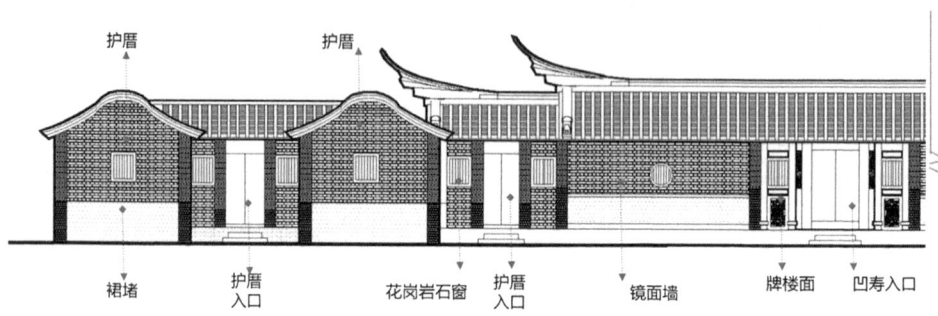

图4.159 儒林堂北立面图（双护厝）

（图片来源：自制）

儒林堂剖面图体现了其独特的建筑风貌和结构特点，屋顶为坡屋顶，燕尾脊设计，屋面举折，形成匀称的屋面线条。立面图中体现民居空间高低错落、主次分明的空间布局（图4.160）。屋顶在纵向与横向上都做成凹曲面，称为"双曲面"，正脊起翘很高，形成美感。传统建筑中檩条的生起是靠梁架来造就的，这种做法称为"升山"，使山面梁架的标高较明间、次间抬高，形成独特的外观。如图4.161所示。

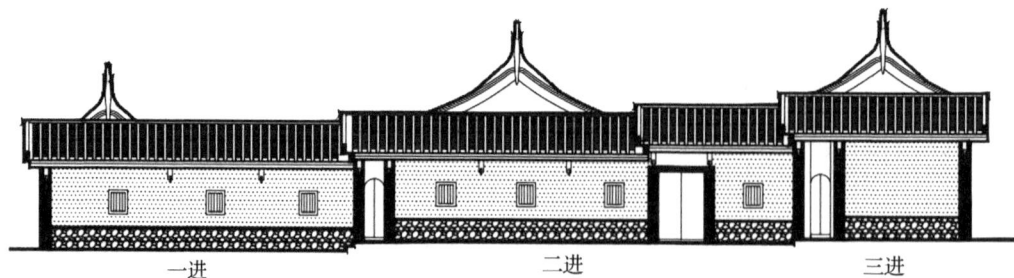

图4.160 儒林堂东立面图

（图片来源：自制）

后落 　　　　　　　　　厅堂 　　　　　前落

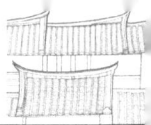

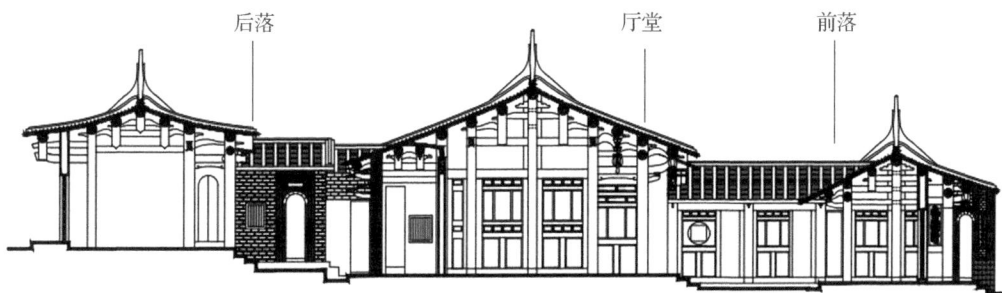

图 4.161 儒林堂剖面图

(图片来源：自制)

4.4.7 新坂堂（余光中故居）

新坂堂是著名诗人余光中的旧居，坐落于桃城镇洋上村。这座始建于清代的民居，承载着丰富的历史信息，也见证了文学巨匠的家族背景。新坂堂的建筑布局由门庭、正门、正厅、东西护厝构成，包含厅堂与房间 40 间，展现了传统民居的典型结构。

建筑采用穿斗式木构架，屋顶形式为单檐歇山顶。屋面铺设青瓦，正立面以红砖装饰，门斗以花岗岩和辉绿岩装饰。正脊堆塑是新坂堂的一大特色，有动物、人物、卷草、花卉等图案。木梁枋、雀替和窗户饰有镏金浮雕，体现建筑的华丽与精致。门前有一副对联："世事无乖天地阔；心田有种子孙耕。"对联深刻表达了对人生哲理的思考，以及对家族世代传承的重视。这对联不仅体现了余光中家族的价值观和人生观，也反映了传统建筑作为文化载体的重要作用（图 4.162 至图 4.163）。

图 4.162 余光中故居及环境

(图片来源：自摄)

图 4.163 新坂堂中堂

(图片来源：自摄)

4.4.8 庆星堂（桃城镇）

庆星堂又名红砖厝，位于桃城镇丰山村。该建筑始建于清代康熙年间，由旅马华侨陈日檬出资建造。该建筑占地面积 800 平方米，采用单层土木结构，顺着地形布局，两落进深，体现了与环境和谐共生的建筑理念。

庆星堂民居为五开间二进两边护厝的平面格局，屋顶采用悬山顶，以青瓦铺设。脊垛与规带为剪瓷灰塑工艺。地面铺设花岗岩，墙体为花岗石雕，搭配红砖叠砌（图 4.164）。入口处采用双塌岫，左右"仪门"。门面以石雕装饰，耳窗采用螭虎透雕窗（图 4.165）。檐下有"水车垛"，塑框上装饰有人物纹、花草、瑞兽等题材，丰富了建筑视觉效果和文化表达。庆星堂四周版筑墙，厅堂、廊口是梁柱结构。厢房采用木雕窗，窗上雕刻花等、瑞兽和人物等纹样（图 4.166 至图 4.167）。神龛供奉祖像，庄严肃穆。

图 4.164　庆星堂立面

（图片来源：自摄）

图 4.165　庆星堂窗户

（图片来源：自摄）

图 4.166　庆星堂大门

（图片来源：自摄）

图 4.167　庆星堂梁架

（图片来源：自摄）

4.4.9　赞修堂（桃城镇）

赞修堂位于桃城镇的济川社区，在永仙公路旁边，始建于1957年。赞修堂是五开间两进双边互厝的传统民居，坐东南向西北，为砖木石结构，面阔44米，进深24米，共有44间房间。该厝屋顶覆盖青瓦，燕尾脊设计，山墙以对称的"水形"规带设计，体现了与自然和谐共生的设计理念。以剪瓷、彩绘、灰塑装饰屋顶和山墙，展现了传统工艺的精湛技艺。镜面墙体设石雕须弥基座，厢房采用螭虎圆窗。

入口处采用精细石材，有三门，即左右耳门和耳窗。厅堂神龛佛台为木雕构架，护厝山墙为硬山式抱厦，采用彩塑装饰。该宅石雕和木雕艺术精美，具有中西合璧的特色（图4.168至图4.169）。

赞修堂的建筑特点和装饰细节，不仅反映了20世纪中叶的建筑技术和审美趋势，也体现了当地文化和家族价值观的传承，其保护和研究，对于了解和传承当地的建筑艺术和文化传统，具有重要的历史、文化和艺术价值（图4.170至图4.171）。

图4.168　赞修堂外立面

（图片来源：自摄）

图4.169　赞修堂（桃城）

（图片来源：自摄）

图4.170　赞修堂山墙

（图片来源：自摄）

图4.171　赞修堂中堂（桃城）

（图片来源：自摄）

4.4.10 沈家大院（蓬壶镇）

沈家大院亦称"德兴堂"，位于蓬壶镇，由著名工商业家沈逢源于 1941 年设计并建造。该建筑是二进式土木石结构，共设有 32 间房间。建筑占地面积约 2 000 平方米，主体占地面积 831.6 平方米，建筑纵深 22 米，面宽 37.8 米（图 4.172 至图 4.173）。

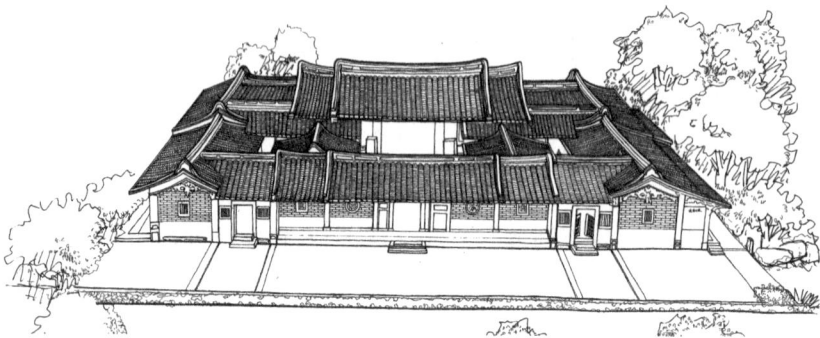

图 4.172　沈家大院鸟瞰图

（图片来源：自制）

图 4.173　沈家大院鸟瞰图

（图片来源：自摄）

图 4.174　沈家大院凹寿入口

（图片来源：自摄）

德兴堂采用合院式布局，内有 5 个采光天井，设计合理，有效提升内部"采光和通风"性能。沈家大院具有典型的闽南侨乡特色。石雕、木雕和瓷雕等装饰丰富（图 4.174）。建筑外墙装饰有时代印记的标语，内部则装饰有精细的红砖细铺，及精雕细作的梁柱和窗棂。

建屋所用的石头和木材均从外地采购，部分材料是沈逢源从台湾运送而来。沈家大院在石、木雕刻和油漆工艺等方面展现了民国时期闽南建筑的较高水平，融合了传统文化、名人文化、民俗文化以及书法、雕刻艺术，是闽台两岸商贸往来的重要历史见证。

正厅的杉木柱上雕刻有传统图案，如鸾凤、仙人骑凤等，其他角落亦装饰有狮子、

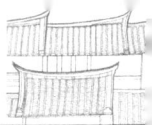

莲花、仙人等繁复精美的雕刻。

德兴堂内文字装饰丰富，采用黑漆底上金字，营造出庄重典雅的氛围。大厅的内外文柱、中柱及厅等，有诗联题词。大房及六扇窗口雕有八幅"二十四孝图"，立面的山花和规带的灰塑层次丰富，室内木构件结合雕刻、彩绘，工艺十分精巧。

德兴堂匾额对联内容丰富，中堂对联书"德水自长流，润屋润身定卜肯堂肯构；兴宗期后期，良弓良冶庶几为龙为光"。"德兴"是冠头联，意思是优良品德的传承，下联的意思是弘扬祖先的声誉，期待有良好的教育。大厅对联"德邻仁里，永思故土；兴功勤业，长乐新居"，则表达了勤俭的家风与兴旺事业的理念。厅内的对联"积善之家，必有余庆；资富能训，惟以永年。云现吉祥，星明福寿；花开富贵，竹报平安"。中柱对联"德如玉、智如珠，何必韫玉藏珠方称大有；兴于诗，立于礼，若能敦诗说礼自叶中孚"。这些对联富含哲理与祝福（图4.175）。

沈家大院是一座建筑艺术的杰作，更是一段历史的见证，其丰富的文化内涵和精湛的建筑工艺，使其成为研究民国时期建筑与文化的重要资料。其设计和装饰不仅体现了沈逢源的个人品味和家族价值观，也反映了当时社会文化和艺术的交融，是研究民国时期建筑与文化的重要实例。

图4.175　文字装饰（沈家大院）

（图片来源：自摄）

4.4.11　春晖楼（达埔镇）

春晖楼坐落于达埔镇汉口村岭边自然村268号，占地面积493平方米，建筑面积469平方米。该建筑是达埔归侨林百璜及其胞弟林针泗于1958年发起建造的。春晖楼建筑采用中西合璧式歇，具有山顶的民居风格（图4.176至图4.178）。建筑坐东北朝西南，采用三开间二进深四间的布局，使用土木砖石的结构。层顶为庑殿式，即"四出水"的五脊四坡的排水系统，厝顶为歇山式。这种设计既保证了结构的稳定性，又体现了对传统建筑美学的尊重。

春晖楼分为主楼、厢房和前厝以及左右护厝和庭院等。主楼为两层结构,面阔三间,进深五柱,采用穿斗式木构架。楼上、楼下共有 24 间房间。镜面墙为石雕须弥座,叠砌红色封规砖,组成护厝的外观。左右护厝山墙以硬山式。入口为双塌寿,左右设置"仪门",由石雕正门和月拱形耳门构成,耳窗设青石的窗台。住宅的前埕有一口八角形水井。该建筑朴实,装饰丰富,有中西合璧风格。其建筑工艺和装饰艺术不仅反映了当时的建筑技术,也承载了丰富的文化和历史价值。

图 4.176 春晖楼

(图片来源:自制、自摄)

图 4.177 春晖楼山墙

(图片来源:自摄)

图 4.178 春晖楼室内

(图片来源:自摄)

4.4.12 杏春堂(仙夹镇)

杏春堂位于永春县仙夹镇夹际村 131 号。该建筑是建于清代的红砖祖厝。建筑主体遵循传统的风水原则,坐西南向东北,大门直面天柱山,象征着家族的繁荣与自然的和谐。杏春堂的正面大门以青石为材料(图 4.179 至图 4.181),墙垛、柱子、门楣等部位设喜鹊、梅花鹿、仙鹤、螭龙等吉祥寓意的图案。杏春

图 4.179 杏春堂室外

(图片来源:自摄)

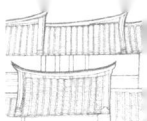

堂为五开间二进深三间传统布局，结合土木砖石结构，屋顶为悬山式青瓦顶，体现了建筑的稳固与耐久。厅堂、天井、房间由走廊连成一体。正厅屋顶上的燕尾脊和镜面墙以白石雕垒叠传统的红封砖。门堂为双塌岫，设三门，左右为"仪门"，增强了建筑的仪式感和家族的尊严。杏春堂大门联为"裔衍上林门迎天柱；枝分杨榜地接红花"。杏春堂题有对联，如"东鲁雅言诗书执礼；西京明诏孝睇力田"和"杏放上林德门有耀；春生带草夹际闻香"。对联不仅是家族文化的体现，也是地域特色的象征。木雕采用圆雕、透雕、浮雕、浅浮雕、镶嵌等技法。

图 4.180　杏春堂中堂
（图片来源：自摄）

图 4.181　杏春堂檐下细部
（图片来源：自摄）

4.4.13　季成楼（仙夹镇）

季成楼位于仙夹镇东里村，遵循传统建筑的风水布局坐北朝南与自然环境和谐共生（图 4.182 至图 4.183）。该建筑兴建于清末年代，占地面积七百多平方米，是典型的五开间二进两边护厝的大厝，为土木砖石结构。建筑前门口宽敞，有半月池环绕，左右两侧种植桂花树，体现传统园林的设计理念。古厝背靠观音山，面向天柱山。这样的地理位置不仅提供了优美的自然景观，也符合了传统建筑的风水学原则。屋顶以悬山式青瓦覆盖，燕尾脊增添美感。脊垛排砌采用古钱镂空砖，脊规带为灰塑雕螭首。

厅堂宽敞为家族聚会和社交活动提供了理想的场所（图 4.184）。镜面墙以白色花岗岩为勒脚，入口为单凹寿设计，门面采用石构框，搭配白石枳条为"耳窗"。内部采用穿斗式，挂吊柱，灯托为狮子的形状，增添了空间的活力与吉祥寓意（图 4.185）。季成楼以其宏伟的规模、精致的装饰艺术、合理的空间布局，成为清末时期建筑艺术的杰出代表。

图 4.182　季成楼 1

（图片来源：自摄）

图 4.183　季成楼 2

（图片来源：自摄）

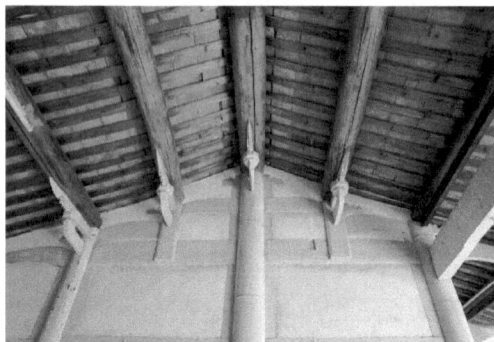

图 4.184　季成楼 3

（图片来源：自摄）

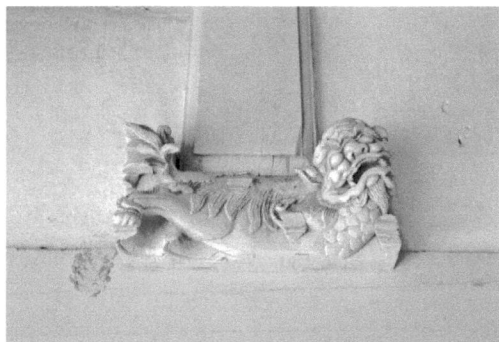

图 4.185　季成楼灯托

（图片来源：自摄）

4.4.14　长安堡（锦斗镇）

　　长安堡始建于清乾隆三十四年（1769 年），位于锦斗镇长坑村，建筑采用二层楼式木石结构。楼高有 10 多米，占地面积 800 多平方米。其宏伟的规模和坚固结构成为当地防御性建筑的典范。建筑四周布满竹筒枪眼，四面大门均设有防火、防盗设施，展现防御性特征。在二战时期，长安堡曾为地下革命者的联络点，见证了土地革命时期共产党领导下的游击战争，具有不可磨灭的历史地位。

　　长安堡外立面和红砖民居相似（图 4.186），长安堡的大门门匾镌刻着"长安堡"三字，字体古朴，体现了族人对长治久安的渴望。雨篷有丰富的灰塑装饰（图 4.187）。长安堡室内设置四个厅，正厅坐东向西，形成了典型的封闭四合院布局。长安堡是族人的居住地，也是祭拜祖先和举行共同活动的空间，承载着丰富的文化和历史价值。长安堡作为永春现存历史最悠久的土堡之一，是研究闽南地区土楼建筑和历史文化的宝贵资料（图 4.188 至图 4.189）。

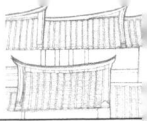

图 4.186　锦斗镇长坑村长安堡

（图片来源：黄汉民供图）

图 4.187　锦斗镇长坑村长安堡内部

（图片来源：黄汉民供图）

图 4.188　锦斗镇长坑村长安堡内部立面

（图片来源：黄汉民供图）

图 4.189　锦斗镇长坑村长安堡内部场景

（图片来源：黄汉民供图）

4.4.15　修德堂（苏坑镇）

修德堂坐落在永春县苏坑镇嵩溪村泮林角落的虎形山脚下，其命名"修德"寓意着对高尚品德的追求与修养。据族谱记载，古厝由嵩溪村王正燔（字炮忠）起建，后由其子王信乐分别于 1928 年和 1931 年继续扩建，见证了家族世代的传承与发展。

修德堂周围环境优美，房前是开阔的田地，西侧有一口井，与自然景观和谐相融。建筑坐北朝南，采用砖土木结构，五开间二进深三间的布局，悬山式屋顶覆盖青瓦，大脊翘燕尾置龙吻，脊规带螭首花饰增添了建筑的精致与生动（图 4.190）。建筑占地面积七百多平方米，房屋呈半圆形，左右有护厝，卵石版筑的两护厝。屋顶为歇山式阁楼。镜面墙出檐廊七间，石雕须弥座与红砖墙，以条枳窗，挑檐设檐廊，以及泥雕彩绘的水车堵，共同构成了一幅精美的立面画卷。

门堂双凹寿，设三门，左右设耳门，配置螭虎窗。面堂雕刻双龙戏珠与砖石浮雕，以及镂花刻鸟的窗棂，展现了精湛的工艺与深厚的文化底蕴。大门两侧对联"修竹蒙雨露；德星曜门楣"嵌头联，以及门上的"加冠、晋禄"，侧门上方"松竹济美；兰桂呈芳"，护厝墙上写"逊志时敏；弄月吟风"等，不仅体现了家族的文化追求，也赋予了建筑以吉祥寓意和文化内涵。

图 4.190　修德堂

（图片来源：自摄）

4.4.16　义德堂（桃城镇）

义德堂坐落于桃溪村，由永炭、永通兄弟于 1909 年前建造，承载着深厚的历史文化底蕴。该建筑采用传统土木结构，形成五开间三进两边护厝布局，东边又插入二层四房一座，两组成三进合院，有两大埕、四天井，共计 50 间房间的红砖古厝。

义德堂屋顶为悬山顶燕尾飞檐，有青瓦剪瓷灰塑的脊垛（图 4.191）。两边护厝四坡顶注水，脊规悬鱼。镜面墙以六角青砖拼砌，须弥座立面基，上叠砌红色封规砖为主体墙面，水车垛的灰塑彩画题材丰富。入口以双塌岫，设三门，左右"仪门"，门堂石雕配木雕。红砖厝前面和后面都有花园，与建筑相映成趣，增添了居住环境的自然美感。主厅有对联和牌匾，彰显了家族的文化传承和精神追求。建筑以木柱穿斗式结构，廊架横梁纵架相结合，雀替、吊柱等木构件精雕细刻，展现了高超的木工技艺（图 4.192）。

图 4.191　义德堂鸟瞰

（图片来源：自摄）

图 4.192　义德堂檐下装饰

（图片来源：自制）

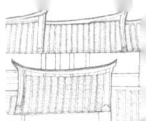

4.4.17 德成堂（东关镇）

德成堂位于东关镇外碧村梨树脚角落 115 号，是一处民国时期的民居，由李宗淙、李宗山、李宗答兄弟合建于 1922 年，历时五六年完工，见证了家族的团结与勤劳。

德成堂依地形展开，临近河谷地带，有利于生产和生活。建筑占地面积约 1 667 平方米，建筑面积约 1 000 平方米。建筑为单层土木结构，木框架作为主要承重构件（图 4.193），以五开间二进两边护厝结构，有 5 个天井，房间有 22 间。

屋面采用悬山顶圆脊，青瓦覆盖，悬鱼飞檐。护厝为四坡顶注水，天井用大石板材铺设。地面使用进口水泥施工，隔屏、门窗户和神主龛以杉木制作，厅面窗以木雕装饰，入口采用双塌岫，配以金铂贴面。镜面墙石雕座基，耳门耳窗的设计，体现了入口的庄重与精致。

立面护厝为硬山式山墙，水车堵装饰有丰富的剪瓷和浮雕（图 4.194 至图 4.196）。立柱、门框和门扉涂以油漆，并配有春联。护厝埕用黑砖干砌，屋脊堵、规带用瓷片和白灰工艺，装饰花草、人物和瑞兽等图案，展现了传统建筑装饰艺术的多样性。

图 4.193　坂内堂（正立面）

（图片来源：自摄）

图 4.194　彩画 1（德成堂）

（图片来源：自摄）

图 4.195　彩画 2（德成堂）

（图片来源：自摄）

图 4.196　德成堂水车堵彩画

（图片来源：自摄）

4.4.18 坂内堂（桃城镇）

坂内堂为清代民居，位于桃城镇洋上村，是永春县首批认定的历史建筑之一。该建筑占地面积522.49平方米，为五间张二落带双护厝，建筑长29.9米，宽17.4米，主体采用砖木结构，外观以红砖灰瓦为主要材料，展现了清代建筑的坚固与精致的工艺。建筑以悬山顶、穿斗式木构架，主立面在夯土墙外贴红砖与青石（图4.197）。檐下吊筒、托木雕刻精湛，展现了工匠的高超技艺。建筑内部采用中轴对称布局，前厅、天井、大厅等空间具有闽南传统建筑风格（图4.198）。坂内堂周围环境优雅，山水环抱，与自然景观和谐地融为一体。坂内堂不仅是一座建筑艺术品，也承载着丰富的历史和文化价值。

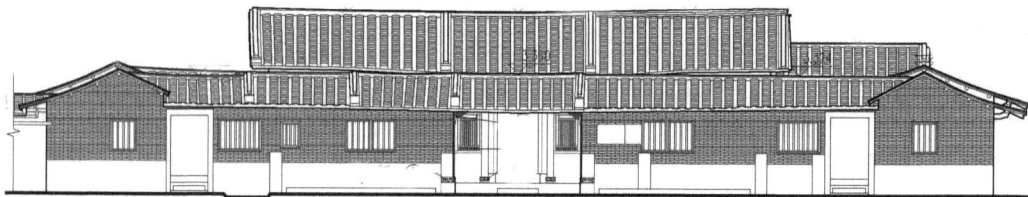

图4.197 坂内堂立面图

(图片来源：永春县历史建筑测绘图，厦门大学建筑与土木工程学院)

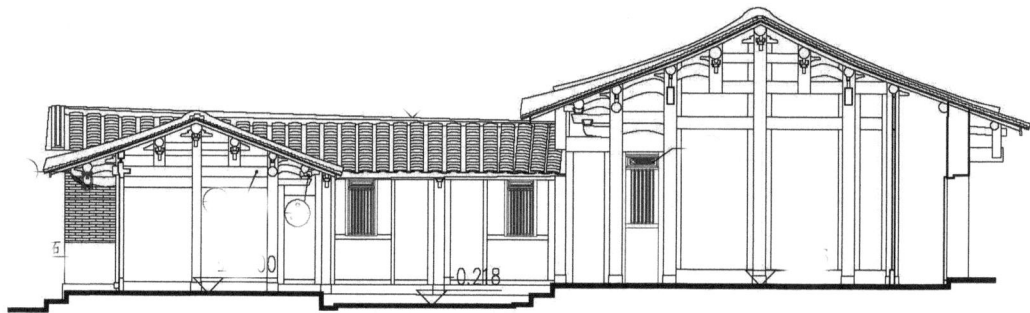

图4.198 坂内堂剖面图

(图片来源：永春县历史建筑测绘图，厦门大学建筑与土木工程学院)

4.5 传统民居的主要特征

在传统聚落中，住宅的发展和形态受到家庭结构与宗族的关系的深刻影响，形成了具有地域特色的居住模式。民居的空间组织和构成不仅反映了聚落的布局特点，而且深受当地居民日常生活习俗的影响。

4.5.1 传统民居的选址与布局

永春地区自然地理条件复杂，社会人口构成多样。传统民居聚集在地形相对平坦的地方，沿着道路分布。永春地区的传统民居选址布局，展现了与自然环境和谐共生的理念，以及对居住环境的深思熟虑。居民在选址时，会综合考虑风水学的原则，选择能够带来吉祥和繁荣的地理位置（图 4.199 至图 4.200）。

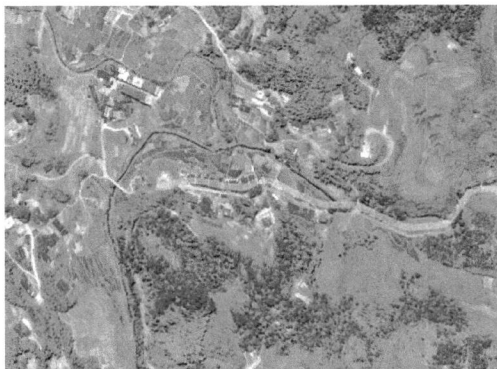

图 4.199　联升堂及周边（桂洋镇）

（图片来源：Google Map）

图 4.200　三堡及周边（横口乡）

（图片来源：Google Map）

永春地区地势南低北高，海拔变化多样，民居的选址通常会考虑到地形、交通等因素。民居选址于河谷附近、向阳小坡地，有水源、交通方便，利于耕地和生产生活。传统民居依地形而建，以减少对环境的破坏。建筑通常不是正南正北方向，而是依地形或周边建筑而建，比如按照"宫前祖厝后""前低后高"和"坐山观局"等来调整。交通的便利性是民居选址的重要因素之一，居民会考虑到交通的可达性，以便于日常生活和经济活动。同时，自然资源的丰富性也是选址时的重要考量，以满足居住和生产的需求。传统村落随着人口的增加，民居布局以中轴对称，在纵向的轴线两侧，以祖厝为中心向外拓展。附属用房和院落组成主次分明、对称严谨的建筑群。

永春传统民居通常依山傍水，充分利用地形优势和相对平坦的平原地带。永春传统民居选址和布局，不仅体现了对自然环境的尊重和利用，也反映了居民对生活质量的追求。建筑有利于通风防汛、交通运输便利，适于商贾经济活动，具有鲜明的闽南建筑特征。

永春传统民居建筑类型多样，包括闽南式大厝、洋楼、骑楼和夯土民居等。如联升堂选择地势较为平坦或缓坡的地方进行建设，以便于居住和生活；林俊德故居建筑南面为山竹林，周边风景优美；仙夹镇的怡发堂，周边有山有水，房屋周边还有农田，方便生产生活；舒锦堂布局顺地形展开；霞溪堂周边有溪河流过，周边沟渠环绕，显示出传统建筑环水植树的建筑格局（图 4.201 至图 4.205）。

图 4.201　林俊德故居周边山水

（图片来源：Google Map）

图 4.202　林俊德故居周边环境

（图片来源：自摄）

图 4.203　怡发堂周边环境（仙夹镇）

（图片来源：自摄）

图 4.204　怡发堂建筑立面（仙夹镇）

（图片来源：自摄）

图 4.205　建筑周边环境（苏氏宗祠）

（图片来源：自摄）

图 4.206　龙聚堂的周边

（图片来源：高德地图）

　　龙聚堂的建筑村庄道路（图 4.206 至图 4.208）。坂内堂的建筑周边为居民菜地，河流。坂内堂周边都是农田，建筑朝向东南，具有良好的视野。永春传统民居选址布局充分考虑到自然环境、地形地貌、气候条件、生活需求和文化传统，选址尽量靠近水源，形成了独具特色且与自然环境相适应的建筑风貌（图 4.209）。

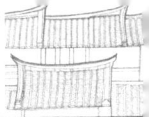

图 4.207　龙聚堂的周边环境

（图片来源：自摄）

图 4.208　龙聚堂周边

（图片来源：自摄）

图 4.209　仙夹民居

（图片来源：周塑绘）

4.5.2　传统民居的空间形态特征

　　永春地区传统民居其空间形态特征深受地域文化和环境的影响，展现出独特的建筑美学和实用性。传统民居大多数以坐北朝南布局，遵循前埕后厝原则，通常以三开间或五开间的二落大厝为基础，两侧加双护厝组成，形成均衡而对称的建筑群。

　　建筑立面以红砖白石为墙体，硬山式屋顶和双翘燕尾脊为显著特征，体现了地域建筑的独特风格。永春传统民居中五间张二落大厝是常见的建筑形式，民居由下落、榉头、天井、顶落这四部分组成，构成典型的四合院布局。

　　（1）一落二榉头

　　一落二榉头构成的三开间大落是永春传统民居常见的形式，中间是中堂，两侧为东西对称的榉头，天井周边是中庭空间（图 4.210）。这种民居的平面布局优化了通风和采光，同时体现了建筑的和谐与对称美。一落二榉头布局，大厅通常用于供奉祖先神位，而榉头则作为居住空间或其他功能用房。榉头朝天井一面常敞开，通风和采光效果好，为客人或家庭成员提供了休憩的场所。这种民居考虑了实用性、舒适性，体现了闽南地区传统民居的精巧与实用。一落二榉头适用于进深比较浅、面积比较小的基地范围，图 4.210 为龙聚堂的建筑布局。

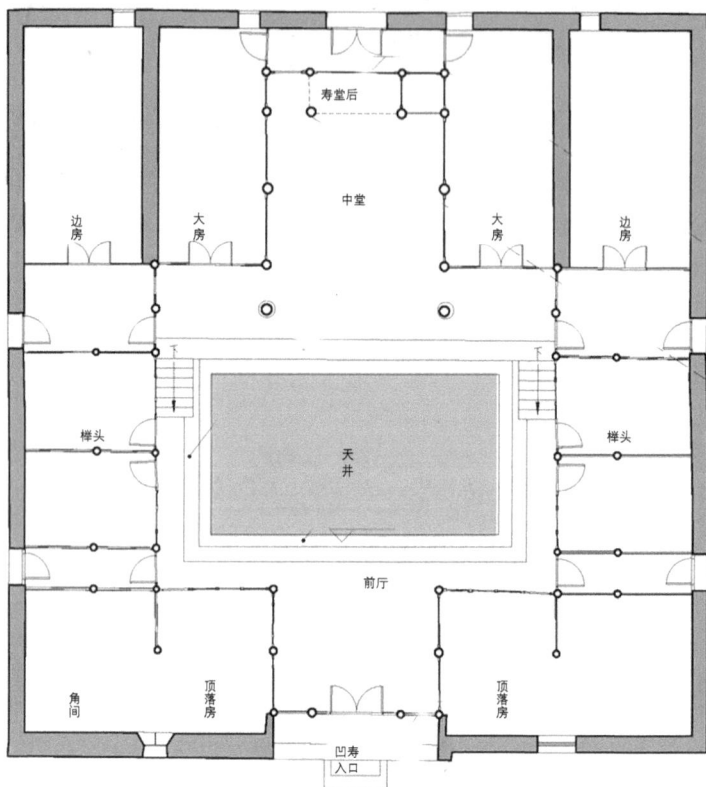

图 4.210　龙聚堂平面图

（图片来源：自制）

（2）二落大厝布局

二落大厝作为永春地区民居的标准形式，展现了传统建筑的严谨布局。建筑的前落与门厅在一个屋顶下，中间以厢房连接，建筑物形成前后两落的宅院。二落大厝由下落（第一进）和上落（第二进）组成，通过深井（天井）相连，沿中轴线对称排列，具有多层次进深和前后左右有机衔接的特点。祖厅在后落，后落高于前落，形成具有前后层次感的宅院。

二落大厝的中间厅堂宽敞明亮，用于奉祀祖先、神明及会客，是家庭活动的中心。正屋前面两侧的厢房俗称"榉头"，朝天井一面常敞开，有利于通风和采光，同时为家庭成员提供休憩空间。每落厅前都有深井，保证厅堂明亮通风，是闽南古厝的显著特点。厢房之外，增建的纵向长屋称为"护厝"，增加辅助用房，如厨房、储藏室等。

建筑的正立面装饰精美，融合了砖雕、石雕、木雕和灰塑等传统技艺。在闽南习

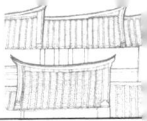

俗中，中轴线落在"龙"身上，以求吉利长久、兴旺发达（图4.211）。两落大厝体现了居住的实用性，也反映了主人的文化品位。

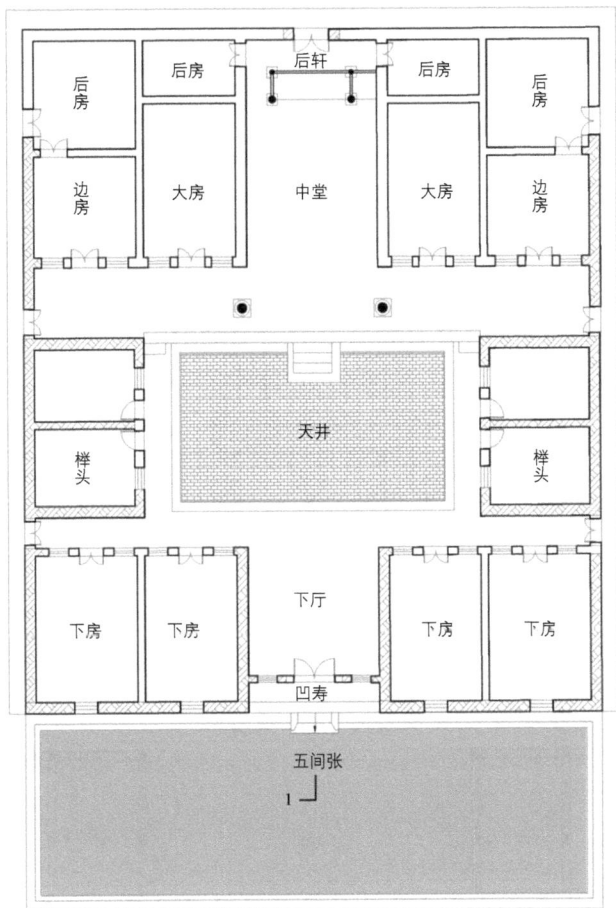

图4.211 茂霞村福春堂一层平面图

（图片来源：自制）

永春传统民居中常见的有"一进""二进""三进""四进"和"五进"等区别。进入古厝，首先是下落，也就是第一进，然后通过深井进入第二进，即上落或顶落。第三进则被称为后落。古厝的体量可以通过看顶落屋架数来判断，常见的有七架、九架，大型的甚至有十五架、十七架。闽南传统民居装饰精美，正立面尤为重要，通常由砖雕、石雕、木雕以及灰塑等技艺组成，集书法、彩绘、典故和吉祥图案于一身。

单护厝是在大厝的一侧横向加建的房屋，起到了辅助和补充主建筑作用，丰富了建筑形态和使用功能（图4.212至图4.213）。护厝在大厝两侧跨院布置，起到翼护作用。在扩建护厝时，根据左尊右卑的传统观念，通常是先建左侧护厝，然后建右侧。如果只在一侧建护厝，则称为"单伸手"。护厝与下落连接部分称为"护厝头"，外墙设门，门外通常内凹形成塌寿空间。护厝与顶落尾端连接部分称为"护厝尾"，作为后门。

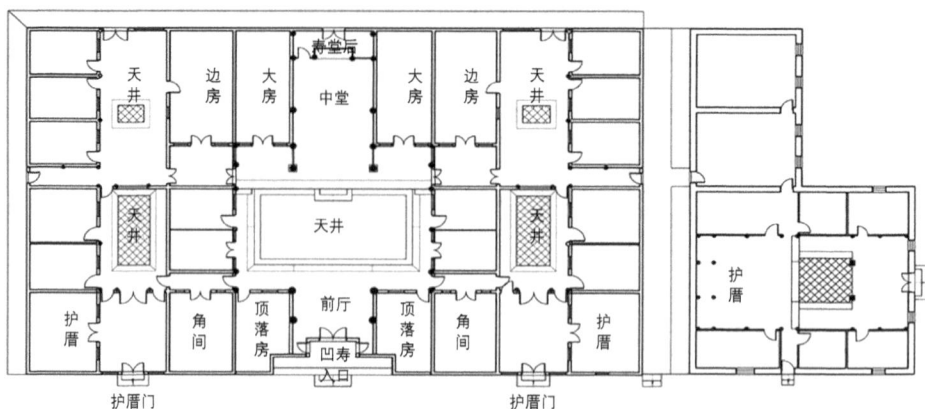

图 4.212 二落单护厝振德堂

(图片来源：自制)

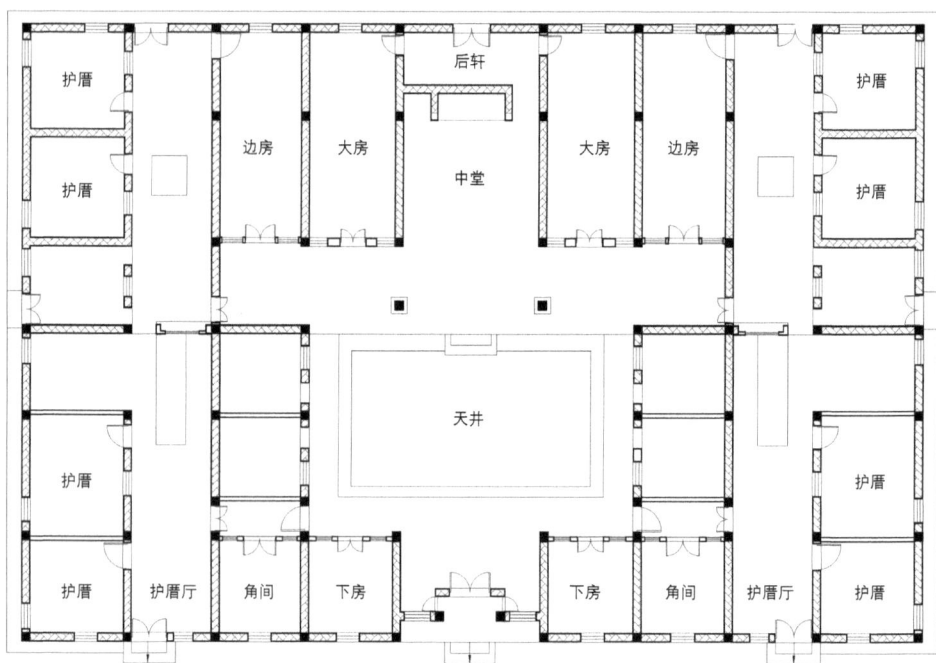

图 4.213 二落大厝-茂霞村赞福堂一层平面图

(图片来源：自制)

护厝与大厝合院之间形成南北向的纵长天井，称为"小深井"，矮墙或过水廊分隔通过（图 4.214）。小深井被过水廊分割成几段，根据日月龙虎的命名方式：东边前天井称"日井"，后天井称"龙井"；西边前天井称"月井"，后天井称"虎井"。护厝沿着小深井设置长廊，夏季炎热时的穿堂风，使环境阴凉舒适。单护厝的设计不仅体现了闽南地区的建筑特色，还融入了当地的文化和风水观念，创造出独特的空间体验和微气候环境（图 4.215）。

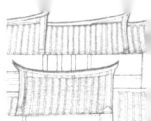

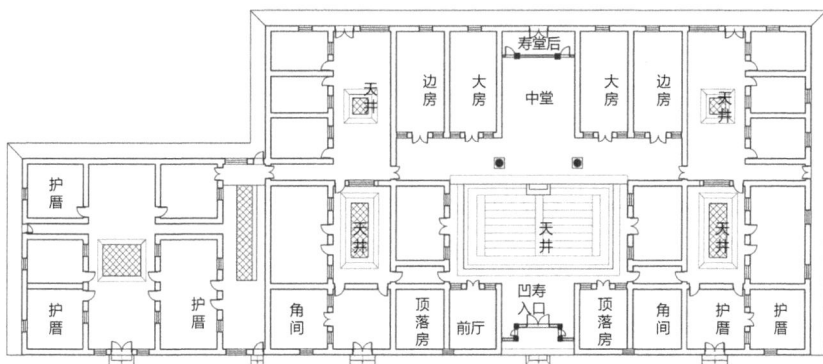

图 4.214　永春县铺下村世德堂一层平面图

(图片来源：自制)

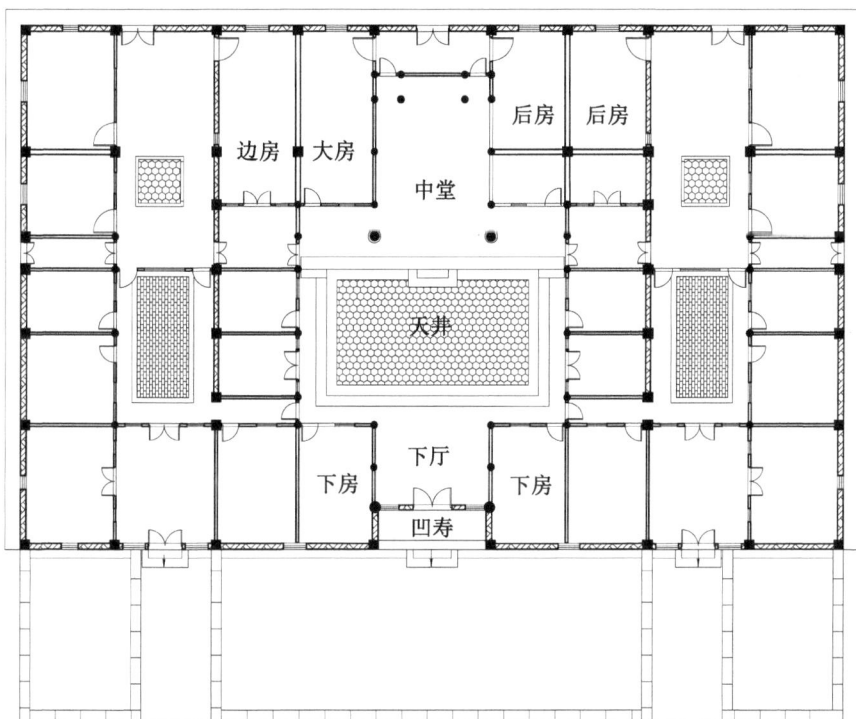

图 4.215　二落大厝-铺下村树德堂平面图

(图片来源：自制)

（3）三落大厝

三落大厝指具有三个院落的古厝，其规模宏大，体现了屋主的社会地位和经济实力。通过深井进入各进，增加了建筑的深度和层次感。三落大厝因进深较深，将祖厅放在中落。祖厅的空间最神圣，屋顶的高度最高，适用于面积较大的基地范围，如林俊德故居、坂内堂等（图 4.216 至图 4.217）。

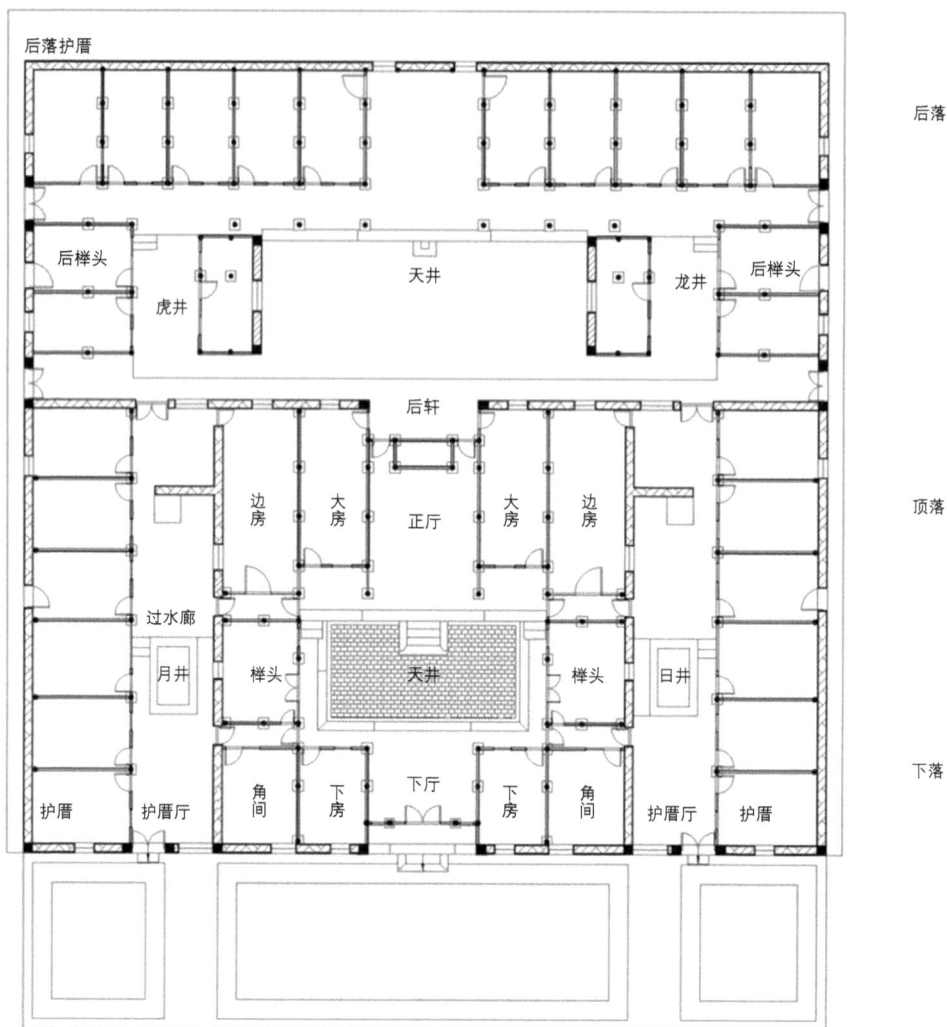

图 4.216 三落大厝-大贻福堂平面图

(图片来源：自制)

在传统民居中，"双护厝"指在主建筑两侧均增建的护厝结构。一般东西两侧各设一列护厝，形成对称布局。对于三间张住宅加建护厝，则称为"三间张双边护"；五间张则称为"五间张双边护"。在护厝的两侧再各加建护厝，称为"重护"，为双重护厝。

永春传统民居的空间形态特征不仅体现了地域建筑的美学和实用性，还融入了丰富的文化和风水观念，展现了闽南地区传统建筑的精巧与智慧（图 4.218 至图 4.219）。

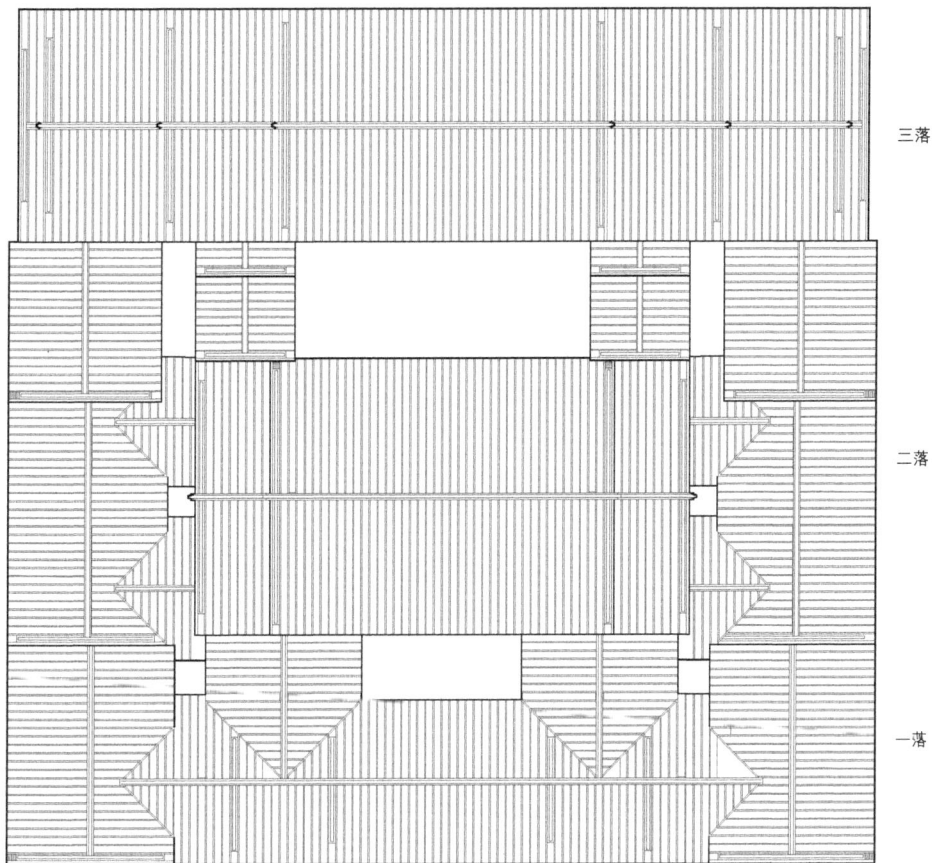

图 4.217　三落大厝屋顶平面图（大贻福堂）

（图片来源：自制）

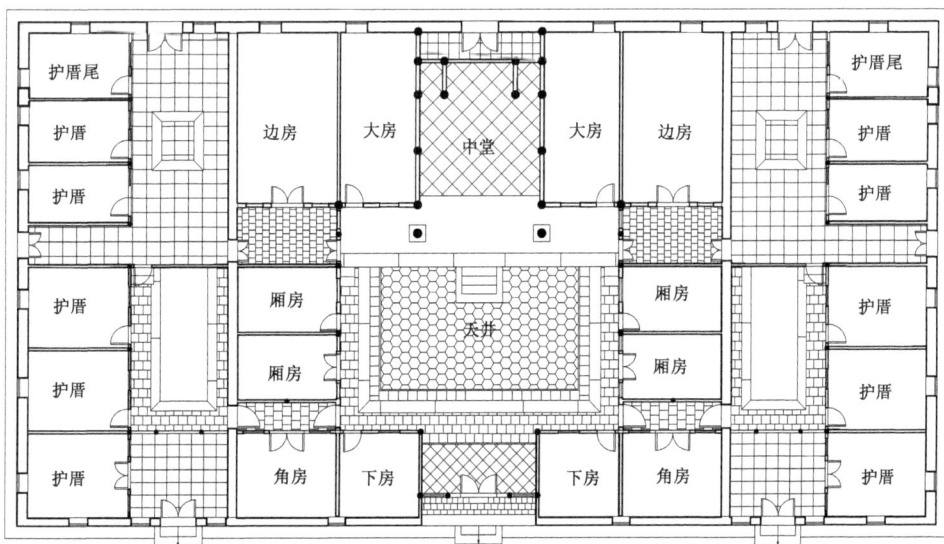

三落

二落

一落

图 4.218　顺安堂一层平面图

（图片来源：自制）

护厝尾　护厝　护厝　边房　大房　中堂　大房　边房　护厝尾　护厝

护厝　厢房　天井　厢房　护厝

护厝　厢房　厢房　护厝

护厝　角房　下房　下房　角房　护厝

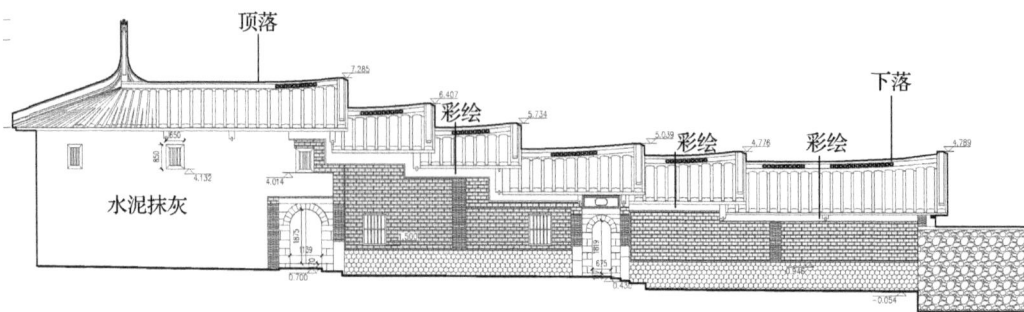

图 4.219   多层护厝–长泰新居

(图片来源：庄平辉绘)

4.5.3   木构造特色

在中国古代建筑中，木结构架是构成建筑的核心要素，其规模、平面布局及外观设计均受到结构类型与材料特性的显著影响。永春地区的传统建筑梁架常见的是抬梁式、穿斗式和抬梁穿斗结合式。抬梁式构架又称"叠梁式构架"，它是在柱子上放梁、梁上放短柱、短柱上放短梁，梁头上再架檩条以承托屋椽的一种构架。抬梁式结构复杂，具有牢固且造型美观的建筑特征。

穿斗式木构架是沿房屋的进深方向按檩竖立一排柱，每柱上架一檩，檩上布椽，屋面荷载直接由檩传至柱，不用梁。穿斗式木构架房屋的穿枋与柱子的连接依靠榫卯节点，为半刚性连接，这种结构方式在抗震性能上具有优势。穿斗结构所用木材的尺寸相对较小，轻巧简洁，适合南方木结构民居，有利于空气流通。

自宋代延续至明清时期，北方官式建筑的横梁基本是方形截面。而南方的建筑大梁为圆木为主，称为"圆作"，有利于木构屋架的受力。永春地区的梁架主要采用穿斗式木构架，穿斗式构架的柱子细密，柱子上顶一根檩条，柱与柱之间用木连成整体。穿斗式构架用料较少，可以构造较大的房屋，并构造牢固，但是柱和枋较多，室内一般不能形成连通的大空间。穿斗式以柱承接檩，穿斗式梁架在民居中堂很常见，如图 4.220 所示。

永春传统建筑梁架简洁，木雕装饰集中在木构的瓜柱、斗拱、托木、束肥、随梁枋、吊筒和雀替等处，有的采用鎏金处理，显得很精致。柱间用束木相连接，有良好的稳定性，可节省梁的截面尺寸，扩大建筑空间。有学者认为"轻屋盖的构架，柱柱落地"[1]。在木构架的规模上，"三通五瓜五架"相当于清式的七架梁；"二通三瓜三架梁"则尺寸较小。在闽南地区的重要建筑还有结合抬梁式和穿斗式的混合式梁架，有

---

① 孙大章. 中国古代建筑史：第五卷 清代建筑 [M]. 2 版. 北京：中国建筑工业出版社，2009：239.

人称为"插梁式构架"①。混合式构架在靠山墙处采用穿斗式木构架，中间使用抬梁式构架，增加了室内使用空间，避免使用大型木料。抬梁与穿斗式结合的民居，建筑规模与平面变化比较大，体现了对材料和空间的高效利用。插梁式的构架常见于大型住宅中堂和祖祠中，这类建筑内部宽敞，前檐用轩顶，构架有复杂的瓜柱、随梁枋、梁端和灯托等雕饰。这种设计不仅满足了结构的稳定性和实用性，也体现了建筑的美学追求。永春传统建筑梁枋与广东建筑梁枋对比见表 4.2 所示。

表 4.2　永春传统建筑梁枋与广东传统建筑梁枋对比

类型	永春传统建筑	广东传统建筑
雕刻构件	圆光、瓜筒、脊束草	月梁、驼峰、瓜柱
题材	动物、植物、花草	动物、植物、图案
特色做法	二通三瓜三架、三通五瓜五架	百鸟朝凤雕饰抱印亭、回纹
风格	结构构件增加雕饰和彩画	细部全用木雕处理，构件精致
檐廊梁架	中堂梁架向室外延伸	双步梁用月梁、曲梁，瓜墩斗拱插枋、卷棚梁架、双短柱承檩条，回形纹梁架，花草、驼墩支承檩木
拱	弯刀拱、葫芦拱和螭虎拱	单拱正厝出檐、博古厝出檐、鸟兽厝出檐、回纹厝出檐

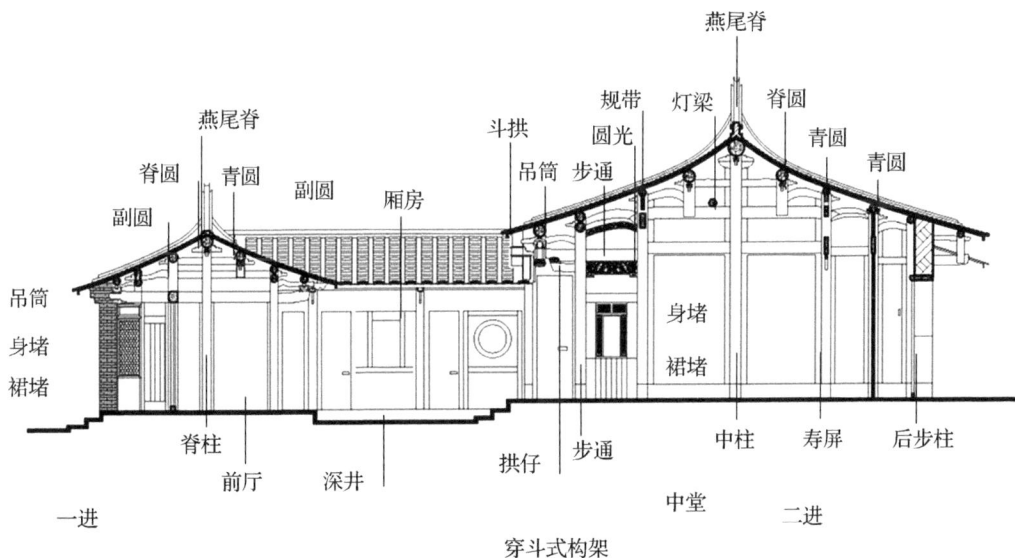

图 4.220　穿斗式构架（世德堂剖面图）

（图片来源：自制）

---

① 孙大章. 中国民居研究［M］. 北京：中国建筑工业出版社，2004：307.

（1）通梁

在永春传统建筑中称梁为"通梁"或"通"。通梁中最大、最长、位置最低的一根称为"大通"，即唐宋时期的建筑术语"通栿"（图 4.221）。大通长约 4 个至 6 个步架，其上立瓜筒（叠斗、狮座）承托二通。二通的尺寸和长度略短小些，二通上再立瓜筒（或叠斗）承托三通，三通中间放置瓜筒（或叠斗）承托脊檩，以支撑整个屋顶结构中最为重要的脊檩，确保屋面结构的稳定性和承载力（图 4.222）。

图 4.221　梁抬式构架（巽来庄）

（图片来源：自制）

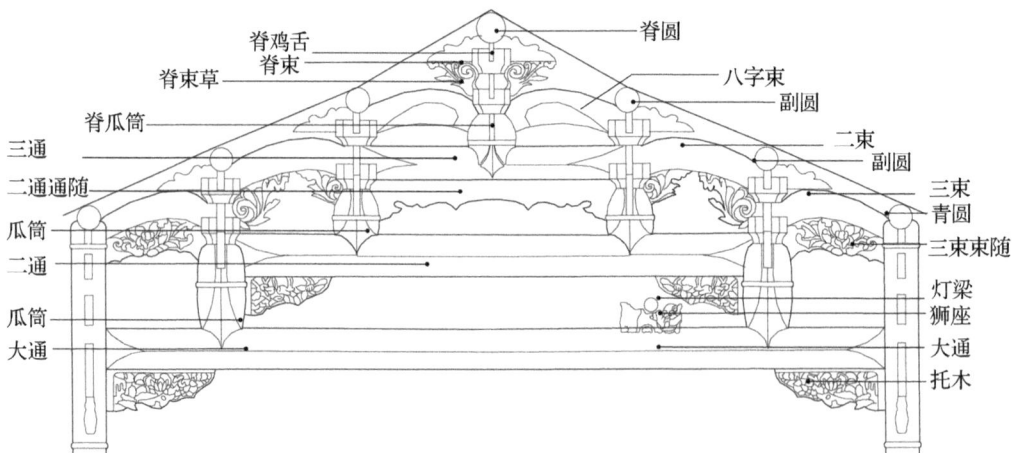

图 4.222　梁架图名称

（图片来源：自绘）

（2）中梁

中梁在传统建筑中扮演着至关重要的角色，不仅在结构上承载着荷载，同时也蕴含着深厚的文化意义。中梁安装时称为上梁，不仅是建筑施工的重要环节，也是象征着祈福辟邪，完成上梁后伴随设宴，体现了人们对建筑稳定性和家庭繁荣的美好祈愿。

在中梁的中部常见绘制八卦或太极符号，梁上写"大福"等字样，暗含吉祥，更是传统哲学思想和宇宙观的体现。

　　永春传统民居中，室内的梁枋常有浮雕、油漆和彩绘装饰（图 4.223 至图 4.225），祖祠一般使用黑漆，庙宇常采用彩绘和贴金。普通民居的油饰和彩绘很少，大多集中在梁脊和灯梁上。

图 4.223　二通三瓜三架梁（镜山寺）

（图片来源：自制）

图 4.224　穿斗式梁架装饰

（图片来源：自摄）

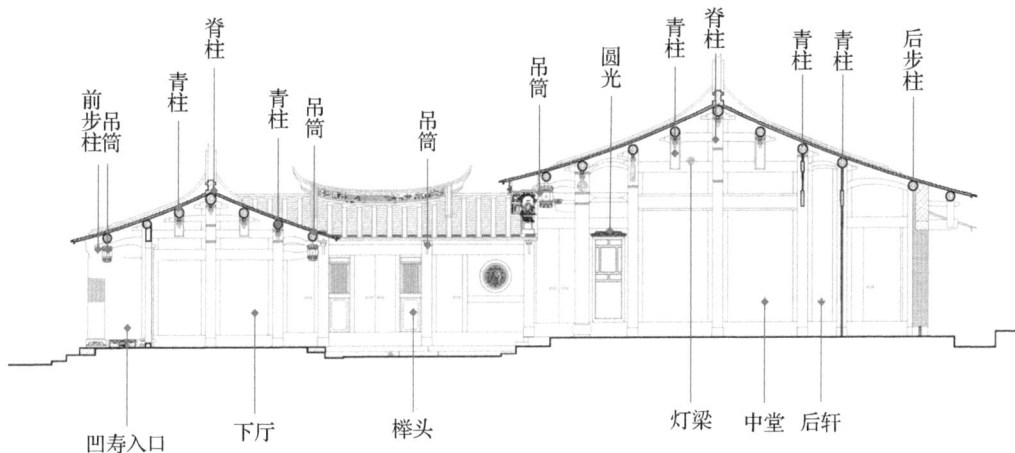

图 4.225　梁架剖面图（树德堂）

（图片来源：自制）

（3）灯梁

　　灯梁也称为"灯杆"，是位于正厅内脊檩与下金檩之间的通梁背上，通常呈六角形，是屋架装饰最华丽的构件。灯梁的表面绘制红色调的彩绘，结合贴金装饰，展现定丽堂皇的视觉效果，彩绘主题常是龙凤和花草等图案（图 4.226）。

　　在中国传统文化中，"灯"与"丁"谐音，灯梁用于挂灯，寓意家族人丁兴旺之

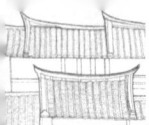

意。灯梁两端雕花的构件是灯托，如图 4.227 所示。灯梁具有提示空间的特殊意义，灯梁的投影线内是祭祀的空间，投影线以外则是虚空间。这种划分不仅在视觉上界定了空间功能，也体现了建筑空间的层次和序列。灯梁精美的彩绘和雕饰不仅增强了建筑的视觉效果，也反映了建筑主人的社会地位和审美追求（图 4.228 至图 4.229）。

图 4.226　灯梁空间位置（沈家大院）

（图片来源：自摄）

图 4.227　梁托装饰

（图片来源：自制）

图 4.228　灯梁玉斗央洋堂

（图片来源：自摄）

图 4.229　灯梁（央洋堂）

（图片来源：自摄）

（4）寿梁和月梁

在传统建筑的木结构体系中，寿梁指位于明间步口柱（檐柱或青柱）之间的与檩条平行的构件"阑额"或被称为"内额"。寿梁在结构中承担着连接和支撑的作用，是连接柱与梁的关键过渡构件，如月梁造型如弯月，是经过加工的梁栿。中堂常使用月梁，《清式营造则例》中仍用"月梁"的称谓。月梁不仅体现结构的功能性，也反映了其在建筑美学中的重要地位。月梁的曲线不仅减轻结构的视觉差异，还增加了建筑的动态感和优雅气质。榉头的梁架的视点较低，主要构件有圆光、狮座、束随和莲斗等。木雕构件以镂雕和圆雕工艺为主，突出立体感和表现力，如图 4.230 至图 4.231 所示。

鸡舌
拱仔
束随
步通
圆光

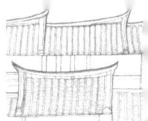

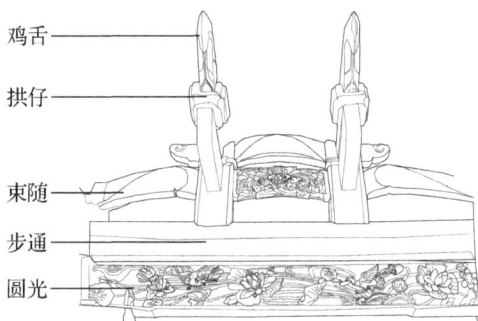

图 4.230 构件-榉头

（图片来源：自制）

鸡舌
步通
步柱

双脊圆
莲斗
肥束
束随
狮座
圆光

图 4.231 木雕随梁坊

（图片来源：自制）

（5）吊筒和竖材

吊筒又称为木筒、虚柱、竖材、竖柴或拉木，在清官式的术语为"垂莲柱"。吊筒位于檐口下，悬在半空中，由通梁部分承托，是寮圆下的短柱子。吊筒端头通常装饰莲花、绣球、花蕾和花篮等，也称为"吊篮""垂花"或"倒吊莲"等，如图 4.232、图 4.233 所示。在永春传统建筑中，吊筒主要分布在明间、次间和梢间。吊筒的形状有方形、圆柱形和花蕾形等，其装饰工艺主要采用镂雕和浮雕手法。吊筒正面的雕刻常以神仙或动物为题材，巧妙遮掩构件的接缝，这种设计被称为"竖材"。吊筒的装饰题材、风格根据建筑的等级和功能选用。在民居中，吊筒雕刻花草和人物图案为题材，部分吊筒与彩绘相结合。在宗教建筑中，竖材的木雕多表现宗教题材，寺庙中的吊筒常有贴金装饰，并加以彩画突显，以彰显其神圣与庄重。

吊筒
吊筒

图 4.232 相邻吊筒各异（福兴堂）

（图片来源：自摄）

图 4.233 吊筒纹样和形态（坂内堂）

（图片来源：自制）

（6）托木

托木又称为雀替，闽南匠师称"托木""套目"或"插角""塞椆"，是柱头和梁相交处近似三角形的木雕构件，《营造法式》称之为"绰幕"①。托木位于寿梁托木、步通和大通之下，是承托额枋的木或插角。托木的长度约为开间的三分之一到四分之一之间，自柱内伸出，承托梁枋两端。永春传统建筑的托木通常采用单面雕刻，以圆雕、透雕和线刻等工艺手法，强化造型轮廓，适合远观，如图4.234和图4.235所示。托木有利于减少梁枋的跨度距离，缩短梁净跨度，增加稳固性，防止变形，而且在美学上也是外檐柱和梁枋的重要辅助构件。普通民居的托木简洁，富裕之家的托木则设计雕刻丰富。寺庙和宗祠中的托木雕刻尤为精细，常运用油饰和金色装饰，增加构件的立体感。寺庙建筑的托木雕刻主题多样，如龙、凤、花鸟、鳌鱼、花篮、仙鹤和金蟾蜍等②。

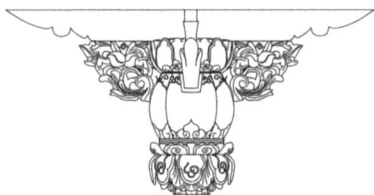

图4.234 托木构件与吊筒装饰（岵山集福堂）
（图片来源：自制）

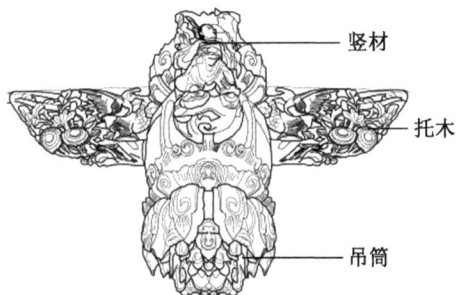

图4.235 托木构件与吊筒（沈家大院）
（图片来源：自制）

（7）瓜筒

瓜筒又称为矮柱或瓜柱，在《营造法式》中描述为："侏儒柱，其名有六：一曰棁，二曰侏儒柱，三曰浮柱，四曰棳，五曰上楹，六曰蜀柱。"③ 瓜筒位于通梁之上，承托着二通和三通，其结构设计使得童柱与梁交接处宽度大于梁背，柱脚伸出包住圆作梁，如图4.236所示。瓜筒下端被精心雕刻成鹰爪状，包住下方的大梁，让通梁穿过瓜筒，外观精巧别致，施工比较麻烦。有学者认为：瓜柱间多层拱枋传承托垫，具有穿斗架特色。④ 在永春传统建筑中出现造型夸张的粗矮童柱，其形态如鹰爪一般，这种瓜筒称为赾瓜筒、赿瓜筒或挫瓜筒。这些瓜筒不仅在结构上起到支撑作用，而且在美学上也通过浮雕、线刻、彩绘和贴金等装饰手法，展现了丰富的视觉效果和文化内涵（图4.237）。

① 北京市文物研究所. 中国古代建筑辞典 [M]. 北京：中国书店，1992：94.
② 曹春平. 闽南传统建筑 [M]. 厦门：厦门大学出版社，2016：76.
③ 李诫. 营造法式 [M]. 杭州：浙江人民美术出版社，2013.
④ 孙大章. 中国古代建筑史：第五卷 清代建筑 [M]. 2版. 北京：中国建筑工业出版社，2009：410.

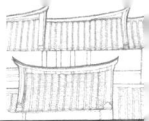

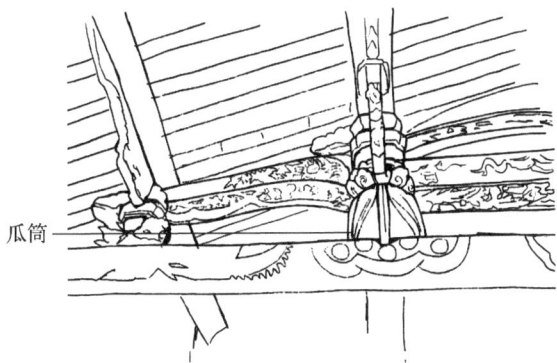

图 4.236　梁架瓜筒装饰（崇德堂）

（图片来源：自制）

图 4.237　梁架瓜筒装饰（巽来庄二通三瓜三架坐梁）

（图片来源：自制）

（8）斗与拱

斗拱作为承受重力的基本构件，不仅承载着结构的重量，也是建筑美学和文化表达的重要载体。在明清时期，斗拱的设计和形式走向装饰化。斗拱的主要形态包括方形、圆形、八角形、六角形、海棠形、梅花形和菱形等。这些形态不仅满足了结构需要，也展现了丰富的视觉和文化意义。闽南的斗拱因受力影响，拱宽而薄，外观像 T 形。永春民居的斗拱常见有丁头栱、关刀拱等，一般采用浅浮雕的装饰手法，昂嘴的形式多样。丁头栱的平面呈丁字形，两侧为出横拱的开口，如图 4.238 所示。关刀拱是轮廓简洁的拱，上面有浅浮雕和贴金装饰，如图 4.239 至图 4.241 所示。螭虎拱的拱头被雕成螭虎状，如文庙的螭虎拱。这种设计不仅增强了建筑的装饰效果，也富含深厚的文化象征意义。

图 4.238　丁头拱（福兴堂）

（图片来源：自摄）

图 4.239　关刀拱（李家大院）

（图片来源：自摄）

关刀拱

图 4.240　关刀拱（李家大院）

（图片来源：自摄）

图 4.241　关刀拱（岵山福茂寨）

（图片来源：自摄）

（9）狮座和圆光

狮座是步口通梁上的关键构件，也称为"斗抱"或"斗座"。"狮座"这一构件通常采用木制圆雕工艺，塑造成狮子的形象，公狮和母狮组成一对，狮座上还有小狮子和天神，寓意着吉祥。永春地区的狮座概念还包含"象座"等，这类构件主要用于寺庙，进一步强化了建筑的宗教和文化氛围（图4.242至图4.243）。

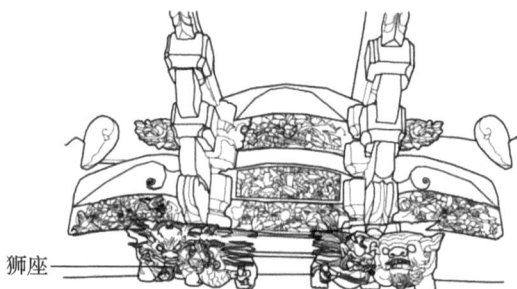

狮座

图 4.242　狮座

（图片来源：自制）

图 4.243　狮座、圆光（福兴堂）

（图片来源：自摄）

圆光作为大木作的构件，在清式建筑中称为"随梁枋"，它位于步口通梁的大块雕花，也称为梁巾、梁引、圆光枋、通随或通巾。狮座和圆光的构件的设计利于结构的稳固性，尽管圆光很少承受重量，但其装饰作用对于提升建筑的美学价值至关重要。圆光以线刻和浮雕装饰，多数以花鸟和人物为题材，构件精致。庙宇的圆光装饰比较讲究，常运用彩绘来装饰。普通民居用浮雕装饰，不施加彩绘或贴金，体现了一种朴素而实用的美学理念（图4.244至图4.247）。

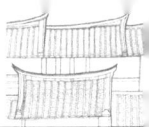

图 4.244　圆光构件（如在堂）

（图片来源：自摄）

图 4.245　圆光构件（嘉德堂）

（图片来源：自制）

图 4.246　永丰堂（桃城镇）

（图片来源：自摄）

图 4.247　永丰堂立面材料（丰山村）

（图片来源：自摄）

4.5.4　传统民居细部和装饰

永春传统民居以其独特的立面形式、木构形制和精美的建筑装饰构件而著称，尤其是其装饰构件和细部样式，展现了典型的闽南传统建筑风格（图 4.248 至图 4.249）。

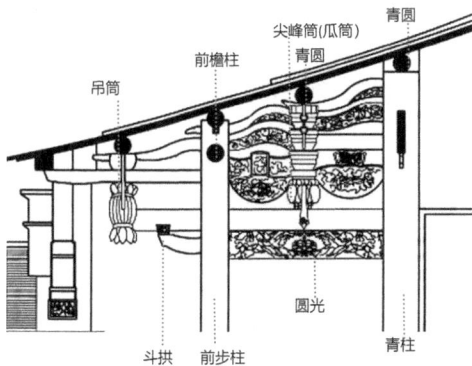

图 4.248　前檐构造

（图片来源：自制）

图 4.249　吊筒（朱庆堂）

（图片来源：自摄）

（1）木构装饰

永春传统建筑以其细部的丰富多彩和工艺复杂而闻名。这些建筑主要采用穿斗式木构架，这是一种以柱子承接檩条的结构方式，柱间用束木相连接，稳定性较好。穿斗式木结构不仅承载屋顶的重量，而且因其结构特性具有抗震性，在明、清时期，木、砖、石构件的装修样式较为简朴，随着时间的推移，到了晚清及民国时期，则开始越来越注重精雕细琢，反映出社会文化和审美观念的演变（图4.250至图4.251）。

图4.250　坂内堂下厅前出檐斗拱

（图片来源：自摄）

图4.251　木雕吊筒

（图片来源：自摄）

斗拱是闽南传统建筑中的重要木构中，起到承重和装饰的双重作用。其造型多样，雕刻精美，托木的形状和装饰图案丰富多样，常见的有花卉、动物、人物等吉祥图案。梁架不仅是主要承重结构，也是装饰的重点。梁架上的木雕装饰非常精细，包括浮雕、透雕等技艺（图4.252至图4.253）。吊筒其上常有精美的雕刻，增添了建筑的美感和象征意义。门窗的格扇设计采用各种几何图案或吉祥纹样，雕刻精细，是木构装饰中的精华部分（图4.254）。儒林堂和福兴堂部分介绍见图4.255至图4.257所示。

图4.252　木雕构件-进士第-五里街

（图片来源：自摄）

图4.253　圆光（沈家大院）

（图片来源：自摄）

木雕隔墙（崇德堂）　　　　　　　　木雕窗

图 4.254　木雕窗

（图片来源：自摄）

图 4.255　品德堂局部

（图片来源：永春县历史建筑测绘图，厦门大学建筑与土木工程学院）

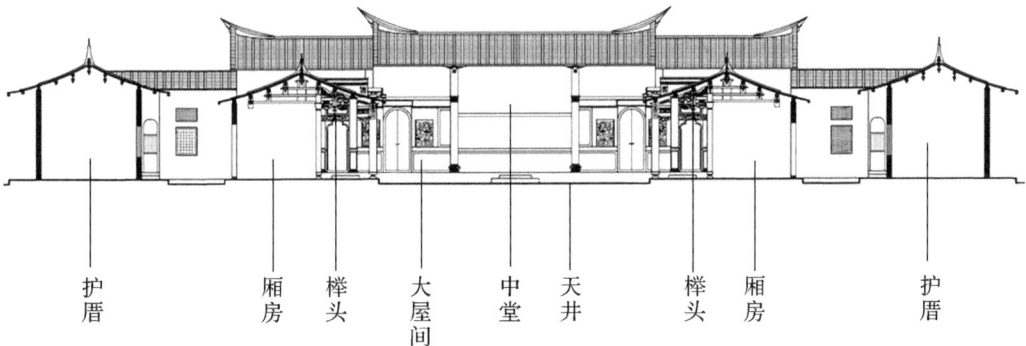

护厝　　厢房　榉头　大屋间　中堂　天井　榉头　厢房　　护厝

图 4.256　福兴堂剖面图

（图片来源：自制）

图 4.257　木雕楹联装饰（沈家大院）

(图片来源：自摄)

在厅堂等重要空间，常有木雕挂联装饰，上面雕刻有诗词、对联等，体现了闽南地区的文化特色。除了木雕，闽南传统建筑的木构上还常有彩绘和漆艺装饰，增加了建筑的华丽感和艺术价值。这些木构装饰不仅体现了闽南地区工匠的高超技艺，也蕴含了丰富的文化内涵和历史价值（图 4.258 至图 4.259）。

图 4.258　明间东侧梁下圆光图案（巽来庄）

(图片来源：姚洪峰供图)

图 4.259　明间西侧梁下圆光东向图案（巽来庄）

(图片来源：姚洪峰供图)

（2）传统工艺

永春传统民居的以精致的装饰工艺而著称。在入口和中堂等空间，采用木雕、石雕和灰塑等装饰手法，这不仅体现了建筑的时代特点，也展现了当时的工艺水平。

木雕装饰尤为精细，采用浮雕和透雕等技艺，图案丰富多样，如花卉、果实等，不仅提升了建筑的美观度，也体现了工匠的高超技艺。石雕和砖雕则多用于建筑的基础和装饰性构件，展现了永春地区工匠对材料的精细处理和艺术表现力（图 4.260 至图 4.261）。

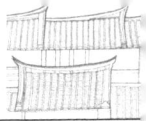

图 4.260　石雕和红砖工艺（玉津堂）

（图片来源：自摄）

图 4.261　木雕工艺（玉津堂通廊结构）

（图片来源：自摄）

　　永春民居的屋顶构造复杂，通常采用多重檐口和翘角的设计，以增强建筑的排水性能和视觉效果。屋顶搭接样式多样，展现了工匠对屋顶结构和防水技术的精湛掌握。永春民居的平面布局通常采用对称或非对称的形式，以适应不同的地形和功能需求。建筑布局体现了传统民居的空间序列和层次，展现了对居住空间的合理规划和对私密性与开放性的平衡。

　　永春民居在材料的选择和运用上体现了地域特色，常用的材料包括木材、砖、石板等。木材的使用不仅体现在结构上，还广泛用于装饰；砖和石板则多用于建筑的基础和屋面，展现了对材料耐久性和美观性的双重追求。彩绘和漆艺是永春民居装饰中不可或缺的一部分，它们不仅增加了建筑的华丽感和艺术价值，还蕴含了丰富的文化内涵和历史价值（图 4.262 至图 4.264）。永春传统民居的这些传统工艺，不仅体现了工匠的精湛技艺和对美学的追求，也反映了闽南地区丰富的文化传统和历史积淀（图 4.265 至图 4.266）。

图 4.262　石雕和木雕工艺（崇德堂）

（图片来源：自摄）

图 4.263　水车堵彩绘工艺（联升堂）

（图片来源：自摄）

图 4.264　水车堵彩绘工艺

（图片来源：自摄）

131

图4.265　石雕工艺（振德堂-岵山镇）

（图片来源：自摄）

图4.266　灰塑工艺儒林堂

（图片来源：自摄）

本章小结

　　永春传统民居作为闽南地区的边缘地带的代表，生动展现了红砖建筑与山区木构建筑的交融与过渡。这些建筑巧妙地运用的乡土材料如土、木、石、竹等，通过传统工艺的精湛运用，创造出丰富多样化的居住形态。

　　永春传统民居的类型呈现出丰富的多样性，涵盖了院落式民居、骑楼、洋楼、土堡以及山区木构建筑等。这些类型不仅反映了地域文化的多样性，也体现了民居对于不同地理和环境条件的适应性。每种类型的民居都展现了其独特的结构特征和空间组织，以适应其特定的社会文化需求和自然环境。

　　永春传统民居的构成要素丰富，其中主要空间包含前宅、天井、中厅、厢房和两侧护厝等。建筑以中轴线对称布局，其中中堂作为礼仪、会客和生活的核心区域。中堂是全屋地位最高、使用频率最高、光线最充足的空间。装饰的重点集中在中堂区域，凸显了其在建筑中的重要性。

　　永春传统民居的基本要素包含门、窗、栏杆、石阶、柱础、墙体、勒脚和檐边等。这些要素通过不同的材料、工艺来体现地域特色。民居的基本形态包括一落二榉头、二落大厝和三落大厝等类型，每一种形态都承载特定的社会文化意义和居住功能。永春传统民居丰富多彩，通过对典型民居的分析，探讨民居空间形态的特征。

　　综上所述，永春传统民居以其独特的建筑形态、材料运用和装饰艺术，展现了闽南地区丰富的建筑传统和文化多样性。这些民居不仅为我们提供了对传统建筑技术的深入了解，也为现代建筑设计提供了宝贵的参考和启示。

近代城镇民居

5

5.1 近代建筑洋风文化和社会环境

随着明清时期传统官式大厝的建筑体系逐渐显现出与新时代的建筑需求不大适应，社会对"新建筑"的渴望日益强烈。外廊式建筑在近代闽南侨乡得到传承与发展，成为连接传统与现代的重要建筑形式。

西方文化的东渐，近代华侨回国带来了新建筑观念与图纸，促使永春民居的式样发生了转变。19世纪末至20世纪初，永春出现了一批融合外廊式建筑元素的建筑作品，这些建筑以对称布局和西式建筑的乡土化特征，展现了土洋结合的风格。建筑的外廊、柱头装饰、拱券形式、琉璃瓶和栏杆等元素，不仅体现本源性特色，也彰显了国际化视野。

5.1.1 建筑与周边环境的和谐共生

永春的近代建筑受到西方设计的影响，在建筑的结构、形体和装饰上，显著地融入了西方建筑设计理念，也受到东南亚建筑的影响。近代建筑的周边环境呈现出多样化的风貌，包括农田、道路和商业街道等，为建筑提供了丰富的背景。永春地区有着深厚的文化底蕴和独特的侨乡文化，这些文化因素影响建筑的风格和功能。许多华侨回国后建造了具有中西合璧特色的建筑，这些建筑不仅体现了个人的审美趣味，也反映了当时的社会风尚。

永春近代建筑在材料选择、形态设计、装饰艺术等方面展现出鲜明的地域性特征，与周边环境密切相关。永春地区近代建筑的发展，深受自然地理特征、社会文化脉络及经济发展水平等多元因素的深刻影响。在设计与建造过程中，永春近代建筑注重与周边环境的和谐共生，对外廊式建筑的适应性演变进行了深入的探索与实践。在设计和建造过程中，充分考虑了与周边环境的和谐共生。

以岵山镇茂霞村的龙庆堂为例，龙庆堂建于民国时期，其四周峰峦环绕，背山面水，房前是大片农田（图5.1）。此外，五里街镇华美楼的门庭前有半月形水池，

图 5.1　龙庆堂周边环境

（图片来源：自摄）

旁边有古井，池畔两侧的大榕树为建筑带来生机与活力，周边的水体与植被共同营造了良好的气候环境（图5.2）。这些设计体现了建筑与自然和谐共生，展示了地域文化与建筑艺术的融合（图5.3）。

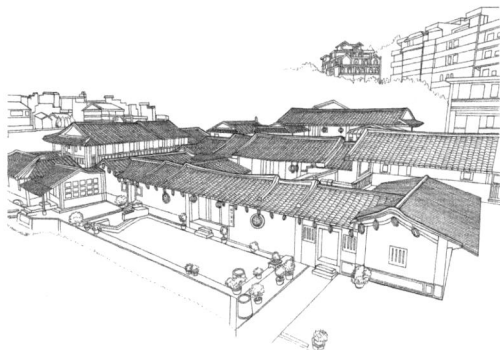

图5.2　建筑与周边环境

（图片来源：自制）

图5.3　金宝楼与周边环境

（图片来源：自摄）

5.1.2　空间特色与地域文化的融合

永春地区的近代建筑在西式建筑思潮的影响下，在很大程度上仍保留了乡土特色，形成了具有地域化特色的洋楼建筑。这些洋楼融合了中国传统建筑和西方建筑的特点，形成了中西合璧风格。许多洋楼采用钢筋水泥结构，这在当时是非常先进的建筑技术。

在永春洋楼的空间设计中，外廊的运用呈现出两种主要的结合形式：一种是在保留传统民居天井的基础上，将双落大厝等民居建筑改建为两层楼高，其中外廊主要作为立面设计的变化，而其后部的主体结构仍然保持了闽南传统民居的布局。这种设计既满足了现代居住的需求，又保留了传统空间的精髓。另一种则是将洋楼视为传统民居向二楼化发展的过程，在建筑正面融入多层外廊，形成独特的视觉效果，这种设计不仅增强了建筑的层次感，也丰富了建筑的立面表现。

洋楼通常拥有开阔的院子，提供了充足的户外活动空间，并且增强了建筑的采光和通风。洋楼内部采用对称空间布局，中间设有天井，体现了中国传统建筑的美学。洋楼内部有多个门，增加了空间的流动性和灵活性，方便了居住者的日常生活。洋楼的附属空间不仅是主体建筑的补充，也是生活空间，具有较高的实用性。永春地区的洋楼考虑了湿热气候的特点，通过合理的空间布局和建筑设计，提高了居住的舒适度。

洋楼建筑类型多样，从空间布局的角度来看，大多数情况下和传统合院建筑无异，体现了对传统空间布局的尊重和传承。永春的洋楼在部分村落形成一种建筑风气，成为当地文化的一部分。如渊泉堂和华美楼保留传统红砖大厝的样式（图5.4至图5.5）。

图5.4 渊泉堂立面

（图片来源：自摄）

图5.5 华美楼

（图片来源：自摄）

　　岵山荣福堂采用二进悬山式土木砖石结构，包含五个天井，一个广庭，呈左右对称结构。建筑立面主要采用红砖构成，两侧护厝采用两层楼的形式，增加居住空间。一层两侧采用栏杆的式样，借鉴了西式的建筑风格。建筑工艺精湛，装饰雕刻汇聚了木雕、石雕、泥雕、砖雕、剪粘等，包含圆雕、浮雕、线刻等雕刻形式。从侧立面看，民居中堂的高度与前落的高差变小，在侧门中采用拱门和门额的形式，体现了中西方建筑元素交融。侧立面的窗户采用简洁的现代形式，注重功能性，也体现对传统的尊重和对现代技术的探索与应用（图5.6至图5.9）。

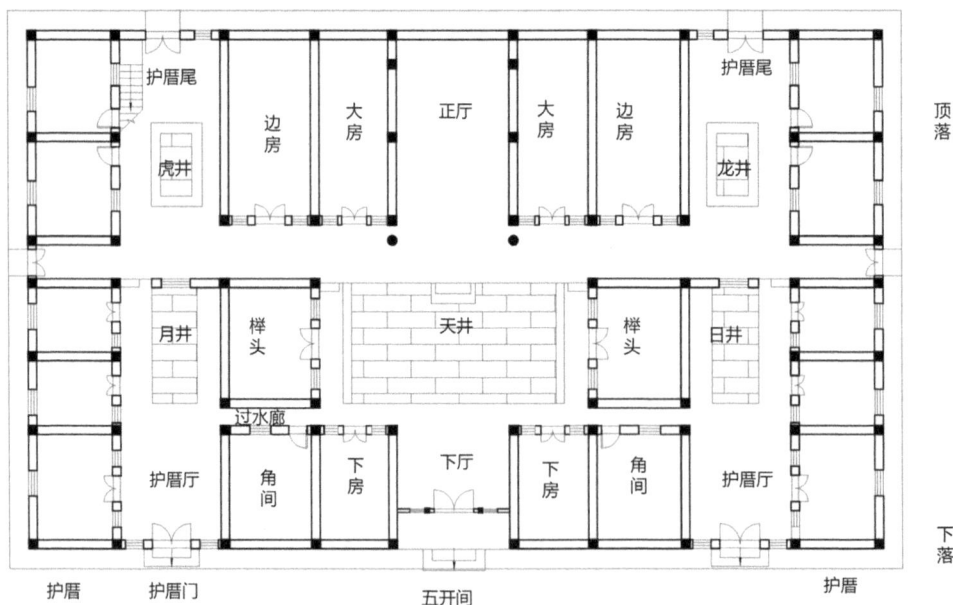

图5.6 荣福堂平面图（岵山镇）

（图片来源：自制）

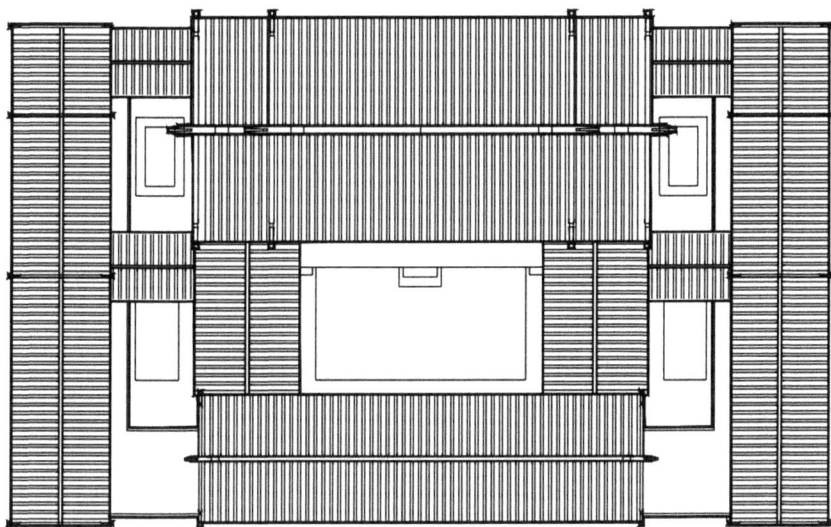

图5.7　荣福堂屋顶平面图（岵山镇）

（图片来源：永春县岵山传统村落测绘图，戴志坚供图）

图5.8　荣福堂西南立面图

（图片来源：永春县岵山传统村落测绘图，戴志坚供图）

图5.9　荣福堂西北立面图（岵山镇）

（图片来源：永春县岵山传统村落测绘图，戴志坚供图）

5.1.3 建筑材料和技术特色

20世纪初的永春地区，近代建筑在材料和技术应用方面具有独特的特色。红砖作为主要建材被广泛使用，形成独有的"红砖文化"，以及融合性与地域性并重的建筑风格，这种风格通常被称为"中式屋顶"＋"西式墙身"。红砖不仅色彩鲜明，而且在当地的气候条件下具有良好的耐久性。随着近代技术的发展，钢筋水泥结构开始被应用到建筑中，提高了建筑的稳定性和抗震性，建筑设计更加现代化。在建筑高度上，近代建筑相较于传统民居有所上升，厅堂有更好的视野，也丰富了室内的光影效果。在墙体构造上，红砖和石材的运用更为广泛。门窗较多采用石材。现代材料运用水泥、钢筋、铁艺、彩色瓷砖等材料，注重特殊的细节和工艺表现，与传统建筑协调共存。室内地面开始采用水泥抹灰的形式，工业化生产的栏杆也使用水泥制成，展现了造型洗练且坚久耐用的设计理念。灰塑工艺中也使用水泥，形成水泥塑，与传统灰塑的造型和特征比较相似。

在装饰风格上，中外建筑装饰造型和符号的结合，使得装饰风格更加多样化，比如绿琉璃瓶和门窗装饰的线脚的运用，西方柱式采用变形，如变体的爱奥尼柱头与中式纹样的结合，展现了中西融合的美学追求。

彩绘、雕饰、交趾陶等装饰手法在建筑外立面上广泛应用，装饰内容通常具有吉祥寓意或代表建筑主人的品格。近代建筑中，传统建筑元素与现代建筑技术的结合，创造出既具有传统韵味又满足现代功能需求的建筑形式。在一些近代建筑中，传统材料如壳灰（牡蛎壳灰）和桐油灰被用于制浆施作，保持了传统建筑的质感和美感。这些技术和材料的使用，不仅体现了闽南近代建筑的传统特色，也适应了当时的社会经济发展和科技进步，体现了建筑实践在传统与现代之间的平衡和创新。

从平面布局来看，近代的建筑更注重采光和通风，设置更多的出入口，保证居室的相对独立性（图5.10）。源隆堂的规模和面积较小，家庭规模趋向较少的人口和更独立的居住空间，如图5.11所示，立面裙堵采用八角形的花岗岩，寓意吉祥。近代的红砖建筑更整齐，从剖面图看源隆堂的内部，可以看出在角门和厢房门上更多采用拱形门，注重门楣的装饰，红砖堆砌和石材的巧妙搭配，形成丰富的墙面效果。

与清代的传统民居相比，民居建筑高度更高，如民国时期的如源隆堂，材料上更多使用红砖、瓷砖，室内的门大量运用拱形（图5.12）。从材料上看，民国时期的建筑材料更多采用坚固的石材、红砖。

木雕和石雕工艺的精致性得到了进一步的提升，结合西式的元素和装饰题材，丰富建筑的细部（图5.13），展现了中西合璧的美学追求。这些建筑细部特征的分析，不仅展示了近代建筑的创新和发展，也反映了当时社会文化和技术水平的进步（图5.14）。

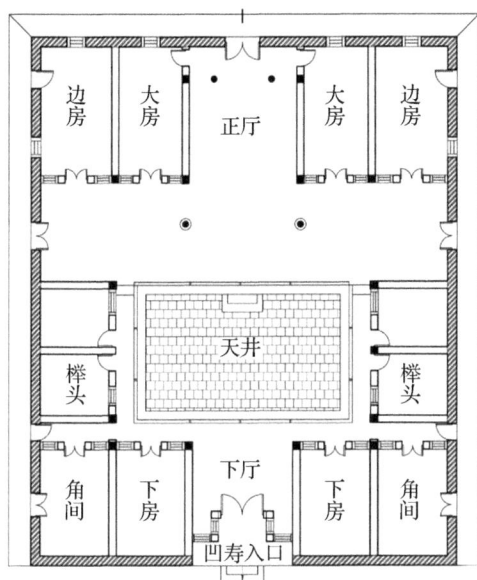

图 5.10　源隆堂平面图

（图片来源：自制）

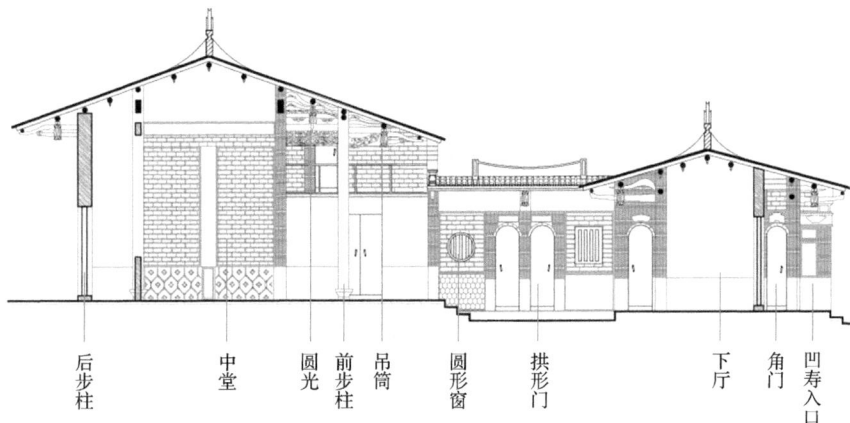

图 5.11　栏杆和天井（崇节堂）

（图片来源：自摄）

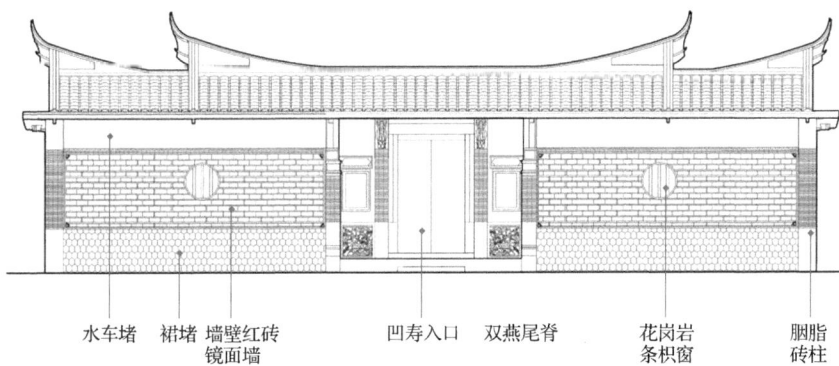

水车堵　裙堵　墙壁红砖　　凹寿入口　双燕尾脊　　　花岗岩　　胭脂
　　　　　镜面墙　　　　　　　　　　　　　　　条枳窗　　砖柱

图 5.12　源隆堂南立面图

（图片来源：自制）

后步柱　中堂　圆光　前步柱　吊筒　圆形窗　拱形门　　　下厅　角门　凹寿入口

图 5.13　源隆堂剖面图（铺上村）

（图片来源：自制）

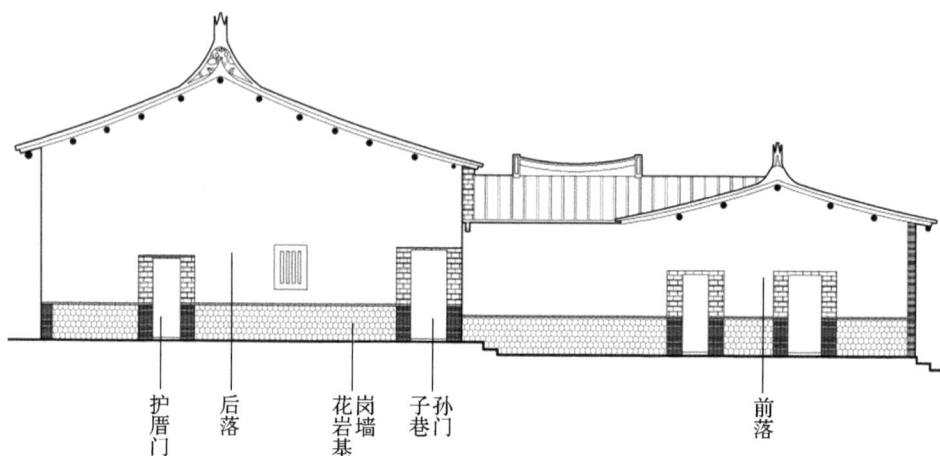

图 5.14　源隆堂西立面图（铺上村）

（图片来源：自制）

5.1.4　建筑细部特征

在近代建筑的屋顶、墙体、门窗以及色彩和空间等方面有所创新。近代，不少侨乡民居细部上不仅有传统工艺的烙印，也融入了工业化时代的特征，反映了中外文化的交流及先进生产工艺对本土建筑的影响。传统雕刻技艺如木雕、石雕、砖雕等在近代建筑中得到了保留和发展。这些技艺不仅展现了精美细致的工艺，而且富有文化内涵。燕尾脊作为永春传统建筑的特色，在近代建筑中仍然被广泛采用，不仅具有地域特色，也具有美学价值。山墙不仅起到结构作用，其顶部形式与五行相对应，展现出地方特色和丰富的变化。这些体现了传统工艺的传承，也融入了工业化时代的特征，反映了中外文化交流及对本土建筑的深远影响。

永春近代建筑装饰题材的丰富性，受到儒家文化的影响，同时融入了生活气息。外来文化影响下的装饰内容和题材带来了新的视角，如国外的风土人情、城市建筑、新式交通工具、西服洋人、热带动植物等。纹样有的在圆光的木雕板上雕刻西式的装饰题材，包含华侨人物、骑自行车和开车的现代人物形象，木雕构件式样还是中国传统的结构。通过借鉴、吸收和融合，侨乡的近代民居建筑装饰题材和内容实现了中外融合的场景。从建筑细部可以看出民国时期的建筑在高度、建筑平面、材料、细部和色彩等方面的探索。

5.2　近代典型侨乡民居

永春作为侨乡之一，其近代侨乡民居数量较多，并且以其独特的建筑风格和文化特色著称，巧妙融合了中西方的建筑元素，形成了具有永春特色的"中西合璧"建筑风格。永春近代建筑受西式建筑风格的影响，在形式呈现出多样化的特点，主要有教会建筑、早期商业建筑和侨乡民间建筑等类型。近代建筑融入西方样式，如合院式改成了楼式建筑，或加入山花、琉璃瓶和栏杆等元素，内部则采用中式木构件，并施加精细的雕刻，形成了具有地方特色的"番仔楼"。

永春地区的洋楼类型丰富多样，从建筑装饰来看以闽南地域建筑为主导，具有传统性，也有求新的一面。传统性主要表现在传统的布局、工艺和材料的坚持，求新体现在在装饰、栏杆和外廊等部位运用西方新形式，建筑构件名称也有所不同。

从空间形制上看，洋楼和传统合院建筑的结合尤为显著。二楼作为厅堂，厅堂和卧室传承传统民居的布局，体现了中西合璧的居住价值观。这种空间布局不仅满足了居住的实用性，也反映了居住者对传统文化的尊重和对西方文化的接纳。

5.2.1　树南山庄（五里街镇）

树南山庄位于永春县五里街镇埔头村口，是一座中西合璧的红砖洋楼。该建筑由马来西亚华侨林光挺出资建造，以其号"树南"命名。林光挺，生于1880年（清光绪六年），幼年随父亲南渡马来亚瓜拉庇劳谋生，建筑于1937年落成。

树南山庄周边环境包括了典型的闽南土楼建筑、中西合璧的红砖洋楼，以及西式建筑如教堂等，展现了多元化的建筑风格。建筑的周边环境优美，山脉、河流等自然景观，提供了良好的休闲环境（图5.15至图5.16）。

图5.15　树南山庄周边环境

（图片来源：自摄）

图5.16　树南山庄鸟瞰手绘图

（图片来源：自制）

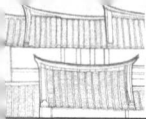

树南山庄坐北向南，采用两层砖木结构，歇山式五脊四坡顶设计，体现了明显的英国建筑风格，建筑面积超过 800 平方米。山庄外围设有围墙，内部花木成荫，宜造出宜人的庭院环境。正面大门前有突出的楼台，红砖立柱构成骑楼式结构。立面设有护栏连接围成凸字形，下方为骑楼式回廊的出入口，二楼则作为观景台。

建筑结构严谨，左右对称，中间是大厅，左右两边前面各设两间房，前后两边也有两间房，左右通道较宽。建筑内部，右边靠厅口处设有一木质楼道，左右两门通向户外，便于通风采光，感受室外环境。一楼的楼层比较高，楼道比较陡。二楼的走廊通向左右阳台。观景台的两侧可安放靠背椅和茶几，便于品茶和赏月。二楼的廊道采用杉木楼板铺成，连接左右各四间房间及阳台，用于赏景或晾晒衣物。

山庄墙体采用红砖砌成的，窗户和楼面的装饰风格呈现英国式特点（图 5.17 至图 5.18）。树南山庄的建造图纸由林光挺从马来西亚带回，并委托家乡族人建造。抱厦楼额上刻有"树南山庄"四字，落款"民国二十六年，蒋光鼐书"。蒋光鼐曾任十九路军总指挥，是著名的抗日爱国将领。树南山庄不仅是一座具有历史意义的建筑，也是研究近代侨乡民居建筑与文化的重要实例。

图 5.17　树南山庄

（图片来源：自摄）

图 5.18　树南山庄山花细部

（图片来源：自摄）

5.2.2　华美楼（五里街镇）

华美楼是一座典型的中西合璧红砖建筑，坐落于五里街镇仰贤村 177 号，该建筑由华侨林纲炉建于 1955 年至 1957 年间。单层建筑面积达 570 多平方米，总建筑面积约 760 平方米，院子占地面积则超过 1 800 平方米，不仅体现了主人的家族荣耀，也映射了当时社会的文化交融。华美楼对称格局，主楼为两层，左右配有厢房，形成了均衡稳定的视觉效果。立面采用石雕工艺，展现了匠人的精湛技艺。楼前大门上用繁体字刻着"华美堂"三字，两侧建有火焰山墙，造型独特，细部精美，具有装饰性和象征意义。门庭前有一个半月形水池，与旁边有古井，池畔两侧各植一株大榕树，相映成趣，增添了园林的自然美感。

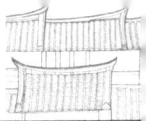

华美楼作为中西合璧建筑风格的典范，近年来为了保护其珍贵的历史价值，同时兼顾现代城市发展的需求，采取了整体平移工程，确保了建筑的安全，也体现了对历史遗产的尊重与保护。（图5.19至图5.20）

图5.19　华美楼立面

（图片来源：自摄）

图5.20　华美楼装饰

（图片来源：自摄）

5.2.3　庆成堂（石鼓镇）

庆成堂是一座融合了传统与近代元素的砖混多层建筑，坐落于石鼓镇石鼓社区。建筑建于民国时期，主体是砖混结构。建筑占地面积471平方米，建筑面积316平方米，朝南偏东，顺着地形展开，形成二落进深三间五架的布局。建筑以洋楼形式，体现了民国时期建筑的典型特征。在材料使用上，庆成堂的地面采用土、砖材料，以砖墙承重，围护的墙体是木板，屋顶覆盖以灰色瓦片。传统的屋瓦材料提供了良好的防水性能，也赋予了建筑沉稳的美感。建筑外砖内木，栏杆设计体现洋楼的特色，拱券砖砌工艺精致。庆成堂的设计和建造，不仅反映了民国时期建筑技术的发展，也融合了中西方建筑艺术的精髓，成为石鼓镇内一处不可多得的历史建筑遗产（图5.21至图5.22）。

图5.21　庆成堂

（图片来源：自摄）

图5.22　庆成堂栏杆和拱券

（图片来源：自摄）

5.2.4 仰贤楼（蓬壶镇）

仰贤楼是民国时期建造的民居代表，位于蓬壶镇美中村。1938年林垱（字帮道）创建，建筑方位朝南偏东60°，占地面积有600平方米，总体用地面积600平方米。建筑顺着地形展开，形成二进深四间二层立面七排间民居，既适应了地理环境，也体现了对空间的合理利用。建筑主体结构是穿斗式，砖混结构，屋面采用悬山结构，地面铺设砖，承重的墙以砖墙为主，体现了建筑用料与形式的统一。墙体以砖墙围护，屋面以覆瓦为主。设计保留民国时期的建筑风格，结构坚固。四周设置围墙，前埕有门屋，以及埕前祠堂，共同构成了一个完整的建筑群落，体现了对传统居住空间的尊重与维护（图5.23）。

仰贤楼的正面采用红砖立面，入口和墙裙采用石材，"地牛"采用石雕，展现了传统工艺与材料的结合。立面设计中腰线分层突出，强化了建筑的层次感。左右护厝采用悬山式屋顶，前后主体运用歇山式设计，而入口采用凹寿式布局，设置三门，左右有仪门。入口以石雕构成，左右的门都有雕刻精致的石雕构件。

建筑的二落部分显得高大，注重采光通风设计，两层的建筑结构有效扩大了居住面积（图5.24）。简洁的栏杆增加了实用性和安全性。第二落建筑为两层结构，中间设有天井，是闽南传统大厝与洋楼结合的形式，既保留了地方特色，又融入了近代建筑的元素，展现了一种文化与时代的交融。天井的设计不仅提供了自然光线和通风，还增加了建筑的社交和休闲空间，体现了对居住者生活品质的重视。仰贤楼内有20多副的柱联，不仅内容丰富，字体优美，更是出自当时名家之手。

仰贤楼的建筑特征体现了民国时期建筑的创新与传统的结合，其独特的设计和精湛的工艺，使其成为研究民国时期民居建筑的重要实例。

图5.23 仰贤楼立面

（图片来源：自摄）

图5.24 仰贤楼二落建筑

（图片来源：自摄）

5.2.5 敦福堂（岵山镇）

敦福堂位于岵山镇茂霞村，建于民国十五年（1926年），是一座具有历史意义的民国时期建筑。建筑占地面积726平方米，建筑面积692平方米，为两层楼的砖混结构（图5.25）。

建筑背山面水，结构采用穿斗式和混合式，悬山式屋面，主体材料是砖墙、木框架和夯土，其地理位置和建筑布局与自然环境和谐共生，体现了对地域环境的深刻理解和尊重。近代华侨建筑的立面具有独特的风格和特点，融合了中西方建筑元素，反映了华侨在海外生活经历的影响以及对家乡传统文化的传承。敦福堂的设计和建造承载了华侨文化与本土传统的深厚底蕴。敦福堂融合了中式的古朴清雅和欧式的华美浪漫，展现了中西方建筑元素的结合。建筑的一层采用红砖堆砌，入口处传承传统建筑的凹寿形态，两侧类似镜面墙的手法，由圆窗和方窗组合，护厝的山墙采用马背山墙形态，造型简洁。栏杆和立柱丰富了立面的效果。敦福堂是二进二层建筑，具有闽南地区传统建筑的典型结构特点。受战争的影响，敦福堂的建筑并未全部完工，这也成为其历史变迁的一部分（图5.26）。

图 5.25 敦福堂鸟瞰图

（图片来源：自摄）

图 5.26 敦福堂内院

（图片来源：自摄）

敦福堂的屋顶采用永春传统建筑的青瓦（图5.27）。敦福堂一层平面图中设计增加了五个楼梯，优化了垂直交通（图5.28）。建筑内部注重采光、通风，门窗相比传统建筑的数量较多，天井面积也较大，提升了居住的舒适性（图5.29）。敦福堂属于近代华侨建造的建筑，立面遵循西方古典主义的三段式构图原则，即基座、主体和屋顶的顶部，同时融入地方特色的红砖、石材、夯土材料和传统工艺，形成了中西合璧的建筑语言（图5.30），展现出地域化的建筑特征。

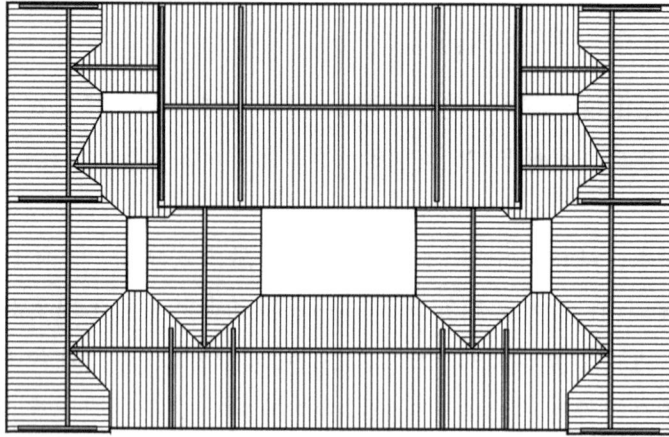

图 5.27　敦福堂平面图

（图片来源：自制）

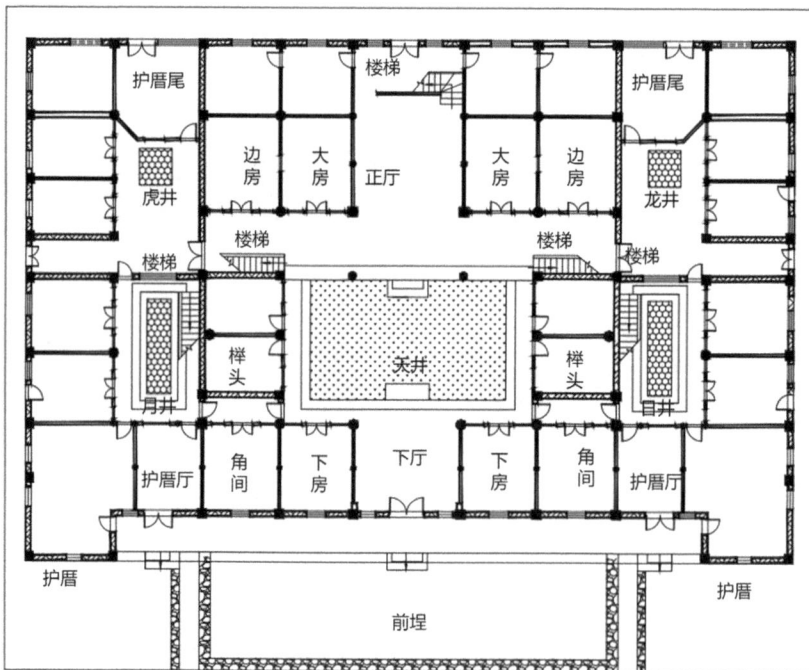

图 5.28　敦福堂一层平面图

（图片来源：自制）

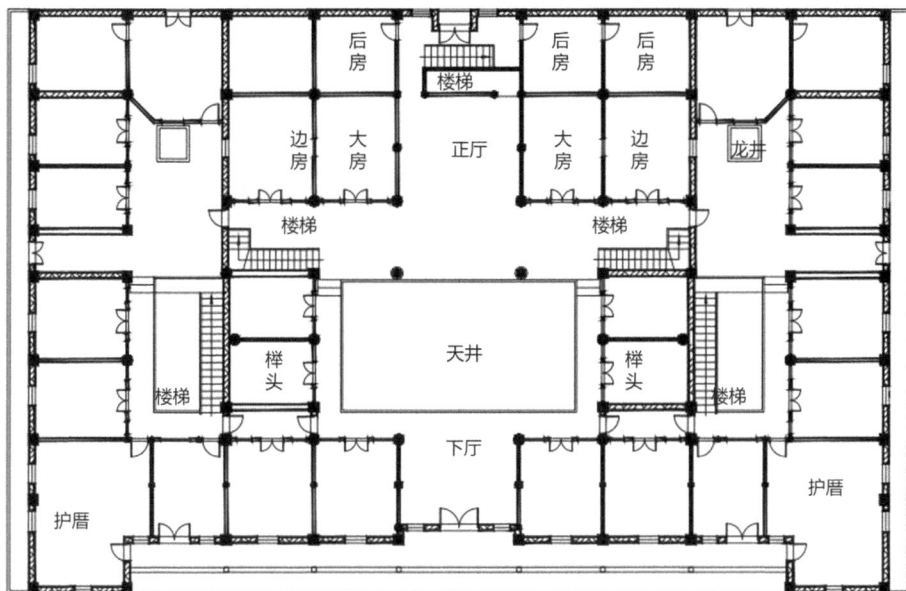

图 5.29　敦福堂二层平面图

（图片来源：自制）

图 5.30　敦福堂的建筑立面图

（图片来源：岵山传统村落测绘图，戴志坚供图）

　　从敦福堂建筑的剖面图中可以看出多个拱券和壁柱是常见的西方建筑元素，它们不仅具有装饰作用，还体现了建筑的结构美（图 5.31 至图 5.32）。装饰细节丰富多样，包括花草纹样、几何纹样等，展现了匠人的精细工艺。敦福堂的窗花中，以传统木雕为主，采用花鸟纹为主，吸收了传统建筑的题材和装饰手法（图 5.33 至图 5.34）。建筑的入口窗户采用螭虎石雕窗，坚固朴实，工艺精湛。建筑二层的前檐，木雕构件装饰丰富，传承传统的风格和式样，体现近代的装饰工艺水平，折射家族的经济实力（图 5.35 至图 5.36）。

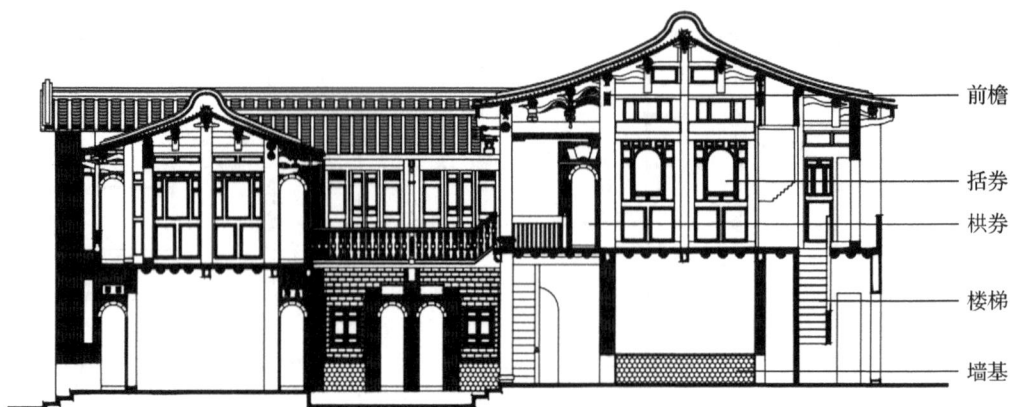

前檐
括券
栱券
楼梯
墙基

图 5.31　敦福堂建筑剖面图

（图片来源：自制）

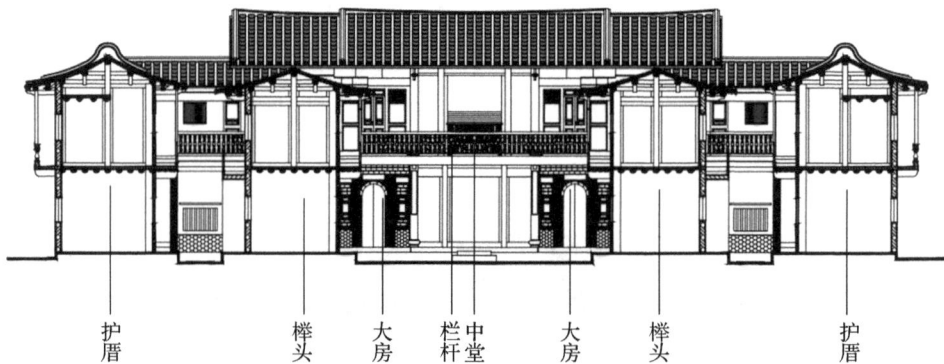

护厝　　榉头　　大房　栏杆　中堂　大房　　榉头　　护厝

图 5.32　敦福堂剖面图

（图片来源：自制）

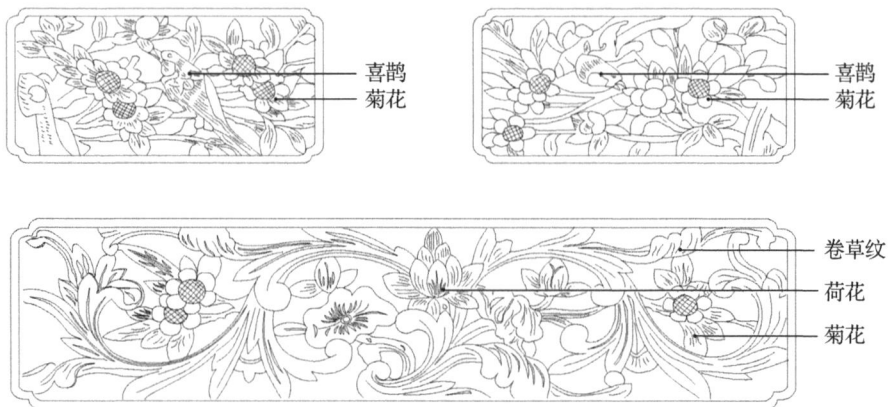

喜鹊
菊花

喜鹊
菊花

卷草纹
荷花
菊花

图 5.33　敦福堂细部

（图片来源：自制）

喜鹊纹　牡丹纹　　　　　　　　　　　　喜鹊纹　菊花纹

牡丹纹　喜鹊纹　　　　　　　　　　　　喜鹊纹　菊花纹

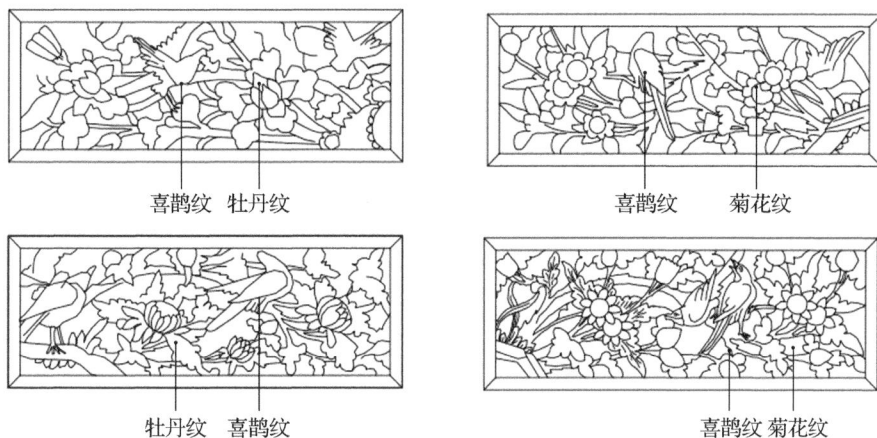

图 5.34　敦福堂窗花大样图

（图片来源：自制）

图 5.35　敦福堂石雕构件

（图片来源：自摄）

图 5.36　敦福堂前檐细部

（图片来源：自摄）

5.2.6　世德堂（岵山镇）

　　世德堂位于岵山镇传统村落铺下村 87 号，始建于 1938 年，其建筑布局坐南朝北，体现了对自然环境的尊重和对传统风水理念的遵循。世德堂以砖石木混合结构，占地面积 1 069 平方米，建筑面积 967 平方米，规模宏大，展现了民国时期建筑技术（图 5.37 至图 5.38）。

　　世德堂建筑背山面水，是依据地形展开的二落大厝，带单护厝，拥有 5 间 11 架空间，采用穿斗式结构、悬山式屋顶（图 5.39 至图 5.43）。承重结构是砖墙，围护结构是夯土。这种材料的结合，不仅体现了地方建筑特色，也适应了当地的气候和地理条件。建筑有精美的木雕、石雕和彩绘，立面山墙楚花和水车堵装饰如（图 5.44 至图 5.45）。这些细节不仅增添了建筑的美观，也反映了工匠的高超技艺和对传统文化的传承。世德堂不仅是一座具有历史价值的建筑，也是研究民国时期建筑技术和装饰艺术的重要实例。

图 5.37 世德堂立面

（图片来源：自摄）

图 5.38 世德堂山墙细部

（图片来源：自摄）

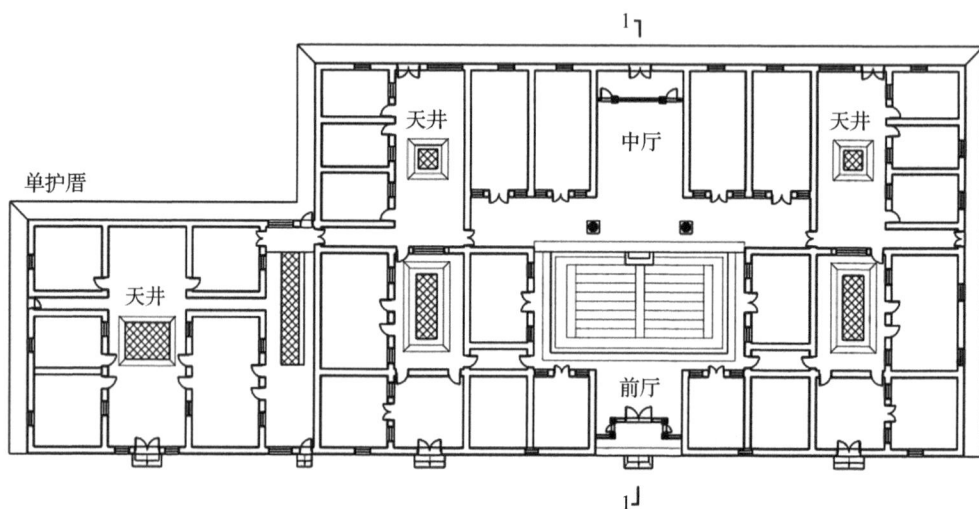

图 5.39 世德堂平面图

（图片来源：自制）

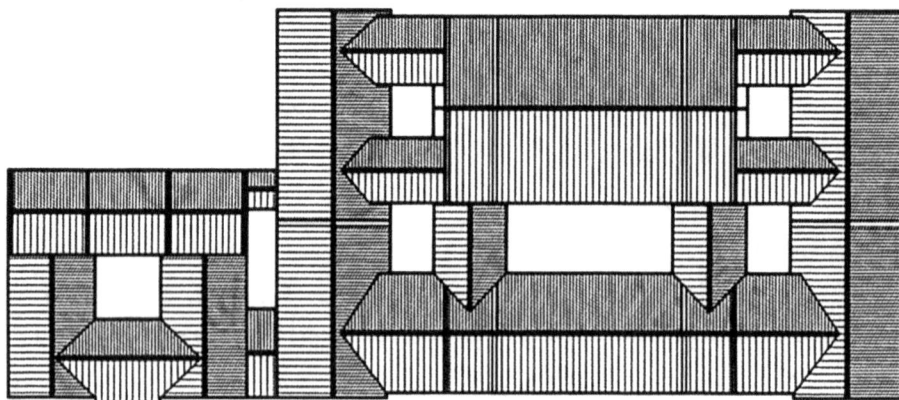

图 5.40 世德堂屋顶总平面图（铺下村）

（图片来源：岵山传统村落测绘图集，戴志坚供图）

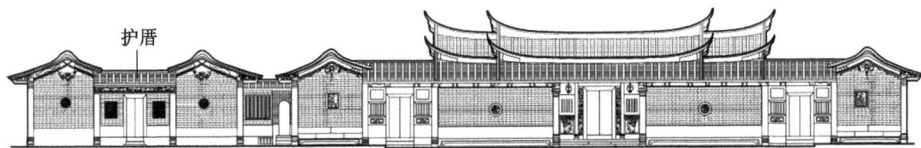

图 5.41 世德堂北立面图（铺下村）

（图片来源：岵山传统村落测绘图集，戴志坚供图）

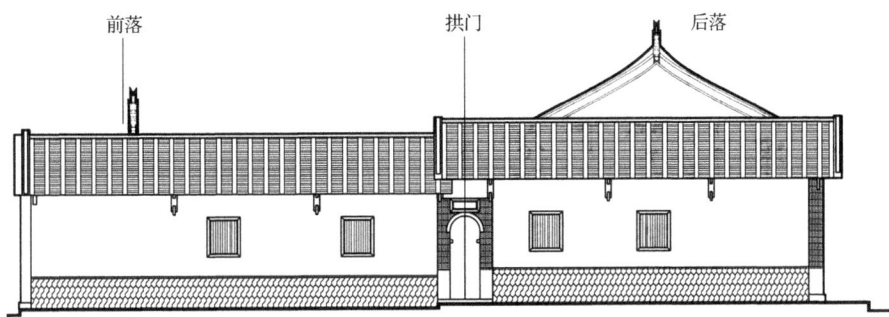

图 5.42 世德堂西立面图（铺下村）

（图片来源：自制）

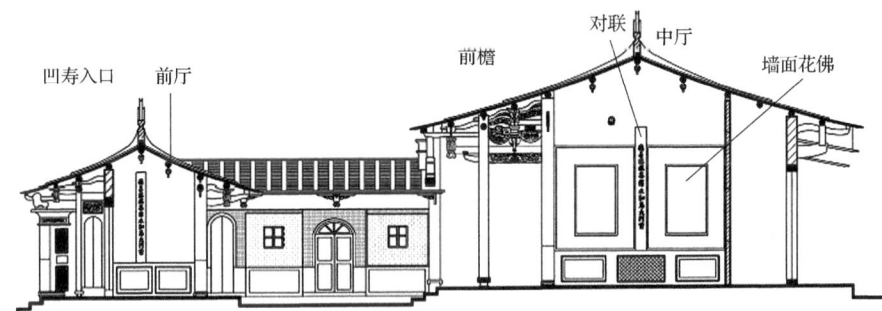

图 5.43 世德堂剖面图

（图片来源：自制）

图 5.44 世德堂山墙楚花

（图片来源：自摄）

图 5.45 世德堂中堂

（图片来源：自摄）

151

5.2.7 德成堂（岵山镇）

德成堂是一座具有地域特色的单层砖木结构建筑，位于岵山镇龙阁村。建筑建于新中国成立后，占地面积390平方米，建筑面积300平方米。主体建筑为单层，砖木结构，布局顺着地形展开。建筑是二落构成，规模适中，既体现了实用性，也适应了地形的自然起伏。

建筑主体结构是5间9架，采用混合式结构设计，悬山式屋面，砖石地面铺设相结合，承重结构以木框架、夯土墙共同构成，屋面覆瓦，展现了结构的稳定性与材料的地域性。建筑的特色在于护厝是两层建筑，这不仅丰富了建筑的竖向层次，也提升了空间的功能性。建筑前设有一个半圆形水池，增添了景观的美感。室内空间比起传统厅堂更加高大，建筑材料上，多采用砖石，显得坚固（图5.46至图5.47）。德成堂作为新中国成立后的建筑作品，不仅在技术上融合了传统与现代，也在艺术上展现了地域文化的传承与发展。

图 5.46　德成堂建筑立面

（图片来源：自摄）

图 5.47　德成堂中堂

（图片来源：自摄）

5.2.8 崇节堂（达埔镇）

永春近代建筑崇节堂，位于达埔镇汉口村清前金星村小溪角落，修建于1939年，于1942年竣工落成，是乡贤李尧南的故居。崇节堂占地面积约1 100平方米，建筑面积约513平方米。主体建筑有2层，为二落土木砖混结构，带有双边护厝。正门对联是"崇德报功承兹堂构；节衣缩食惠及里闾"（图5.48）。

图 5.48　崇节堂立面

（图片来源：自摄）

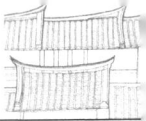

　　崇节堂融汇闽南红砖民居的特点，在外观设计、布局结构、厅房功能、屋顶梁架、建筑材料等方面借鉴西洋建筑风格，栏杆为西式砖混结构，房间的窗户为双窗形，外窗为木板式，内窗为框式玻璃窗（图5.49）。地面铺设以砖为主，承重结构为砖墙和石墙，屋面为覆瓦。建筑由上堂、天井、下堂及左右护厝组成。正面以红砖为主，上、下堂有人物、花草、禽鸟等细作木雕，以及房梁刻有麒麟、鹿、凤凰等题材的木雕。主体屋面为坡屋顶，兼有六角形屋盖，右侧护厝配有卫生间，左侧护厝配有厨房，内有水井，进一步体现了建筑的实用性和地域特色（图5.50至图5.54）。

图 5.49　崇节堂栏杆与窗户

（图片来源：自摄）

图 5.50　崇节堂侧立面图

（图片来源：自摄）

图 5.51　栏杆和天井

（图片来源：自摄）

图 5.52　崇节堂主体建筑的六角形部分

（图片来源：自摄）

图 5.53　崇节堂大厅

（图片来源：自摄）

图 5.54　崇节堂二层中堂

（图片来源：自摄）

5.2.9 光裕楼（达埔镇）

光裕楼位于达埔镇汉口村 6 组，建于 1957 年。建筑是一座典型两层三开间五脚基式洋楼，坐北朝南偏西。建筑面阔 15 米，进深 24.5 米。建筑占地面积 600 平方米，建筑面积 350 平方米。屋面是硬山式，地面铺设红砖，为土木砖综合骑楼式结构，承重为木框架结构。四周以卵石基全版筑成墙体，面饰以灰泥为裱，立面以四根清水砖叠砌为柱。两层深蓝瓷质葫芦状栏杆构成护栏，屋檐集中排水。望柱造型古拙大方，增添了建筑的装饰性和艺术性（图 5.55 至图 5.56）。

图 5.55　光裕楼立面

（图片来源：自摄）

图 5.56　光裕楼山花

（图片来源：自摄）

5.3　近代建筑特征总结

5.3.1 近代华侨住宅的社会文化背景分析

华侨返乡兴建住宅不仅是个人成就的象征，更是家族荣耀传承的重要载体。这些建筑作为侨汇投资的一种形式，还承载着他们落叶归根和安度晚年的深切愿望。尽管部分洋楼可能由亲族代管，华侨本人未必实际居住，但这些建筑的存在本身就是华侨与家乡联系的重要纽带。

在永春侨乡，外廊式建筑占有重要地位，为了适应当地的气候条件，外廊提供了遮阳和通风的功能，增加建筑的实用性和居民的舒适度。骑楼是闽南地区特有的建筑形式，具有商业和居住的双重功能，其建筑形态和演变过程，体现了地域建筑特征的延续与发展。

永春的近代洋楼民居在设计上融合了中西方建筑元素，反映了永春侨乡社会生活的变迁，体现了家族伦理关系和文化认同的深层次联系。洋楼民居的周边通常是田园、

乡土树木和群山环绕，形成背山面水的优美环境。

永春近代洋楼建筑一般是两层，一层采用石构，入口处结合塌寿式或西式的柱式设计，塌寿的身堵有丰富的装饰。二层是红砖砌筑，有琉璃瓶栏杆、尖券柱廊、屋顶为硬山带燕尾脊顶。这些设计不仅增强了建筑的美学特征，也体现了地域材料和建筑技术的应用。

5.3.2 近代洋楼的空间特色

洋楼俗称为"番仔楼"，是民国时期由归国华侨出资建造的中西合璧建筑。洋楼集闽南传统民居与南洋建筑的风格，形成了独特的两层外廊式的空间布局。

洋楼展现了精湛的技术，包含石雕、砖雕、彩画、拼砖和灰塑等，这些装饰体现了当时工艺水平较高。洋楼采用中西结合的结构，内部采用抬梁与穿斗结合的中式木结构，材料上运用砖木石混合，勒脚常用卵石材料，增添了建筑的地域特色。

永春地区番仔楼的数量较多，造型精美，不仅折射出华侨奋斗的历史，也体现了东西方文化的交融，赋予建筑以传奇色彩。有的建筑材料和设计图纸直接源自南洋，进一步丰富了建筑的文化内涵。

近代洋楼的功能布局更加完整和合理，以金宝楼为例，它包含了正厅、天井，立面上运用栏杆、柱子等，室内采用梁架结构。在窗户、枋、弯枋等方面传承了传统建筑特色，有精致的细部。同时在材料上采用一些新式材料，如水泥，使得建筑的高度更高，细部雕刻工艺更精湛。

金宝楼采用圆楼型土木结构，这种结构在闽南地区较为常见，不仅具有较好的抗震性能，也适应当地的气候特点。建筑上下均有走廊环绕，提供了便利的通行和观赏空间，增加了建筑的实用性和美观性。同时，金宝楼屋顶结合洋楼的方式，中间设有采光条件好的天井，有利于自然光线的引入，同时改善了建筑内部的通风条件，提升了居住的舒适度（图 5.57 至图 5.59）。

图 5.57　金宝楼鸟瞰图

（图片来源：自摄）

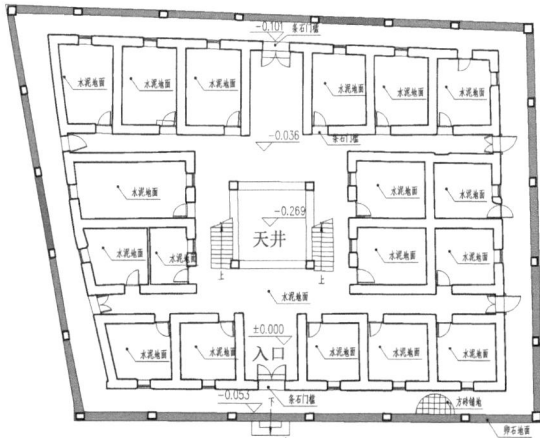

图 5.58　金宝楼一层平面图

（图片来源：永春历史建筑测绘图集，厦门大学建筑与土木工程学院）

图 5.59 金宝楼剖面图

（图片来源：永春历史建筑测绘图，厦门大学建筑与土木工程学院）

金宝楼的规模宏大，展现了其宏伟壮观的建筑特色，体现了主人的财力和地位（图 5.60）。金宝楼的装饰风格融合了中西方元素，这种设计体现了主人的海外经历和多元文化的融合。金宝楼作为爱国华侨尤扬祖的故居，承载了丰富的历史和文化价值，成为侨乡文化的象征和纪念地。

图 5.60 金宝楼立面图

（图片来源：永春历史建筑测绘图，厦门大学建筑与土木工程学院）

5.3.3 洋楼立面形式分析

洋楼的立面是其最显著的建筑特征。洋楼的外廊、西式山头及象征性元素，展现了中西合璧的建筑风格。

（1）屋顶设计

屋顶设计呈现出多样性，一般有二坡、四坡和龟字形屋顶。规模较大的建筑使用四坡顶，结合 9 架或 11 架的传统木构造形式，这不仅体现了建筑的宏伟规模，也适应了当地的气候特点，确保了良好的排水性能。

（2）山头装饰（或称檐墙）

山头是洋楼，正面屋顶的等腰三角形或半圆形的墙，山头上常有雕饰，显得壮观，有美化建筑正面的作用。山头的材料包括砖石、灰泥及粘贴装饰物，造型变化丰富，

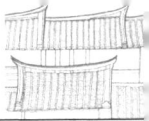

尤其是巴洛克式的夸张曲线用于其外形轮廓上。山头的中间最高，两侧依序低矮，左右对称，展现了建筑类型和装饰风格的多样性。

（3）望柱

望柱在山头两侧起到收头与分割立面的作用，通常将檐墙分隔成三至五段等分。上方加设奖杯状装饰物，增强了立面的视觉效果。

（4）花瓶栏杆

花瓶栏杆是外廊屋顶女儿墙的特有装饰，结合中国陶艺与西洋花瓶栏杆的形式。花瓶寓意"平平安安"，十个花瓶的栏杆寓意"十全十美"，体现了对和谐美好生活的向往，同时也展现了中西文化的融合（图5.61至图5.62）。

图 5.61 楼梯（金宝楼一层内部）

（图片来源：自摄）

图 5.62 山头装饰花瓶栏杆、柱

（图片来源：自摄）

（5）檐板

檐板为传统民居屋檐下的扁长形木板，具有保护屋瓦下的桷木，又有防止雨水流渗侵入廊道的功能，以及横梁与女儿墙之收边的功用，兼具实用性与装饰性。

（6）横梁

横梁是近代建筑中结构和装饰的重要组成部分。在闽南近代建筑中，横梁不仅具有承载结构和连接外廊的功能，是骑楼的原型。横梁在传统建筑中也常见于屋顶结构，用以支撑屋顶的重量并分散至立柱。早期的横梁采用钢筋混凝土简支梁的做法，外面敷灰泥或蛎壳灰，或以石条制成之石梁，展现了材料与技术的结合。

（7）柱

柱用于辅助承受垂直力的角色，尤其是砖石承重的洋楼中。柱的形态多样，主要有"独立柱"与"墙柱"两种。独立柱用于外廊立面上，形态可分为方柱、圆柱和六边柱，每种柱形都有其适用的洋楼类型，如五里街的红砖方柱和基督大同堂红砖柱，体现了地域特色和建筑个性。楼的山花、栏杆与柱见图5.63所示。

图 5.63 山花-赞修堂-桃城

（图片来源：自摄）

157

5.3.4 近代建筑的风格多样性

闽南地区近代建筑展现了风格面貌的多样性。这个时期的建筑体系融合了传统与现代、民族特色与西方风格，形成了独特的建筑语言。民国时期，永春地区的洋楼数量增多，体现了中西合璧的特点。

永春近代建筑在空间布局上包含"四房合一厅"或"二房合一厅"的传统布局，同时结合采用外廊与门面装饰，这些设计不仅提升了居住的舒适度，也丰富了建筑的视觉效果。

1）材料运用与地域化过程

洋楼的出现不仅是形式上的移植，更是建筑地域化的过程进行了创新。多数洋楼采用坯土、砖木、砖石材料，土坯墙坚固，墙壁比较厚，隔热性能较好，保证了屋内的凉爽。红砖砌筑的墙壁与传统的青瓦屋面结合，有利于隔热和通风，也体现了传统材料与技术的现代应用。

随着近代以来华侨的推动，西方的建筑形式和建造技术在沿海侨乡地区得到广泛传播，侨乡民居使用的材料和施工工艺发生了变化。

（1）新型装饰材料的引入与应用

首先是水泥的使用。最初所需要的水泥是从欧美国家进口的，至19世纪七八十年代，本地水泥工业开始兴起，并在侨乡民居中大量使用，运用水泥仿木的材料，如图5.64所示。

图5.64　水泥栏杆

(图片来源：自摄)

在装饰方面，引入了陶瓷面砖等新型装饰材料和工艺。瓷砖不仅用于铺地也用于装饰凹寿入口等部位，瓷砖纹样、加工工艺和铺装方式各地有些类似，体现了中外装饰艺术的融合。

（2）立面装饰的美学特色

立面装饰中墨绿色琉璃花瓶栏杆，运用在顶楼女儿墙上，形成优美的建筑轮廓

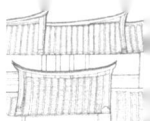

（图 5.65）。这些绿釉琉璃花瓶购自厦门，产地可能为越南。19 世纪末至 20 世纪初，越南绿釉琉璃业非常发达，其产品主要销往东南亚及中国沿海城市，成为近代建筑装饰中的一大特色。

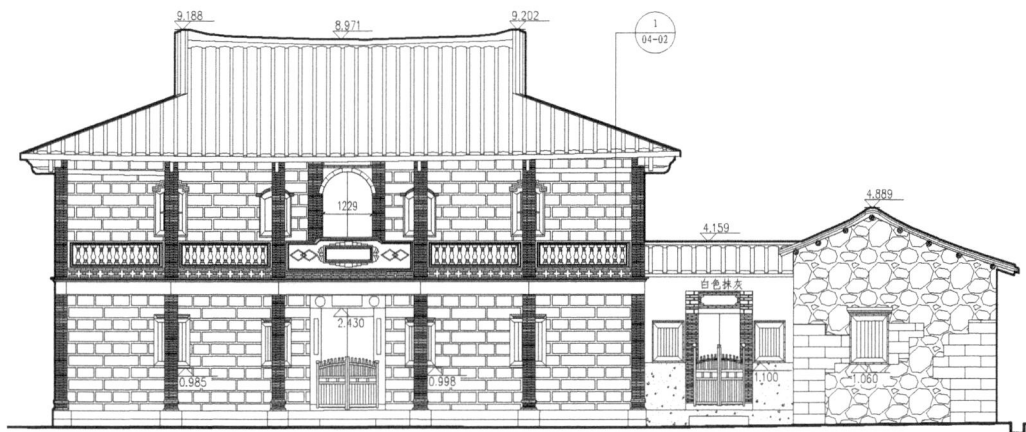

图 5.65 双福楼

（图片来源：永春县历史建筑测绘图，厦门大学建筑与土木工程学院）

2）地域文化和现代技术的结合

闽南近代建筑的工艺运用是地域文化与现代技术相结合的典范。永春地区的近代建筑在继承传统建筑风格的同时，也在材料和工艺上进行了创新应用，体现了对环境适应性与时代发展需求的深刻理解。鉴于永春地区降水量大，空气湿度高的特点，近代建筑的排水、防潮特别设计。屋顶造型更加简洁，多数没有采用燕尾脊，而是保留马背山墙，采用青瓦和传统屋顶的建造手法，确保了建筑的防水性能（图 5.66 至图 5.67）。

图 5.66 建筑屋顶

（图片来源：自摄）

图 5.67 集德堂回廊

（图片来源：自摄）

灰塑和剪粘工艺也常装饰山墙。红砖是永春传统建筑的特征，红砖厝的外墙装饰，包括窗户、门堵等处的圆雕、浮雕、透雕等，都采用红砖制作。白灰砖缝黏合成红白线条，形式丰富的拼花图案，几何纹样变化多样、色彩对比强烈（图5.68至图5.74）。

图5.68　近代建筑红砖纹样1

（图片来源：自摄）

图5.69　近代建筑红砖纹样2

（图片来源：自摄）

在永春的近代建筑中，外立面装饰的做法有彩绘、雕饰（透雕、砖雕、圆雕、砖雕）、交趾陶等。装饰内容有动物纹和植物纹，以及蕴含丰富内涵的纹样等。外立面更多采用石雕构件，角门和边门多采用石材和红砖精致搭配的门。近代建筑中的斗拱设计精美，展现了工匠们高超的建筑技艺。这些装饰不仅美化了建筑外观，也体现了地域文化的深厚底蕴。

（1）檐饰带与檐板

以红砖白石为底，配以精美的山花与砖雕，风格突出而统一，同时具有隔断和防火的作用（图5.70）。近代民居檐下没有做华丽的装饰，山墙设计表现出主人的个性化。常用红砖分层出挑连成阴影明显的装饰带（图5.71）。

图5.70　山花-赞修堂-桃城

（图片来源：自摄）

图5.71　近代两层建筑

（图片来源：自摄）

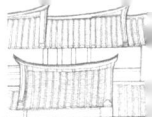

（2）柱头

永春近代民居以砖片相叠，做凸出或缩入的处理，称为"砖叠涩"线脚，属传统式的做法。永春一些近代建筑中也有采用石雕柱头展示了当地工匠的高超技艺，通过立体雕刻和平面雕刻等手法，创造出精美的图案和形象。

（3）廊柱身

在近代建筑中的廊柱身，它们不仅是支撑结构的关键元素，还是建筑立面装饰的重要载体，展现了建筑的美学特征和工艺水平。水平分割线脚作为装饰，增强了柱身的立体感，也通过线条的起伏和交错，创造出节奏感和动态美。

（4）横带

横带作为建筑墙面上的水平线条元素，通常是在窗口的上沿或下沿将砖挑出60毫米×120毫米，形成一条通长的横带，这不仅起到装饰作用，也有助于突出建筑的层次感。

（5）拱基

拱基是支撑拱结构的基础，它将拱的推力传递到地面或墙壁上，确保建筑的稳定性。拱基往往具有精美的装饰，如雕刻、浮雕等，增加了建筑的美观性，体现了建筑主人的品位。拱基常用的材料包括石材、砖石等，材料具有良好的耐久性和承重能力，比如将红砖以45°斜角排列，使其外观有如锯齿状，这种工艺称为"叠涩"，不仅增强了拱基的装饰性，也体现了工匠对材料特性和砌筑技术的深刻理解。

（6）拱腹

拱腹通常指的是拱形结构的下侧部分，也就是拱的腹部。拱腹承担着结构的承重作用，也具有装饰性的特点，体现了地域建筑特征的延续与发展。在永春的近代建筑中，拱腹的设计和装饰手法，也得到了新的应用和创新，如拱形结构被应用于门窗，走廊，阳台等部位。近代建筑的拱腹设计，不仅满足了功能性和实用性需求，也丰富了建筑的立面效果。

（7）拱圈

拱圈形如满月的圆润，故又称月洞门、月光门。近代建筑的拱圈体现建筑的结构功能，展现了丰富的装饰艺术。拱圈在闽南近代建筑中的应用，受到了西方建筑设计的影响，也融入了地方的传统工艺和审美观念。拱圈是中国古典园林建筑中的圆形过径门，近代建筑中，圆拱门上会加一环砖，在砖上刻上蝴蝶、花瓣和金钱等各种图案，这些图案不仅美化了拱圈，也赋予了其更多的文化寓意和审美价值（图5.72）。

图 5.72 拱腹纹样

（图片来源：自摄）

（8）鸟踏

在山墙檐口高度偏下位置有一条挑出的砖带，称为"鸟踏"。在硬山式屋顶中，鸟踏不仅是一种结构元素，更承载着生态与美学的双重价值。鸟踏对山墙起到一定的保护作用，防止雨水的侵渗。常有鸟雀栖息于鸟踏之上，丰富了山墙的立面趣味，打破了墙面的单调，增加了立面的层次感和节奏感。

（9）窗楣

窗楣不仅具有防止雨水渗透室内的实用功能，而且在洋楼的立面设计中，窗楣形式成为装饰的一部分。通过不同造型、比例的组合，窗楣展现出多样的窗型。丰富了建筑的视觉效果。（图 5.73 至图 5.74）

图 5.73 近代二层建筑仙夹民居

（图片来源：自摄）

图 5.74 洋楼一层立面（窗楣）

（图片来源：自摄）

本章小结

在近代侨乡社会背景下，永春地区的洋楼建造者在价值观和审美取向中深受西方建筑设计影响，其建筑实践不仅展现了国际性和现代性，也融合了地域性和民族性，推动了地区近代化的进程。这种混杂性在特定的历史文化下，形成了独特的地域性建筑特色。

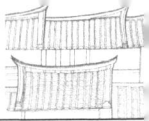

建筑构件的尺度、形状和风格与文化密切联系。洋楼作为海洋文化的产物，追求精致华丽，同时体现地域特色。通过建筑细部装饰与文化内涵的紧密结合，洋楼凸显了中国传统文化和闽南地域文化的特点，同时也吸收了外来文化的影响。

（1）传统文化的承袭与地域特色的体现

闽南地区多产花岗岩，为雕刻所用的石材提供了丰富的材料。闽南人掌握高超的雕刻技艺，创作出多彩的石雕装饰成为洋楼的亮点。永春洋楼运用红砖和花岗岩的巧妙搭配，体现意匠美。立面的窗户具有层次感，细部雕刻精巧，彰显了地域特色。永春近代建筑传承运用"堵"和"垛"，浮雕、镂雕和圆雕工艺相互衬托，展现了传统建筑的深厚底蕴。

（2）外来文化影响与多元文化的融合

永春地区海外贸易与商业活动促进了建筑技术的完善和创新。明清以来，永春商人的对外贸易活动，使中西方文化建筑领域的碰撞中产生兼容并蓄的特质。仿木构和石雕装饰更细致入微，使建筑表现出更真实和生动的视觉效果。石雕构件的应用将洋楼打造成为宏伟而精致的艺术品。洋楼装饰细节中的中西合璧风格，以及在布局保持中式传统，在柱头、柱身等细节上吸收和融合西方建筑元素，体现了多元文化的交融。

6

骑楼
——以五里街为例

骑楼民居作为历史街区的传统建筑，对于传承历史文化、保护建筑风格、维持文物古迹、塑造城市特色有着不可替代的作用。它们是民族文化的重要体现，承载着地区的历史记忆和文化精神。

6.1 历史街区的骑楼

永春县历史悠久、文化底蕴丰富，在近代商业建筑环境中展现独特的地域特色和历史价值。从永春历史街区和商业建筑的保护与再生设计的角度出发，基于对传统文化的深刻理解，对历史街区的商业建筑特色进行解读，探索其建筑特色和保护的重要性。

永春县在近代拥有一些著名的商业古街，如五里街、一都黄坂旧街和蓬壶三角街。这些古街不仅是历史文化的载体，也是当地商业贸易的中心，是商贸流通的重要集散地。它们见证了地区经济的发展和商业活动的繁荣，也是闽南文化的重要载体。

骑楼民居的建筑特色体现在其独特的空间布局和立面设计上。骑楼的柱廊和阳台不仅为行人提供了遮阳避雨的空间，也增加了建筑的商业展示功能。立面上的装饰细节，如雕刻、彩绘和拼贴，展现了工匠的精湛技艺和对美学的追求。

6.1.1 历史街区概况

（1）五里街

五里街古称"官田市"，是闽南沿海与闽西北山区商贸流通的重要集散地，被誉为"闽南的商贸重镇"，是"海上丝绸之路"的重要源头之一。五里街的骑楼建筑具有闽南骑楼风格特色，保留相对完整。许港古码头作为五里古街的一部分，是海上丝绸之路的起点，见证了永春县与外界的商贸往来和文化交流。五里街是闽南骑楼风格特色保留相对完整的传统古街区之一，也是中国传统村落、历史名村和福建省历史文化街区。街区内现存骑楼始建于1920年，是闽南最早的土木结构骑楼。

五里街的名称源自于民国六年（1917年），因位于永春县城西北约五华里而得名，这一名称反映了其地理位置和历史特征。五里街东倚铜鼓山，西临霞陵溪，依山势而建，顺势展开，五里街为"丁"字形，以八二三西路为主轴的空间形态。

自民国初期，五里街便是闽南地区商业市场的重要组成部分。区域范围约390亩，总建筑面积约20.33万平方米。五里街老街包含八二三西路主街、西横路和新亭路。

166

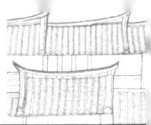

其中八二三西路主街全长约 590 米，两侧房屋共有 259 间，总建筑面积 4.3 万平方米。

据《永春县志》记载：民国九年（1920 年）邑人王荣光掌管本县军政大权，倡令拆城墙，开公路，建街道。街道两旁建造骑楼式店屋，北面的店屋建在旧城墙内，南面店屋系建在卫城坝上。1917 年五里街失火，1920 年拆除了旧街，扩宽道路，（现"八二三"西路）两侧建造骑楼式二层或三层店屋，进深 15 米至 20 米。1929 年进行扩建，五里街从开始的单一文化街转向文化、商业并行。这些骑楼代表了闽南地区土木结构骑楼的早期发展。

五里街镇的亚热带季风气候，对建筑的设计和街区的布局有着直接影响。五里街采用骑楼街屋的结构，底层的柱廊形成人行空间，路面平坦，两侧相对宽敞，可以通汽车，形成骑楼街道。底层空间的通透性设计，可以适应炎热潮湿的当地气候。五里街呈带状，街道呈弧线。骑楼开间较小，带夹层和阁楼，是街巷常见的建筑类型，带有地域性特色。

五里街骑楼底层可分为商铺式和住家式，有的底层是商铺，有的是住宅相互混杂。还有一种是前面沿着街市，后面挨着溪岸，临街设店的，这种形式便于水上货物运输。五里街的骑楼带有闽南乡镇建筑的特点，底层平时作为待客和起居的客厅，空间灵活，也适合墟市和商业活动，是商铺和住家合一的多功能建筑（图 6.1）。

图 6.1 五里街

（图片来源：自摄）

（2）一都黄坂古街

黄坂古街位于永春县最西部的一都镇，是三市四县的边陲重镇。黄坂古街至今已有 280 多年的历史，不仅是泉州、三明、龙岩的交界，也是古代商人往来的交通要道，更是朱德红军历史足迹的见证地。

黄坂古街始建于清代雍正十二年（1734 年），其实为了加强驻防，永春州在黄坂村设立"黄坂汛"，官员和商贾接踵而来，陆续开店。黄坂街古道，街道设计巧妙，有曲有直，两旁建筑为骑楼为主，地面铺砌鹅卵石，营造出一种古朴而又典雅的氛围。

  黄板古街的楼房是土木结构的两层房屋，为闽南骑楼式风格。其立面装饰比较统一，室内装饰讲究，细节之处彰显着匠心独运。二楼留有通风口，保证室内的采光，又利于空气流通。古街的后面是溪流，为居民提供生活用水。两边的屋檐距离不到一米，形成一条阴凉的走廊，体现了古人对居住环境的深思熟虑。

  清代雍正十二年（1734 年）黄坂街的商业活动已经十分繁荣，经营的商品包括农具、粮食、食品、日用品等，如锄头、犁头、畚箕、扫把、大米、米粉、猪肉、茶油、糖果、红酒和米酒等，这些商品不仅满足了当地居民的生活需求，也反映了当时社会的经济状况和人们的生活习惯（图 6.2）。

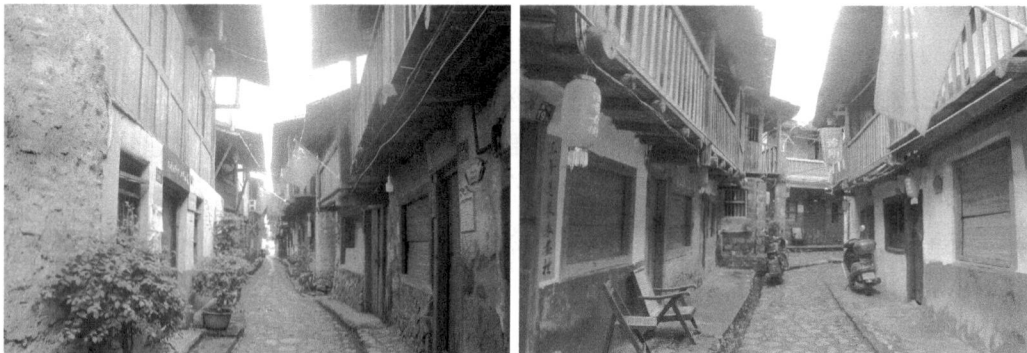

图 6.2　一都黄坂街

（图片来源：自摄）

（3）蓬壶三角街

  蓬壶镇位于永春县东半部和西半部的交界处，以其深厚的历史底蕴和繁荣的人口而著名。镇中的三角街以其"交叉型"的骑楼式建筑群，成为民国时期闽南地区集镇街区建筑的典范。

  三角街因地形和交通需要成为"三叉形"，不仅适应了地形和交通需求，也象征着聚财的吉祥寓意。向南部往达埔方向的街道称为蓬达路，向东通往苏坑镇的街道称为蓬苏路，向西北往锦斗方向的则称为蓬锦路，这三条路的设置为蓬壶镇的经济发展提供了便利（图 6.3）。

图 6.3　蓬壶三角街鸟瞰照片与手绘图

（图片来源：黄汉民供图、自制）

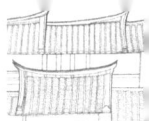

三角街是一处具有独特闽南风格的建筑群，是一个历史悠久的商贸中心，也是闽南地区文化和历史的重要载体。建筑材料按照乡土建筑的条件，采用石料、黄土、石灰和木材等乡土材料，具有地方特色。

三角街的一般店面为三层骑楼式建筑，第三层有小阳台，店口有避雨廊，门窗设计多样，有中式、西洋式等。三角街三条路口比街心高，寓意聚财，街道走向符合蓬壶的地理特色和区域发展。建筑风格融合了侨乡特色，店面设计宽敞而深邃，尺度具有相对的合理性。店面一般面宽 5.3 米，深度 18 米，高度 12 米，公巷宽度 4.7 米。店面一般是三层的骑楼建筑，三层处有阳台，便于赏景。店面的雨廊大约宽 2.7 米，用红砖砌筑支撑。

三角街的建筑规模宏大，店面数量增加至 136 间，立面壮观整齐，楼与楼之间布置公巷，便于居民通行。街道原为土路，全长 350 米，宽度 10 米，排水沟有 0.5 米，保证了街道的实用性和舒适性。三角街的楼房，前面齐平，后面对齐，转角统一，建筑风格相近。街区楼房为土木结构，以两层或三层为主。三角街占地面积大概 3 万平方米，建筑面积 1.2 万平方米。三角街的建筑不仅在结构上展现了闽南地区的建筑技艺，更在 20 世纪中后期成为蓬壶镇侨乡经济、贸易和文化中心的象征，也是蓬壶镇的地标。

6.1.2 历史与人文的交汇点

历史街区的建筑遗产承载着深厚的历史文化信息，是文明的结晶，是时代变迁的见证，为社会进步、城市建设提供历史依据和发展载体。

据《永春县志》记载：宋代"晋江东溪从泉州至石鼓潭可通舟楫"，那时行舟码头是商船靠岸装卸山、海货物的地方，五里街成为当年货物交换的集散地。《永春县志》记载，"清同治元年（1864 年），建丰岑头街"。五里街的街道宽度 2 米至 3 米，用卵石铺成地面，至今保留古街建筑和卵石铺路的风貌。

1918 年漳州古城开始大规模建造，带动闽南地区骑楼的迅速发展。五里街的骑楼始建于 1920 年代，早于泉州其他各乡镇，历史悠久。骑楼的设计便于山货和海产的交易，也丰富了商业文化。

五里街建筑受到南洋华侨和新加坡骑楼的影响，融合了西方的建筑式样与本土的材料和工艺。五里街物质文化丰富，还包含了非物质文化遗产，如白鹤拳、茶文化和纸织画等，这些文化元素为街区增添了独特的魅力。

与五里街相似，军兜村也是历史上蓬壶的山、海货物交流的市场，清雍正十二年（1734 年）官方在此设立驿站。军兜街在民国时期已经有土木结构的店面 48 间，路面宽 2.3 米，总长 300 米，主要经营的货物有土纸、笋干、染料和建材等。

吾峰剧头铺街在吾峰镇吾中村，可以追溯到宋代，作为永春和德化的交通要塞，在宋代时吾中村设立了驿站。剧头铺古街有 200 米，宽度 2 米左右，卵石铺砌，历史街区，不仅是历史见证，也是地域发展的体现。

6.1.3 街巷体系

五里街历史街区的街道空间呈带状布局，街道走势呈流畅的弧线，每个街巷都有产生的背景、发展历史和承载的文化。这些街巷不仅是交通的脉络，更是地域文化与历史的载体，承载着独特的地域性特色。其中，"骑楼"以其双层结构，成为街区的标志性建筑。

在近代骑楼建设中，五里街的骑楼经过规划和统一建造，体现了现代城市规划的理念。在改造过程中，街区采用了统一的拆迁和规划政策，迅速形成了连续且整齐的街道空间。人行道的宽度设计得相对一致，底层的柱廊形成了连续的人行空间，与狭窄的旧式骑楼形成对比，街道两侧相对宽敞，路面平坦，道路宽度足以容纳汽车通行。

五里街的骑楼不仅继承了闽南乡镇骑楼的传统特点，更适应了频繁的墟市和商业活动需求。其底层空间的多功能性，使其在日常中既可以作为接待客人的客厅，也可以根据需要转变为商铺或住宅。这种商铺与住家的混合使用，体现了骑楼作为多功能型建筑的社会价值。

五里街骑楼的底层空间，根据使用需求，可分为商铺式和住家式两种。其中，新亭街的骑楼以木柱为主，结合砖砌的廊柱和西式的线脚装饰，以及拱门的设计，展现了时代的特点。这些细节不仅增强了建筑的美学表现，也反映了建筑与时代精神的呼应。

五里街的底层空间设计，特别注重通透性，以适应当地炎热潮湿的气候环境。这种设计不仅提升了居住的舒适度，也体现了建筑与自然环境和谐共生的理念。

五里街历史街区的街巷体系，以其独特的地域性特色、先进的规划理念、多功能的建筑形态，以及对气候的适应性设计，展现了闽南地区建筑艺术的深厚底蕴。这些街巷不仅是历史的见证，也是近现代社会多元生活方式的体现（图 6.4）。

图 6.4 五里街的局部影像图

（图片来源：高德地图）

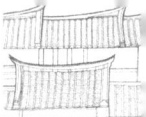

6.1.4 街区空间构成的类型与演进

五里街的骑楼布局,以其独特的空间构成形式,展现了从传统到现代的演进。"单体联排型"与"宅店分离型"骑楼的布局,是两种主要的空间构成形式。其中单体联排型在五里街占据主导地位。这种布局在材料使用上,多以砖木混合,后期采用钢筋混凝土,由前店后宅的建筑演化为商业街,反映了建筑技术的进步和对环境适应性的提升。

五里街沿街的建筑由各家自行建造,一般为2层至3层,在街道统一布局的基础上,主要是单体联排型。骑楼的单体联排型布局受到街屋的土地面积的影响和经济的限制,展现出不规则的平面布局,局部楼化的骑楼在临街的底层退缩出连续的柱廊空间,这种设计不仅统一了街道立面,也为行人提供了连贯的遮蔽空间。

五里街骑楼立面设计的面宽很窄,通常约4米,纵深较深,在20米以上,形成狭长的空间比例。五里街骑楼平面多样,有带状单元、合院式和混合式,也有两户单元互相穿插的情况。骑楼单元的形态各异,各自的开间面宽也不同,单元进深参差不齐,体现灵活与多样性。前面沿街的房间为门口厅,根据其功能,可以作为住宅的门厅,也可以作为店铺或手工坊,前店后宅形制,这种设计不仅满足了商业和居住的双重需求,也展示了建筑空间的灵活性。

五里街骑楼的空间相对开敞,围合感较弱,整体布局紧凑,庭院空间和街巷空间是与自然相融的,具备通风、采光和防火的功能。底层的廊柱空间为行人提供遮阳挡雨的便利,有利于日常购物和通行,体现了对居民日常生活的考量。

五里街骑楼生活空间比较弱化,大多取消了天井的采光,内部的采光性较差,通常在二层增设玻璃天窗以改善采光。早期的骑楼为砖木结构,两侧是砖砌或夯土墙,与邻居共用承重墙。内部安装圆木梁,铺上木楼板,形成两层或三层的空间。这种结构和材料和使用,体现了在现代建筑技术影响下的创新。

五里街骑楼的空间构成,以其灵活多样的布局、狭长的空间比例、多功能性的设计以及对采光和通风的考量,展现了传统与现代的和谐融合。这些设计满足了商业和居住的需求,也适应了地域气候和文化的特点,成为闽南地区建筑多样性和适应性的典范。

6.2 骑楼的样式特征

6.2.1 地域建筑的多样性与适应性

　　五里街骑楼建筑群以其灵活多变的空间布局而闻名，主要表现为街屋的"单体联排型"与街道统一开发的"宅店分离型"两种形式。骑楼的朝向依据地形分布，形成弧线型，据测绘的 50 间骑楼统计，其中坐西朝东的骑楼有 30 间，占 60%；坐东朝西有 14 间，占 28%；坐西南朝东北的骑楼有 7 间，占 14%。这反映了对日照和风向的精心考量。

　　骑数在平面开间上，有一开间到三开间的多种组合方式。在已测绘建筑中，一开间一进的有 30 间，占 60%；一开间二进的有 9 间，占 18%；一开间三进的 5 间，占 10%。空间的形式从规整到自由组合的形式多样，有竹筒屋式的带状单元，也有合院式、混合式的做法，两户单元也有互相穿插的。此外，还有一开间四进、两开间一进、两开间二进、两开间三进、两开间四进、三开间一进各占 2%，可见内部空间的灵活性和对不同功能需求的适应性。

　　五里街骑楼建筑平面形态具有多样化的特点，在统计的 50 个店面中，长条形的 16 间，占 32%；长条不规则的 11 间，占 22%；不规则的 5 间，占 10%；L 形的 4 间，占 8%；四边形的 2 间，占 4%；梯形的 10 间，占 20%。可见，长条形、长条不规则和梯形是街区店面的主要形态（图 6.5），与街区的弧线的走向相协调，形成了和谐的城市肌理。

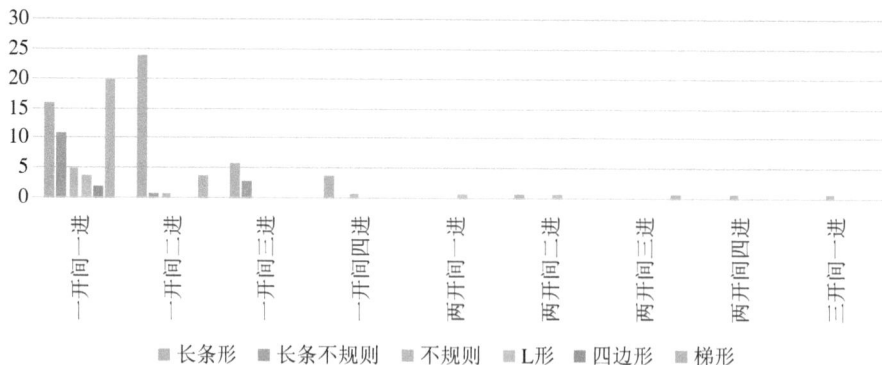

图 6.5　五里街测绘 50 间的建筑类型

（图片来源：自制）

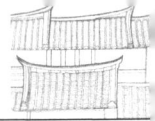

表 6.1 部分测绘建筑平面和剖面分析

类型	间	比例/%	平面形态	间	比例/%	特征	图片
1 一开间一进	30	60	四边形	2	4		
2 一开间二进	9	18	长条形	16	32		
3 一开间三进	5	10	长条形				
4 一开间四进	1	2	长条形 不规则	11	22		

续表

	类型	间	比例/%	平面形态	间	比例/%	特征	图片
5	两开间一进 （210、212 号）	1	2	L 形	4	8		
6	两开间二进 （206、208 号）	1	2					
7	两开间三进 （95、97 号）	1	2	梯形	10	20		
8	两开间四进 （119 号）	1	2	不规则	5	10		
9	三开间一进 （183、185 号）	1	2					

（图片来源：根据资料自绘）

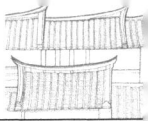

　　五里街骑楼在建筑面积、占地面积和长度方面，差别比较大，长度在 5 米到 24 米之间，宽度在 3 米到 9 米之间，骑楼平面形态呈现多样化和灵活性。据测绘的 50 间骑楼统计，店面建筑面积最大的有 442.98 平方米，面积最小的有 37.37 平方米，平均面积 155 平方米，平均占地面积 76.96 平方米。长度最长的有 24.7 米，最短的有 5.4 米，平均长度是 14.8 米。宽度最宽 11 米，最窄 2.9 米，平均宽度是 5.1 米，长宽比例中，最大的为 5.88，最小的为 1.14，长宽比例均值是 2.87。骑楼的平面基地大小不一、开间面宽不同，单元进深参差不齐，形态各异、布局不同，体现不同的设计尺度。

　　五里街骑楼的功能性设计体现在庭院空间和街巷空间的通风、采光和防火的功能。底层的廊柱空间方便遮阳挡雨，也有利于店铺经营。骑楼的后部通常用作货物贮藏，而灶间与厕所多设在最后，后侧设有后门，与居住空间的出入口和巷道相通，体现了对居住与商业活动的细致考量。骑楼店宅结合，兼顾商业经营和居住功能。

　　室内空间中，楼梯的数量和分布灵活。据测绘的 50 间骑楼中，单户中有 1 个楼梯的有 42 户，占 82%；有 2 个楼梯的有 8 户，占 16%；有 3 个楼梯的有 1 户，占 2%。楼梯分布中，在中部的有 19 个，占 38%；在后部的有 17 个，占 34%；在中后部的有 10 个，占 20%；在前中部的有 3 个，占 6%。根据居民的需要设置楼梯的数量和分布，体现了对空间利用的精细设计。

　　五里街骑楼的空间布局和设计特点，不仅体现了地域建筑的传统与创新，也展示了对自然环境和社会需求的深刻理解。其多样化的形态、灵活的空间利用和功能性设计，使其成为闽南地区建筑多样性和适应性的典范，展现了地域文化与现代生活方式的和谐共生。

6.2.2　建筑立面样式和材料

　　五里街骑楼的立面样式是中西文化交融的生动体现。由南到北骑楼建筑在中国各地逐渐扩展，展现了不同地域的建筑特色与文化融合。闽南地区的骑楼在保持着一定的相似性的同时，也在建筑规模、材料构造和造型特点上展现出独特的地方性和差异性。

　　五里街的骑楼包含木骑楼、南洋骑楼、洋楼和古厝式，多样性特征明显。五里街街道空间体现商业形制和地域性特征。五里街骑楼的建筑材料以砖木或是砖混结构为主，土木砖柱使用较多，展现了材料与工艺的多元统一。

　　骑楼的功能布局与立面形式相对统一。店屋通常采用为下店上宅的形式，一至两开间为主，以穿斗式的木构架承重。五里街骑楼传承了闽南早期骑楼的特点，也融合了外来的建筑元素和本土需求，体现了历史背景下的交融与发展。

　　五里街立面临街，采用临街界面的营造方式，坡屋顶设计开间的尺寸较小。五里街骑楼的立面开窗面积相对较小，以梁柱的体系代替拱廊，内部较长。店面注重檐廊空间和门楣的处理，檐部落柱和门面的装饰加以突显。建筑采用坡屋顶，据测绘统计，建筑前低后高，平均高度为8.66米，前后檐较低，前檐平均高度为6.55米，尺度更亲切宜人。店铺的高度普遍高于住宅，在建筑的一层、檐口、阳台、窗间墙、立柱等部位采用红砖装饰。街区的骑楼多为两层或三层，据测绘的50间骑楼中，三层比例占56%，两层比例占44%，平均层数是2.56层。二层的廊柱出挑支撑屋檐，增加了立面的层次，二层的高度具有很大的灵活性，平均高度是2.97米。多种材料和工艺的结合，在比例、构图和细部上丰富了建筑立面形象和古街的风貌。立面的三段式分隔：屋顶、楼部、廊部，进一步增强了立面的视觉效果。

在立面装饰上，五里街骑楼采用了砖造技艺在承重柱、墙体以及半圆拱券门上，为宽缝砌筑与细缝砌筑并存的方式。建筑立面上，材料、工艺形成多元统一的街区立面效果。建筑立面形式和材料运用当地的建筑元素，如阳台、木制百叶窗；西方元素主要有柱式运用气窗、屋顶、托底座和灰雕。应对炎热的气候，阳台提供乘凉和社交空间，丰富了立面的形态。木雕工艺在建筑中多有体现，如门窗木雕、斗拱随枋等，增添了立面的艺术性和文化内涵（图6.6至图6.7）。

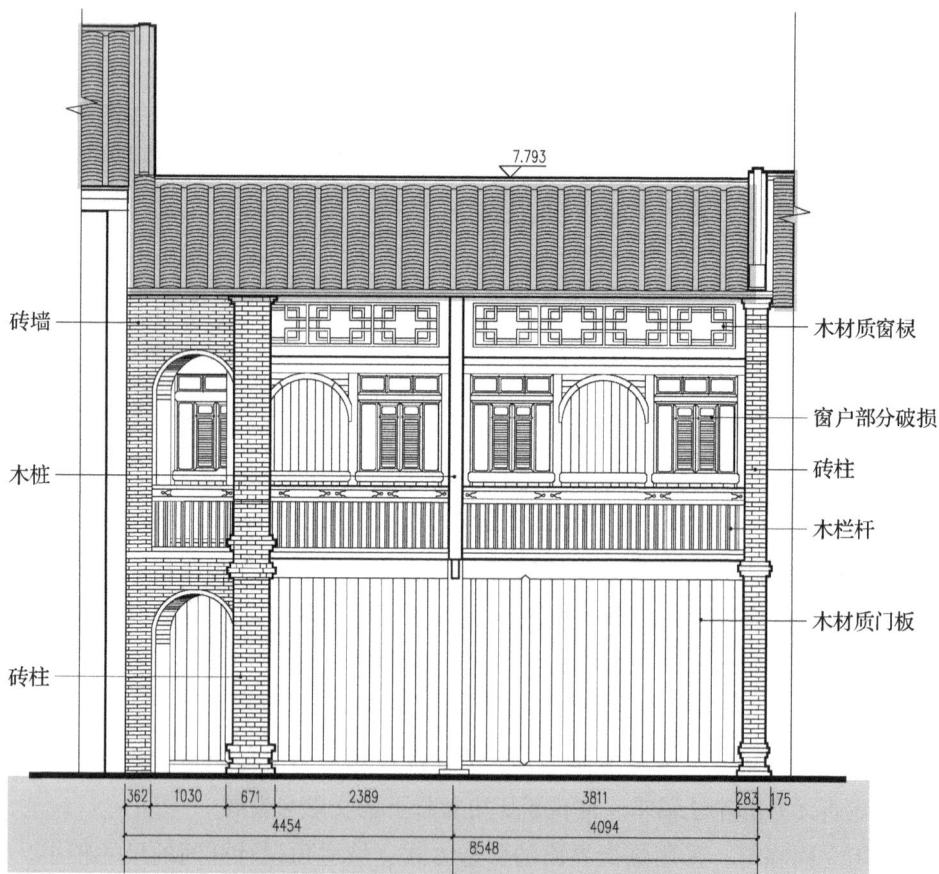

图6.6　八二三西路95号、97号立面图

（图片来源：永春县第一批历史建筑测绘图集，厦门大学建筑与土木工程学院）

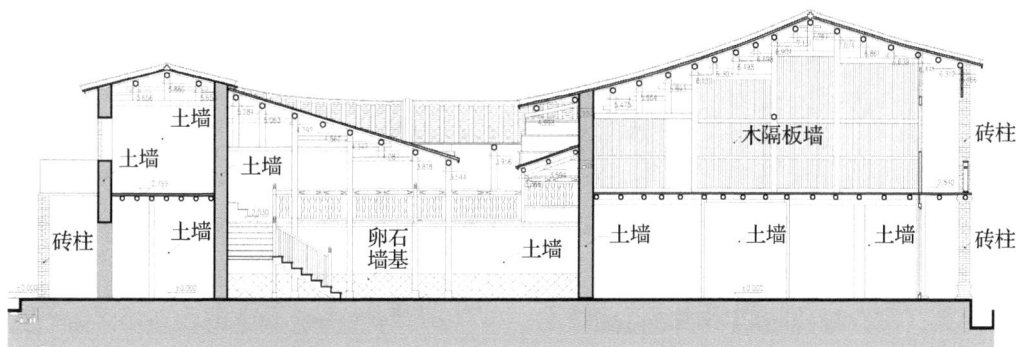

图6.7 八二三西路95号、97号1-1剖面图

(图片来源：永春县第一批历史建筑测绘图集，厦门大学建筑与土木工程学院)

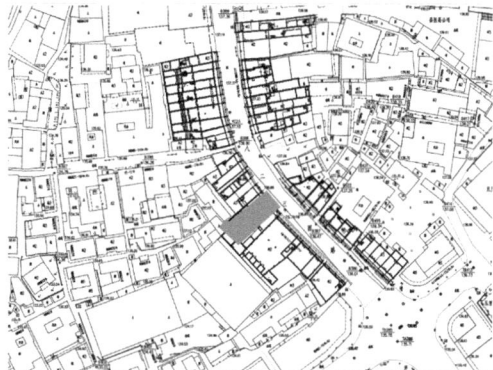

五里街骑楼的立面样式和材料，是闽南地区建筑多样性和适应性的体现。立面的设计不仅考虑了功能和美学的需要，也反映了中西文化的交融和地方特色的传承。通过立面的开窗、装饰、高度和比例的精心设计，五里街骑楼成为了地域建筑的典范。

（1）屋顶形式的地域性差异

闽南的骑楼屋顶样式丰富多样，五里街的屋顶与广东城镇骑楼、漳州和泉州骑楼在材料、构造上不同。五里街的屋顶设计更接近内陆的龙岩骑楼，采用青瓦、土坯墙等山区建筑材料，屋顶是悬山形式，有一定的出檐，能防止日晒雨淋。五里街骑楼的坡屋顶的高度不一，从最高的3.5米到最低的1.2米，平均高度是2.07米。这种高度的变化为建筑带来了丰富的视觉效果，同时也适应了不同的建筑功能和空间需求。青瓦的屋面顺着坡度高低错落，展现灵活多样的建筑形态（图6.8至图6.13）。屋顶的设计不仅考虑了功能性和美学需求，也反映了对当地气候和环境的深刻理解。

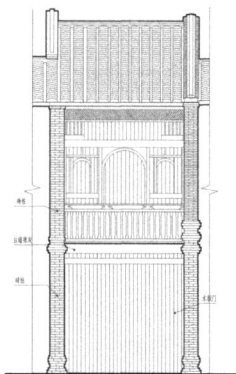

图6.8 八二三西路103号

(图片来源：永春县第一批历史建筑测绘图集，厦门大学建筑与土木工程学院)

图6.9 八二三西路95号、97号及周边

(图片来源：永春县第一批历史建筑测绘图集，厦门大学建筑与土木工程学院)

177

图 6.10　五里街 181 号位置

（图片来源：永春县第一批历史建筑测绘图集，
厦门大学建筑与土木工程学院）

图 6.11　五里街 187 号平面图

（图片来源：永春县第一批历史建筑测绘图集，
厦门大学建筑与土木工程学院）

图 6.12　五里街 189 号位置

（图片来源：永春县第一批历史建筑测绘图集，
厦门大学建筑与土木工程学院）

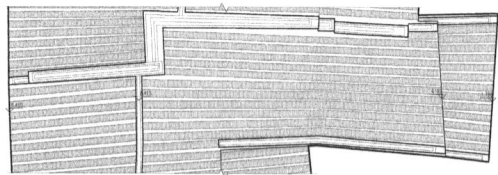

图 6.13　八二三西路 181 号屋顶平面图

（图片来源：永春县第一批历史建筑测绘图集，
厦门大学建筑与土木工程学院）

（2）墙体结构的多样性与承重特性

五里街骑楼的建筑主体是砖木结构，侧面墙体以夯土墙、砖墙和木板墙体等多种材料，这些不仅作为承重墙，也构成了立面的视觉基础。建筑的面宽在 5 米左右，而进深达差距较大，层高多为两层。这样的尺寸比例赋予了骑楼独特的空间感和视觉比例。

骑楼临街商业建筑开间小，进深大。底层的通透柱廊和顶上封闭的实体墙面形成对比。骑楼的立面装饰以其独特性著称，早期骑楼立面高低不齐，开间大小不同，底层的店铺经常作为待客、起居等，具有多功能的特点。

五里街骑楼的门面设计统一对齐，立面以门窗为中心基本对称，造型丰富多样，形成连续而和谐的街景。骑楼建筑在材料上使用了西式的水泥、混凝土和钢筋等材料，用于梁柱结构处。五里街立面墙体主要有木板墙、红砖墙和抹灰墙等。

骑楼立面的门窗大多采用木材，形态有半圆拱、方形和多边形等。底层的沿街店面采用木板门，通常是由六块木板构成，可拆卸。而对于纯居住功能的骑楼底层，则多用红砖拱门和木制的门板。木材的大量使用，不仅体现了闽南山区木骑楼的特征，

也通过材料的自然质感和变化，塑造庄重、温馨的街区氛围。

五里街骑楼的立面构成采用经典的三段式设计，上部为屋顶或女儿墙，中部为楼面阳台，柱和窗的局部设计也得以体现。中式装饰的简洁抽象手法与西式装饰的精致细节相互搭配，创造出既有传统韵味又不失现代感的建筑风貌。

（3）多样的阳台

阳台是建筑立面的重要组成部分，对五里街骑楼的风貌产生了显著影响。二层阳台栏杆通常被横向分为三段，每段以红砖分隔，如表6.2所示。骑楼的阳台有两种做法：退进式和紧贴墙面的。退进的阳台进深不大，通常不超过底层骑廊。紧贴立面墙体的做法一般是装饰功能，如砖的花式砌筑、木雕栏杆、琉璃砖的使用、宝瓶栏杆和混凝土栏杆。骑楼阳台栏杆样式丰富，一方面体现匠师对建筑材料、砌筑工艺、施工技术与效果的探索，另一方面也激发了多种建筑材料结合使用的可能性，如木材、夯土、红砖和水泥等墙面材料和局部材料的结合。建筑立面设计体现上繁下简，也衬托建筑的稳重和大气。

表6.2　二层墙裙（阳台）的材料和式样

材料	个数	比例/%	材料与式样
木栏杆	15	30	
红砖拼砌	10	20	
木质拼版纹	17	30	
琉璃瓶	2	4	
灰塑框线	6	12	

五里街骑楼的阳台不仅是建筑立面的装饰元素，也是连接室内外空间、增强建筑与环境互动的重要媒介。阳台设计，以其精致的栏杆分段、多样的空间布局、丰富的样式选择以及创新的材料结合，展现了建筑的美学追求和功能性考量。

（4）门窗样式和材料

门窗作为立面的视线焦点，占有明显的优势。门窗在五里街立面设计中扮演着至关重要的角色。五里街骑楼底层基本使用可以拆卸的联扇竖板门和窗户。传统的竖板门铺面由竖条的木板拼合，售货或是进货的时候将竖板全部拆下。店铺向着街道开放，售货柜台临街放置，多数的交易活动可以在廊柱内直接完成，非常方便。这种设计特别适用于大件货物的商铺经营米面、木材等，充分展现了商业空间的开放性和便利性。作为居住用途的骑楼一层常用隔扇门，既能遮挡外面的视线，保证居住空间的私密性，又确保良好的通风效果，体现了对居住者生活品质的细致入微的考虑。

五里街骑楼二层的外墙处理手法多样，从木板外墙到白色编竹墙外抹灰，再到抹黄泥的编竹墙。这些不同的材料和工艺不仅丰富了建筑的立面表现，也反映了地域建筑的特色和创新。

窗户是骑楼立面的主要构成元素。周边乡镇的传统街道还有"窗户柜"，售货的空间较小，多卖零食和百货等。五里街骑楼的临街窗户类型多样，窗户的形状设计有连扇的大窗、对称的双窗、百叶窗、方形组合窗、拱形组合窗和玻璃窗等。立面窗户有石材和木材等自然材料。从形态上看分为方形木窗、拱形木窗、圆窗、八角窗和六角窗等。拱形组合窗中间为拱形，两侧有方形和三角形等形式，使街区立面丰富多样，整体和谐。这些设计不仅丰富了立面的视觉效果，也体现了对建筑美学的深入探索。骑楼门窗的装饰体现了永春民居传统木工艺历史久远，如表6.3所示。

表6.3 窗户的形态和比例表

类型	个数	比例/%	测绘	类型	个数	比例/%	测绘
石材窗	2	4		拱形西式窗	2	4	
方形木窗	20	40		八角形窗	4	8	

类型	个数	比例/%	测绘	类型	个数	比例/%	测绘
拱形木窗	13	26		六角形窗	1	2	
圆窗和拱形窗	4	8		梅花窗	1	2	
拱形扇形窗	2	4		椭圆形窗	1	2	

　　五里街建筑西式的结构主要体现在砖柱的运用、门窗和琉璃瓶构件。五里街骑楼的门窗设计，以其商业功能性、居住私密性、立面构成的多样性和材料的丰富性，展现了建筑的美学追求和对细节的精心打磨。门窗不仅是建筑与外界交互的媒介，也是街区文化和工艺传统的展现窗口。

　　五里街骑楼的建筑细节，从西式的结构到传统砖柱的砌筑方式，再到木质拱券门与方窗的组合，无不体现出建筑本体的精致印象和独特氛围。五里街保持了整体风格的一致性，同时有实力的业主运用西方的建筑材料进行室内装饰，室外的立面则采用石材、砖和木材等，结合建筑的结构和风格，形成独特的建筑风格。

　　（5）红砖立面柱

　　五里街骑楼底层的外廊采用红砖的方柱，朴素典雅，这些砖柱用糯米浆勾缝，使砖缝紧密与坚固，采用传统工艺精制而成。红砖柱使用两层砖，叠涩出挑成的线脚，上方使用木材作为横梁，支撑二楼的楼板。

　　五里街的饰面材料，包括有砖材、木材和陶瓦等，体现建筑独特的地域性。建筑选择材料时，业主考虑工程造价，选择以当地的木材、夯土、砖瓦和卵石为主，局部运用栏杆和琉璃砖，丰富的墙面的表现力，塑造了地域建筑特色。红砖立柱具有整体性，被广泛应用，与门窗等其他建筑元素共同营造整体的效果。

6.3 骑楼的细部特征

6.3.1 传统建筑文化因子

近代骑楼起源于新加坡，是对当地气候的应对之策。闽南地区春季气候多变，降雨量大和夏季炎热多雨，骑楼的外廊式设计显得至关重要，需要保护行人免受日晒雨淋。五里街的木骑楼作为闽南山区的典型代表，其造型和比例尺度上没有严格限制，更多地体现了本地工匠的传统建造手法。

（1）地域材料和工艺

五里街的商贸建筑逐渐从传统材料和结构中解脱出来，将木材、红砖、石逐渐与混凝土、琉璃等新材料相结合。材料的多样性不仅对城市风貌的影响明显，也确立了五里街的商贸建筑在当时城市天际线中的显著地位。五里街传统建筑材料在当时被认为是高品质的，但与现代工艺相比，其性能和品质标准仍有提升的空间。

五里街骑楼的外表皮，由砖材、木材和陶瓦为主，这些材料的选择和应用体现地域特性。业主在选择建筑材料上，除了追求立意，还要考虑工程造价和成本，而本地材料的应用恰好满足其需求。木材、夯土、砖瓦和卵石等地方材料，与西方风格的栏杆和琉璃砖构成生动的墙面，创造出独特的地域建筑空间氛围。

五里街骑楼的木工工艺和装饰性特征对周边其他乡镇的街区建筑产生了影响。通过木材的肌理、多种材料的拼接以及装饰性的砌筑手法等，体现材料的表面特性、比例和韵律，形成街区的美学特征。历史街区的建筑外部构件注重细节雕琢，如石雕、砖雕、木雕和栏杆等，承载着近代文化，也构成了闽南特有的历史街区景观。

色彩是历史街区的重要特色之一，在大面积的青灰色瓦的衬托下，木构件显得自然朴实，形成灰色、木色、白色和暗红等色彩的结合，形成了街区基本色调，为人们提供了一种静谧的视觉体验。

五里街的骑楼采用木梁承重，以穿斗式结构为主，结合砖砌廊柱和西式线脚，以及编竹泥墙的外墙，底层空间保持了良好的通透性，适应了当地气候。建筑立面采用木材，楼板也是木材，整体朴素，展现了材质特征。同时，受到庙宇、祠堂和民居的影响，五里街建筑的房架、檩、柱、梁、门窗、隔扇等都体现了地域传统建筑的材料和工艺（如图6.14至图6.16）。五里街等历史街区在空间设计上，通过转弯、交汇或节点空间的布局，以及立面轮廓线的起伏变化，形成了抑扬顿挫的景观序列。

图 6.14 八二三西路 187 号总平面图

（图片来源：永春县第一批历史建筑测绘图集，

厦门大学建筑与土木工程学院）

图 6.15 五里街骑楼立面照片

（图片来源：自摄）

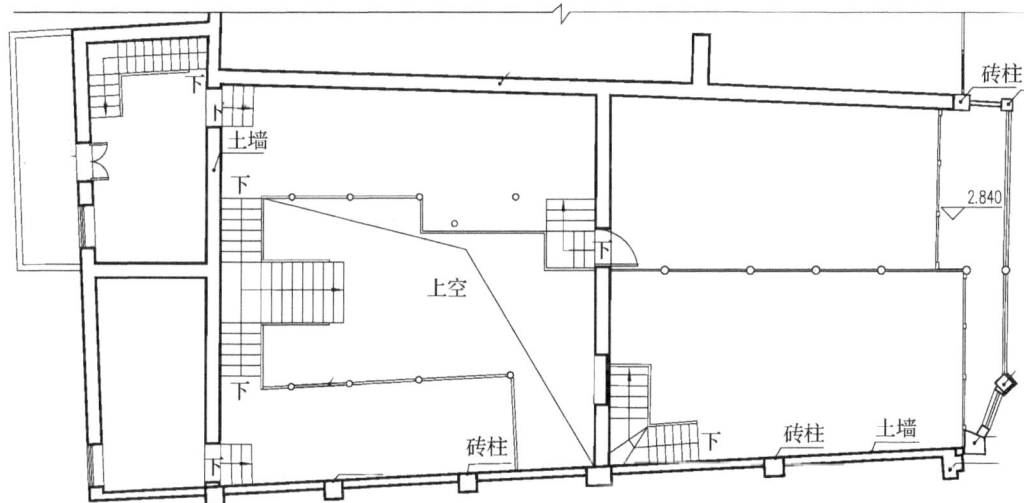

图 6.16 八二三西路 95 号、97 号平面图

（图片来源：永春县第一批历史建筑测绘图集，厦门大学建筑与土木工程学院）

（2）政府政策与商民的博弈

骑楼的建设不仅是建筑实践的体现，更是城市规划和社会政策相互作用的产物。骑楼的建设象征着近代城市改良运动的关键阶段。20 世纪 20 年代，永春骑楼的建设、发展与城镇的发展尤其是商业街巷的发展，有着密切联系。骑楼的引入标志着对街道市容的一次改造，在人口密集的旧城区，骑楼的形式设计，激发了商业活力，街道建设的规模适应了多样化商业经营的需求。五里街的建筑立面与环境融合，建筑材料的运用在整体性和丰富性上达到平衡，实现了建筑风貌和谐统一。

五里街骑楼采用了红砖、木材和混凝土的运用，与传统建筑风貌有很大的差别，骑楼的建筑实践展示了如何在尊重传统的同时，融入现代材料和技术，创造出具有时代特色的城市空间。

6.3.2 西方建筑文化的影响

五里街历史街区是由两侧连续的建筑界面构成的线性空间，街区内店铺种类多样，按一定的秩序排列。这些建筑由两层或三层的结构，建筑高度与街区宽度保持比例和谐，尺寸适宜，平衡的状态。

（1）骑楼建筑的多功能性与适应性

骑楼便于遮风挡雨、防日晒，还营造凉爽的环境。骑楼作为西方建筑和我国南方传统建筑的演变形式，适应商业需求，改善生活环境。骑楼的底层作为商铺，楼上作为居住空间，方便顾客购买商品，也满足商用和居住功能。

住宅具有商住两用的特点，骑楼沿街巷排列，形成了连续的商业街道。五里街的骑楼受到广东潮汕外廊骑楼的影响，另一方面传承了闽南传统店屋的形式。五里街骑楼在设计上注重对地域传统建筑的传承。骑楼商业街的居民在小面宽、大纵深的条件下，满足了商业的功能。内部生活空间通过深井，创造相对理想的居住环境。建筑功能从单一向多样复杂转变，有的侧重住宅，有的侧重商业，建筑的商贸特征明显。建筑功能的增加和变化，造成骑楼式样的差异。

（2）西方建筑装饰的元素

五里街的商铺和建筑装饰突出了商业街的特性，同时也体现了平民化的市井风俗。传统木构架形式底层通透，二层门扇种类繁多，样式丰富。大多数建筑都设有前廊，不仅便于观看街景，感受户外的气候，也体现了传统商业建筑与道路之间的密切关系。

（3）华侨文化的影响

五里街建筑受到了南洋华侨和新加坡骑楼的影响，这些建筑是闽南近代早期骑楼的代表。华侨将西方的建筑式样和技术与本土的材料和工艺结合，创造中西结合的新式建筑。这些建筑在形式上继承了传统的聚居模式，以家庭为单元的独立院落式居住方式，是特定地域和时代条件下的产物。

随着社会生产力的提高，城市经济的繁荣，居民数量增加，对住宅的需求量增大，在居民大量聚居的地带，住宅密度比较大。骑楼体现海外文化的影响，创造了在有限的建筑用地内经济且实用的空间范例。

6.3.3 构筑技术形态

（1）传统构筑技术的地域性融合

五里街街区的建筑布局沿道路走向展开，店铺沿街整齐排列，而背离道路一侧长短不一，面积差异比较大，这体现了建筑布局统一性和自由性的结合（图6.17）。五里街的街道空间在商业形制和地域性特征上得到了充分的体现。

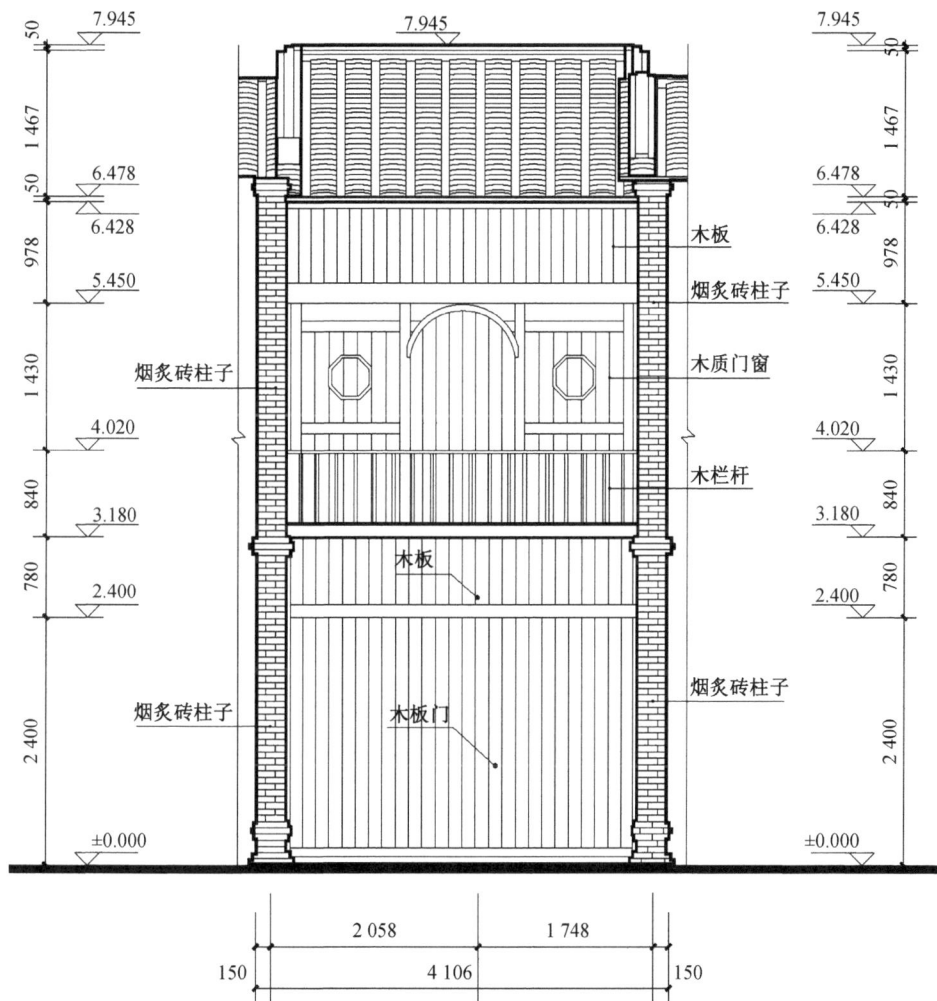

图 6.17　八二三西路 99 号（立面图）

（图片来源：永春县第一批历史建筑测绘图集，厦门大学建筑与土木工程学院）

（2）骑楼建筑的构造技艺

五里街西式的结构主要体现在砖柱、拱门、西式的门窗和琉璃瓶构件等的运用。其立面的承重柱、墙体以及半圆拱券门的砌筑手法，体现了传统工艺与现代设计的融合，宽缝砌筑与细缝砌筑的并存，不仅增强了建筑的结构稳定性，也丰富了立面的视觉效果，体现了建筑美学与结构工程的统一。

在材料的应用上，五里街骑楼采用了红砖、木材和混凝土等材料，这些材料的选择和创新使用，与传统建筑相比，展现了显著的差异。此外，五里街骑楼的建筑实践还展示了如何在尊重传统的同时，融入现代材料和技术。这种融合不仅体现在材料的使用上，还体现在建筑的空间布局和功能设计上（图6.18）。

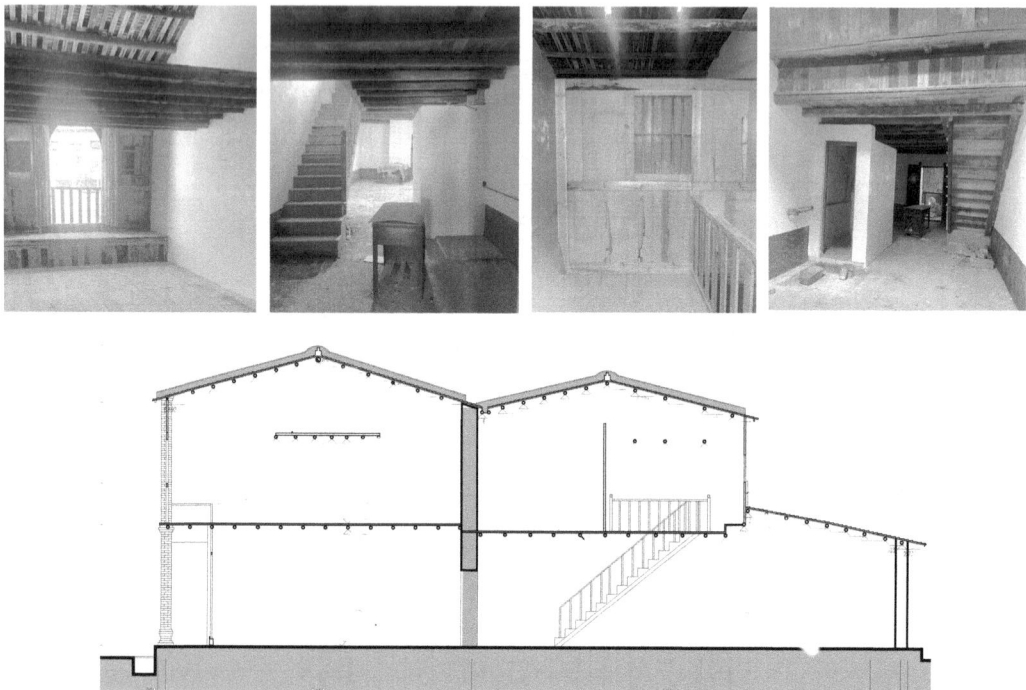

图6.18　西路99号室内布局和剖面图

（图片来源：永春县第一批历史建筑测绘图集，厦门大学建筑与土木工程学院）

在建筑装饰方面，五里街骑楼的立面设计上与环境实现了和谐融合，通过精心选择和应用材料，达到了整体性与丰富性的平衡。五里街骑楼的建筑构造技艺体现了对传统建筑文化的传承与创新，通过对材料、结构和空间的精心设计，创造出既具有历史韵味又符合现代需求的建筑作品（图6.19）。

五里街的建筑细节构成了建筑本体，保证了整体风格的一致性。室外的立面采用石材、砖、木材等材料，结合建筑的结构和风格，形成风格统一、变化丰富的建筑特点，室内空间布局灵活适应。如八二三西路99号为砖木结构建筑，骑楼沿用传统砌筑方式。窗扇则是采用木质拱券门与木质方窗的组合方式，立面木构精细。图6.20至图6.24分别是八二三西路99号、101号、162号、95号、177号、125号的剖面图和室内照片。

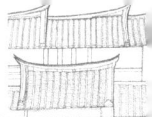

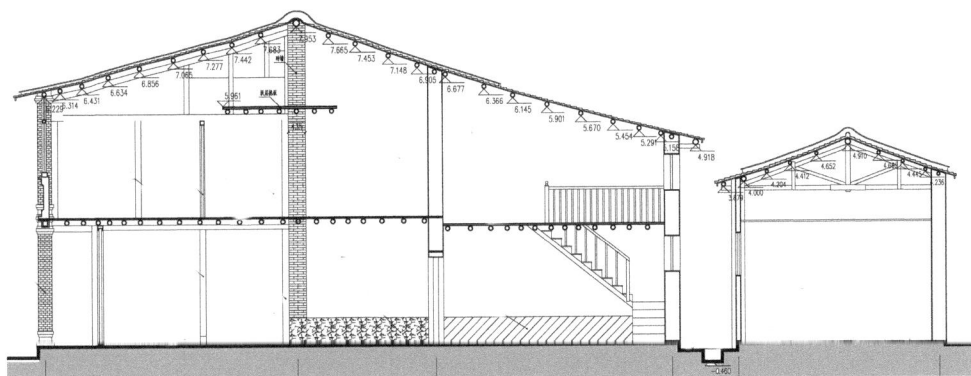

图 6.19　八二三西路 117 号室内

（图片来源：永春县第一批历史建筑测绘图集，厦门大学建筑与土木工程学院）

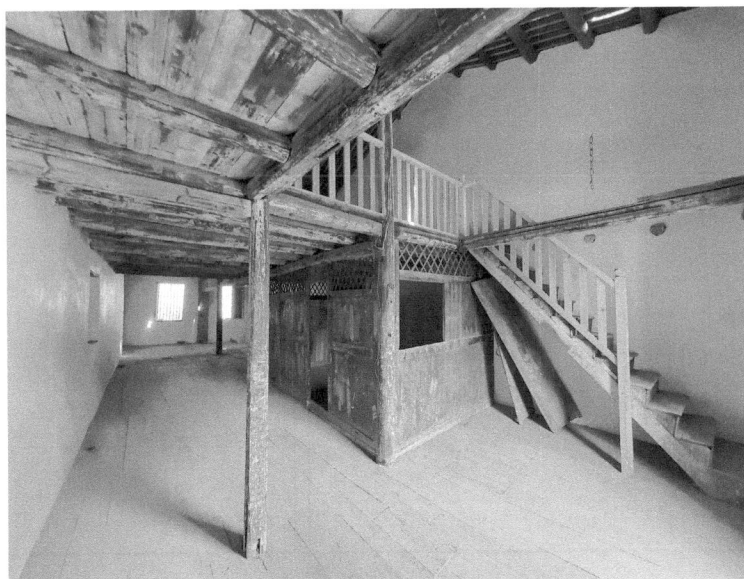

图 6.20　八二三西路 230 号二层内部

（图片来源：自摄）

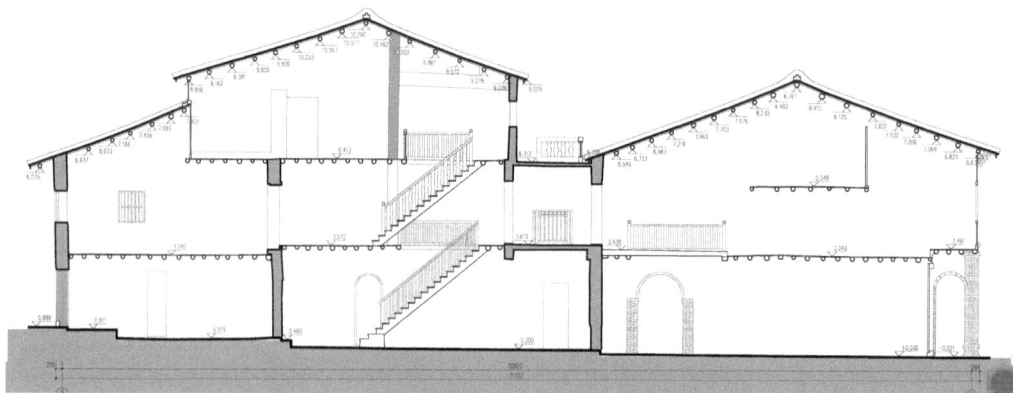

图 6.21　八二三西路 162 号（室内图与剖面图）

（图片来源：永春县第一批历史建筑测绘图集，厦门大学建筑与土木工程学院）

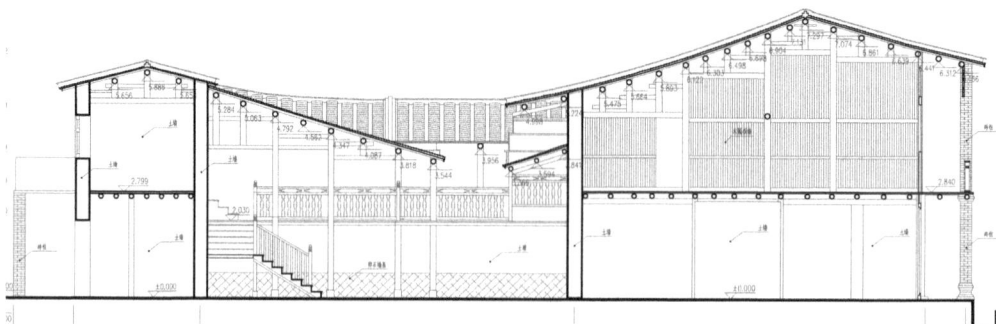

图 6.22　八二三西路 95 号、97 号室内与剖面图

（图片来源：永春县第一批历史建筑测绘图集，厦门大学建筑与土木工程学院）

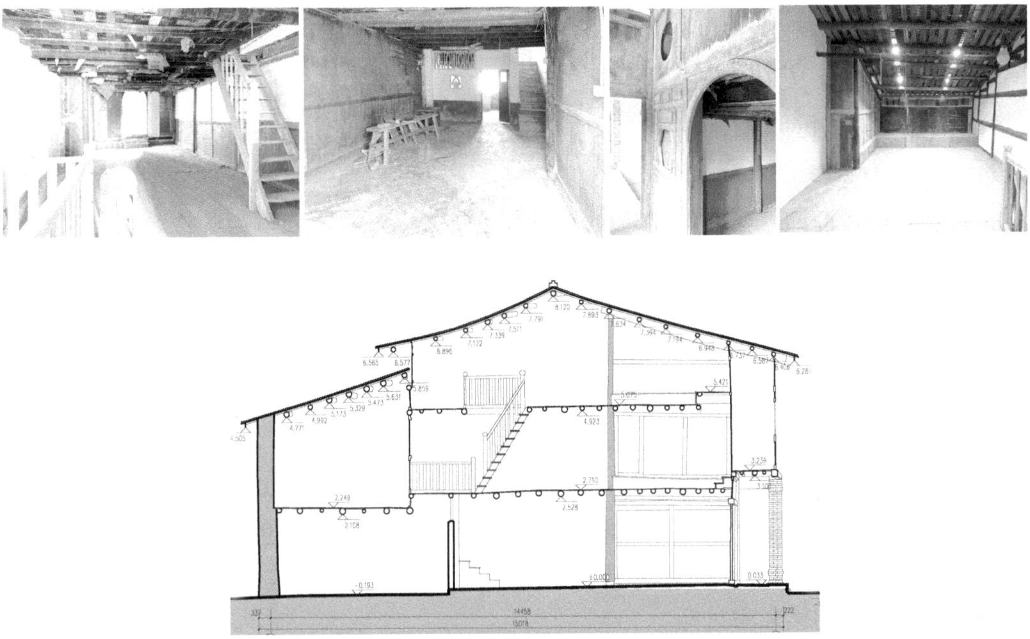

图 6.23　八二三西路 177 号室内与剖面图

（图片来源：永春县第一批历史建筑测绘图集，厦门大学建筑与土木工程学院）

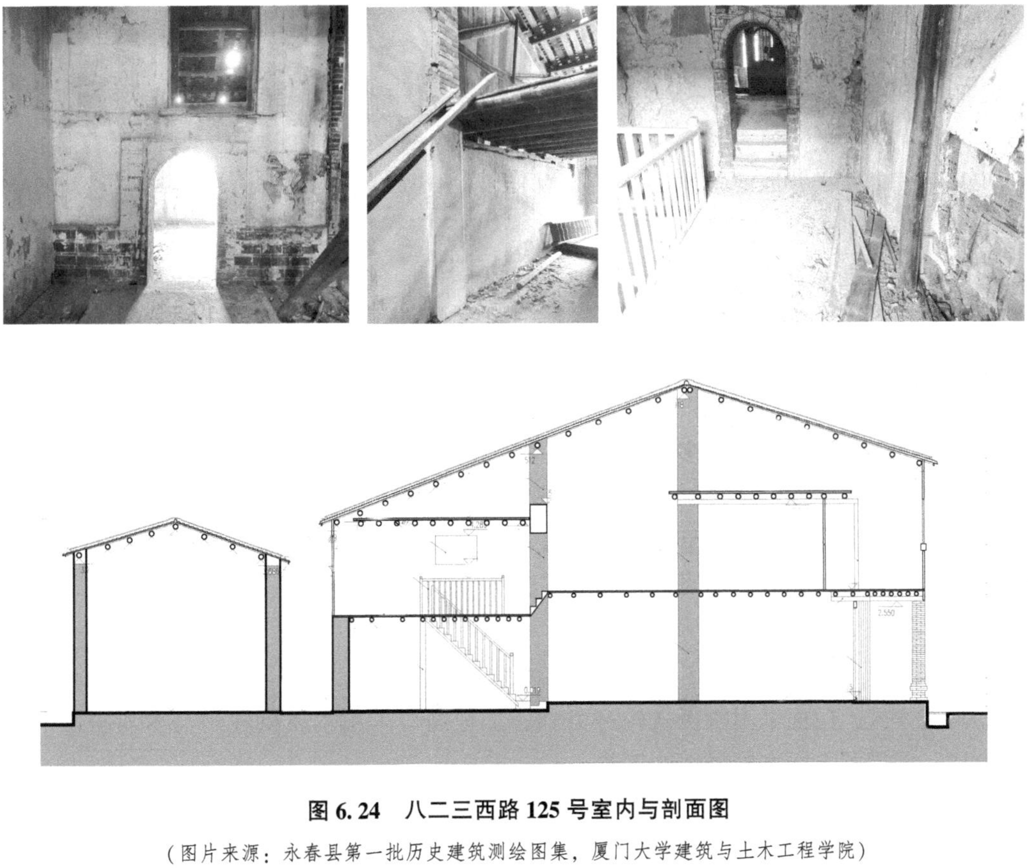

图 6.24　八二三西路 125 号室内与剖面图

（图片来源：永春县第一批历史建筑测绘图集，厦门大学建筑与土木工程学院）

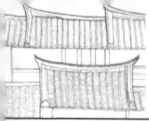

6.3.4　民俗文化与建筑融合

五里街作为闽南地区的历史交通枢纽，见证了海丝贸易的繁荣，五里古街尽头的许港是"海上丝绸之路"的起点。五里街的"十三碣""海客巷""七境十三柱"以及树南山庄、骑楼商铺等地标性建筑，展现了地域文化风貌。五里街骑楼与民俗文化密切相关，人们把价值观融入建筑中。

五里街的古街修复改造工程，保护了具有百年历史的闽南风格骑楼建筑群，还积极融入了非物质文化遗产。永春木雕工艺是当地传统工艺之一，对五里街骑楼建筑有着显著的影响。五里街骑楼的设计和装饰融入了木雕工艺，木雕细节增添了建筑的美观性，也反映了当地工艺水平和文化特色。

石雕对五里街的建筑有着显著的影响。石雕被广泛用于五里街建筑的装饰，如门窗、梁柱、墙面等部位，这些石雕装饰不仅美化了建筑外观，也展示了永春石雕工艺的精细性。在一些骑楼建筑中，石雕不仅用于装饰，还作为建筑结构的石柱和石梁等，增强了建筑的稳固性和耐久性。

永春的非物质文化遗产在建筑形态上的体现，包括对传统建筑的保护和修复。木雕工艺和石雕工艺通过对骑楼的修复与保护，工艺得以发扬光大。非物质文化遗产为当地的建筑赋予了独特的文化内涵和历史价值。

6.3.5　五里街的建筑分析

五里街骑楼的建筑具有多样性，沿街立面以木材构成，使用红砖、夯土和石材等。五里街还借鉴了一些西式风貌，这与永春地区的历史文化、自然气候、乡土材料等密切相关，反映了五里街在建筑上的多元融合。

（1）建筑立面的丰富性与文化传承

五里街的建筑群具有典型的民国时期闽南骑楼风格特色，承载了丰富的历史文化。五里街骑楼建筑立面装饰既有西式造型，也有中西结合的"洋式店面"，融合了中西方的元素，展现了不同文化背景下的审美特点和建筑技艺（图6.25至图6.30）。

（2）立面统一性与内部多样性

骑楼在外观上保持了统一性，其内部空间布局却各有特色，根据商铺和住宅等不同的功能需求，立面设计也呈现出多样性。五里街骑楼的立面融合了历史、文化、工艺、功能、创意等多方面的因素，形成了独特的建筑风貌（图6.31至图6.42）。

（3）建筑立面的典型案例分析

如五里街八二三西路105号骑楼为砖木结构建筑，共二层，骑楼的建造沿用传统砖柱的砌筑方式，门面采用拼板式构造方式，二楼窗扇采用木质拱券门与木质拼版的组合方式，展现了立面木构精细的工艺。

五里街八二三西路107号骑楼为砖木结构建筑，建筑面积110.59平方米，体现了

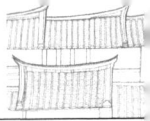

建筑与空间的合理布局。107 号骑楼建造门面基本采用拼板式构造方式，二楼窗扇采用木质拱券门与木质拼版的组合方式。五里街八二三西路部分骑楼的立面图、剖面图等见图 6.25 至图 6.42 所示。

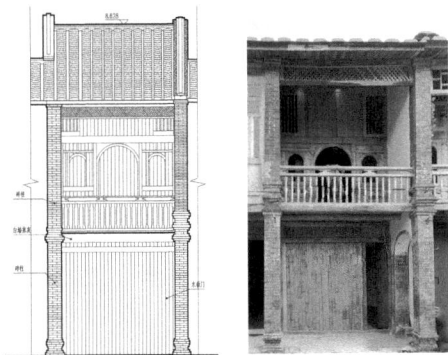

图 6.25　八二三西路 103 号五里街立面

（图片来源：永春县第一批历史建筑测绘图集，
厦门大学建筑与土木工程学院）

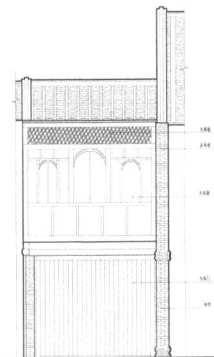

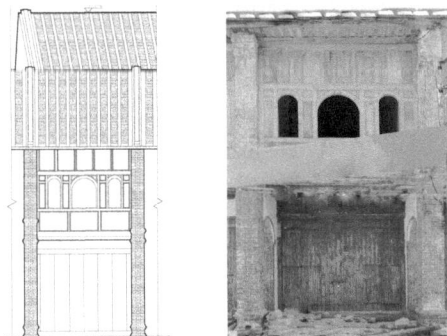

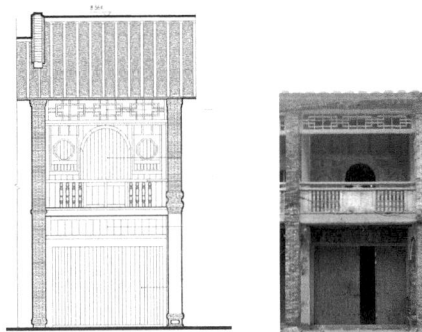

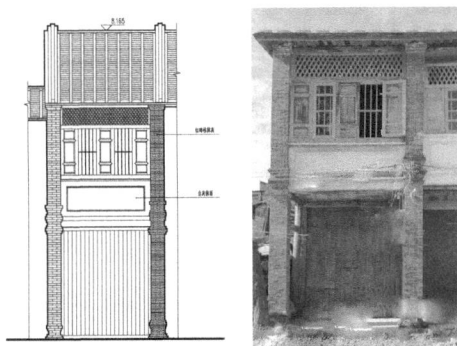

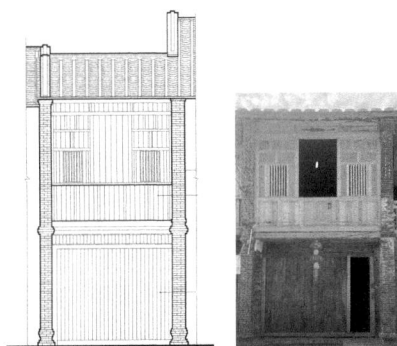

图 6.26　八二三西路 107 号立面图

（图片来源：永春县第一批历史建筑测绘图集，
厦门大学建筑与土木工程学院）

图 6.27　八二三西路 162 号

（图片来源：永春县第一批历史建筑测绘图集，
厦门大学建筑与土木工程学院）

图 6.28　八二三西路 146 号

（图片来源：永春县第一批历史建筑测绘图集，
厦门大学建筑与土木工程学院）

图 6.29　八二三西路 117 号（正立面）

（图片来源：永春县第一批历史建筑测绘图集，
厦门大学建筑与土木工程学院）

图 6.30　八二三西路 101 号

（图片来源：永春县第一批历史建筑测绘图集，
厦门大学建筑与土木工程学院）

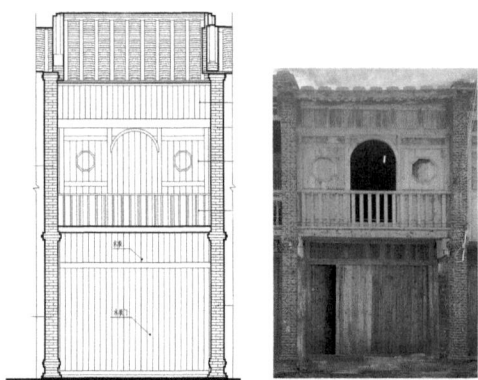

图 6.31 八二三西路 99 号

（图片来源：永春县第一批历史建筑测绘图集，
厦门大学建筑与土木工程学院）

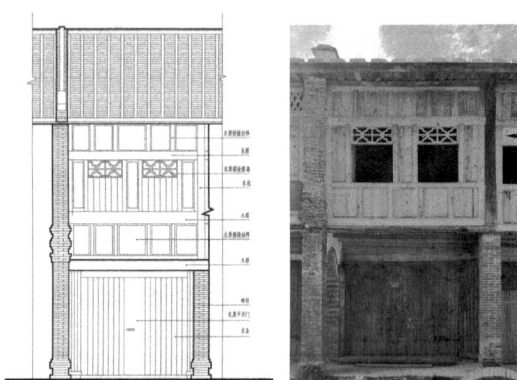

图 6.32 八二三西路 125 号（正立面）

（图片来源：永春县第一批历史建筑测绘图集，
厦门大学建筑与土木工程学院）

图 6.33 八二三西路 175 号（正立面）

（图片来源：永春县第一批历史建筑测绘图集，
厦门大学建筑与土木工程学院）

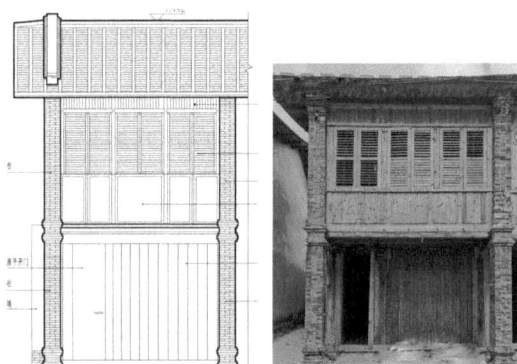

图 6.34 八二三西路 122 号

（图片来源：永春县第一批历史建筑测绘图集，
厦门大学建筑与土木工程学院）

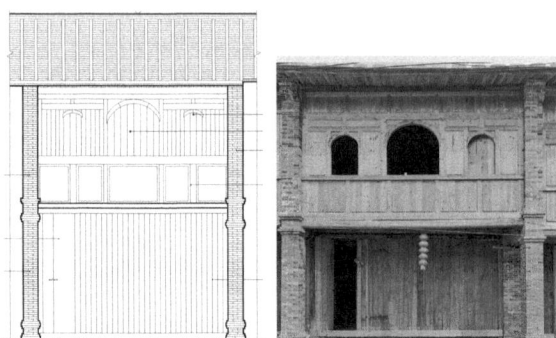

图 6.35 八二三西路 120 号

（图片来源：永春县第一批历史建筑测绘图集，
厦门大学建筑与土木工程学院）

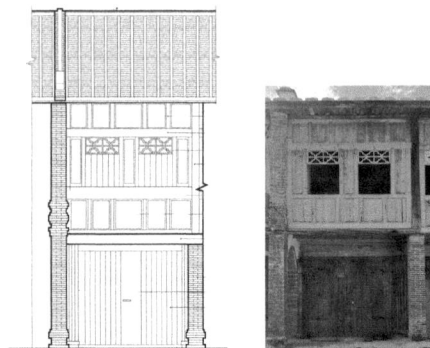

图 6.36 八二三西路 125 号

（图片来源：永春县第一批历史建筑测绘图集，
厦门大学建筑与土木工程学院）

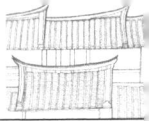

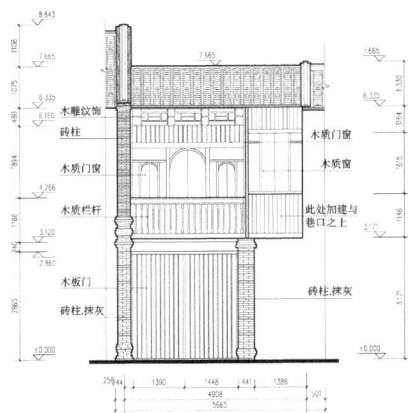

图 6.37 八二三西路 105 号立面图

(图片来源：永春县第一批历史建筑测绘图集，
厦门大学建筑与土木工程学院)

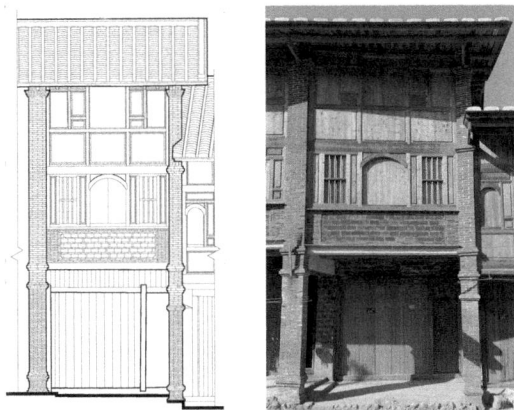

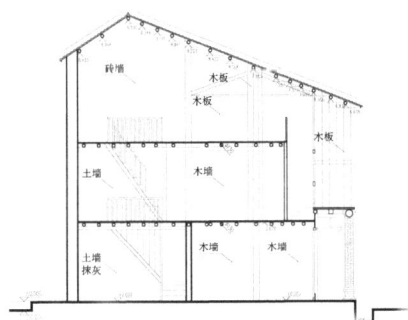

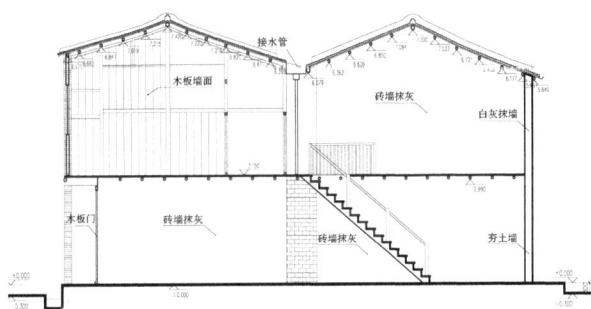

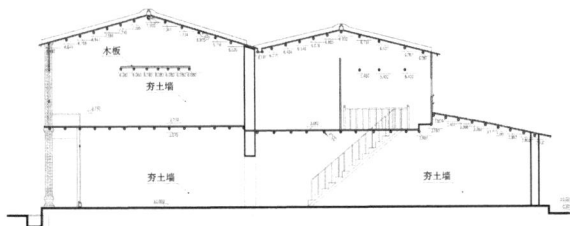

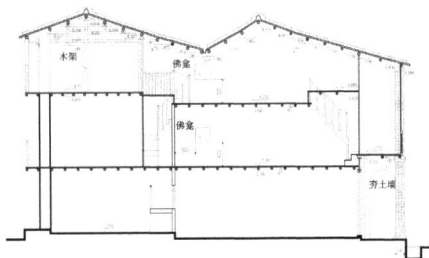

图 6.38 八二三西路 223 号

(图片来源：永春县第一批历史建筑测绘图集，
厦门大学建筑与土木工程学院)

图 6.39 八二三西路 109 号剖面图

(图片来源：永春县第一批历史建筑测绘图集，
厦门大学建筑与土木工程学院)

图 6.40 八二三西路 107 号剖面图

(图片来源：永春县第一批历史建筑测绘图集，
厦门大学建筑与土木工程学院)

图 6.41 八二三西路 99 号剖面图

(图片来源：永春县第一批历史建筑测绘图集，
厦门大学建筑与土木工程学院)

图 6.42 八二三西路 103 号剖面图

(图片来源：永春县第一批历史建筑测绘图集，
厦门大学建筑与土木工程学院)

从五里街骑楼的剖面图中可以看出骑楼的结构多样性、装饰风格的多元性、空间布局的个性化。骑楼的底层通常作为商业空间，而上层则作为居住空间，这种设计既满足了商业活动的需要，又保证了居住的舒适性，创造出具有时代特色的城市空间（图 6.43 至图 6.45）。

永春传统民居的建筑布局，如中堂供奉祖先神位的场所，住宅内部尊卑长幼的顺序安排，反映了传统人生观和价值观的融入。这种文化与建筑的结合，为五里街的建筑赋予了深厚的文化内涵。

五里街的骑楼在外观上保持了一定的统一性，但每一栋楼内部的空间布局却各自不同。有的骑楼内部可能拥有庭院，有的则可能设有独特的楼梯设计，个性化的空间布局，为每一栋骑楼增添了独特的魅力。

随着时代的发展，五里街的骑楼也经历了不同程度的改造和更新。一些骑楼内部被重新设计，以适应现代商业和居住的需求，这种适应性的改造进一步丰富了骑楼内部形态的多样性。五里街八二三西路部分骑楼的剖面图见图 6.46 至图 6.51 所示。

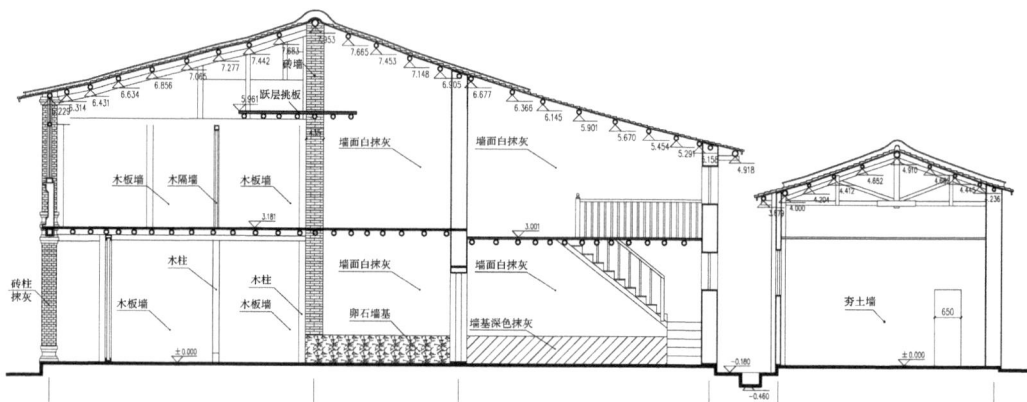

图 6.43 八二三西路 117 号 1-1 剖面图

（图片来源：永春县第一批历史建筑测绘图集，厦门大学建筑与土木工程学院）

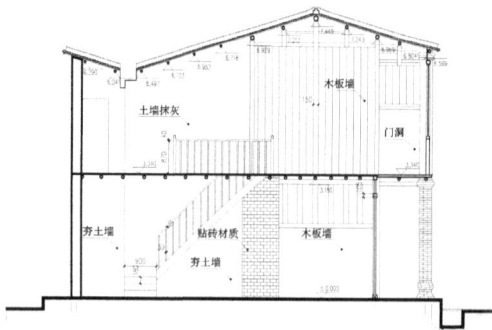

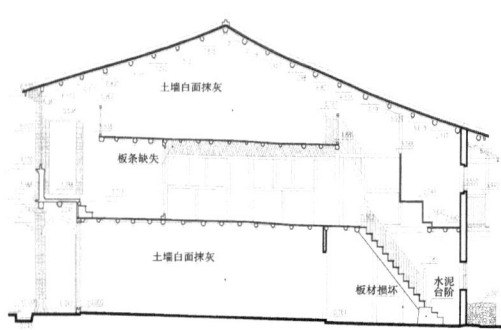

图 6.44 八二三西路 101 号剖面图

（图片来源：永春县第一批历史建筑测绘图集，厦门大学建筑与土木工程学院）

图 6.45 八二三西路 175 剖面图

（图片来源：永春县第一批历史建筑测绘图集，厦门大学建筑与土木工程学院）

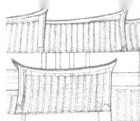

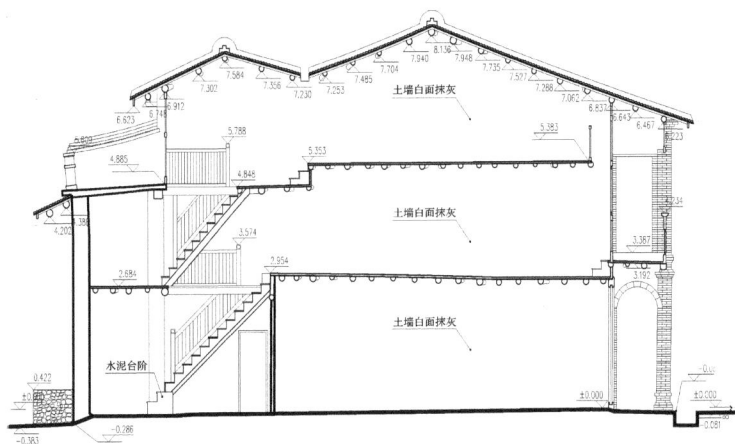

图 6.46 八二三西路 173 号剖面图

(图片来源：永春县第一批历史建筑测绘图集，厦门大学建筑与土木工程学院)

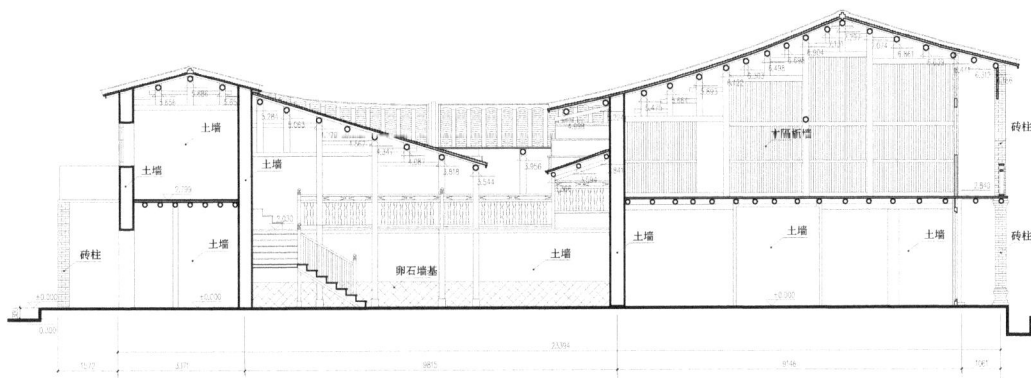

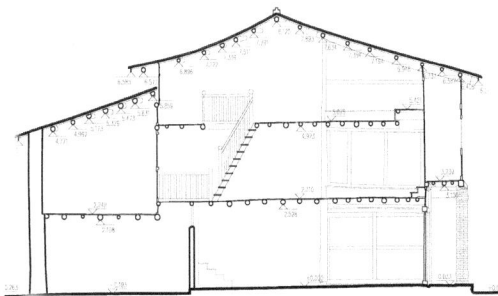

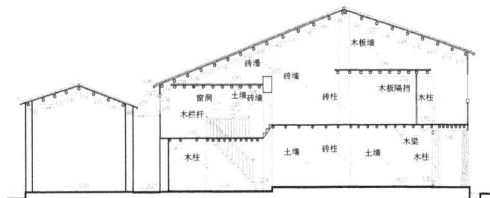

图 6.47 八二三西路 95 号、97 号剖面图

(图片来源：永春县第一批历史建筑测绘图集，厦门大学建筑与土木工程学院)

图 6.48 八二三西路 177 号剖面图

(图片来源：永春县第一批历史建筑测绘图集，
厦门大学建筑与土木工程学院)

图 6.49 八二三西路 125 号剖面图

(图片来源：永春县第一批历史建筑测绘图集，
厦门大学建筑与土木工程学院)

（4）永春五里街的骑楼屋顶特点

五里街的骑楼屋顶通常采用闽南地区传统的地域性特征，屋顶的具体形式因不同建筑而展现出丰富的多样性。这种多样性不仅丰富了街区的天际线，也体现了每栋建筑的独特性。

在修缮过程中，对老屋的墙体和木结构进行加固，确保屋顶结构的稳固性（图 6.50 至图 6.51）。屋顶的细节装饰也是骑楼建筑特点之一，反映出工匠的技艺和建筑的艺术性。在对五里街骑楼进行修缮的过程中，注重保持原有的屋顶风貌，采用传统的材料和工艺进行修复。这些特点不仅体现了五里街骑楼建筑的传统美学，也展示了当地对历史建筑保护和修复的重视。

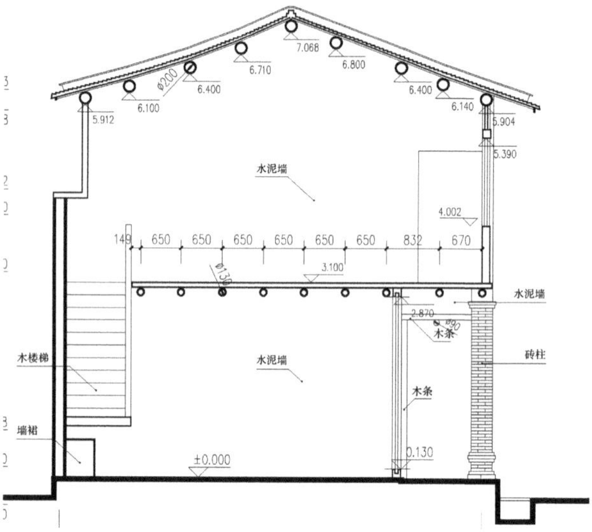

图 6.50　八二三西路 120 号剖面图

（图片来源：永春县第一批历史建筑测绘图集，厦门大学建筑与土木工程学院）

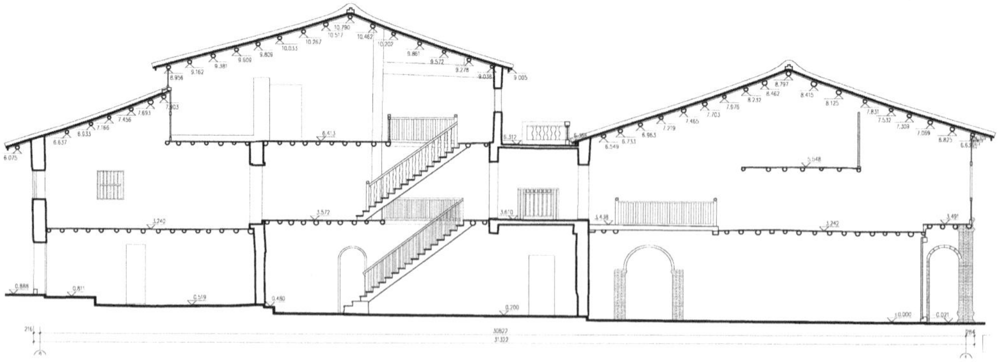

图 6.51　八二三西路 162 号 1-1 剖面图

（图片来源：永春县第一批历史建筑测绘图集，厦门大学建筑与土木工程学院）

（5）五里街平面布局的分析

五里街的平面布局特色明显，商铺多为二层或三层的南洋骑楼风格建筑，具有独特的商贸特色。五里街长约590米，街道两侧现有249间店铺，形成连续的商业界面。五里街的平面布局特点体现了其作为商贸古镇的历史特色，是一个独特的历史文化街区。

五里街的平面布局表现出了多种形态，这些形态丰富了街道的空间结构，增加了街区的趣味性和多样性（图6.52至图6.53）。

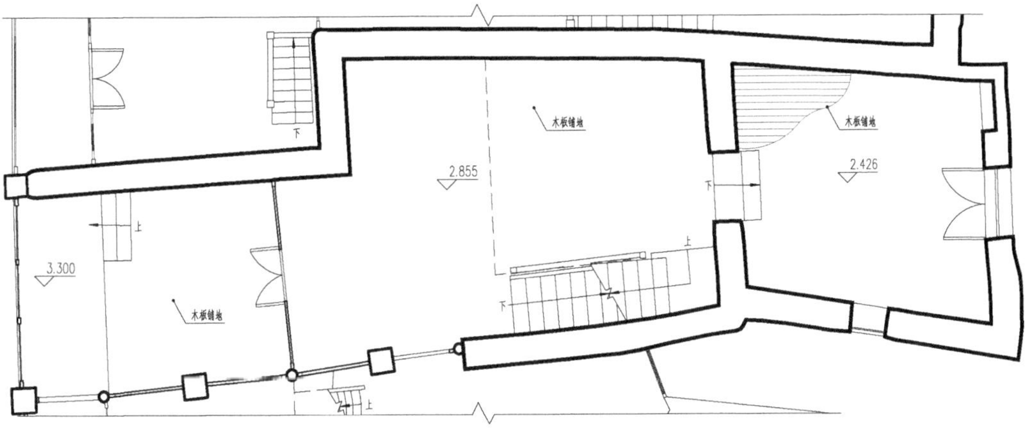

图6.52　八二三西路181号二层平面图

（图片来源：永春县第一批历史建筑测绘图集，厦门大学建筑与土木工程学院）

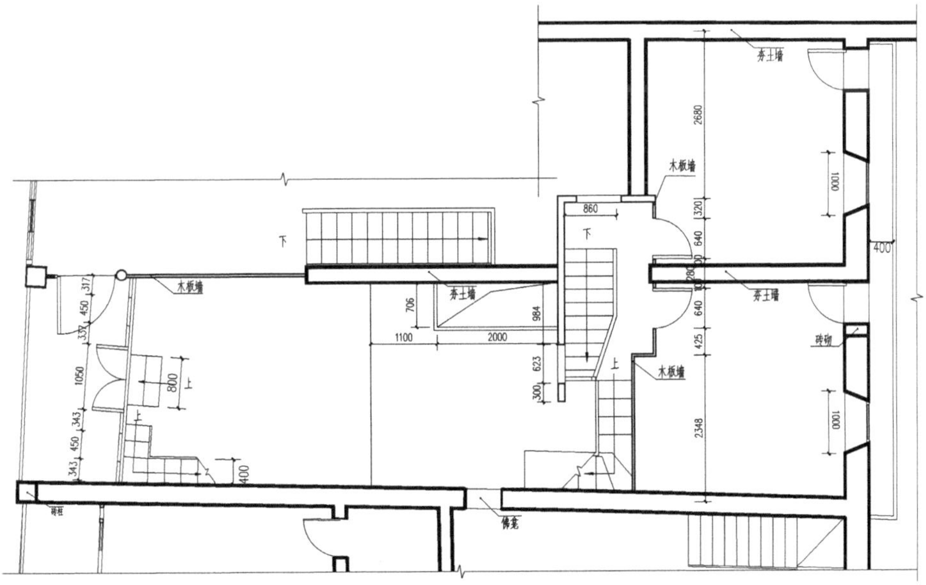

图6.53　八二三西路103号二层平面图

（图片来源：永春县第一批历史建筑测绘图集，厦门大学建筑与土木工程学院）

五里街沿着主要街道或河流呈带状延伸，形成连续的商业和居住区。

三角形布局：在街道的交会处或特定的地块形状下，可能会出现三角形布局的形态，这种形态可以充分利用空间，创造出独特的建筑和街道景观（图6.54）。

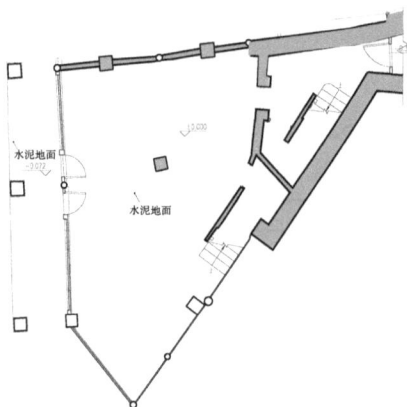

图6.54 八二三西路183号平面图

(图片来源：永春县第一批历史建筑测绘图集，厦门大学建筑与土木工程学院)

长条形布局：长条形的布局可能体现在街道的延伸或建筑的排列上，形成一种纵向的延伸感，有助于保持街道的连续性和动态性。相对规整的店面比较少（图6.55），更多的是不规则的形态（图6.56），体现街区建造的灵活性。

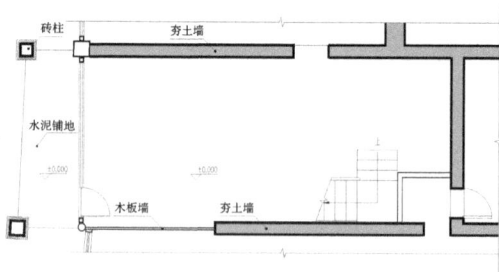

图6.55 八二三西路外部全景

(图片来源：永春县第一批历史建筑测绘图集，
厦门大学建筑与土木工程学院)

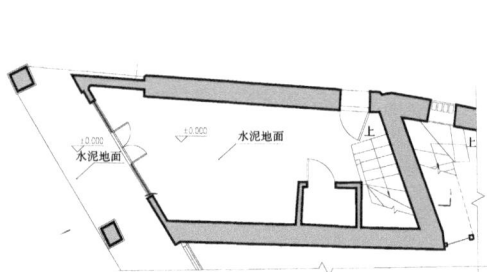

图6.56 八二三西路103号

(图片来源：永春县第一批历史建筑测绘图集，
厦门大学建筑与土木工程学院)

混合形态布局：实际的平面布局可能是多种形态的混合，例如，主要街道可能是带状或长条形，而小巷和支路可能形成不规则形状，增加了街区的复杂性和探索性。

五里街的布局还根据地形的变化进行适应性设计，如在斜坡或河流沿岸形成特殊的布局形态。随着时间的推移，五里街的平面布局经历了多次演变，新的建筑和街道在原有的基础上增加，形成了多样的布局形态。不同的功能区域，如商业区、居住区、文化区等，在平面布局上呈现出不同的形态特征，以满足各自的功能需求（图6.57至图6.58）。

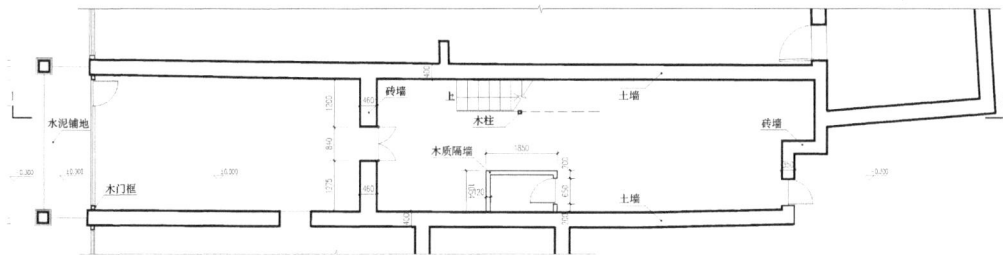

图 6.57　八二三西路 173 号建筑平面（混合）

（图片来源：永春县第一批历史建筑测绘图集，厦门大学建筑与土木工程学院）

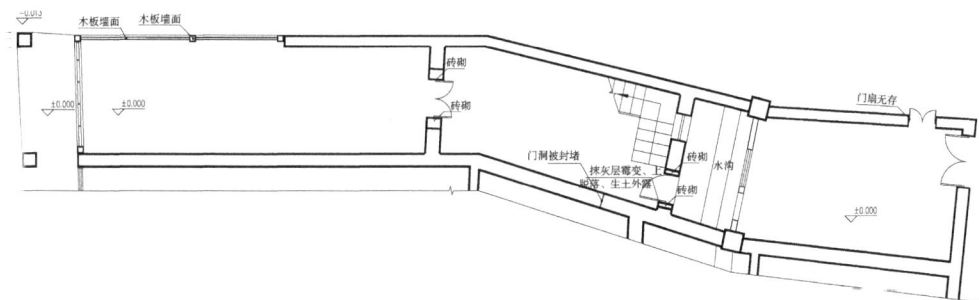

图 6.58　八二三西路 179 号建筑平面（混合形态）

（图片来源：永春县第一批历史建筑测绘图集，厦门大学建筑与土木工程学院）

　　五里街的平面布局形态不仅反映了其历史发展过程，也体现了对空间利用和街区活力的考虑。通过对这些形态的保护和合理规划，可以进一步提升五里街的历史文化价值和现代城市功能。

本章小结

　　五里街作为地域性的历史文化街区，多样化的特征是长期发展的结果，五里街保留明末清初形成的传统商业街巷，其中包括骑楼式建筑、西式独立洋房和闽南传统民居，见证了闽南山区与沿海贸易往来的历史。五里街是近代侨乡，是外来文化与地域建筑形式、材料做法相互融合的物质载体。五里街的骑楼建筑群体现了典型的闽南骑楼风格，具有连续的商业界面和独特的地域特色。骑楼多为二层或三层的土木砖柱结构，底层为商铺，上层为住宅，呈现"前店后宅"的布局。

　　五里街的历史建筑在构造、材料、高度、立面形态上具有很大的相似性，反映了特定时代的建筑特色。在建筑平面上，大小、朝向和宽窄具有很大的灵活性，出现了多样多元的特色。在建筑剖面上，传承了传统建筑的高差关系，展现了沿街立面高度

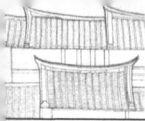

较低，住宅空间高度较高，内部形态的自由灵活。

五里街的风貌在文化融合中得以体现，设计思维、匠师智慧、地域性材料和做法，通过建筑材料作为载体实现。宏观上，整体街区的风貌展现了建筑的肌理和质感；微观上，细部的美学和建筑工艺得以实现。

五里街骑楼受到地域建筑的影响，西方影响以及自然条件的影响，体现了时代下演进的居住要求和技术手段，这些建筑折射了社会政治、经济和文化背景的变迁，也在有限用地内创造最高性价比的经济空间，对其空间的构筑、样式、体量、材料、尺寸的探索，具有学术价值和借鉴意义。

宗祠建筑

7

宗祠建筑作为古代宗族制度的产物，其根源可追溯于原始社会的神灵信仰和祖先崇拜。唐宋时期发展成家庙，成为中原人入闽南后建立祠堂、修族谱的重要场所。祠堂作为宗族组织，大多数的祖厝、祖厅和公厅的祠堂都是祭祀的场所。在永春地区，随着人口的繁衍和迁移，同一个姓氏可能拥有多个祠堂，包括宗祠和分祠等，以适应不同规模的宗族需求。

7.1 宗祠建筑的类型

7.1.1 祠堂的基本职能

崇祖敬天是闽南传统建筑文化的重要习俗。永春地区祠堂功用主要是供奉祖先，弘扬祖德。永春地区祠堂的平面类型主要以三合院和四合院为主，其规模较大、分布较广、建造考究，具有地方特色。祠堂不仅是追慕先祖的地方，也是重要的礼仪空间。祠堂每年承担祭祀活动，如封官、生嫡长子等，同时供奉家族的祖先牌位，加强家族成员的联系。祠堂还是维系本土血缘关系的载体，是宗族成员进行重要仪式活动的场所，也是宗族的精神中心，有利于乡亲及后代子孙了解家族文化，增强家族的精神凝聚力。

宗祠在宗教活动中扮演重要角色，房祠是祖祠之下分派出的辈分或层级低于祖祠的祠堂。永春地区的房祠较多，每年逢祖先的生辰祭日，族人需要在房祠中举行隆重的纪念活动。房祠设置祖先的牌位，也设置神龛。每逢天灾人祸的时候，族人就焚香祷告，体现祖先与神灵的共同崇拜。

祠堂是供奉祖先和进行祭祀活动的场所，通常具有较为庄重和宏伟的建筑风格。祠堂拥有较大的占地面积，装饰精美，以显示家族的荣耀和地位。祠堂的祭祖活动仪式隆重，庄严肃穆，常见的拜祖仪式有拜牌位、拜祖坟、拜图谱等。祖先画像前需要摆放蜡烛、茶、果子和茶糕等供品。一些祠堂还兼有集会和娱乐场所功能，家族的重大事情，族人会聚集在中堂一起商讨决策，如兄弟分家、建房子、年节活动的筹备，举行红白喜事。宗祠建筑不仅是宗族文化的物质载体，也是教育后人、传承家族价值观的重要场所。通过宗祠的建筑形态、装饰艺术、礼仪活动等，族人得以了解家族的历史、文化和传统，增强家族凝聚力和文化认同（图7.1至图7.2）。

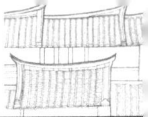

图 7.1 夏式大厝近景（高兴堂-湖洋镇）

（图片来源：自摄）

图 7.2 永春传统祠堂的色彩（黄氏家庙-湖洋镇）

（图片来源：自摄）

7.2 宗祠建筑的布局

永春传统祠堂的建设主要集中在明清两代。祠堂的建筑形制由住宅演化而来的，主要空间以轴线对称。永春地区的传统聚落注重宗祠的位置，祠堂的选址、朝向、形式和布局与风水相关。祠堂根据地形、地势和面积，因地制宜地建造，坐落在村落最佳的风水宝地，祠堂一般位于村落之中，与住宅相邻，体现其在社会结构中的重要性。

宗祠建筑常见二进或三进的院落，以三合院和四合院为典型平面类型，一般分为三部分，前堂、中堂和后堂。正中的大门平常不开，只在春秋二祭或族人议大事时开启。宗祠通常有个正厅，设 4 个至 10 个龛，龛中放置祖宗牌位。龛神位依次排列为高祖、曾祖、祖父、父亲考妣的灵位、姓名和字号。永春的一些祠堂，人厅正中大木龛中列祖列宗的神主牌位，已被各种遗像所取代。

民居则更多地反映了普通人的生活方式和当地的居住习惯，是闽南地区日常生活和民俗文化的一部分，如长桌和八仙桌用于摆放祭品。一些宗祠里，新添男丁需要贴张红纸在柱上，表示到祖先面前报到。永春地区祠堂以黑色为主色系，营造肃穆的氛围。祠堂可分为单落式、单落三合式、双落式等，前埕、院落、两廊等组成祠堂的平面空间。

7.2.1 单落院落式祠堂

单落式祠堂没有院墙和附属的设施，建筑规模小，为一进院落，简约而质朴，体现了山区建筑的实用主义精神。单落院落式是在单落建筑的基础上增加院墙，主要由院墙和院门组合而成。早期的宗族规模小，经济实力不强，社会地位不高，因此采用单落式祠堂。还有的因地形限制采用单落型，但建筑外观装饰较多，造型丰富。

单落祠堂的正屋有三间，中间为中堂。中堂前的祭拜空间与后部神龛共同构成祠堂的精神内核，院门不仅是空间的界定，也是祠堂的中心焦点，其设计往往体现了家族的身份和地位。屋顶采用燕尾脊，正屋前有小院，正中设门墙，平面相对简单，进一步强化了祠堂轴线对称和空间序列。庭院或天井的存在，为祠堂提供了必要的通风和采光，也是举行仪式和活动的场所。

如黄氏家庙又名呈祥祖祠，位于呈祥乡呈祥村，建于南宋年间。该祖祠为土木结构，主体是夯土，承重的结构采用木框架穿斗式。墙体采用当地的草和竹编材料，卵石堆砌墙基。该建筑是五开间左右双榉头，屋面以青瓦为主，采用悬山式燕尾背、龙吻等，展现了闽南建筑装饰。该建筑占地面积较多，人工池增添环境的和谐。黄氏家庙不仅是家族记忆和文化传承的载体，也是祠堂建筑艺术和审美观念的展现（图7.3至图7.4）。

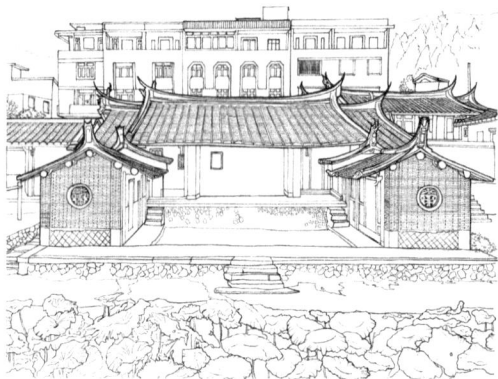

图7.3 黄氏家庙手绘图

（图片来源：周鹭绘）

图7.4 黄氏家庙正厅与厢房

（图片来源：自摄）

7.2.2 单落三合式

单落三合式祠堂是在单落建筑的基础上围合的三合院。单落三合式祠堂通常由三个主要部分组成：正厅、两侧的厢房以及正厅前方的庭院或天井。这种布局使得祠堂在空间上形成了一个闭合的三合院落祠堂空间。这种布局不仅增强了祠堂的私密性和围合感，而且在视觉上和功能上都为祠堂赋予了一种独特的空间气质。

正厅是祠堂的中心部分，通常用来供奉祖先牌位和举行祭祀活动。正厅比较精致庄重，体现对祖先的尊敬。厢房用作休息室、储藏室或其他辅助空间。厢房也为祠堂的整体布局增添了对称美，庭院为祠堂提供了良好的通风和采光。

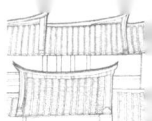

单落三合式祠堂没有下落（塌寿），即大门进去直接是深井的格局。这种设计可以解决经费或场地不足的问题，也保持了祠堂的基本功能和建筑特色。单落三合式祠堂的建筑规模相对较小，能够满足家族祭祀和聚会的需要。

单落三合式祠堂是闽南地区传统建筑的重要组成部分，它不仅承载着家族的记忆和文化传承，也是闽南地区建筑艺术和审美观念的体现。

以张氏宗祠祠堂为例，其祠堂空间比较封闭，神龛位于祠堂的深处，庄重而神圣。每逢祭祖的时候，族人聚集在大空间里，共同参与仪式。这种灵活的空间，不仅体现祠堂建筑的多功能性，也展现了建造者对于祠堂使用需求的深刻理解和周到考虑（图 7.5）。

图 7.5　张氏宗祠
（图片来源：自摄）

图 7.6　南山陈氏宗祠
（图片来源：自摄）

7.2.3 双落式祠堂

双落式祠堂是一种典型的中国传统建筑形式。双落式的前落通常采用三开间，中间设有塌寿入口，有的祠堂采用双塌寿。双落式祠堂通常由两进院落组成，前院设有门厅，后院为祭祀大厅，中间通过一个深井（天井）相连，形成前后两个主要空间（图 7.6 至图 7.7）。大门是宗祠的"门面"，立面多以红砖白石砌成，墙身用花砖组砌成各种图案，富有装饰性。

大门中间为"塌寿"，用白石、青石砌成，称为"牌楼面"，门柱设石鼓或门狮，门扇黑漆金字，有的还绘有门神，这些设计元素共同构成

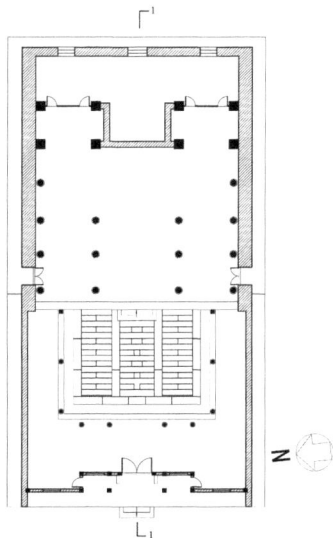

图 7.7　南山陈氏宗祠平面图（岵山镇）
（图片来源：岵山传统村落测绘图，戴志坚供图）

205

了祠堂的标志性特征。享堂是家族祭祀、聚会议事之所，明间不设门扇，称为"敞口厅"，大厅中必设一根画满鲜艳彩画的灯梁。在享堂后部设有供奉祖先的神龛，闽南称"公妈龛"，通常绘有精美的彩画或贴上金箔，这些细节处理体现了对祖先的尊敬和纪念。

祠堂的屋脊多采用燕尾脊设计，两端微翘，中间凹陷，不仅美观，而且有利于雨水的排放（图7.8）。祠堂有的使用红瓦构件，包括筒瓦和板瓦，筒瓦等级较高，体现了祠堂的尊贵地位。

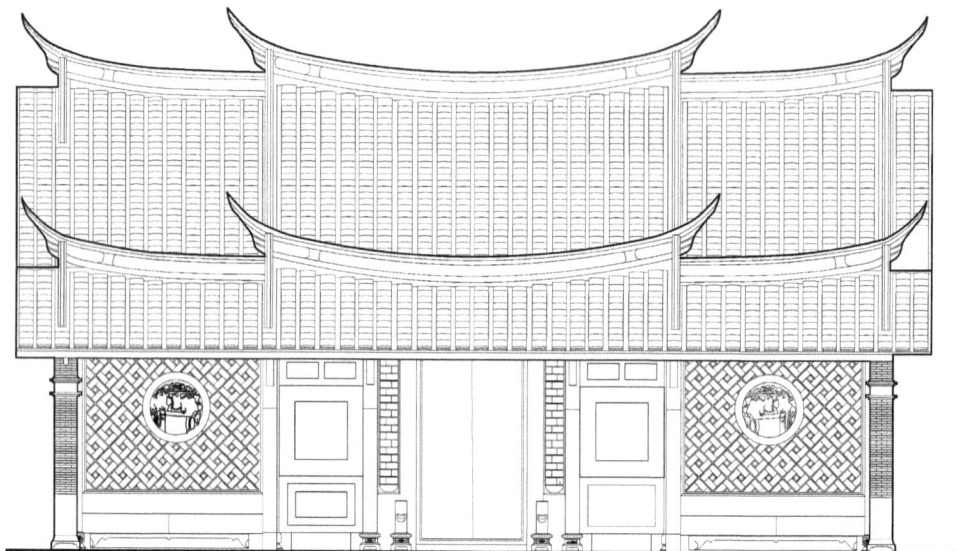

图7.8　永春县铺上村陈氏宗祠西立面图

(图片来源：岵山传统村落测绘图集，戴志坚供图)

祠堂的柱上有楹联，叙述祖宗功业或祠堂形势，大门或大厅常挂有褒扬功名、善行、寿考的牌匾。这些文字性的装饰不仅传递了家族的历史和价值观，也增添了祠堂的文化氛围。宗祠前往往有宽大的石埕，照壁旁立着石旗杆，有的还设半圆形的泮池。这些空间布局严谨而开阔，体现了祠堂的庄重和神圣，也具有教化、艺术和审美的文化功能。

大型宗祠前落为五开间，大门设于中柱上，有三道门。祠堂的屋顶一般用三川脊。第二落是厅堂，厅堂与大门之间有櫸头，布满木雕构件。大厅也称为"寿堂"，是祭祀空间。大厅后有神龛或板壁，称为"寿堂后"。

陈氏信房祖祠位于呈祥东溪村，建造于明代。建筑占地面积450平方米，背山面水，建筑是单层的土木结构。主体5间7架，采用穿斗式结构，围护的墙体是木板，屋面覆瓦。建筑燕尾脊高翘，细部精美，体现了匠人的精湛技艺（图7.9至图7.10）。

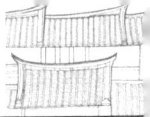

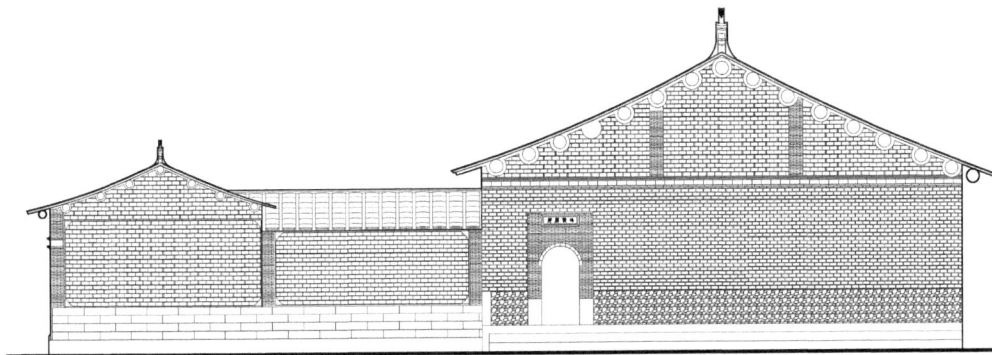

图 7.9 永春县铺上村陈氏宗祠南立面图

(图片来源：岵山传统村落测绘图集，戴志坚供图)

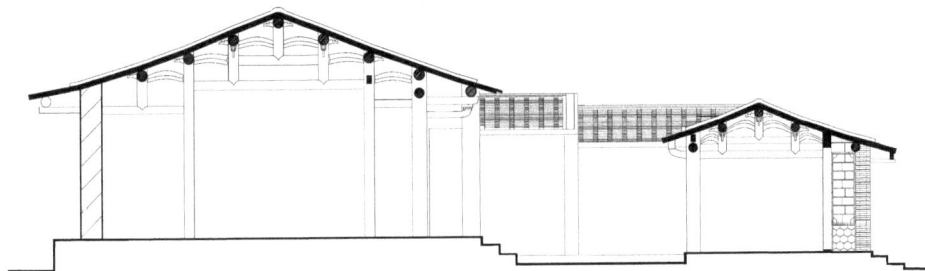

图 7.10 永春县铺上村陈氏宗祠剖面图

(图片来源：岵山传统村落测绘图集，戴志坚供图)

　　林氏大宗祠堂位于吾峰镇枣岭村的"上聚堂"，是清代建造的祠堂。祠堂坐北朝南，顺着地形展开，占地 600 平方米，建筑面积 300 平方米。建筑为单层的土木结构，合院为两落进深，主体结构有 5 间 6 架。建筑为抬梁式构造，墙体的承重是木框架，材料是竹编加上夯土，屋面是悬山顶，覆盖青瓦，地面铺设砖材。祠堂内有匾额装饰，彩画以"白活"即墨色表现历史故事。林氏大宗的门联丰富，大堂两侧悬挂"副魁"和"进士"牌匾。这些设计元素不仅满足了祠堂的功能性需求，体现了祠堂的艺术性、审美价值、家族的历史和价值观，也增添了祠堂的文化氛围。

7.2.4　三落式

　　三落式祠堂是闽南地区传统祠堂建筑的一种形式，其空间组织遵循严谨对称原则。

　　三落式祠堂由前落（下落）、中落（顶落）和后落，构成三进院落的布局，这种布局不仅体现了祠堂的等级制度，也强化了空间的序列感和仪式感。每个院落之间

通过天井相连。中落作为祠堂的中心空间，通常设有正厅和侧厅，用于举行家族的祭祀仪式和重要集会。其空间尺度和装饰细节往往最为讲究，以彰显家族的荣耀和地位。

前落作为祠堂的入口部分，大门是祠堂的门面，立面多以红砖白石砌成，享堂是家族祭祀、聚会议事之所，明间不设门扇。大厅中通常会有一根画满彩画的灯梁，象征家族繁衍。后落作为祠堂的最深处，设有后堂，有供奉祖先的神龛，由精美的木作构成，绘有彩画或贴上金箔，是祠堂中重要的祭祀空间。有的祠堂增设护龙，右侧设单护龙，作为厨房、杂物间等辅助用房。

（1）结构特征

祠堂的结构设计包括正厅、侧厅、后堂等，有时还会有庭院和花园，以满足祠堂的多功能需求。这些空间的设置不仅满足了祠堂的功能性需求，也增添了祠堂的美学价值。

（2）材料运用

在材料的运用上，祠堂使用更为耐久和象征性的材料，如石材、砖瓦等，也象征着家族的稳固和长久。

（3）屋脊设计

祠堂的屋脊多采用燕尾脊设计，曲线优美，工艺精湛，具有重要的装饰作用。

（4）装饰艺术

祠堂的大门装饰丰富，如有万字堵、古钱花堵等各式图案，门柱设石鼓或门狮，门扇黑漆金字，有的还绘有门神。这些设计元素共同构成了祠堂的标志性特征。

（5）文化功能

宗祠家庙既有实用功能，又有教化、艺术和审美的文化功能，体现着"天人合一"、人文与生态和谐统一的思想。宗祠的建造汇集了地方工匠的多种技艺，综合了建筑、雕刻、绘画等多种艺术，具有相当大的研究价值。

永春三落式祠堂的建筑特色不仅体现了闽南地区的建筑艺术，也承载了丰富的文化内涵和历史价值。

7.2.5 番仔楼式祠堂

番仔楼式祠堂作为闽南地区特有的一种建筑形式，在设计上巧妙地融合了中国传统建筑元素和西方建筑特色，形成了独特的中西合璧风格。番仔楼祠堂的大门样式独特，具有多层叠加的结构，每一层的屋脊细节都经过精心设计。

番仔楼祠堂内部通常有一个开阔的中央庭院，楼房内部通风和采光参照中国传统做法，中间设有天井，使整座建筑的采光更为通透，左右两边的格局是对称的。

楼梯设计精美，运用红、白、黄、绿等颜色，展示了80多年前的建筑技艺。阳台设计融入欧式风格，增添了建筑的多样性和趣味性。

番仔楼的建筑材料以石料和木头为主，这些材料经过多年风雨，仍然坚固耐用。木材和石头上雕刻的图案精致细腻，展现了工匠的精湛技艺。装饰艺术包括石雕、砖雕、彩画、拼砖、灰塑等，具有很高的艺术价值，也是建筑文化的重要组成部分。

番仔楼祠堂设计融合了中西方建筑语言，形成了中西合璧的风格。如将双落的前落或前后落改为二层楼房，前落正面融入西洋的山头、拱券、柱式和栏杆等，构成中西合璧式的"五脚架"外廊。祠堂内部设置精雕细琢的神龛，这些设计元素共同构成了番仔楼独特魅力。

如龙德堂位于桃星村5组，建于1937年，建筑占地面积893平方米，建筑面积约838平方米。主体建筑以多层的形式，后院为两层楼的洋房。屋顶是悬山形式，地面铺设砖材，以砖墙承重，围护的墙体是石材，屋面覆盖瓦片。该建筑是五开间二进深四间二层骑楼式楼房，四面为回廊，歇山顶八坡注水，四坡水注天井埕。建筑为中西结合的风格。入口采用凹寿式，以骑楼式廊道，上层为圆柱，下层为方石柱。二层立面为叠砌红砖，花格栏杆，局部有剪雕和彩画装饰，细部处理增添了建筑的艺术性和观赏性（图7.11）。天井四周走廊由圆形、方形石柱承重，屋架和砼板是瓷质栏杆。

番仔楼作为一种独特的文化遗产，得到了一定程度的保护和传承。番仔楼式祠堂的建筑语言，通过精心的空间布局、丰富的装饰元素和深刻的文化内涵（图7.12），展现了中西建筑艺术的融合和创新，也是闽南地区华侨文化和中外文化交流的重要见证。

图 7.11　龙德堂（石鼓）

（图片来源：自摄）

图 7.12　陈氏宗祠（桃城镇）

（图片来源：自摄）

7.3 传统祠堂的典型案例

传统祠堂作为承载着家族记忆与文化传承的重要场所，其设计和建造体现了深厚的文化底蕴和精湛的工艺水平。

传统祠堂的平面布局、材料做法在不同地区虽有所差异，但有一定的共性。现存的祠堂大多保存完好，尽管部分祠堂因多次修缮改变了一些材料，但它们依然承载着丰富的历史信息和文化价值。

7.3.1 高联堂（呈祥乡）

东溪陈氏高联堂位于呈祥东溪村，作为东溪陈氏家族的精神象征，自明朝嘉靖九年（1530 年）兴建，至今有 480 多年，承载着家族的记忆与文化传承。高联堂建筑面积 515 平方米，单层、土木结构，其设计和建造不仅体现了深厚的文化底蕴，也展现了精湛的工艺水平。

高联堂为四合院的形式，由两落组成，主体为穿斗式结构，主体材料是砖，承重结构是木框架。屋面为悬山形式，覆盖青瓦。主脊采用了翘燕尾，下落中脊为歇山脊。脊垛、规带采用灰泥塑的螭虎吞头和悬鱼，地面铺设砖，墙体采用当地的竹编和木板分隔空间。镜面檐廊直连左右随身廊道，构成祠堂立面特征，立面以木工雕窗。细部装饰精美，如灰塑装饰的花草纹样，雨篷线框加深了空间感，上面有彩绘山水和博古纹。山墙脊线形成"水"型，下面有"悬鱼"，保护檩条不受雨水的侵蚀。窗户上方采用雕花贴金的雕刻板，增添建筑的艺术性和观赏性。

高联堂作为传统祠堂在建筑形式和材料使用上展现了传统建筑的特点，在装饰艺术和空间布局上体现了深厚的文化底蕴和精湛的工艺水平（图 7.13）。

图 7.13 高联堂

（图片来源：自摄）

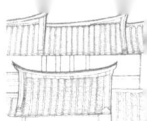

7.3.2 凤美堂（石鼓镇）

凤美堂位于石鼓镇卿园村，由黄振清于宣统元年（1909 年）鼎建，不仅是家族的纪念性建筑，也是地方文化的象征。其建筑占地面积 992 平方米，建筑面积 690 平方米，包含 24 间房间，展现了传统祠堂的规模与功能。

该祠堂采用悬山顶结构，屋顶主脊以燕尾脊装饰，脊垛规带装饰纹样，体现了传统建筑的美学追求。建筑顺地形展开，形成单层五开间，二进双护厝，主体结构三间五架。地面以砖石铺砌，围护墙体是木板，木框架承重，屋面覆盖青瓦，展现了对细节的精致处理（图 7.14 至图 7.15）。

图 7.14　凤美堂立面
（图片来源：自摄）

图 7.15　凤美堂中堂
（图片来源：自摄）

建筑的镜面墙为石雕须弥基座，以柜台脚为墙础，红砖为墙体，立面有圆形螭虎窗石雕。入口以双塌寿，设正门和左右耳门，石雕装饰精致，门堂有挂吊筒装饰。水车垛采用灰泥装饰山水纹和兽纹。厅堂以穿斗式，木屏为墙壁，大厅廊口步架采用抬梁式承梁。装饰构件有青石雕、木雕、木雕馏金。厅上有匾写着"州牧佐治"，楹联如："凤卜五世其昌家声不振；美继亭洋之派祖德重光"。"视听在天修能在己，道积厥躯得禄乃贵"。这些文化元素体现了家族的价值观和对后代的教诲。凤美堂作为传统祠堂的典型实例，其建筑语言与逻辑性体现在对传统建筑形态的继承、对材料与工艺的精心选择、对装饰艺术与空间布局的细致打磨。

7.3.3 华端堂（仙夹镇）

华端堂位于仙夹镇夹际村，始建于 1959 年，这座建筑由旅居印尼的侨亲郑奕松及郑奕富三子郑开运出资建成，见证了海外华人对家乡的深厚情感与贡献。

华瑞堂的正门嵌头联为："华宇欣成夹漈里；端居乐在名山中"，昭示了其地理位置与居住理念。华端堂采用石木砖结构，五开间二进深四间合院式，屋顶采用悬山顶圆脊，装饰剪雕，布局有厅堂、天井、厢房和两边护厝等。华瑞堂门口埕宽敞，左侧古井配置洗衣槽。厅堂采用穿斗式结构，有梁架和吊筒装饰。天井以石框石板砌构，上落护厝有阁楼，两侧有楼梯。建筑为中西结合的装饰风格，左护厝阳台采用琉璃瓶做栏杆，镜面墙有石雕"地牛"加红砖砌成墙体，立面有圆石雕窗。门堂采用"凹寿"式，耳窗、屋架和吊柱装饰丰富。水车垛采用彩绘、剪粘和泥塑等，题材丰富，如周瑜命孔明交箭、渭水垂钓和四仙聚会等。门楣雕刻历史人物，柱础雕刻植物花草。木扇隔墙上刻有家训，如："尽孝莫辞劳，转眼便为人父母；施恩休望报，回头但看我儿孙"。这些文字的镌刻，不仅是家族价值观的体现，也是对后代的教育与启迪。

7.3.4 郑氏祖宇（仙夹镇）

郑氏祖宇位于仙夹镇夹际村。自明朝正统二年（1437年），郑氏三世祖乌公从永春花石迁徙至此，至五世祖时期，郑氏祖宇拔地而起，成为家族的精神象征和文化中心。郑氏祖宇遵循传统风水学，坐北朝南，以五开间二进的布局，采用砖石土木结构。屋顶采用悬山式，正脊翘燕尾，脊垛灰雕彩绘装饰。镜面门堂采用塌寿式，为三间面檐廊。版墙面左墙上，有"竹苞""松茂"，词出自《诗经》《小雅·斯干》。

立面墙体为青石须弥座浮雕，门面设置木雕窗，展现了传统建筑艺术魅力。中厅布置精雕细刻的神龛，作为家族祭祀与纪念的中心，体现了家族的宗教信仰和文化传承。该宅的门口埕有水池，这种布局不仅满足了居住的功能性需求，也展现了家族的庄重与和谐（图7.16至图7.18）。

图7.16　郑氏祖宇立面

（图片来源：自摄）

图7.17　郑氏祖宇线描图

（图片来源：周墨绘）

图 7.18　郑氏祖宇内部梁架

(图片来源：自摄)

7.3.5　郭氏家庙（横口乡）

郭氏家庙位于永春县横口乡福中村。郭氏家庙的历史可追溯至元代武宗时，郭氏的祖先"四二公"开始兴建的，距今已有 700 年了。这座建筑面积有 4 000 多平方米，不仅是郭氏家族的精神家园，也是地方文化遗产的重要组成部分。郭氏家庙的布局遵循了传统的风水哲学，宗祠左右两边各有一水井，名曰"日月池"，象征家庭的繁荣与和谐。郭氏家庙为两落双层的木构建筑，体现了传统建筑的层次感与空间序列。建筑物中的斗拱、窗等木雕工艺精致，不仅为室内提供良好的通风和采风，还增添了建筑的装饰性和文化内涵。

郭氏家庙作为郭氏家族的宗祠，不仅是族人祭祀祖先、举行家族仪式的场所，也是传承家族文化、教育后代的重要空间。郭氏家庙以其悠久的历史、独特的建筑布局、精致的木雕艺术和深厚的文化内涵，成为了横口乡乃至永春地区的建筑文化遗产。

7.3.6　康氏宗祠（玉斗镇）

玉斗康氏宗祠始建于明万历二十三年（1595 年），历代均有重修，见证了康氏家族的荣耀与变迁。建筑坐东南朝西北，占地面积 1 440 平方米，总建筑面积为 1 965.51 平方米，这一规模不仅体现了家族的繁荣，也彰显了宗祠的宏伟与庄严。宗祠为砖石木混合结构，展现了传统建筑的坚固与耐久。这种结构设计既保证了建筑的稳定性，也赋予了室内空间以开阔与通透。

　　康氏宗祠采用穿斗式和抬梁式结合的构架，室内经过维修，采用朱漆、黑漆和彩画装饰，营造庄严肃穆的空间氛围。正厅为悬山顶，穿斗抬梁式混合构架。建筑立面采用红砖白石，立面装饰石雕的圆窗和方窗，这些细部的精致处理，展现了匠人的精湛技艺，也赋予了建筑以艺术性和观赏性（图7.19至图7.20）。

　　康氏宗祠以其悠久的历史、独特的建筑方位、精致的室内装饰、深厚的家族文化和精美的立面艺术，成为了玉斗镇的建筑瑰宝。

图 7.19　康氏宗祠立面
（图片来源：自摄）

图 7.20　康氏宗祠中堂梁架
（图片来源：自摄）

7.3.7　大福堂（吾峰镇）

　　大福堂位于吾峰镇吾西村的西部，左紧临高梅公路，交通便捷。该建筑由陈让温于清光绪十五年（1889年）建。建筑采用土木结构，五开间二进深五间的宏伟布局，左右各设三间厢房，整体占地面积近3 400平方米，建筑面积有918平方米。建筑群包含左右护厝，有30间房间（图7.21），形成了一个和谐统一的居住空间（图7.21）。古厝堂前分为上下两埕，左边有200平方米的池塘，增添了自然之美。

　　建筑入口采用"双踏寿"设计，两边耳门称"仪门"。大门两侧有螭虎木雕窗，彰显匠人的精湛技艺。立面采用红砖镜面墙体，下面是花岗岩基石座。中堂宽5.4米，深8.15米，光线充足。厅口是由花岗岩板石板构成，中间最长的石板长5.4米，展现了材料的质感与力量。中堂两边笼扇屏风，上下两堂、左右两边榉头，屋盖主脊是燕尾设计，屋脊上有精美的剪瓷雕，都体现了传统建筑的精致与考究（图7.21至图7.22）。大福堂依山就势，后落建筑明显高于前落，屋顶层次分明，形成了高低错落的屋面设计，从空中俯瞰，如同一幅立体的画卷。大福堂不仅是一处居住的场所，更是一件传承了百年的建筑艺术品。

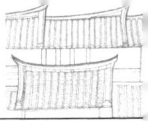

图 7.21　大福堂鸟瞰图

（图片来源：自摄）

图 7.22　吾峰-大福堂

（图片来源：自摄）

7.3.8　谢氏祠堂（坑仔口镇）

魁斗谢氏祠堂亦称谢孟故居，坐落于永春县坑仔口镇魁斗村，是一处承载着谢氏家族荣耀与历史的建筑。据传谢氏家庭的根源可追溯至河南省南阳市宛城区金华东西谢营村，谢姓家族迁徙到泉州地区，魁斗谢氏祖先于显德年间（954—960 年）迁居永春魁斗村。

祠堂内匾额楹联装饰丰富，匾额有"胪唱第一"，旁注"大明会状庄际昌属"。楹联："居魁斗日人占龙头纪乘不登缘胜国；当永嘉时庭栽宝树风流再振有今朝"。堂案上摆设谢氏祖宗牌位，如："万历己未九秋访尔驭、尔饬二兄，喜拜状元谢公墓。占一绝：'先哲胪传光宝树，我今步武谪闲住；未享能作魁斗明，喜谒拜君胜回墓。'会状庄际昌题"（图 7.23 至图 7.24）。祠堂的大门外原有对联："明代工官居首府；元朝鼎甲及第家"。"凤毛仪世风流远；玉树生庭物色佳"。这些文字不仅记录了家族的历史，也表达了对先祖的敬仰与怀念，现已无存。魁斗另一座谢氏祖厝，修建于清咸丰年间（1851—1861 年）。这座建筑同样见证了谢氏家族的辉煌与变迁，是家族历史的重要见证。

图 7.23　谢氏祖厝 1

（图片来源：自摄）

图 7.24　谢氏祖厝 2

（图片来源：自摄）

7.3.9 刘氏雁塔纪念堂（湖洋镇）

刘氏雁塔纪念堂承载着刘氏家族荣耀与记忆的建筑杰作，坐落于湖洋镇美莲村594号。这座清代建筑，占地面积约3 400平方米，建筑面积约2 000平方米，展现出宏伟的规模与深远的历史底蕴。主体建筑采用土木结构，是顺应地形展开的合院。建筑结构为5间3架，内部采用穿斗式木框架，围护结构采用竹编、木板和土坯等。自然材料的使用增强了建筑的保温性能，也赋予了建筑质朴而温暖的质感。屋面覆青瓦，起防水作用。建筑立面采用红砖白石，内部采用朱漆和黑漆装饰，增强了建筑的视觉效果，搭配木雕和灰塑，显得庄重精致（图7.25至图7.26）。

图7.25 刘氏雁塔纪念堂
（图片来源：自摄）

图7.26 刘氏雁塔纪念堂
（图片来源：自摄）

7.3.10 锦水堂（桂洋镇）

锦水堂坐落于永春县桂洋镇桂洋的南端，其历史可追溯至南宋淳熙年间（公元1180年）。这座祠堂采用木瓦的结构，龙头翘脊的屋顶设计，展现了古代建筑的精湛技艺和审美情趣。祠堂建筑规模宏伟，面积有1 100平方米，三进厅堂。祠内内部装饰精美，悬挂奉天诰命圣旨、国师、探花、进士和中衡府匾额等文物，不仅体现了古代宗祠建筑的严谨和对称，也彰显了家族的显赫地位和世代的荣耀。

7.3.11 修爵堂（桃城镇）

修爵堂坐落于永春县桃城镇留安社区281号，建于唐代，于宋景德四年（1007年）进行扩建，明嘉靖三十九年（1560年）部分被倭寇焚毁，于清乾隆二年（1737年）重修，见证了中国封建社会的发展与变迁。

修爵堂的建筑布局严谨而和谐，占地面积1 257.12平方米。建筑坐北朝南，遵循

古代建筑的风水理念，建筑由门庭、下正门、天井、厢房、正厅、后轩、后院、银房和过水廊等组成。门庭有旗杆、日月井，体现了家族的显赫地位，也彰显了古代建筑的精致与考究。

7.4 祠堂特征分析

祠堂是当地文化发展史的一个重要载体，祠堂建筑相当是一个民俗博物馆，也折射了家族变迁史。

7.4.1 传统祠堂分布和空间特性

在古代社会，科学不发达，生产力水平低下，人们对各种自然灾害认识不清，因此敬神拜佛成为人们的精神信仰和寄托。祠堂不仅是古代的祭祀、纪念的场所，更是村落文化与宗族精神的象征。其设计和布局深刻反映了古人对自然和社会秩序的深刻理解，以及对家族传统的尊重与维护。

祠堂选址讲究，往往是村落等级最高的建筑，祠堂一般有池塘，敞坪、朝门、照壁、旗杆和牌坊等。池塘一方面能满足村落日常的用水，另一方面符合风水观念。水能聚气，池塘多为半月形，称为"泮池"，寓意子孙考取功名，也寓意积水聚财。祠堂前的宽敞坪地作为过渡空间，满足家族的祭祀、宴请和集会等活动。

在永春地区，宗祠在空间层次上体现对祖先的尊重，形制、格局、高度、栋架数目比一般民居大，彰显了其在村落中的地位。永春祠堂的布局是有严格规制的，可分为前埕、大门、围墙、门厅、天井、中堂和辅助用房等。宗祠的空间一般包括入口空间和建筑空间。入口空间是祠堂主体建筑的外部空间，建筑空间包括祭祀空间和附属空间。祠堂可分为"一进""二进""三进"，或称"下落""顶落"和"后落"的空间序列，每个空间都有特定的功能和象征意义。其布局与装饰体现了家族的生活习俗与文化传统。正厅则是家族举行重要仪式与活动的场所，宽敞的空间与精美的装饰，展现了家族的尊贵与权威。两厢称"榉头"（"角头"），下落、顶落与榉头围成的天井，称为"深井"。祭祀空间在中堂，附属空间满足祠堂的祭祀、宴请、集会和看戏等公共活动。祠堂的布置体现人与自然、社会的和谐共处，以及对家族文化的传承。

祠堂的祭祖活动可以分为例行祭祖、年节祭祖、不特定祭祖和宗祠奠安祭祖。例行祭祖通常选择祖先的祭日、诞辰日或特定纪念日，体现了对祖先的定期纪念。年节祭祀主要是春节、元宵节、中元节、冬至日和年尾祭祀，强化了家族成员之间的联系和对传统文化的传承，不定期的祭祖活动，如新婚、升职、进学等，体现了家族对成员个人成就的认可和鼓励。祠堂作为传统建筑的重要组成部分，不仅在物理空间上展现了古人的智慧和审美，也在精神层面上承载了家族的记忆和文化传承。祠堂的空间主要由以下部分组成。

（1）朝门

朝门是建筑群的重要元素，不仅是进入主体建筑的过渡空间，更是文化与精神的桥梁。朝门的方位选择尤为重要，在风水朝向比较好的方位开设朝门，以期吸纳天地之灵气，增强家族的运势。朝门外通常是敞坪与池塘，这是家族举行重要活动和仪式的场所，也是宾客聚集和交流的空间，如南湖郑氏祖祠，朝门外会设置一口池塘。池塘是风水布局中的重要组成部分，象征着财富与繁荣，同时也是祠堂环境美化的重要元素。有的祠堂因地形或是风水不佳，在主体建筑前设置庭院。朝门的设计和装饰同样体现了家族的文化传统和审美追求（图7.27至图7.28）。

图7.27 朝门的方位选择（仙溪郑氏大祖厝湖洋）	图7.28 朝门的方位（南湖郑氏祖祠）
（图片来源：自摄）	（图片来源：自摄）

（2）照壁

照壁又称为影壁，作为闽南地区的祠堂中一种独特的建筑元素。它不仅是建筑的序言，还具有装饰作用，还承载着丰富的文化和象征意义。根据古代风水的理念，照壁被赋予阻挡屋外的煞气，守住财气和福气的神秘功能。一般在祠堂的大门不远处设置照壁，表达人们平安纳吉的愿望。照壁在闽南祠堂中通常采用精美的工艺制作，展现了极高的艺术价值。这些照壁不仅是闽南祠堂的重要组成部分，也是闽南文化的重要表现形式。

（3）旗杆石

闽南地区的旗杆石，也被称作石笔，是当地特有的文化象征。旗杆石最初作为交通要道的识别标志，称为"华表"，后来逐渐演变成地位、功名与权势的象征。

旗杆石不仅体现历史文化，也是家族先人地位的象征，很多祠堂前留有旗杆石，

上面雕刻立杆的年代，旗杆的主人的功名和官位等。在永春地区，如果有人中举或及第，就可以在家族的祠堂、家庙或祖屋前竖立旗杆石，以示光宗耀祖。旗杆石的存在，使得祠堂不仅仅是一个建筑，更是一个家族的纪念碑，一个家族精神的传承地。

（4）山门

山门又称为三川门，是二进式宗祠的主要形象与门面，通常采用三间开，立面以红砖白石构成，色彩对比鲜明，给人以强烈的视觉冲击。墙身用花砖组砌成各式图案。中间的明间即主门，最为高大，象征着家族的中心地位和权威。大门中间为"塌寿"，墙体用白石、青石砌成，称为"牌楼面"。大门门柱设石鼓或门狮，次要的门留在左右开的"对门"，内侧墙面称为"龙虎堵"。门扇以黑漆金字装饰，有的绘制门神（图7.29至图7.32）。山门在宗祠建筑中扮演着至关重要的角色。它不仅是家族形象的展示，更是家族文化和精神的体现。

图7.29 山门（玉斗康氏宗祠）
（图片来源：自摄）

图7.30 王氏家庙（蓬壶镇）
（图片来源：自摄）

图7.31 山门（黄氏宗祠）
（图片来源：自摄）

图7.32 山门（郑氏祠堂）
（图片来源：自摄）

（5）天井

永春地区的天井不仅是祠堂内部空间的核心，更是家族文化与自然和谐共存的象征。在闽南地区天井为祠堂提供了自然光线和新鲜空气，增强了建筑的舒适度。天井的设计通常考虑到雨水的收集和排放，屋顶斜坡形式使雨水向院内汇集，形成"四水归堂"的格局，更象征着财富的聚集。在风水学中天井被认为具有聚财和养生气的元素，它的存在预示着家族兴旺与财富的积累。

天井周围的空间装饰精美。天井与正厅、榉头等其他相结合，构成了祠堂特有的院落布局，作为祠堂内部的开放空间，常用于举行家族聚会、仪式和其他社交活动（图7.33至图7.34）。

图7.33 天井（仙夹镇华端堂）

（图片来源：自摄）

图7.34 天井（焕发堂）

（图片来源：自摄）

天井周围的墙面和屋檐常常采用剪瓷雕等传统装饰艺术，展示了地方工艺和文化特色。天井在闽南祠堂中不仅是一个物理空间，还承载着家族荣誉、历史和文化传承的象征意义。天井在闽南祠堂中扮演着多重角色，从实用功能到文化象征，都是祠堂建筑不可或缺的一部分。天井的存在丰富了祠堂内涵，提升了建筑的整体价值。

（6）檐廊

在祠堂的布局中，檐廊是连接各个部分的重要构成部分，也是家族文化和建筑美学的体现。天井的两侧的檐廊，一般有吊筒作为空间引导，这些吊筒不仅起到了装饰作用，更象征着家族的繁荣与昌盛。檐下丰富的木雕构件，展现了当地工匠的精湛技艺。檐廊是进入正殿的动线，檐廊到中堂之前一般有台阶，地坪也随着升高，突显中堂的高大和气势。

祠堂的檐廊是建筑中的重要组成部分。永春祠堂的檐廊为族人提供了一个既能遮阳又能避雨的空间，是户外活动的重要场所。檐廊通常宽敞并具有良好的通风条件，是炎热多雨气候下理想的活动空间。檐廊一般与厅堂相连结，构成全宅的通道，方便族人的日常通行和聚集。

在祠堂檐廊中的布局不仅是一个物理空间，更是家族社交和文化活动的载体，是举行仪式的场所。檐廊作为建筑的显眼部分，采用精美的雕刻和装饰，体现工匠的高超技艺。檐廊的设计和装饰展现了闽南建筑的美学特点，其造型和细节处理体现了地

方文化和建筑特色。祠堂的檐廊不仅是一个实用的建筑元素，也是闽南文化和建筑艺术的重要表现。

（7）正殿

正殿也称为中堂或享堂，是祠堂建筑群中的心脏，是公共活动厅堂，是家族祭祀和聚会议事的神圣空间，承载褒扬功名的使命。在宗祠的大门或大厅，常见褒扬功名、善行、寿考的牌匾，这些牌匾是对家族成员成就的肯定，也是对后代的激励与启迪。正殿的建筑结构有四根结构柱子为支撑，这四根被称为"四点金柱"的柱子，不仅是建筑的物理支撑，更是家族稳固与繁荣的象征。部分正殿采用三通（通梁）五瓜（坐斗）的抬梁式结构，显得高大，搭配束随和雀替等构件。有的宗祠在中梁和梁架上绘制丰富的彩画，这些彩画不仅美化了建筑，更蕴含着深厚的文化内涵。中堂设有六角形的彩绘灯梁，其寓意人丁兴旺，家族的繁衍昌盛。永春宗祠的梁架大多以红色、黑色为主色调，称"红黑路"，它不仅给人以视觉上的冲击，更象征着家族的尊贵与权威。

神龛由柱、额、斗拱、门扇等构成，是牌楼式的木作家具，一般有精美的彩画和贴金木雕。一些大宗祠里还设有"谱房"，这是家族历史与文化的宝库，使家族成员具有强烈的归属感。

正殿的柱上常挂有楹联，叙述祖宗功业或对后代的期望，是对家族传统的传承，也是对家族未来的展望。如华瑞堂的正殿，采用石雕、木雕、油漆、文字装饰等多种艺术手法，营造出庄重而辉煌的室内氛围（图7.35至图7.36）。

祠堂正殿的装饰艺术，如木雕、石雕和彩绘贴金等，不仅美化了空间，更赋予了建筑以生命和灵魂（图7.37至图7.40）。这些装饰艺术的运用，使得正殿不仅是家族活动的场所，更是家族文化与精神的殿堂。正殿体现了家族的荣耀与辉煌，更是家族历史与文化的见证。

图7.35 南山陈氏宗祠（岵山镇）

（图片来源：自摄）

图7.36 华端堂（正殿）

（图片来源：自摄）

图 7.37　祠堂的梁架（黄氏祠堂）

（图片来源：自摄）

图 7.38　祠堂的梁架（焕发堂）

（图片来源：自摄）

图 7.39　夏式大厝（高兴堂-湖洋镇）

（图片来源：自摄）

图 7.40　天全祖厝室内

（图片来源：自摄）

石鼓镇南湖郑氏祖祠达尊堂始建于明正统元年（1436 年）。宗祠以砖、石、木为主要结构。祠堂中堂楹联："溯丹阳以入闽学倡南湖累世书香光祖德；由莆田而徙永开基西第历代名宦振家声。"这副楹联不仅叙述了郑氏家族的源流与荣耀，也表达了对祖先的敬仰与对后代的期望。达尊堂中堂的特色明显、装饰丰富，正殿宽阔，便于祭祀和议事。这座宗祠不仅是家族活动的场所，更是家族文化与精神的殿堂。

（8）神龛

神龛是祠堂建筑中最为神圣的空间，用于供奉祖先的核心，定期举办祭拜仪式的神圣空间，是传统社会议事的场地，也是宗族认同的象征。在两进的祠堂中，一般在享堂后设供奉祖先的神龛，称"公妈龛"。它位于正殿（中堂）的后半部分，由柱、额、斗拱和门扇等构成，形成牌楼式模型，表面绘彩画或贴金箔，神龛的中间放置祖先牌位，用于追思祖先。神龛的左边供奉神位，祈求平安。神龛的内部通常有阶梯式的龛位，祖先牌位按照辈分排列，体现了家族的尊重与传承。

宗祠的祭祀是一项重要的家族活动，家庭成员通过祭祀，缅怀祖先，传承孝道，

加强联系，树立家族的凝聚力。通过神龛，家族的荣耀与辉煌得以代代相传，家族的凝聚力和认同感得以不断加强（图7.41至图7.42）。

图7.41 祠堂中堂神龛（敦好厝）

（图片来源：自摄）

图7.42 神龛（龙水院）

（图片来源：自摄）

7.4.2 祠堂的周边环境特色

祠堂不仅是敬祖酬神的场所，更是家族荣耀与地域文化的体现，是精神的寄托，更是家族经济实力的象征。永春地区祠堂的周边环境常与古厝相结合，具有极高的文化属性与地域辨识度。祠堂庙宇位于闽南的乡镇之中，数量众多，与周围的自然环境和人文景观共同形成了独特的文化景观。这些祠堂的建筑风格多样，反映了闽南人对家族荣誉和宗教信仰的重视。

永春祠堂在建筑材料采用红砖、青石、白壁和青瓦等，这些材料不仅在视觉上给人以美的享受，而且承载着闽南人的精神和历史。装饰如木雕、石雕和砖雕等，细节处体现了能工巧匠的手艺。

祠堂周边的环境与当地的自然环境和谐共生，如山、水、田野等，构成了美丽的乡村画卷，如图7.43至图7.44所示。祠堂选址通常位于聚落的中心或显要的位置，周边视野开阔，便于聚集族人进行各种社会活动。

祠堂是举行族祭、婚丧嫁娶等重要社会活动的地方，也是族人聚集和交流的场所，具有重要的社会功能和文化意义。祠堂的建设和维护需要族人的共同努力和资金支持，反映了闽南人对家族荣誉和传统的重视。

永春传统祠堂的布局具有明确的中轴线，左右对称，体现了中国传统建筑的严谨和和谐。从建筑形制看，永春的宗祠建筑为三合院或四合院。这些形制不仅满足了功能需求，也体现了祠堂的等级和家族的地位。

图 7.43　祠堂高坪村中厝堂位于聚落中心（湖洋镇）

（图片来源：高德地图）

图 7.44　华端堂与周边环境（仙夹镇）

（图片来源：自摄）

图 7.45　万美堂与周边环境

（图片来源：自摄）

图 7.46　楚安刘氏祠堂

（图片来源：自摄）

　　永春祠堂与周边环境相融合，体现了人与自然的和谐共生。中堂厝位于聚落的中间，以轴对称为主，护厝增加空间的功能（图 7.43 至图 7.45）。

　　永春祠堂在选址和设计中，风水学是重要考量因素，有利于家族繁荣和子孙兴旺，展现了永春地区独特的地域文化和生活方式。这些祠堂不仅是家族的纪念场所，也是中国传统建筑艺术的重要载体，蕴含着丰富的历史信息和文化内涵（图 7.46 至图 7.49）。

图 7.47　林氏祖厝周边环境（桃城镇）

（图片来源：自摄）

图 7.48　军兜吕氏宗祠周边环境

（图片来源：自摄）

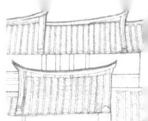

图 7.49 丰山顶祖厝周边环境

(图片来源：自摄)

7.4.3 祠堂形态和细部

　　祠堂不仅是闽南地区文化传承的重要载体，更是集中体现传统性、地域性和当时精湛的营造技艺。永春祠堂不仅是祭祀祖先的场所，也是传承家族文化、教育后人的重要空间。祠堂内常有名家诗文、匾额等文化元素，反映了家族的荣耀和教化功能。祠堂成展现家庭荣耀和社会地位的重要标志。祠堂装饰富丽堂皇，青石红砖、螭虎雕窗、雕梁画栋，具有地域独特的美感。祠堂的瓦主要分为筒瓦、板瓦、花头和垂珠。永春地区主要使用青瓦，"花头"是盖瓦最下面一块。永春的"花头"和"垂珠"一般都是红色，有浮雕纹样。

　　闽南传统建筑中，色彩不仅是视觉的接受，更是文化的象征。寺观、祠堂室内的色彩以红色、黑色为主，柱子、通梁、寿梁和斗拱等刷成红色或黑色，木雕构件如托木、吊筒、通随、圆光、束巾和斗抱等以青绿色为主。

　　永春祠堂的地域元素主要分布在屋顶、墙体、门窗等。祠堂的屋顶采用板瓦构成，燕尾脊设计，脊部有吻兽构件，屋檐采用垂珠、花头等，装饰构件有石雕和木雕等（图 7.50）。墙体正面以红砖装饰，门窗常用螭虎石雕窗。在祠堂外墙上，有浮雕，一般以青石为主，给人气派的印象。祠堂的立面多采用青石和红砖搭配，形成鲜明的色彩对比。红砖白石的组合体现和谐与对比，在文化上承载了深厚的意义。祠堂的大门还有门神和对联装饰（图 7.51）。

　　祠堂的屋脊曲线优美，大多使用"燕尾脊"，形态优美、轻盈，有些祠堂在燕尾脊上再加陶制的吻兽。中厝堂选用当地的红砖和白石，这些材料坚固耐用、色彩鲜明，富有地方特色。祠堂内部装饰精美，常见的有木雕、石雕、砖雕等，这些雕刻工艺精湛，图案内容丰富，包括人物、动物、植物以及各种吉祥图案，展现了闽南地区高超的雕刻技艺。

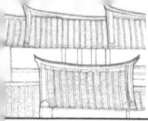

图 7.50 屋顶（南山陈氏宗祠）

（图片来源：自摄）

图 7.51 南湖郑氏祖祠门神和细部

（图片来源：自摄）

在闽南祠堂的建筑布局中，通常遵循着"前低后高"的原则，即后落（寝堂）在高度上高于前落（门厅或享堂）。

第一，在我国传统的建筑中，高度往往象征着尊卑和地位。后落作为供奉祖先牌位的地方，是祠堂中最为神圣和尊贵的空间，在高度上高于前落，体现了对祖先的尊敬。

第二，在风水学中，前低后高的布局有助于聚集"气"，形成一种稳定和积聚的效果，有利于家族的繁荣和子孙的兴旺。后落高于前落，可以在进入祠堂时形成一种渐进的空间感，同时也保证了后落的私密性和安静，适合进行祭祀等庄重的活动。从建筑结构和美学的角度来看，后落高于前落可以形成一种视觉上的焦点，使得整个祠堂的立面更加丰富和有层次感。这种"前低后高"的布局体现了闽南地区的建筑特色，也蕴含了丰富的文化意义和象征（图 7.52）。

图 7.52 花石郑氏祠堂

（图片来源：自摄）

有的宗祠在梁架上绘制精细富丽的彩画（图 7.53 至图 7.54）。祠堂的中堂装饰丰富多彩，常用木雕和彩绘结合起来运用（图 7.55 至图 7.56）。斗拱、灯托、螭虎木雕窗等装饰不仅美化了建筑，也体现了闽南地区的工艺水平和审美风格。

图 7.53　梁架细部 (崇德祖宇-岵山)

(图片来源：自摄)

图 7.54　福茂寨木雕构件

(图片来源：自摄)

图 7.55　宗祠室内梁架 (玉斗康氏)

(图片来源：自摄)

图 7.56　祠堂梁架图 (林氏祖厝-桃城镇)

(图片来源：自摄)

祠堂的入口和中堂是装饰的重点 (图 7.57 至图 7.58)。祠堂立面檐下常有水车堵装饰，采用灰塑、彩绘表现历史题材故事，如黄氏宗祠建筑的水车堵彩画，描绘历史题材的场景，隐含传承传统优良品德。祠堂立面运用红砖镂花窗丰富立面效果 (图 7.59 至图 7.60)。中堂的梁枋、垂花柱、封檐板、石柱础、柱头雀替、立柱、护壁柱和围栏条石等使用雕刻构件 (图 7.61 至图 7.62)。装饰以瑞兽题材为主，镂雕和浮雕结合，工艺精美 (图 7.63 至图 7.65)。封檐板、梁枋等雕刻花鸟虫鱼和人物故事题材等，装饰丰富。柱础采用花岗岩雕刻，又起到防潮的作用 (图 7.66 至图 7.67)。

永春祠堂的形态和细部展现了闽南地区建筑艺术的精湛和文化传承的深远。通过对色彩、材料和装饰细节的精心选择与运用，祠堂成为了连接过去与现在、传统与现代的重要桥梁。

图 7.57　砖雕（大福堂–吾峰镇）

（图片来源：自摄）

图 7 58　砖雕（仙溪郑氏大祖厝–湖洋镇）

（图片来源：自摄）

图 7.59　螭虎木雕窗（益星堂）

（图片来源：自摄）

图 7.60　螭虎木雕窗（焕发堂）

（图片来源：自摄）

图 7.61　匾额（黄氏家庙–湖洋镇）

（图片来源：自摄）

图 7.62　木雕构件（凤美堂）

（图片来源：自摄）

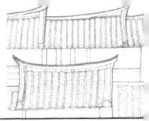

图 7.63 王氏家庙细部（蓬壶）

（图片来源：自摄）

图 7.64 月溪宗祠（湖洋镇）

（图片来源：自摄）

图 7.65 军兜吕氏家庙（蓬壶镇）

（图片来源：自摄）

图 7.66 砖雕-仙溪郑氏大祖厝（湖洋镇）

（图片来源：自摄）

正脊　脊圆　束木　鸡舌　灯梁　斗拱　雨蓬　隔墙

图 7.67 祠堂中堂的结构和装饰

（图片来源：自制）

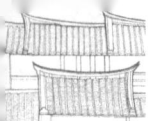

本章小结

祠堂不仅是家族的公共建筑，更是传统文化的载体和象征。祠堂体现了传统礼仪、宗族文化、地域特色和民俗文化。永春传统祠堂的空间布局源于民居，但形态特征高于民居，祠堂周边环境符合风水，力求达到和谐统一的人居环境。

永春的传统祠堂布局通常遵循中轴线对称的原则，由前至后依次为大门、享堂（或称"厅事"）、寝室（或称"寝堂"），形成"前堂后寝"的格局。祠堂的大门作为宗祠的"门面"，立面多以红砖白石砌成，装饰丰富。祠堂的屋脊多采用燕尾脊，线条优美、工艺精湛，具有装饰性和象征意义，也象征着家族的繁荣昌盛。祠堂在建造时大量使用当地特有的红砖和青石，形成鲜明的地域特色。

祠堂的装饰艺术非常发达，包括石雕、木雕、泥塑、彩绘等，这些装饰不仅美化了建筑，也体现了闽南地区的工艺水平。祠堂的梁架和斗拱结构复杂而精美，常绘有彩画或贴金箔，展现了精湛的建筑技艺。祠堂的柱上常有楹联，常挂有褒扬功名、善行、寿考的牌匾。这些文字装饰增添了祠堂的文化氛围，也传递了家族价值观和期望。

祠堂是家族祭祀祖先的重要场所，内部设有供奉祖先牌位的神龛，以及举行祭祀仪式的空间。永春祠堂的建造汇集了地方工匠的多种成熟技艺，如木作、石作、瓦作，综合了建筑、雕刻、绘画等多种艺术形式。祠堂不仅是家族的象征，也是闽南地区文化传统和社会结构的体现，承载着丰富的历史信息和文化内涵。

永春祠堂在保持传统特色的同时，也吸收了一些外来元素，如番仔楼式祠堂结合了中西建筑风格，体现了文化的融合与创新。

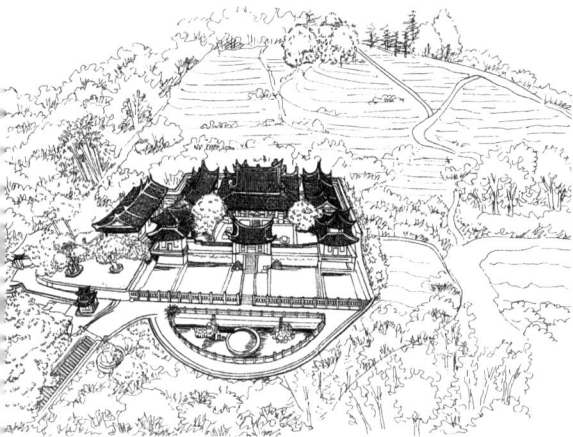

寺廟建筑

8

宗教建筑不仅是传统建筑中的精品，而且能够反映出当时建筑文化的最高水平。它们构成了建筑文化遗产的重要组成部分。发掘宗教建筑蕴含的历史价值和文化价值，成为许多地方文化产业需考虑的内容。永春传统建筑深受到宗教的影响，展现鲜明的地域特色。在宗教建筑中装饰手法比较多样，题材灵活，体现了宗教与地方文化的交融。

8.1　寺庙概述

福建省佛教历史悠久，寺庙众多，见证了这片土地上宗教文化的深厚底蕴。道教在东汉时期传入福建，经过魏晋的发展，隋代的修建。至五代闽国时期，道教发展很快，其标志是道观建造数量众多。清代，道教发展走向世俗化，与福建的山水景观紧密相连。道教追求长生不老，讲究修炼养生，相信凡人可以飞升成仙。福建的道教建筑由深山向城镇推进，形成了遍布各城镇的宫观庙宇。宫观不仅是百姓为了祈求平安，供奉神仙的场所，也是地方官员祭祀神灵的重要地点。大量宫观应运而生，成为福建地区另一道景观。永春的寺庙多，呈现集山水、建筑和园林为一体的园林式设计和视觉效果，佛教传统建筑的形象鲜明。

永春的寺庙多采用红砖青瓦，屋顶以三川脊式，正脊为飞燕式设计，飞檐上卷，屋顶较少有神兽或其他装饰。屋顶正脊成曲线，脊角采用"燕尾脊"，展现出一种轻盈而灵动的美感。如桃源祖殿的屋脊采用曲线设计，两端是燕尾脊，脊线装饰剪粘和灰塑。重修后墙面采用红砖，屋面采用红瓦，立面上采用石雕的构件、石柱和镂空窗等。这些都展现了永春寺庙建筑的独特魅力和文化内涵（图8.1至图8.2）。永春的寺庙和宫观建筑，不仅是宗教信仰的体现，更是福建地区建筑艺术和文化传承的重要载体。

图8.1　桃源祖殿立面1
（图片来源：自摄）

图8.2　桃源祖殿立面2
（图片来源：自摄）

8.1.1 山门（三门）

山门作为寺院的门户，不仅是进出的通道，更是寺院整体建筑群的重要组成部分，承载着宗教与文化的象征意义。在规模宏大的寺院山门如同城门，或建城墙，或建一圈土围子，作为寺院的界限，称为总门。进入寺院时还有山门（三门），山门作为山寺的大门通常是牌楼式或是牌坊式设计。平地寺院的山门应当叫"三门"，即是中间的大门，两边各建小门，这是一般佛教寺院的规格。正中的匾额往往由名人题写，小型寺院做单门，只能供人们出入；而大寺院三门则有三开间的阔度，明间为人们出入使用，两侧稍间作守门人休息或值班使用。

三门的式样与寺院的规模相匹配，大寺为庑殿式，中小型寺院的三门则可能采用悬山式屋顶。配门的规制小，通常为单间连墙门式样，一般做防火檐，采用简瓦歇山顶式。

大寺的三门平日不开，办事都出入配门。寺院中的二门为礼门，在规模比较大的寺院才有。北方四合院中有二门，是为了安全，分别内外空间。

在城镇附近的寺院，因环境不允许，可能不设置山门。在这种情况下，庙门和前殿结合，以殿的形式出现，又称为山门殿，既满足了功能需求，又保持了建筑的统一与和谐。

山门不仅是寺院的物理入口，更是精神的象征，通过其设计和布局，传达了佛教文化的精神内涵和建筑美学的追求。

8.1.2 佛殿

在佛教寺院的建筑群中，佛殿是核心的神圣空间，根据规模和功能分为大雄宝殿、中佛殿和一般佛殿。每一种都承载着独特的宗教和文化意义。

大雄宝殿为最大的佛殿，一般供奉佛主释迦牟尼。每间标准宽度有 3 米到 5 米，每间面积 25 平方米左右。在寺院的佛殿，无论是大雄宝殿、前佛殿、中佛殿、后佛殿都做柱网式布局。佛像的基座装饰莲花的花瓣，称为莲花座，象征佛教教义的纯洁和高雅。

中佛殿是寺院中的次级佛殿，包括毗卢殿、药师殿、弥勒殿、观音殿、金刚殿、伽蓝殿等。中佛殿大多数都建在大雄宝殿之前，作为寺院前殿与后殿，中佛殿之规模及建筑等级略小于大雄宝殿。

小型佛殿是寺院中较小的殿宇，位于大殿或中殿的两侧，或是建在两廊的重要部位。也有个别佛寺，将小佛殿设在正殿之后，或者后殿的两侧。明清时期，佛寺与庙宇混合，在小型佛殿中也出现神像，如岵山镇铺上村的广陵宫（图 8.3 至图 8.7）不仅

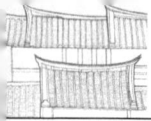

建筑精致，屋顶脊饰丰富，立面上还巧妙地运用了红砖、花岗岩，展现了传统建筑工艺的精湛。

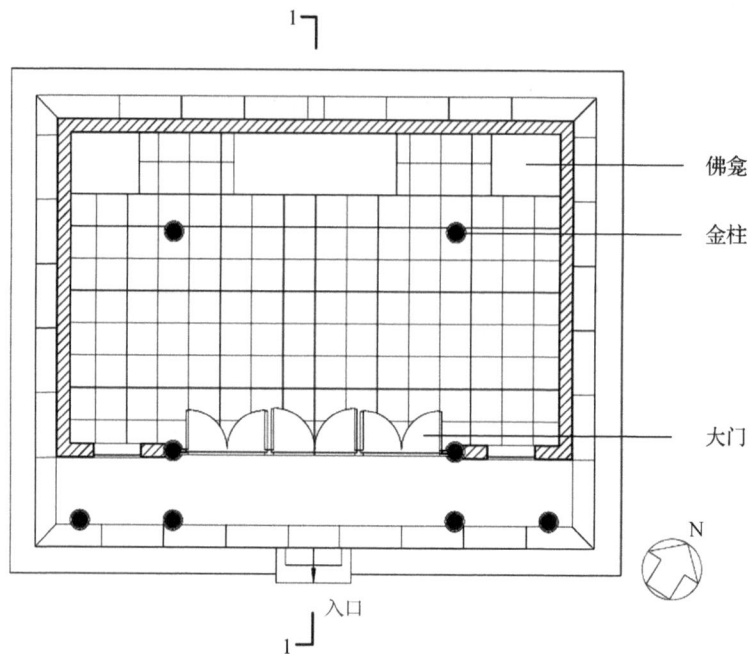

图8.3　岵山铺上村广陵宫屋顶1

（图片来源：自制）

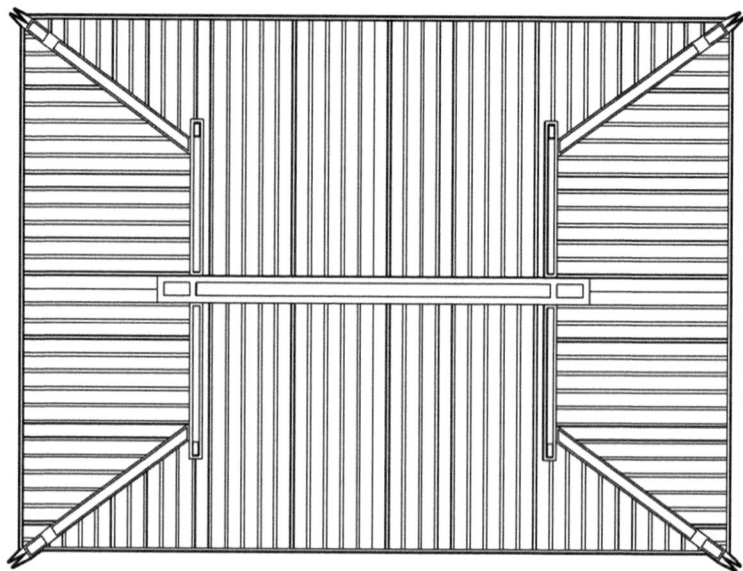

图8.4　岵山铺上村广陵宫屋顶2

（图片来源：永春县岵山镇传统村落测绘图集，戴志坚供图）

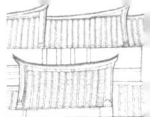

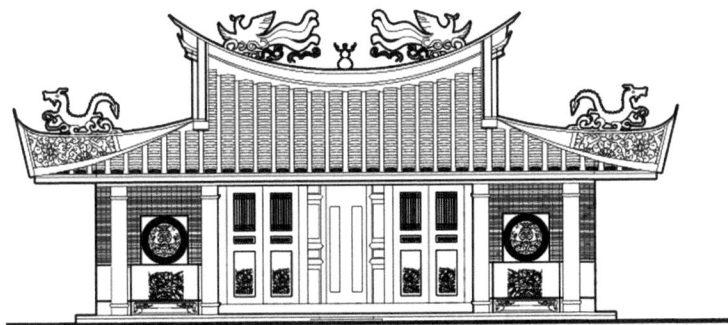

图8.5 永春县铺上村广陵宫南立面图

（图片来源：永春县岵山镇传统村落测绘图集，戴志坚供图）

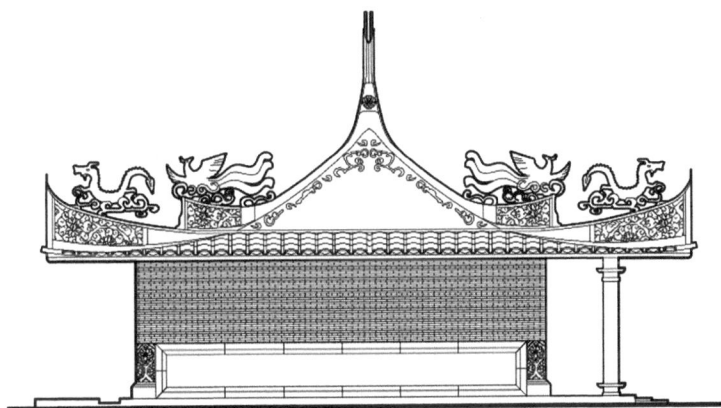

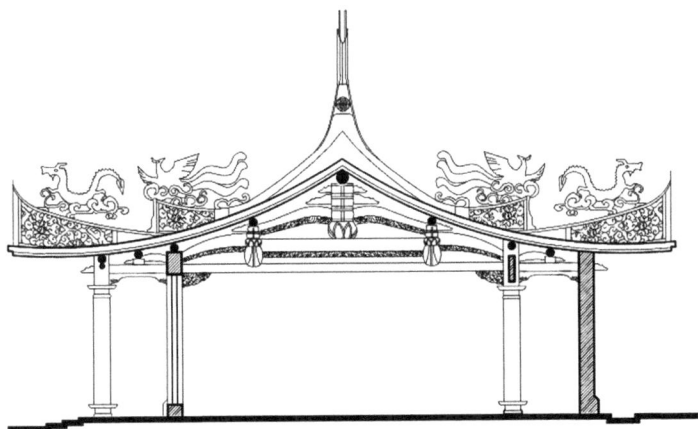

图8.6 永春县铺上村广陵宫西立面图

（图片来源：永春县岵山镇传统村落测绘图集，戴志坚供图）

图8.7 铺上村广陵宫1-1剖面图

（图片来源：永春县岵山镇传统村落测绘图集，戴志坚供图）

佛教寺院的佛殿，无论是大雄宝殿的宏伟，中佛殿的精致，还是小型佛殿的灵巧，都体现了佛教建筑的精神追求和美学理念。它们不仅是信仰的场所，更是文化传承的载体，传达了佛教的教义和对美的追求。

8.1.3 经堂与讲堂

在寺院的建筑布局中，经堂与讲堂上承载着佛法的传承与弘扬的核心空间，它们是寺院建筑群中不可或缺的组成部分。主体殿堂安排在中轴线上，经堂与讲堂安排在大雄宝殿后部。经堂是贮存佛经之所，讲堂为念经讲经之堂。佛像的布局确定之后，决定大殿建筑的尺度、式样和结构等。寺院里的大雄宝殿，采用全木结构，还有深远的出檐，精细的石雕、木雕和彩绘装饰。

大雄宝殿的四面空旷，一般建在高台之上，月台是对大殿的陪衬，衬托出大殿的雄伟气魄。寺院对大雄宝殿的建设标准较高，建筑材料、装饰和技艺工匠都是最好的。大雄宝殿内部一般不做天花，采用"彻上露明造"，达到开敞、明亮的效果，能清楚地看到木构梁架构件。

寺庙以大雄主殿为中心，围绕佛教教义展开。大雄宝殿前的建筑作为陪衬，尺度和装饰与主体建筑有所区别，突出大雄宝殿的庄严。到元、明、清时代，牌坊越来越多，建造工艺越来越复杂，其中的斗拱变化特别多，变体式样繁复。寺院的牌坊一般位于山门，不仅起到了标识和装饰的作用，更是佛教文化与地方特色融合的象征。

寺院中的经堂与讲堂，以及大雄宝殿等建筑，通过精心的设计和装饰，不仅满足了宗教活动的需要，也展现了佛教文化的深厚底蕴和传统建筑艺术的卓越成就，体现了佛教建筑的精神性和教化功能。

8.1.4 亭与台

在寺院的建筑群中，亭台不仅是园林艺术的体现，更是宗教活动与自然景观的和谐融合。亭子主要是供游人休息之场所，形状有方形、圆形、八角形等，建在前院或后院的两侧，四周可供人坐下休息。台有平台、小平台和大月台，用于仪礼等佛事活动。

亭台的设计和布局，体现了对自然景观的尊重和对宗教活动的适应，它们不仅是寺院建筑群中的重要组成部分，更是宗教文化与园林艺术相结合的典范。

8.1.5 寺庙建筑特色与环境融合

永春地区的寺庙建筑以数量较多分布广泛而著称。寺庙屋顶正脊成曲线，脊角采用燕尾脊。屋顶基本采用重檐结构，用青瓦或红瓦装饰。建筑一般面阔五间，采用对

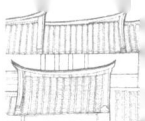

称布局。寺庙的周边环境优美，如魁星岩的自然景观，与建筑和寺观园林结合一起。

（1）景以境出，因地制宜

永春寺庙多依山临水，融入周边天然水流溪涧，群峰叠嶂，地势曲折，建筑与自然融为一体，提供因地制宜的便利。寺庙通过借入适宜的景色，形成精巧得体的佳境，园林小景的点缀，使得寺庙成为了可供游人赏玩的景观。

（2）叠山理水、开阔空间

永春的传统寺院通过人工山水进行设置和改造，如通过挖池填山、引流理水，实现了空间的开阔与变化。这种叠山理水的手法，传达了自然的神韵，体现了"虽由人作，宛自天开"。水景的设计，营造出层次丰富的空间。池水营造小的气候环境，也避免了空间的单调。有的还设计楼亭和花木搭配，使空间富有生机与趣味。人工理水与文石和栏杆结合，进一步营造空间的开阔感。

（3）园圃造景，四季如春

园圃是寺庙中营造自然之美的重要元素，通常种植各种花草树木，与楼阁亭台协调搭配协调。堂、亭与不同主题的花木映衬，不仅美化了寺庙环境，也增加寺庙园林可观赏的内容。

8.2　传统寺庙和杂祀的典型案例

永春县拥有众多历史悠久的佛教寺庙，每一座都承载着丰富的历史与文化。这些寺庙不仅是信仰的殿堂，也是建筑艺术和自然景观的完美结合。

普济寺位于蓬壶镇美山村五班山中，其环境幽静，远离尘嚣。自五代起，有多位历代名僧驻锡，弘扬佛法如性愿法师和弘一法师。寺内有文峰师的壁画，以及历代名人留下的墨迹，为寺庙增添了深厚的文化氛围。

永春白马寺作为中国佛教正统道场之一，始建于唐大中年间。尽管历史上曾遭火灾破坏，在国家宗教信仰自由政策开放后得以恢复。寺内存有唐代的古井、元朝的石础、明朝的石狮、清朝的残碑等文物，都是历史的见证，诉说着寺庙的沧桑与辉煌。

开元寺原名惠明寺，是永春现存古刹中最早的一座，始建于唐代，已有1 100多年的历史，被列为永春县重点文物保护单位。乌髻岩又名"灵应岩"，初建于唐开元年间，距今1 300年，是泉南佛国独具特色的著名古刹。天竺寺建于唐朝，已有1 250多年历史，曾是极负盛名的千年古刹，宋朝时寺庙迁至云峰扩建，规模壮观。西峰寺始建于唐咸通年间，是闽南一带闻名的千年古刹。观音寺结合森林景区的特色，注重传播佛教文化，以丛林格局为寺庙发展趋向，定期举办佛学讲座，是永春第一个兴办佛教慈善团体的寺庙。雪山岩原名"碧莲岩",位于闽南地区最高的佛教寺庙,建筑具有特色,历经沧桑,几度兴废,现为庄严的佛教圣地。

永春的佛教寺庙不仅历史悠久,而且与自然环境和谐共生,体现了佛教文化与闽南地域文化的融合,是研究佛教历史和文化的重要场所。

8.2.1 魁星岩 (石鼓镇)

魁星岩位于永春县石鼓镇的奎峰山麓。魁星岩供奉魁星,象征聚汇文运昌盛,文化与智慧的繁荣。魁星在传说中为文曲星下凡,被称为魁星公、魁星爷等。魁星的形象以赤发环眼,右手握笔,左手拿着宝墨金锭,右脚踏着大鳌头部,寓意文才与智慧的较量,激励着人们追求学术与知识的卓越。

魁星信仰的历史可追溯于宋代。魁星岩的寺宇始建于唐会昌年间 (841—846 年),南宋乾道年间 (1165—1173 年) 重建,后续明、清多次重修 (图 8.8)。永春魁星岩以寺庙供奉魁星,有重檐悬山式的大雄宝殿、魁星殿,以及摩崖造像和书法篆刻等艺术作品。大雄宝殿为重檐歇山顶土木结构,面阔有 5 间,进深有 3 间 (图 8.9 至图 8.10)。殿中供奉释迦牟尼,左厅祀魁星,右厅祀清水祖师,集儒教、佛教于一体。殿后的乡贤祠,原为悬山式土木结构,祀明左史颜廷榘,雕刻精湛,展现了古代工匠的高超技艺与艺术追求。

图 8.8 清代乾隆五十二年《永春州志》中的魁星岩图

(图片来源:《永春州志》)

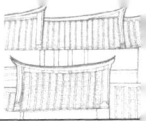

图8.9 魁星岩建筑与自然景观

（图片来源：自摄）

图8.10 魁星岩线描图

（图片来源：周曌绘）

魁星岩大殿后有宋代的摩崖造像。宋代匠人在石壁上雕刻释迦牟尼、文殊、普贤三尊佛像，合称"华岩三圣"（图8.11），佛像高3米至4米。魁星岩的摩崖石刻有十多方，大字"魁"出自清初武状元福建陆路提督马负书之手，旁题"灵岩毓秀，奎斗钟英大魁天下，佑启文明"（图8.12）。摩崖刻着明清书法家王豫、颜廷榘和无名氏的咏景诗。魁星岩山门左侧存立颜廷榘手书"文昌台"竖碑，高1.38米，宽0.55米。魁星岩文化也影响周边民居，如桃场颜氏家庙门楣写着"奎峰毓秀"，五里街崇德堂的门楣"星岩拱翠"，均体现了魁星岩在地方文化中的重要地位。

图8.11 魁星岩的石刻

（图片来源：自摄）

图8.12 魁星岩的魁字

（图片来源：自摄）

魁星岩不仅是一处自然景观，更是一个历史悠久、人文荟萃的地方。魁星岩展现了佛教文化与闽南文化的融合，更是研究佛教历史和文化的重要场所。

8.2.2 普济禅院

永春普济寺又名普济禅院是一座历史悠久的佛教圣地，位于蓬壶镇美山村五班山中。普济寺始建于五代（907—960年）。1936年高僧性愿法师来任方丈，重振寺风。

1939 年 5 月，弘一大师来到普济寺，他在此度过一年半时间，生活俭朴，抄写佛教经典，其字体清秀脱俗，为普济寺增添了深厚的文化氛围。历代名人如朱熹、张瑞图、李九我、叶向高、詹仰庇等都曾来此游览，并留下了墨迹，使得普济寺不仅是一个佛教圣地，也成为自然景观与人文历史相结合的旅游胜地。普济寺周边风景秀丽、环境幽静，有峰峦竞秀、怪石嶙峋的自然景观（图 8.13、图 8.14）。

图 8.13　普济寺与周边环境

（图片来源：周垦绘）

图 8.14　普济寺与自然和谐

（图片来源：周垦绘）

普济寺的大殿由旅台乡亲捐资重建的。寺院的主体建筑采用二进悬山式砖木结构，上殿正中供奉如来佛，两旁为文殊菩萨和普贤菩萨，后堂为观音像。主殿两侧为十八罗汉，下殿左右有四大天王，下院有钟鼓楼列于两边。主建筑前有半圆形的月池，内有二龙吐雾。建筑的屋顶高低起伏，主题突出，与周边山脉相呼应，展现了建筑与自然环境的和谐统一（图 8.15、图 8.16）。

图 8.15　普济寺主体建筑

（图片来源：自摄）

图 8.16　普济寺景观

（图片来源：自摄）

普济寺的建筑与自然景观的完美结合，展现了中国传统寺庙建筑的独特魅力和深远影响。

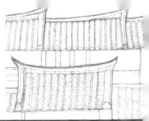

8.2.3　乌髻岩

乌髻岩位于永春县锦斗镇的飞凤山，始建于唐开元年间（724年），距今1300年左右。乌髻岩主祀乌髻观音，佛号"显化大士"，昵称"乌髻妈"，被敬为"吉祥女神"，又名"灵应岩"，属于民间信仰。乌髻岩寺大雄宝殿里供奉着乌髻观音。乌髻岩的建筑具有闽南佛国的特色，其建筑风貌与当地的自然景观和宗教文化相融合。

清乾隆五十二年（1787年）《永春州志》记载，"乌髻山势若文笔，林木荟蔚，望之如云髻"。《福建通志》把其列入"名胜志"。历代名人如宋代进士王胄、大理学家朱熹，明代名相李九我等游玩过此地。寺庙周边层峦叠翠，风光旖旎的自然环境与寺庙的古朴建筑相映成趣，使得乌髻岩成为了一个集自然美景、宗教信仰与历史文化于一体的旅游胜地（图8.17至图8.18）。

图 8.17　乌髻岩环境

（图片来源：自摄）

图 8.18　乌髻岩线描图

（图片来源：周墅绘）

8.2.4　天马岩

天马岩建造于清代，以其独特的地理优势和精巧的构造艺术，矗立于山水之间。建筑为单层设计，背山面水，建筑前方有水池，营造出一种和谐与平衡的美感。建筑的级别较高，主体结构以抬梁式构造，采用歇山式屋顶，脊线上装饰对称的龙，承重是木框架体系。围护的墙体运用竹编而成，有的是木板和夯土，屋面采用灰瓦覆盖。建筑的石雕精美，结构部件完整，斗拱硕大，内部有藻井，左右厝陈列有乾隆年间颁发的圣旨牌，无不彰显着天马岩深厚的历史底蕴和文化价值。

天马岩寺奉祀三显真仙，具有悠久的历史和文化价值。而其周边拥有壮观的自然景观，包括云海和日出，以及云雾缭绕的森林。天马山的森林主要以柳杉、火炬松等树种为主，混交部分枫香等阔叶树，形成了郁郁葱葱的森林景观（图8.19至图8.20）。天马岩周边的天然阔叶林中，还有百年古柏等珍稀植物，体现了该地区

丰富的生物多样性。天马岩及其周边的自然和人文景观，具有较高的旅游价值，吸引了众多游客。

图 8.19　天马岩立面

（图片来源：自摄）

图 8.20　天马岩周边环境

（图片来源：自摄）

8.2.5　昭灵宫

昭灵宫是清代的建筑，坐落于吾峰镇吾中村。建筑为木结构，单体建筑长 12 米，宽 9 米，以抬梁式结构为主，顺着地形建造。屋面采用歇山式，以木框架和石墙承重，围合的墙体是木板和石材。

昭灵宫的窗户设计尤为引人注目，窗户以雕刻贴金装饰，四周是螭虎纹，中间是人物纹，生动地展现了历史故事与民间传说。青瓦覆盖的屋面，与周围环境和谐相融，体现了建筑与自然的和谐共生。

图 8.21　昭灵宫

（图片来源：自摄）

图 8.22　昭灵宫细部

（图片来源：自摄）

8.2.6　竹林庵

竹林庵坐落于达埔镇洪步村牛角坡内宅，由洪步村林氏始祖所建。竹林庵俗称"猿步室"，位于马寺山下，是个古刹圣地。

竹林庵的历史可追溯至宋代，朱熹在永春讲学时，与里人休斋居士陈知柔同游于此，又誉为七星坠地之美。明永乐二年（1404年），洪步林氏始祖佛生卜居洪步时，随身携带吴公真仙正尊，至万历年间，族人捐资兴建竹林室（图8.23）。寺庙于1970年重修。寺庙主祀奉吴公真仙，供奉三显真仙、清水祖师和观音佛祖等。建筑的细部精致，有燕尾脊，建筑立面采用红砖构件，搭配花岗岩裙堵，吻兽和石雕构件等运用（图8.24），增添了建筑的灵动与庄严。竹林庵的屋顶特色明显，中间采用悬山屋顶，两侧是马背山墙，这种设计不仅在视觉上形成了丰富的层次感，更在功能上实现了良好的排水与通风。建筑前方修建鱼池，营造舒适的小气候环境，体现了古人对环境与建筑和谐共生的深刻理解。

图8.23　竹林庵立面

（图片来源：自摄）

图8.24　竹林庵螭虎石雕窗

（图片来源：自摄）

8.2.7　重兴岩

重兴岩是位于一都镇玉三村的双层木构建筑，以其独特的山区寺庙建筑风格，与城镇寺庙的石构风貌形成鲜明对比。这座建筑大量运用了木材，不仅展现了材料的地域特色，更彰显了建造者对传统工艺的深刻理解和运用。

重兴岩建筑背山面水，顺应地形而建，背后倚靠着小山坡和郁郁葱葱的竹林，前方则视野开阔，与周围的自然环境和谐相融。建筑布局采用两落进深的合院，主体结构是5间9架，混合式构造，材料有木材、石材和夯土，屋面覆盖青瓦与木材的自然色调相得益彰，增添了建筑的古朴与雅致。建筑二层设置栏杆、窗户和门簪均采用木雕构件，细节尽显精致，赋予空间节奏感。永春重兴岩作为山区宗教建筑的典型代表，其建筑形制以木构造为主，风格别具特色。从外形来看，建筑高低错落，富有层次感，屋顶造型尤为明显，展现出独特的建筑韵味。与闽南传统佛教建筑相比，其砖材和石材的使用相对较少，更凸显出木材的质朴与自然之美。建筑内部，主殿位于二层，布局别具匠心。圆形窗户为建筑增添了柔和之感，也使得室内的光线更加柔和。内部的栏杆木作精致细腻，彰显出匠人的高超技艺。室内的梁架雕刻精细，瓜筒造型立体生动，细节展现出山区宗教建筑的独特魅力（图8.25至图8.28）。

图8.25 重兴岩外部

（图片来源：自摄）

图8.26 重兴岩内部

（图片来源：自摄）

图8.27 重兴岩神龛

（图片来源：自摄）

图8.28 重兴岩梁架

（图片来源：自摄）

8.2.8 昆仑洞

昆仑洞位于东平镇太平村，建筑背山面水，朝向西南217°。昆仑洞不仅是历史悠久的宗教建筑，更是明代建筑艺术的体现。建筑占地面积2 000平方米，为土木结构，穿斗式构造。昆仑洞内供奉洪祖公，建筑内部采用木雕、彩绘和灰塑等装饰。这些装饰不仅美化了空间，也传递了宗教故事和文化寓意（图8.29至图8.31）。昆仑洞作为明代的宗教建筑，其选址、结构和装饰均体现了传统建筑的精髓和宗教文化的内涵。

图 8.29　昆仑洞立面

（图片来源：自摄）

图 8.30　昆仑洞室内

（图片来源：自摄）

图 8.31　昆仑洞细部

（图片来源：自摄）

图 8.32　广陵宫

（图片来源：自摄）

8.2.9　广陵宫

广陵宫坐落于岵山镇铺上村，建于明代，这一选择充分利用了自然环境的优势，建筑朝向东南，有利于获得良好的日照和通风条件。广陵宫占地面积和建筑面积均为632平方米。建筑是单层的，砖木结构，顺着地形展开，体现了与环境和谐共生。主体结构是穿斗式，采用砖木结构。广陵宫的屋顶有龙纹和葫芦纹等丰富的剪粘和灰塑装饰（图8.32），赋予了建筑以生动的形象和丰富的文化内涵。广陵宫的屋顶装饰，便是剪粘和灰塑这两种技艺结合的代表。广陵宫作为明代的宗教建筑，其精心的选址、独特的结构设计以及丰富的装饰细节，展现了明代建筑艺术的成就和文化内涵。

8.2.10　岩仔宫

岩仔宫位于永春县湖洋镇桃美村，是永春县的第一批历史建筑。岩仔宫始建于清朝，坐北朝南，砖木结构为主，穿斗式木构架设计，建筑长14米，宽11.1米，总面积 151.05 平方米。建筑为单层，外墙采用红砖灰瓦。岩仔宫的平面形式为三间张二落大厝，其由下落、榉头、天井和顶落四部分构成，为典型的四合院布局，体现了建筑的对称美，又保证空间的合理利用。岩仔宫里面采用红砖墙，两侧是圆形镂空窗，墙裙采用卵石堆砌，这种构造增强建筑的稳固性，更赋予一种质朴而自然美（图 8.33）。榉头有精致的木雕构件（图 8.34）。岩仔宫的建筑材料和结构方式，保留着闽南传统建筑的特点，石雕、木构件，工艺精美，体现建筑工匠的创造智慧（图 8.35 至图 8.42）。

图 8.33 岩仔宫正立面

（图片来源：自摄）

图 8.34 岩仔宫内部环境（东侧榉头）

（图片来源：自摄）

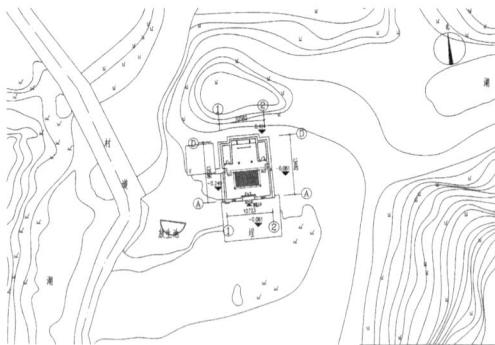

图 8.35 岩仔宫总平面图

（图片来源：永春县第一批历史建筑测绘建档，厦门大学建筑与土木工程学院）

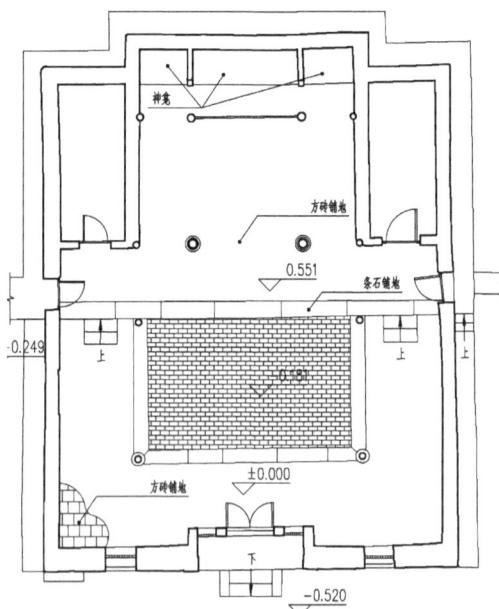

图 8.36 岩仔宫一层平面图

（图片来源：永春县第一批历史建筑测绘建档，厦门大学建筑与土木工程学院）

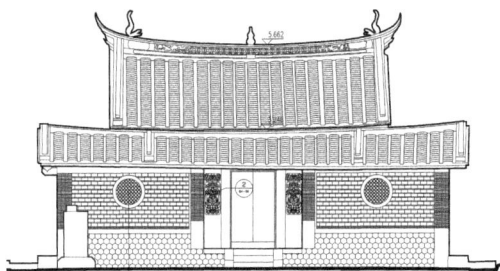

图 8.37 岩仔宫立面图

（图片来源：永春县第一批历史建筑测绘建档，
厦门大学建筑与土木工程学院）

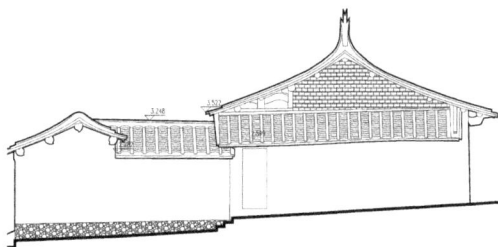

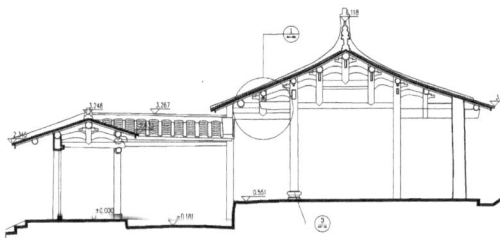

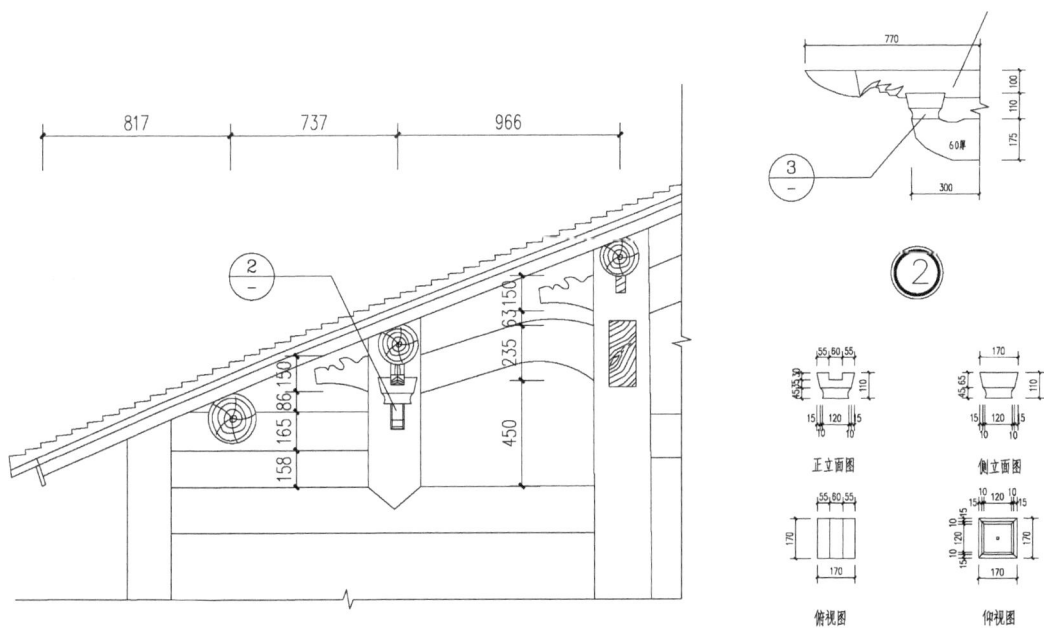

图 8.38 岩仔宫 A—D 立面图

（图片来源：永春县第一批历史建筑测绘建档，
厦门大学建筑与土木工程学院）

图 8.39 岩仔宫 1-1 剖面图和照片

（图片来源：永春县第一批历史建筑测绘建档，厦门大学建筑与土木工程学院）

图 8.40 岩仔宫大样图 1

（图片来源：永春县第一批历史建筑测绘建档，厦门大学建筑与土木工程学院）

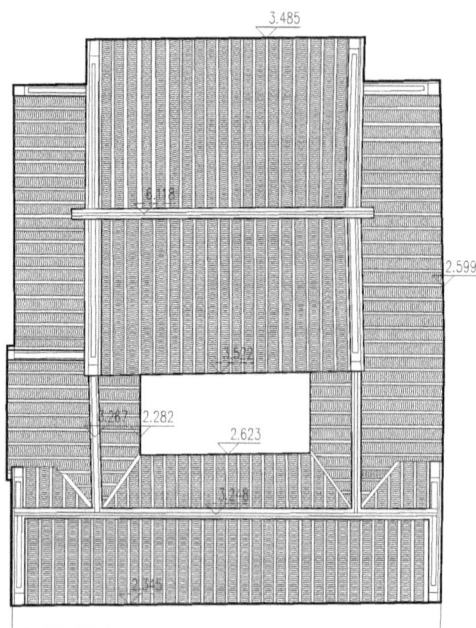

图 8.41 岩仔宫屋顶平面图

(图片来源：永春县第一批历史建筑测绘建档，
厦门大学建筑与土木工程学院)

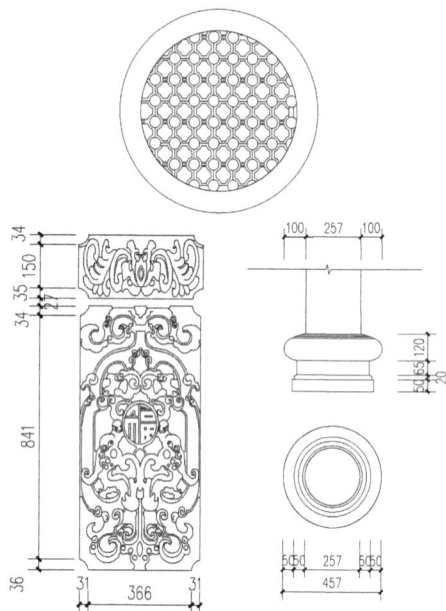

图 8.42 岩仔宫大样图 2

(图片来源：永春县第一批历史建筑测绘建档，
厦门大学建筑与土木工程学院)

8.2.11 清泉岩

清泉岩坐落于永春县湖洋镇蓬莱村的怀抱之中，始建于明代正统六年（1441 年），由湖洋黄氏四世祖志广精心构筑。这座寺庙以其两进悬山式的建筑布局，七开间的宏伟规模，以及宽敞的院落，展现出层次分明的建筑美学（图 8.43）。

图 8.43 清泉岩周边环境

(图片来源：永春县第一批历史建筑测绘建档，厦门大学建筑与土木工程学院)

大雄宝殿是清泉岩的核心，供奉着释迦牟尼佛、观音、文殊、普贤等佛像。殿内悬挂的匾额，如蔚县仙灵的"慈云慧荫"（1900 年）、闽侯县儒学黄兼三的"慈云慧

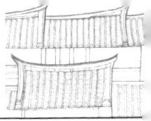

日"（乙己年）、弘一法师的"南无阿弥陀佛"，不仅承载着历史的记忆，更彰显了书法艺术的韵味。

清泉岩的命名，源于寺庙周边的一股清泉，它流经大雄宝殿，常年不断，为寺庙增添了一份灵动与生机。这股清泉不仅是自然景观的一部分，也是寺庙文化的重要组成，它象征着生命的源泉和精神的净化。

近年来，清泉岩经历了一系列的扩建与修缮，新增了山门、功德楼、石拱桥、养心亭等设施，这些新建筑不仅丰富了寺庙的景观，也提升了其文化价值和旅游吸引力。山门的庄重，功德楼的宏伟，石拱桥的古朴，养心亭的雅致，都与原有的寺庙建筑相得益彰，共同构成了一幅和谐而富有层次的建筑画卷。

8.3　教会建筑的典型案例

在近代建筑史上，西方教会传教对近代建筑艺术的影响深远。教会建筑是近代建筑中比较有代表性类型，不仅承载着宗教信仰的神圣使命，更是中西文化交融的载体。

8.3.1　基督教大同堂（五里街）

基督教大同堂位于崇贤路 32 号。1870 年，由福州"美以美会"派惠安人孙西川、孙胡、孙泽等人来五里街尾廿五都向孙研祖租屋为布道所，进行传福音工作。1893 年10 月，麦约瀚牧师请布道会拨款，在五里街尾先后建筑礼拜堂、牧师楼、西式洋楼共计五座。到了 1899 年，信徒捐资二千元，兴建崇元堂（即现今人同堂）。1904 年起至1930 年，开设支会副堂共计 29 个，创设崇实中西学校、闽南道学校、多玛印书局、崇道报、崇德女学、崇正妇学、崇真幼稚园以及各乡镇附设小学等。五里街的华岩、重现路中段有个地方叫多玛，连带周边有了多玛路。

大同堂建筑风格受西方建筑的影响，采用了外廊式设计，体现了近代建筑的特色。拱券的样式借鉴西方哥特建筑样式的元素，而栏杆采用新式的葫芦造型，既有装饰性又富有象征意义。建筑立面上采用红砖的立柱（图 8.44 至图 8.45），不仅增强了建筑的稳固性，也为整个建筑增添了温暖的色彩。大同堂的建筑语言，是中西合璧的典范。它不仅在结构和装饰上融合了西方的建筑元素，更在功能和布局上体现了教会建筑的实用性和人文关怀。

图 8.44 基督教大同堂立面图

（图片来源：自摄）

图 8.45 基督教大同堂栏杆和拱券

（图片来源：自摄）

8.3.2 教会附属医院

在闽南地区，教会附属医院作为中西文化交流的重要载体，不仅在医疗领域发挥着重要作用，也在建筑风格上展现了独特的融合之美。教会附属医院主要有惠世医院、爱华医院、永春医院、汀州福音医院和漳州协和医院等，不仅在地理位置上遍布厦泉漳一带及闽西龙岩地区，更在建筑艺术上融合了中西方的设计理念与技术。

教会附属医院建筑采用西方的建筑技术与设计元素，比如百叶窗、外廊式，以及适应当地文化和气候的设计调整。教会附属医院和学校通常承担着社会服务的角色，提供医疗和教育服务，作为文化交流的桥梁，不仅传播宗教信仰，也引入了西方的医学、教育和科技知识。教会附属医院的建筑，是中西建筑风格融合的典范，在医疗和教育领域发挥着重要作用，更在建筑艺术上展现了独特的魅力。

8.4 宗教建筑特征

在永春地区宗教建筑的风貌与当地的自然景观和文化传统紧密相连，形成了独特的建筑语言。这些建筑不仅是信仰的载体，也是地域文化的象征。永春的民间信仰比较盛行，有佛教、道教、基督教还有地缘信仰之神。

永春地区的宗教建筑在布局上遵循传统的合院式结构，民居厅堂右边设置神龛，各村镇和城镇也有宫庙。寺观以传统合院为原型，以二进为格局，采用左右护龙的做法，以增强建筑的对称性和庄严感。这种布局不仅体现了对传统建筑美学的尊重，也符合宗教建筑的仪式性需求。

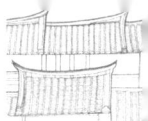

8.4.1 传统寺庙的环境特征

在环境特征方面，永春的寺庙建筑强调与自然和谐共生。选址上遵循古代的风水原则。寺庙建筑负阴抱阳，背山面水，以期达到与自然环境的融合，这种选址策略不仅考虑到了建筑的美观，也兼顾了宗教活动的功能性和舒适性。

永春地区的气候属于亚热带季风气候，山区的气候垂直变化明显，为宗教建筑提供了丰富的自然景观。古时候庙宇多建立在风景秀丽的山上，利用土壤结构较好的气候条件，营造常绿阔叶林等植物生长，使建筑获得良好的微气候环境。

在建筑与自然环境的融合上，寺院的选址往往追求清净悠远、风景优美、亲近自然的地方，佛寺一般以出世为目的，形成山水风光与宗教朝圣的完美结合。佛寺因地制宜地建在山水之间，如魁星岩位于县城西南面的奎峰山麓，风光秀丽，在魁星岩远眺永春县城，山川缭绕。岩仔宫建筑南面为入口广场，北面为树林，西面紧邻进村道路，东面为空地，风景优美。锦进宫周边是竹林与松树，绿植营造小气候环境，前方的凉亭提供了休息乘凉的地方（图 8.46）。天马岩的背后有茂密的竹林，前方有水池和前埕，视野开阔（图 8.47）。

图 8.46　锦进宫周边环境

（图片来源：自摄）

图 8.47　天马岩周边环境

（图片来源：自摄）

8.4.2 传统寺庙的选址与布局

闽南寺庙的建筑选址位于优美的风景区，这不仅彰显了寺庙的特色，也反映了古人对自然美景的崇尚。寺庙的选址原则体现了古人对自然环境的深刻理解和尊重。如明代文人郑纪到魁星岩写的"寻幽偶到桃源里，群峰叠叠矗天起，空濠古堞沧溪洄，几簇人家隔烟水"。

寺庙的选址遵循以下的原则：

在村口、路口、空旷地、水口等建立寺庙，旨在防止村落灵气的外流，同时抵挡外来的煞气入侵。水流常被视为不稳定因素，水流之处常是寺庙的选址地等，庙宇用于"坐镇风水"的关键，如东关桥内设置神龛，也有坐镇风水的意思。

寺庙选址注重五行八卦方位。五行八卦是中国古代的传统哲学内容，也是寺庙选址的重要参考。这种选址方式不仅增添了宗教建筑的文化内涵，也吸引了众多文人墨客留下墨宝。文人喜欢到寺庙乘凉或郊游，如魁星岩留下不少文人的文章。

永春的寺庙继承并发扬了中国的建筑传统的精髓。寺庙以院落形式作为佛寺的布局，以中轴线对称分布。这种布局典雅庄重，而富有自然情趣。永春地区的宗教建筑在设计和布局上，不仅体现了对传统建筑美学的尊重，也充分考虑了与自然环境的和谐共生，形成了独特的建筑语言和文化特色。

永春祠堂寺庙建材以石材为主，结合木材，体现地方特色，具有耐久性和实用性。天井采用方整的形式，两厢的榉头保持开敞的状态，厅堂也是开放的，确保良好的通风和防潮效果，如岩仔宫对称方整，有利于通风纳凉（图8.48至图8.49）。

魁星岩的选址体现了人与自然的关系。在《闽书》中写道："古桃林场在其下，岩石峭拔，旧名詹岩，荆棘荟翳，宋乾道中，僧圆觉诛茅新之。明年，邑第进士者二人，曰陈朴、颜应时，因名曰魁星。岩壁琢石佛三十余身，内有泉名佛泉，石篆'文曲华世'四字[1]。"民国《永春县志》卷八"名胜志"中描述魁星岩原名詹岩，擅山林泉石之胜，近十里内名刹，此为第一矣[2]。这些不仅展现了其自然景观的壮丽，也反映了寺庙与自然环境的深度融合，更是强调了其在名胜古迹中的重要地位。

图8.48 岩仔宫周边环境（湖洋镇）
（图片来源：高德地图）

图8.49 岩仔宫内部环境（上厅）
（图片来源：自摄）

永春的寺庙周边植物茂密，山石、泉水等给场所增添灵气。寺观的选址成为士大夫所憧憬的远离尘嚣的生活场所。永春地区的寺庙和道观在选址和布局上，不仅体现

---

①② 中共永春县委党史和地方志研究室，永春行政学校. 永春魁星文化和书院文化 [M]. 福州：海峡书局，2023，26.

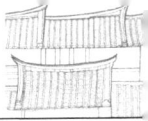

了对自然环境的尊重和利用，也融入了深厚的文化内涵和哲学思想，展现了人与自然和谐共生的理想境界。

道观的选址同样崇尚自然无为，主张道法自然，注重与自然环境的融合。如留安山上的元宝观，其建筑金碧辉煌，装饰丰富，体现了道教的宗教特色。道教宫观继承了传统建筑的方法，中轴对称，体现道教聚四方之气、迎四方之神的思想。周边配置园林，如种植松柏和翠竹等，并设置山泉、流水和岩石等景观小品，都进一步强化了道教宫观与自然环境的和谐统一。

8.4.3 传统寺庙营造特色

永春地区处于内陆地带，气候湿热，木架结构建筑容易受到腐蚀损坏。早期的寺观以木材和夯土构成，采用深红的砖，屋顶采用青瓦，脊饰运用灰塑和剪粘，室内多采用红色的油饰，体现工匠对建筑美学的深刻追求。

道教宫观的营造技术体现传统建筑的影响，主要殿堂在中轴线上。这种布局方式不仅体现了道教对宇宙秩序的理解，也彰显了建筑的庄严与神圣。宫观山门的设计常设计采用三个拱门，隐喻无极门、太极门和现世界的层次。道教宫观还重视数字的运用，体现道教信仰的要求，富有规律性和节奏感。

道教建筑重视风水，寺庙和道观的选址上深受中国传统文化的影响，强调实地考察，讲究山川的来龙去脉，力求人与自然的和谐。寺庙宫观作为宗教活动场所和个人修身养性之处，突出仙境神域的特色，同时也解决现实的生活需要，体现了因地制宜的合理利用。

在明清时期，佛教和道教的建筑全面展示了当时的建筑技术成就。在传统木构方面，宗教建筑采用了最高规格的建筑标准，其建筑的尺度和梁枋的构架承载体系清晰明确（图 8.50）；同时，砖材、石材、油漆、彩绘等材料运用于建筑细部装饰（图 8.51 至图 8.52），增添了建筑的艺术魅力。

图 8.50　锦进宫外立面与特色

（图片来源：自摄）

图 8.51　锦进宫屋脊装饰装饰

（图片来源：自摄）

图 8.52　锦进宫梁架和锦进宫内部装饰

（图片来源：自摄）

8.4.4　传统寺庙形态与装饰特色

在永春地区，传统寺庙的形态和装饰特色是与社会经济和文化发展密切相关，它们不仅承载着宗教信仰，也是地方工艺技术的展示平台。

唐宋时期，闽南和中原地区寺观建筑受到石雕的影响。明代建筑出现了纯石构架建筑，石雕技艺趋向个性化。到了清代和民国初年，石雕艺术出现了浅浮雕、高浮雕、沉雕、平雕、圆雕和双面雕等表现形式，镂空雕技艺的成熟，为寺观装饰艺术增添了生动的形象和丰富的层次。

在寺庙的屋顶设计上永春的宫庙屋脊采用燕尾脊，并运用灰塑和剪粘装饰，这些设计不仅丰富寺庙的视觉效果，也体现五行思想的深刻内涵。马背的设计与五行相关，圆弧的属"金"形，锐形属"火"形，方形属"土"形，曲形属"水"形，直形属"木"形，反映了古人对自然元素的尊重和运用。

寺庙建筑在关键结构部位，如台基、柱础、梁架以及门厅等部位广泛使用石材，增强了建筑耐久性，为建筑提供坚实基础。

锦进宫的建筑屋顶特色明显，传承唐代大气的风格，起翘的屋角增加了建筑的气势（图 8.53），也体现了对传统建筑形态的继承。屋脊的龙纹（图 8.54）以及燕尾脊精美的装饰和脊兽的设置，展现了传统建筑装饰艺术的精湛技艺（图 8.55）。

广陵宫的屋顶装饰丰富，展示了灰塑、剪粘的工艺（图 8.56）。清泉岩的周边环境清净，绿化丰富（图 8.57）。图 8.58 是天马岩建筑细部。桃源祖殿运用了门神、龙柱等装饰，营造庄重的宗教氛围（图 8.59 至图 8.60）。

图 8.53　锦进宫立面

（图片来源：自摄）

图 8.54　锦进宫

（图片来源：自制）

图 8.55　锦进宫燕尾脊

（图片来源：自摄）

图 8.56　广陵宫立面

（图片来源：自摄）

图 8.57　清泉岩的周边环境

（图片来源：自摄）

图 8.58　天马岩建筑细部

（图片来源：自摄）

图 8.59 桃源祖殿门神

(图片来源：自摄)

图 8.60 桃源祖殿盘龙柱

(图片来源：自摄)

　　窗户多采用镂空石雕窗户或是镂空的砖雕窗，通风透气，是使用美观的建筑构件（图 8.61）。永春寺观和祠堂以红色、黑色为主。柱子和通梁等采用红色或黑色，木雕部分常用化色的手法，这些色彩的运用增强了建筑的视觉冲击力。寺庙的木材多选用杉木和樟木，立面上刷油漆，贴金箔。木雕装饰题材有花鸟、人物和飞禽走兽等，人物雕刻取材于历史故事，如三国演义、西游记和二十四孝等经典故事（图 8.62）。这些装饰元素的融入，不仅丰富了建筑的文化内涵，也展现了传统建筑艺术的深厚底蕴。

图 8.61 镂空的砖雕窗

(图片来源：自摄)

图 8.62 木雕窗（吾峰镇）

(图片来源：自摄)

本章小结

　　永春地区的寺庙建筑有着独特的地域特色和深厚的建筑文化，成为了连接过去与现在的桥梁。这些建筑不仅传承中原、吴越等地佛教精神，更融入了闽南地区丰富多彩的文化因素，同时受到海洋文化的影响。

　　永春的寺庙是自然、社会、经济和历史脉络发展的映射，体现了政治、宗教和当地风景的密切联系。在信仰的多样性中，闽南地区的多神共存，得到了生动体现。

　　永春的寺庙建筑的格局传承传统，建筑装饰丰富，与自然环境和谐。它们主要采用红砖瓦，屋顶多为悬山顶，屋脊多为燕尾脊，柱子常用石柱。寺庙的建筑装饰丰富，工艺精湛，充分体现地方的特色，不仅增强了建筑的坚固性，也展现了石材的自然美感。永春的寺庙建筑，是地域文化、宗教信仰和自然景观的完美结合。它们不仅承载着历史的记忆，更展现了永春人民的智慧和创造力。

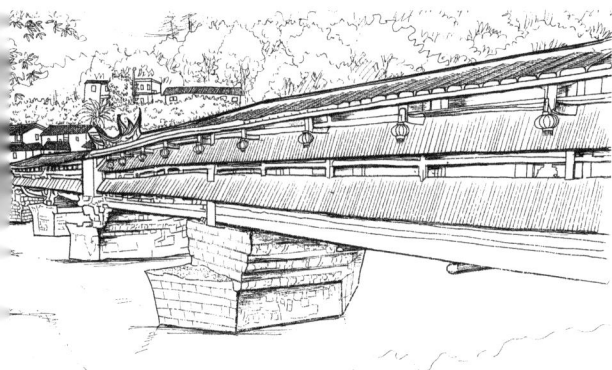

文教建筑和其他建筑

9

9.1 文庙

在中国古代，书院不仅是学术机构和教育的殿堂，更是文化传承与思想交流的重要场所。宋代书院渐渐演化成为读书和讲学的场所，到了明代，书院进一步成为学子的研学、准备科举考试的地方。闽南人有崇文重教的传统，孕育了众多著名的书院。

永春的书院建筑，无论是官方书院设立的文公书院、梅峰书院、正音书院、鹏山书院和怀古书院等，还是私人创办的侯龙书院和岩峰书院，都体现了"择胜地，立精舍，以修学业"的进取思想。这些书院往往选择风景优美、环境清幽之地，以利于学子的修身养性与学术研究。

9.1.1 文庙

文庙位于永春县桃城镇，又称孔庙、学宫，始建于宋庆历年间（1041—1048年），是学子讲读及应考的地方，更是永春乃至闽南地区文化传承的重要象征。文庙最初建在东渡（东岳）桥西，继而迁至知政桥北和白马山之南，历经宋、元、明七次迁址，直到明嘉靖四十四年（1565年）以后，才定于城中部现址。这座文庙经过三十二次的重建、增修和扩建，至清乾隆五十年（1785年）规模达到最大，形成建筑群。2019年，永春文庙被国务院公布为第八批全国重点文物保护单位（图9.1）。

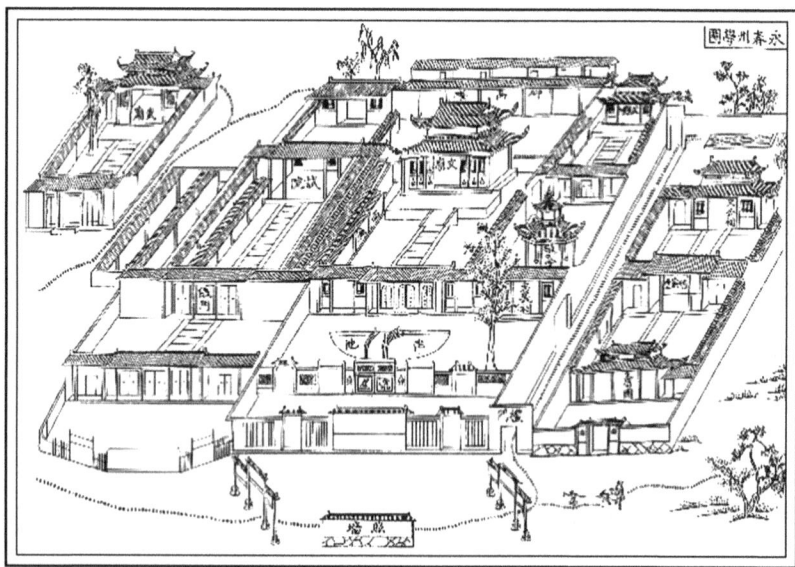

图 9.1 文庙古地图

（图片来源：《永春州志》，清乾隆五十二年（1787年））

文庙坐北朝南，占地面积三千多平方米，由大成殿、照墙、门亭、棂星门、泮池、戟门、甬道、拜台，以及东西两庑构成，是较大的建筑群。除大成殿、明伦堂基本保持原貌外，其他建筑有的毁坏或改作他用。

文庙前的照墙由花岗岩和大红砖砌成，高达五米，是古代重要建筑前的屏障，象征着文庙的庄重。照墙东西两侧的"金声""玉振"门亭，以及正对面的棂星门石牌坊，均雕着鸟兽图案。东西二门又称德道二腋门，分别刻着"德侔天地""道冠古今"，颂扬孔子的品行和学识（图9.2 至图9.3）。

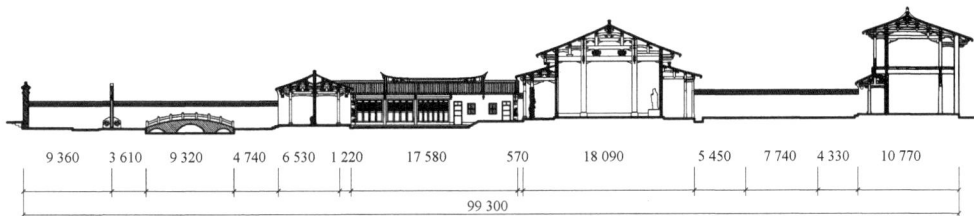

图 9.2 文庙纵向立面图

（图片来源：姚洪峰供图）

图 9.3 文庙

（图片来源：自制）

图 9.4 文庙大成殿手绘图

（图片来源：自制）

半圆形的泮池上架着一座两墩三孔的拱桥。在古代，秀才和举人进殿拜谒孔圣人时必经之路，象征学术的崇高与纯洁。大成殿前的三对抱鼓石，以青花岗石为材料，雕刻精细，体现了文庙的尊贵地位。走进大成门，是天井空间。天井正中有一条石板大道，称为甬道，直通拜台，拜台正中有龙壁雕石一通，盘龙为阶。拜台又名月台、露台，是古代举行祭祀等地方（图9.4）。

大成殿是文庙的核心，也称"圣殿"，用于安放孔子及其弟子的塑像或神位，是供人朝拜的地方，也是讲学之所（图9.5）。

图 9.5 文庙屋顶细部

（图片来源：自摄）

建筑采用土木结构，重檐歇山顶设计。两对石龙柱雕刻精美，殿内有"万世师表""生民未有"牌匾，顶上双梁，绘制龙凤纹，凤在上，龙纹在下，体现永春地区尊学重教的传统。

明伦堂又称为"伦堂"，台明上铺设条石，为五开间和燕尾脊的设计。明间为抬梁式构造，次间为穿斗式木构架。建筑面阔13.46米，进深9.9米，建筑面积133.25平方米。大成殿后是崇圣祠和仰高楼，仰高楼作为"永春史话"的展厅。

永春文庙保存的历代碑刻，如庙前原有两方下马碑，现仅存其中一方，刻"奉旨大小文武官员军民人等至此下马"，体现对孔夫子的尊崇。还有《永春县儒学题辞》是明代李开藻撰书，为县学教谕姚一瀚倡建文昌祠撰记，以及《重修文庙鼎建启圣祠碑记》和《重建永春县学宫碑记》中详述重建文庙的事情。

永春文庙具有深厚历史文化底蕴的古建筑，代表了中国古代的深厚的文化底蕴，见证了闽南地区文化教育的发展历程（图9.6至图9.9）。

图 9.6　文庙细部
（图片来源：自摄）

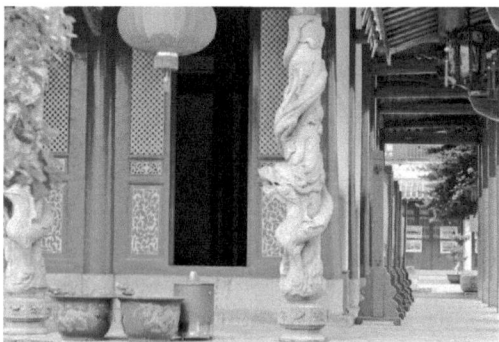

图 9.7　文庙木雕
（图片来源：自摄）

图 9.8　文庙托木要损简木雕
（图片来源：自摄）

图 9.9　文庙石雕
（图片来源：自摄）

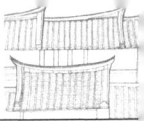

9.1.2　书院制度

书院制度是在传统私学的基础上发展的教育体制，是我国古代的儒家文人灵活的教育形式。书院不仅是知识传承的殿堂，更是儒家文化与园林艺术的和谐共鸣。书院始见于唐代，宋代以来书院得到进一步的发展。书院园林是传统建筑文化的承载物，满足教学、聚集、藏书、授课、交流和游憩等功能，结合园林，形成独具特色的文化。清代，福建共创建了470所以上的书院，其中既有大型省会书院，也有居于乡邑的小型书院。据统计，泉州自唐末至清末共建有72所书院。清代闽南的书院比较发达，著名的书院有温陵书院和石井书院等。

永春自古以来，崇文重教。书院选址关系到当地的人文精神振兴，因此至关重要。梅峰书院因地处梅峰之麓而得名。民国《永春县志》记载：大鹏山在治北，县主山也，嶙峋万状，绝顶三峰秀出，若鹏飞垂翅①（图9.10）。永春县城的主山是大鹏山，大鹏山的山脉有三条的"龙脉"，东边的龙脉由白马山、悬钟寨卧龙山至留安山，中路由天马山、云龙山、梧枰山、金犁山到县衙，西路是大羽山、康山（万春寨）、金峰山和梅峰。书院的择址与周边的山脉和风水息息相关。2016年永春一中复建了梅峰书院，用地面积1 764平方米，建筑面积526.2平方米，成为这一传统的现代延续。

书院通过选址，尊礼空间和环境空间融合，植物精心点缀，营造教育环境，突出育人思想，实现对学子的熏陶和教化，具有闽南传统建筑文化特征。

图9.10　清乾隆五十二年（1787年）《永春州志》中的梅峰书院图

（图片来源：《永春州志》，清乾隆五十二年（1787年））

---

①　中共永春县委党史和地方志研究室，永春行政学校.永春魁星文化和书院文化［M］.福州：海峡书局，2023：71.

书院中的楹联匾额，是视觉的装饰，更是文化主题与人文意境的传达者。书院便于儒家士人静心读书、陶冶情操。书院园林是儒家文化的载体，具有淡泊雅致的意境，体现文人的情趣。清代的王源在《涛园记》中写道："噫！予怀山之志久矣，每思结庐名胜，读书尚志以终身，顾塞产数奇莫能遂。"表达了对山的向往和终身尚志的读书追求。

书院一般是三进的院落，轴线对称，讲堂居于正中。书院以厅堂为中心，均衡布局，使得空间形态更加丰富。书院的主要功能包括讲学、藏书和交流等。

如侯龙书院以简约的方式营造自然。水体方正、院落整齐，体现豁达、悠闲的意境。书院大门在东南面，门厅三开间，高低错落。入门后通过低矮的下厅，池水前的空间宽敞，水池的尽端是廊轩和中堂。西部是园林区，院内种植桂花，亭、池、轩、廊轩和檐廊联系为一体。

侯龙书院的厅堂、楼阁和亭子等，有读书、休憩和居住等功能。中轴线上布置水池，布局均衡。书院依傍周边山水，寄情山水，符合文人崇尚自然的审美情趣。从功能上，园林是建筑的延伸，是建筑和自然环境（山水、花木）的综合体，侯龙书院和园林形成一体，具有教化作用，营造育人环境。（图9.11至图9.12）

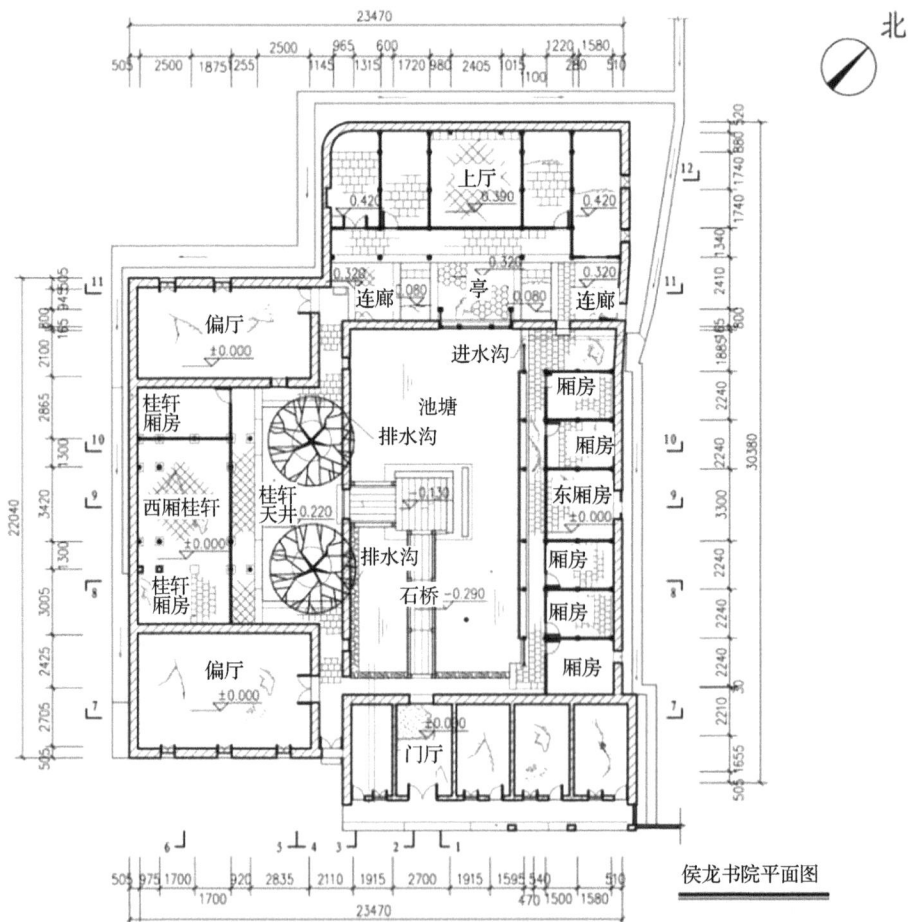

图9.11 侯龙书院与周边的关系

（图片来源：姚洪峰供图）

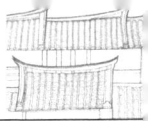

图 9.12 侯龙书院园林复原鸟瞰图

（图片来源：自制）

侯龙书院由竹园斋和桂轩两书斋构成，形成了园林式的书院布局，侯龙书院不仅是古代讲学、研究学问的场所，也是思想舆论和政治活动的中心，体现了永春地区重视教育和文化传承的传统。空间特色体现在以下方面：

（1）厅堂

厅堂是重要的建筑，面阔有三开间，屋脊平缓，采用歇山式的屋顶。侯龙书院遵循"前堂后室"，上厅堂为书院的祭殿，原供奉孔子，现祭祀以朱熹为代表的理学家。厅堂是讲学、交流、祭祀和举行活动的场所，空间宽敞，结构上采用抬梁和穿斗式结合，形成更大空间（图 9.13）。《园冶》中提到："惟园林书屋，一室半室，按时景为精。"园林书屋周边有树影和廊轩。厅堂前的廊轩，精致小巧，使得厅堂显得高大开敞，如图 9.14 所示。厅堂满足书院讲学考课、学习交流的需要，有利于文化的传播，是营造修身养性的场所。厅堂的内檐装饰丰富，檐下有清雅的彩画，显得古朴精致。

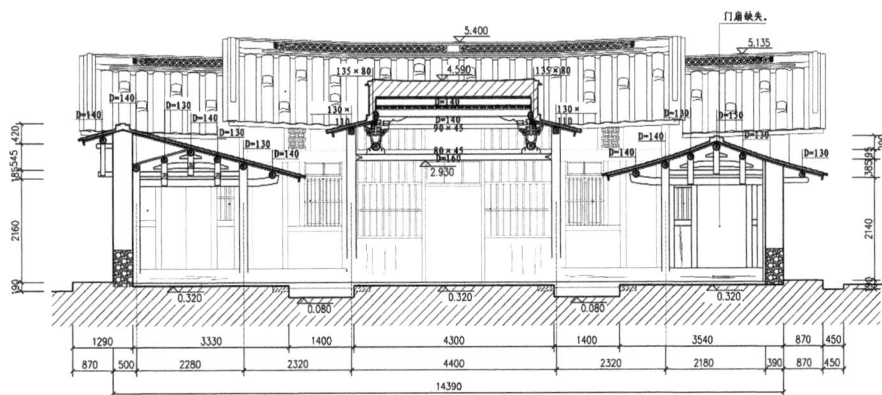

图 9.13 侯龙书院厅堂建筑剖面图

（图片来源：姚洪峰供图）

图 9.14　侯龙书院厅堂前的廊轩照片

（图片来源：自摄）

（2）长廊

侯龙书院布局使得空间合理配置，东部有长廊和书屋，体量较小，为学子提供阅览经书的地方。长廊建筑体现建筑园林化特点，成为赏景的理想场所。《园说》中提到"围墙隐约萝间，架屋蜿蜒于木末"。长廊便于通风采光感受室外气候。长廊变化成趣，串联书院，围合方正的院落，形成安静的环境（图 9.15）。

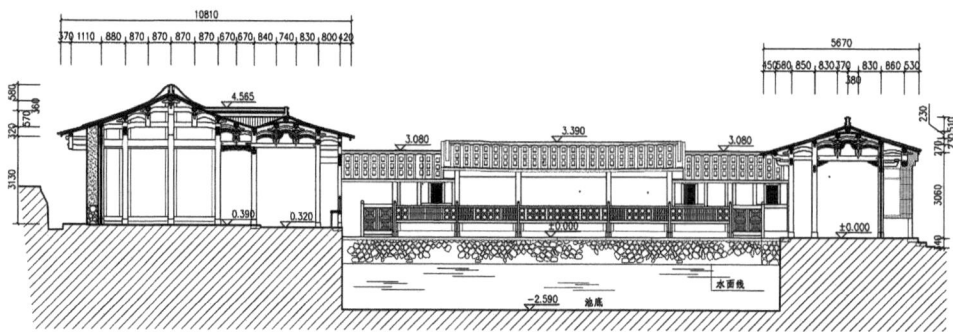

图 9.15　侯龙书院廊轩剖面图

（图片来源：姚洪峰供图）

（3）园墙

园墙用于分隔、围合和遮挡的作用。园墙以漏砖窗体现闽南传统民居的营造手法（图 9.16）。侯龙书院园墙形成高低错落、虚实相间的立面，增加空间的变换和趣味。《园冶》中提到"凡有观眺处筑斯，似避外隐内之义"。红砖漏窗是闽南园林的独特形式和营造手法，形成光影变化的墙面。园墙门楣写"临池"，传达诗情画意的园境。园墙的背后门楣写"桂轩"，点明植物景观主题和空间意境。

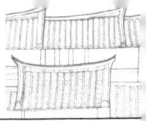

（4）廊轩

廊轩是一种半开放式的建筑结构，它包括屋顶和几根柱子，四周不一定有墙。廊轩连接其他建筑的通道，并配有栏杆或座椅。廊轩更多地作为休息和观赏的地方，也可以作为通道。廊轩精致和装饰性，反映出主人的品位。廊轩位于庭院的一角，与周围的环境相协调。侯龙书院廊轩是中心轴线的端点。它拓宽了厅堂教学空间，让园林化的空间亲切宜人。廊轩屋顶为攒尖顶，体现"时遵雅朴，古摘端方"的审美。廊轩便于遮阳、赏景、强化中轴线，突出中心，对学子有潜移默化的影响。古人认为廊轩"宜置高敞，以助胜则称"，廊轩需要高大开敞，增加建筑空间之美。书院的廊连接厅堂，长廊靠水边，有利游憩，增添书院园林的文化氛围。檐廊、空廊把厅堂联系起来，栏杆变化丰富，便于遮阳避雨，营造室内外贯通的空间，适合当地气候环境。

9.2 书院

明清时期，闽南地区经济发展，儒家文化受到重视，书院兴盛起来，造园技术和水平有很大提高。北方移民大量迁入，促成闽越文化、中原文化和儒家文化的结合。科举制度使得取得功名的人数大增，平民百姓有了进身之阶，民间讲学和读书风气日益加浓。

9.2.1 侯龙书院

侯龙书院是一座历史悠久的学术殿堂，位于永春县吾峰镇的双鬓垅山麓，坐北朝南，其深厚的文化底蕴使其成为闽南传统书院的典范。根据《颍川侯龙陈氏族谱》记载：早在清朝康熙年间，侯龙陈氏十三世祖素厚建"竹园斋"，距今已有 300 多年历史，奠定了书院的基石。清嘉庆年间，十六世祖陈孝武（例授直隶分州）建"桂轩"书斋。清末诸生陈超元，曾游学省城福州，后归乡里主持"桂轩"。竹园斋作为陈家的私家书斋，营造读书氛围，长子岁贡生在乾隆年间（1761 年）的州试名列前茅，二子和七子也获得功名。经过几代人，两组书斋合成园林式的书院。书院的学术空间与园林布局得以完善，形成了今天所见的书院风貌。2002 年 1 月列入永春县第四批县级文物保护单位名单。

侯龙书院四面绿水青山环抱，为园林建筑。据村中老者回忆，书斋建有十八厅，分别有上下厅、前厅、两厢厅、东西厅、阶下两厅、孔子厅和桂轩两侧厅等。桂轩庭院里春开玉笔花，清雅脱俗。书院里有一方池塘，石桥架构池上。上厅前厅上原悬挂有知州翁学本的题匾"董帷"和县府表彰陈辉敦的牌匾"热心教育"，厅前上方挂有"鸢飞鱼跃"牌匾。2017 年 10 月，侯龙书院原状整修。侯龙书院占地约 700 平方米，格局完整，体现清代传统建筑的构造特点和文化思想。书院园林体现传统文化的环境观、审美观、价值观和深厚的文化内涵，集结传统文化的开放性和包容性。

侯龙书院位于地势平坦、四周丘陵之处，借景生境，形成优越的书院环境。侯龙书院园林还受到佛教、禅宗寺庙和程朱理学的影响。书院周边是青山绿水环抱，双鬓垅山麓为远景，建筑为中景，池水为近景，层次分明。村落山水环绕、古树繁茂，环境符合文人修身养性的价值观。

（1）选址和布局

侯龙书院依据山地地形而建，背靠吾峰的蛇公山、竹林、古树和溪流。书院左侧有一条小溪，铺设石桥，桥下有流水，洋溢着山水灵气（图9.16至图9.20）。书院顺应地势环境，选址考究，风水观、村落景观、文化传统也影响书院园林。侯龙书院的布局受儒家思想影响，是规则式和均衡式的结合。书院的中轴线布置重要建筑，次要建筑分布在两侧，内部疏朗。厅堂是书院的中心，轴线上分别设置下厅、水池和廊轩等（图9.21至图9.22）。书院东侧是长廊建筑。西侧桂花轩是文人交流的地方。书院的外围是封闭的墙体，有较好的隔绝。书院主要功能如祭祀、藏书和讲学等。讲学空间注重寄情山水、陶冶情操，与环境和谐。

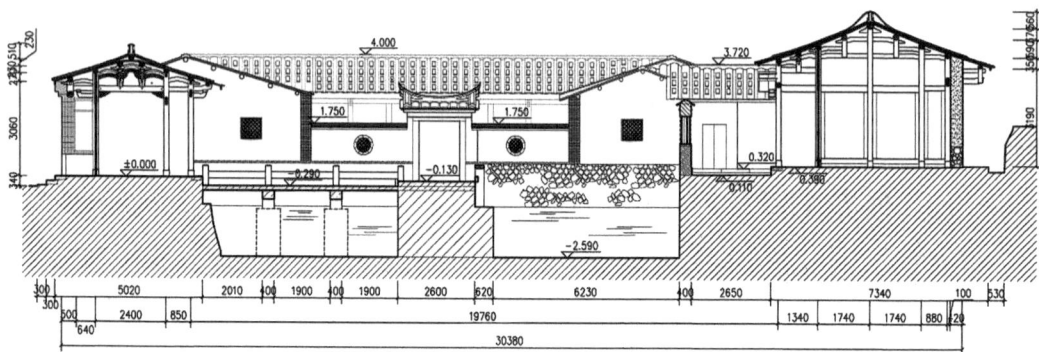

图 9.16　侯龙书院园墙形成立面的中心

（图片来源：姚洪峰供图）

图 9.17　侯龙书院内院

（图片来源：自摄）

图 9.18　侯龙书院手绘线描图

（图片来源：周䵮绘）

（2）理水的手法

闽南书院园林较小，水体尺度有限，布局精致。侯龙书院的水体位于讲堂前方，方正规整，营造宁静的氛围。水景还成为园林借景的手段，侯龙书院的水体创造优雅清净的氛围，让士子们读书、修行参悟，实现环境育人的作用（图 9.19 至图 9.20）。

图 9.19　侯龙书院俯拍图

（图片来源：自摄）

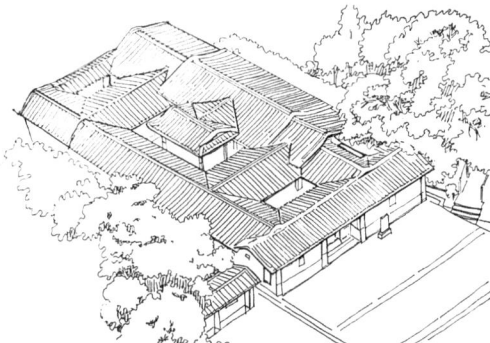

图 9.20　侯龙书院场景图（南向）

（图片来源：自摄）

（3）植物的配置

植物是造园中重要的元素。书院园林以植物比德，将文人的审美、气节、人格结合在一起，鼓励君子的修行。植物造型精致，为环境增添生机。桂花树寓意"蟾宫折桂"，玉笔花树寓有笔下生辉之意，侯龙书院内的植物营造出尊师重道的氛围（图 9.21 至图 9.22）。

图 9.21　侯龙书院场景图（北向）

（图片来源：自摄）

图 9.22　碧溪书院空间布局

（图片来源：自制）

（4）细部与装饰

计成在《园冶·相地》中提到"自成天然之趣，不烦人事之工"。侯龙书院也有人工的技艺美和装饰美，廊轩设置螭虎拱，外廊下设置轩拱，顶棚曲线优美，燕尾脊显得轻巧，中脊采用青瓦和花砖，增加建筑空灵感。园墙运用镂空红砖窗，石板梁桥敦厚古朴，体现永春传统建筑特色。书院装饰还包含木雕、花砖和彩绘等，简洁素雅。

木雕集中在廊轩的斗拱、雀替和檐下。中堂的圆光、瓜筒、斗拱造型精美，圆光雕彩结合，以彩绘贴金，质朴精致。斗拱采用莲花斗，寓意君子内涵。园墙的"水车堵"为花鸟走兽题材，寓意吉祥。临池上镌刻"鸢飞鱼跃"，引起人们美好联想。裙堵采用鹅卵石，朴实美观。

侯龙书院，作为永春乃至闽南地区教育与文化传承的重要标志，其独特的建筑语言和深邃的文化内涵，展现了文人对于自然环境的尊重与利用。书院不仅是知识的殿堂，更是文化与自然和谐共生的典范。

9.2.2 南山陈氏私塾

南山陈氏私塾是学堂书院的典范，也是明代建筑艺术的杰出代表。其产权归集体所有，如今虽转变为庙宇祠堂之用，但其原有的教育功能和文化价值依旧在这片土地上传承。

南山陈氏私塾位于岵山镇铺上村，建筑于明代，属于学堂书院。建筑占地面积223平方米，建筑面积有199平方米，建筑主体是单层，砖木结构，顺着地形展开。南山陈氏私塾的布局简洁，中堂宽敞开阔，天井面积较大，周边围绕一些檐柱，共同构成了这座私塾的建筑特色（图9.23至图9.24）。

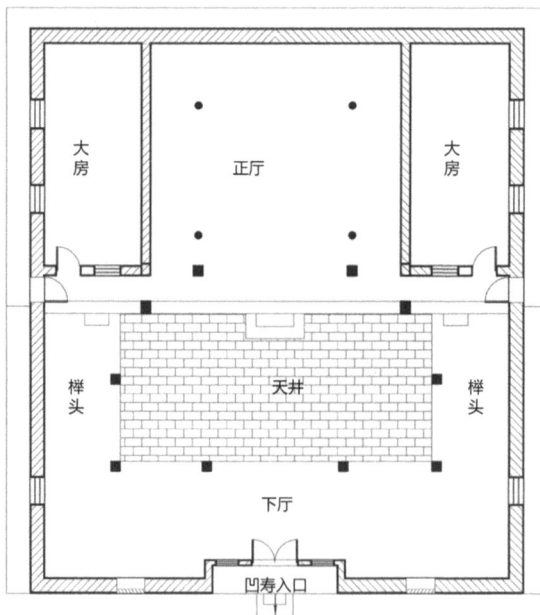

图 9.23　陈氏私塾

（图片来源：自制）

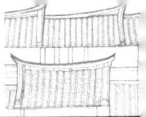

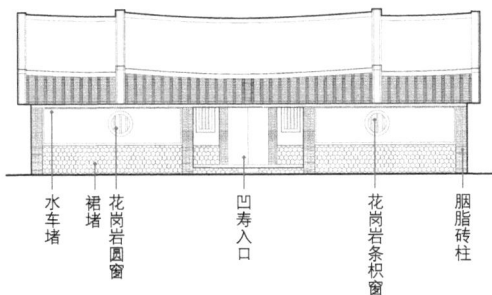

图9.24　陈氏私塾立面图

（图片来源：自制）

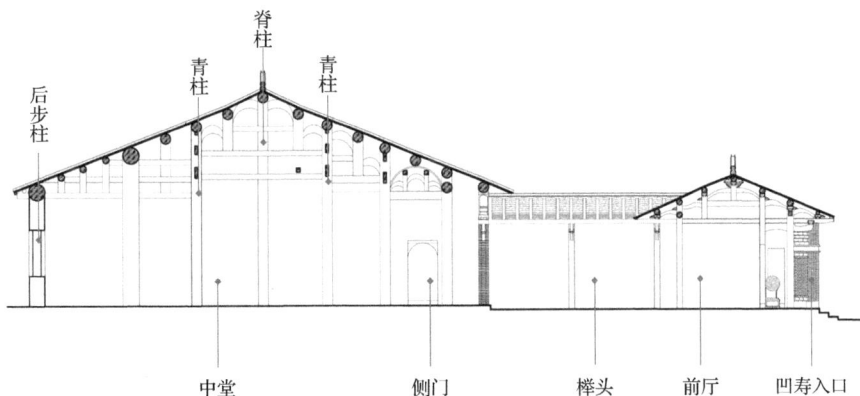

私塾的立面设计独具匠心，立面采用一对圆窗，下方是六角形的花岗岩基座，整齐又富有肌理感（图9.25）。从西立面图可以看出中堂比起前厅高大很多，突出建筑的重要性（图9.26）。

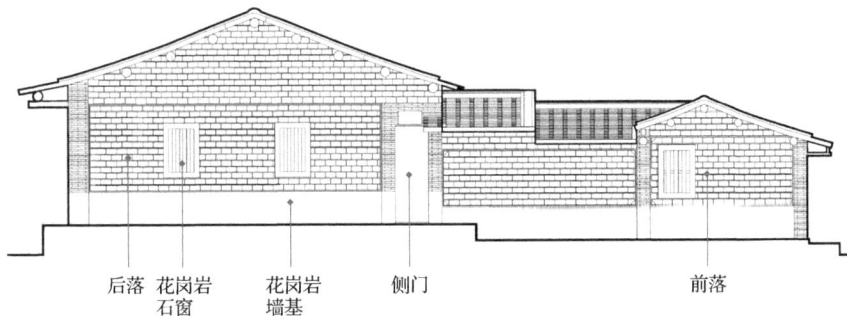

图9.25　陈氏私塾侧立面图

（图片来源：自制）

图9.26　陈氏私塾侧立面图

（图片来源：自制）

中堂采用穿斗式结构，檐柱结合墙面，营造相对宽敞的空间（图9.27）。主体结构是3间15架，地面是混合式做法，屋面是悬山式做法，上面覆石。主体材料是砖、木框架，材料选择体现明代建筑的特点，在施工技艺上展现了当时工匠的高超水平。乡土材料在功能上保障了建筑的稳固与耐久，更在形式上赋予私塾古朴庄严的气质。

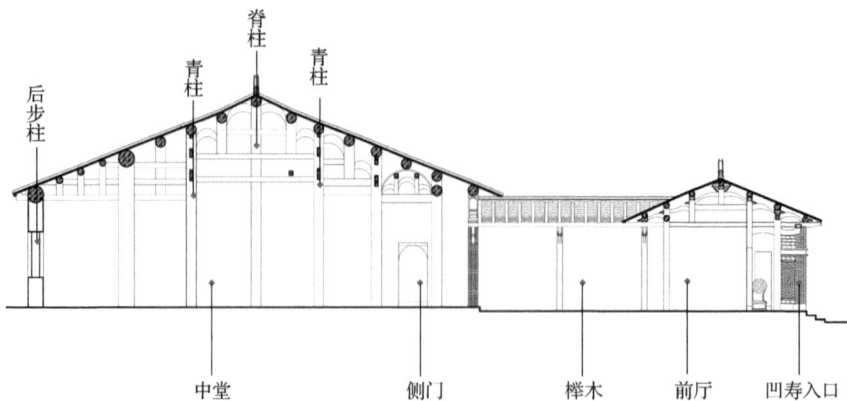

图 9.27 陈氏私塾剖面图

（图片来源：自制）

9.2.3 梅峰书院

梅峰书院位于永春县五里街镇华岩社区的梅峰之麓，是清代永春直隶州设立的官方书院，也是永春一中的前身，这座清代官方书院，见证了永春教育的辉煌历程，承载着深厚的文化底蕴和教育使命。

乾隆三十一年（1766 年）春，永春知州嘉谟倡议建立书院，"移其址到梅山之麓"，这就是梅峰书院创建的由来。光绪三十二年（1906 年）于梅峰书院原址开办了永春州中学堂，为当地教育事业注入了新的活力。梅峰书院建筑的格局严谨而典雅，包含门墙、后楼、厢房等部分。《永春州志》的插图中有一张林为冈绘制的《梅峰书院》，展示了书院建筑的宏伟与精致，书院后面有一座两层的阁楼，标注"摘藻楼"，摘的意思是知识的传扬、铺展的意思。书院旁边还有真武殿、儒林亭等景观标志性建筑，进一步凸显了书院作为区域公共建筑的重要性（图 9.28）。

图 9.28 梅峰书院图

（图片来源：《永春州志》，清乾隆五十二年（1787 年））

梅峰书院的建筑体现了清代书院建筑的典型特征。门墙的庄重、后楼的雄伟、厢房的精致，共同构成了一幅典雅的学术画卷。摛藻楼的命名，更是将书院的文化使命与建筑功能巧妙地结合在一起，展现了书院作为知识传播和学术研究的重要平台。

永春一中复建梅峰书院，不仅是该校对历史文化的尊重和传承，更是对校园文化生活的丰富和提升。复建梅峰书院坐落在永春一中校园东侧，建筑面积达 526 平方米，采用仿古的建造方式，书院充分发挥了讲学、藏书、展陈的功能，为师生提供了一个学习和交流的理想场所（图 9.29 至图 9.30）。

图 9.29　梅峰书院 1
（图片来源：自摄）

图 9.30　梅峰书院 2
（图片来源：自摄）

9.2.4　印川斋书院

印川斋书院位于永春县五里街浦头村，作为诒燕堂的附属建筑，建于清末年间，建造的主人是林吉英。印川斋书院的建立，源自林吉英对教育的重视与对后代的期望。据族谱记载，林吉英不仅在军事上有所建树，更在文化教育上有着深远的影响。他建造的诒燕堂，柱联有："前帐后屏开甲第；左旗右鼓焕人文。"印川斋位于诒燕堂旁边，为两进带护厝的建筑。

印川斋书院采用中轴对称的合院建筑，严谨的布局，体现传统建筑美学，入口处的屋顶增加变化，使得书院和民居具有较大的差别。两侧采用圆窗，下方以花岗岩作为裙堵，增加了建筑的稳固性，又赋予了其独特的审美韵味。天井有一个亭子，风格朴素。亭子作为过渡空间，可以乘凉和赏景，区别于民居敞开的天井空间，彰显了书院独特的文化地位。天井凉亭不仅给学子营造良好的学习空间（图 9.31 至图 9.32），更象征着书院对学术研究和文化传承的重视。

图 9.31　印川斋书院外部

（图片来源：自摄）

图 9.32　印川斋书院内部的亭子

（图片来源：自摄）

9.2.5　碧溪书院

　　碧溪书院位于永春县西南部的夹际村，依山傍水，周边有四季常青的松木，建筑以红砖灰瓦与周围的自然景致相映成趣。这座书院至今有二百多年的历史，见证了郑氏家族迁移至此，繁衍与发展。碧溪书院的主体是土木结构，建筑外观是传统闽南风格（图 9.33 至图 9.34），书院有九个厅堂和十八个房间，称为"九厅十八房"，不仅满足了书院多样化的功能需求，更在空间上展现了传统建筑的丰富性和层次感。

图 9.33　碧溪书院周边环境

（图片来源：自摄）

图 9.34　碧溪书院建筑立面

（图片来源：自摄）

　　室内的地面铺设石板和红砖。溪水从后面的天井穿过庭院，从前门流出，整个书院能听见潺潺的流水声，感受自然的气息，水的元素不仅丰富了书院的景观，更在听觉上为师生提供了自然的乐章，营造出一种宁静致远的学习氛围。

　　如今碧溪书院的内部布置琴棋书画，还有供学生听课学习的桌椅，书院中间的亭子改造成茶室，则为师生提供了一个交流思想、品茗论道的空间，进一步丰富了书院的文化生活。

9.2.6 其他书院

在永春这片充满文化气息的土地上，书院如同璀璨的星辰，点缀在各个村落之间，它们不仅是知识的殿堂，也是历史变迁的见证者。永春还有正音书院，位于文公祠内，虽存在时间很短，但对当地文化的影响却深远。

鹏山书院位于桃城镇环翠社区，因地处大鹏山麓而得名。清同治三年（1864 年）永春知州翁学本发动乡绅集资建造鹏山书院。1905 年清宣布废止科举，鹏山书院不久后关闭，但它在当地教育史上的地位不可磨灭。

怀古书院位于蓬壶镇美中村，是怀古堂的附属建筑。怀古堂是永春名贤、理学家陈知柔的住宅，在蓬壶镇美中村陈坂角落。目前怀古堂的旧址已经复耕，在美中村的昭显岩，为纪念陈知柔而建“怀古门”，依然让人缅怀那段光辉的历史。

岩峰书院位于达埔镇岩峰村，著名理学家朱熹和陈知曾经在此讲学。岩峰书院和岩峰寺被合称为“岩峰院”。岩峰院建筑高大宽敞，1915 年创办达新高初两等小学，1981 年改成岩峰小学。岩峰书院是永春著名的红色革命遗址，承载着革命的历史记忆。

洋中书院位于湖洋镇蓬莱村洋中角落，书院墙壁有黄枝春（清代嘉庆年间举人，善于书法）的字画。洋中书院的内墙上还保留对联和书画，如“翰山带秀自成文；湖水有源能汇海”。洋中书院也是红色革命遗址，见证了历史的风云变幻。

八斗书院位于桃城镇，由花石郑氏十三世德祯着手创建的书院。书院前瞻望马岭山，背面依靠济川山，左边能眺望云峰岩，右边是桃溪。八斗书院有书房 6 间，正厅前有文昌阁，前方有文畅廊，还有濡墨池。八斗书院在 1921 年更名为花石公学，在 1928 年更名为奇花小学，后来改名为培植小学。八斗书院一直是教育和革命活动的中心。

夹际小学旧址位于永春仙夹镇，是一座具有中西合璧建筑风格的三进式闽南侨乡建筑。它占地面积 3 939 平方米，建筑面积 2 628 平方米，采用砖石木混合结构，悬山顶设计。学校创办于 1910 年，1946 年由旅菲侨胞筹资新建校舍，1950 年续建，成为当时办学条件一流的学校。建筑群沿中轴线展开，背山面水，与自然环境和谐共生，体现了古人对自然环境的尊重与利用。建筑装饰精致，包含木雕、石雕等传统元素，赋予建筑深厚的文化内涵。旧址不仅是教育机构，也是历史变迁的见证者，承载着当地对教育的重视和文化传承的追求。2020 年 12 月 23 日，夹际小学旧址被公布为永春县第六批县级文物保护单位，凸显了其在地方文化和历史中的重要地位（图 9.35 至图 9.36）。随着时代变化，早期新式学堂由原来的书院改建或是在家族的祠堂、古厝建立，如桃场颜氏家庙位于石鼓镇桃场社区，清代光绪三十四年（1908 年）在此创办鲁国小学，它们不仅延续了书院的教育功能，也开启了近代教育的新篇章。

图 9.35　夹际小学鸟瞰图 1

（图片来源：自摄）

图 9.36　夹际小学鸟瞰图 2

（图片来源：自摄）

9.2.7　书院特征总结

永春的书院与园林的结合通过空间的节奏有序、合适的比例尺度，以借景丰富空间，楹联匾额提示空间意境的结合，是文化与自然对话的舞台，更是传统建筑艺术与教育理念的完美展现。

（1）节奏有序

永春的书院彰显了闽南地区对知识与美的不懈追求。书院保持疏朗雅致的园林特色，书院中轴线上布置门厅、水池和廊轩，突出了水池的布局。书院建筑群形成高低起伏、错落有致的天际线，厅堂、廊轩与长廊建筑连在一起，书院的外部空间封闭，内部空间层次丰富，亭榭池沼分布有序。书院按照门厅、方池、廊轩、中堂的顺序展开，建筑等级逐步升高，形成步移景异、变化丰富的体验。建筑的山墙和后墙通透、点缀成景。书院布局灵活，强调均衡感和灵活性（图 9.37），以展现其节奏有序的空间序列。

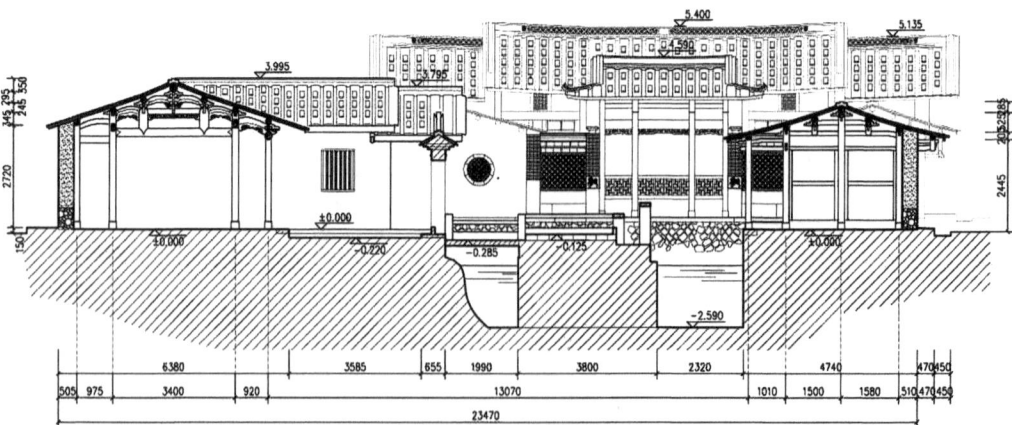

图 9.37　侯龙书院的空间序列

（图片来源：姚洪峰供图）

（2）园林的艺术特色

书院园林空间丰富、精巧紧凑、尺度宜人。木雕构件丰富细部，如《园冶》中认为门窗"切记雕镂门空，应当磨琢窗垣，处处邻虚，方方侧景"。门窗面向庭院，门窗隔扇、斗拱花窗活泼生动，寓意圆满。《园冶》中提到："窗牖无拘，随宜合用；栏杆信画，因境而成。制式新番，裁除旧套；大观不足，小筑允宜。"书院栏杆多样，精巧合体，变化有序，点缀建筑空间。石桥的尺度适宜，体现建筑意匠，如图9.38所示。书院的门额槁扇使得建筑虚实相映，变化统一。书院园林的尺度小巧、比例合适，体现精致典雅。

图9.38　变化的栏杆挂落纹样

（图片来源：自摄）

（3）建筑与自然的融合

书院运用借景手法扩大空间，书院内远眺青山，峰峦秀丽如绿屏，将远景借入书院中，扩大空间感。书院将风景纳入了庭院，以"延山引水"的方式使内外形成一体。打开大门，从廊轩可看到原野。邻借使景物互相衬托，长廊中透过柱子，借景漏明墙。水池借景建筑、植物和园桥，水景和小桥增加空间的趣味性。仰借建筑天际线，星空、云霞借入书院中，如图9.39所示。空间的景观因时序而变化，四季变化应时而借。前后左右对景互借，如图9.40所示。园林中的一石一木、一花一草，都经过精心挑选和布置，以求达到自然与人文的和谐统一。

图9.39　东西两侧互相借景

（图片来源：自摄）

（4）书院的文化内涵

书院的建筑和园林设计，不仅体现了对传统文化的尊重，更强调了文脉的传承和学术的探索，如图9.41至图9.42所示。书院继承文人的隐士情怀和理想，匾额、楹联富有文化内涵。如侯龙书院门上有

图9.40　廊轩的借景

（图片来源：自摄）

"学海"，厅前上方刻有"鸢飞鱼跃"的镶金牌匾，点明空间主题。园墙上的"水车堵"绘制桃花、燕子，象征春暖花开；喜鹊和玉兰花，象征喜上眉梢；牡丹卷草纹、回字纹，象征吉祥幸福。匾起到示范的作用。这些体现了闽南书院的教育经费多元化和尊师重教的氛围。闽南的书院将理学作为办学的思想，书院作为传播载体，书院园林体现儒道结合的隐逸思想。

图 9.41　匾额临池

（图片来源：自摄）

图 9.42　匾额桂轩

（图片来源：自摄）

永春传统园林以书院园林、寺院园林等为代表，布局简洁，以小空间欣赏为主，体现了闽南书院园林的特色。园林的营建受到山水诗和山水画的影响，古代匠师把湖光山色的自然情趣和雕刻绘画的人工匠意融为一体。书院建筑的细节精致，栏杆的样式、镂空花砖的园窗、卵石的墙基和临水的小品等，都蕴含着深厚的文化意义和教育价值，这些元素共同构成了书院独特的文化氛围，激励着学子们求知若渴，修身养性（图 9.43）。

图 9.43　侯龙书院花砖窗

（图片来源：自摄）

永春书院园林不仅是历史的见证，更是文化传承、建筑美学、空间布局、教育功能、建筑特色和现代转型的综合体。它们以建筑的语言，讲述着关于知识、教育和革命的故事，展现了永春人民对文化教育的尊重和追求。

9.3　古塔

　　塔是源于佛教的建筑，主要功能是安放佛舍利，是佛教的象征。塔幢随着佛教的传入成为中国传统建筑类型。塔传入中国后，演变出多种造型，衍生出多种功能。唐代和五代时期，随着佛教在闽南的发展，闽南各地修建了很多佛寺和佛塔。佛塔的平面以方形为主，后来演变为以八角形为主，材料从木材转向砖石为主。宋代的佛教盛行，泉州等地的塔建筑更加多样。现存的塔以仿木构楼阁式石塔为主，古塔塔身通常采用实心的结构。塔按照功能区分，有佛塔、风水塔两类，有的塔兼有佛塔和风水塔两种功能。永春受到佛教等影响，境内存留了一些古塔，这些古塔不仅是佛教的象征，也是当地的景观节点和标识物。

　　风水塔大多建造在地方水流汇合的出口处。建塔的目的是镇水驱邪、保佑一方平安、风调雨顺。水是财富的象征，永春的溪流往东，古人建造塔希望以此保佑一方能留住平安，营造只见水来、不见水去的意境，以及实现地方能够人财两旺的愿望。

　　永春古塔材料使用石材和砖块，具有耐久性。古塔简洁、淳朴，并有精美的装饰等。永春古塔的设计不仅具有美学价值，也反映了闽南地区的建筑技艺。古塔蕴含着丰富的文化内涵和象征意义，体现了汉文化的传承和地方特色。古塔的设计和建造考虑了与周围自然环境的协调，如山脉、水流等元素。这种协调不仅体现在视觉上，也体现在象征意义上。古塔与自然环境的融合，展现了一种和谐共生的关系，增强了其在景观中的视觉和象征作用。

9.3.1　自然环境与风水布局

　　永春古塔作为佛教文化的象征，其选址和设计充分考虑了与自然环境的和谐共生。古塔是佛教的标志，也是场地的标志。塔立场地中，其造型优美、装饰华丽，给场地以美感，常常是当地的风水塔，寓意着地方的繁荣和财富的聚集。

9.3.2　周围的社会背景

　　佛塔也称为浮屠，起源于印度，象征着佛教，用于藏舍利和经卷等的佛教建筑。经幢是刻有佛经符号的石柱状实心建筑。闽南地区宗教发达，大小佛塔、经幢有上百座。埋葬舍利，礼佛拜佛是塔幢的基本功能。永春古塔不仅是佛教信仰的圣物，更是

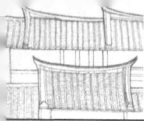

地域文化的载体和历史变迁的见证。它们以其独特的建筑语言和美学特征，融入了永春的自然环境和社会背景之中，成为了不可磨灭的文化符号。

9.3.3 古塔的价值

中国古塔是文明的承载物。古塔在中国古代算是高层建筑，具有导航引渡功能。高耸的塔身成为地标，用于登高望远，是地域景观的节点。

永春地区的古塔多坐落于村镇或郊区，风景优美，是附近居民日常或逢年过节的聚集场所，人们在此游玩和嬉戏。象征宗教形式的石塔促进了宗教、民俗和旅游等社会交往，充分体现社会价值。

永春古塔具有建筑物的特性，作为闽南历史见证。其外形特征、内部构造手法和装饰特点受到中原文化的影响，又具有鲜明的时代特色，体现当时的建筑营造技术、艺术风格和地域民俗的取向，也体现民众对石塔有祭拜和祈祷的意向，寄托他们寻求和平安康、幸福生活的美好愿望，体现文化功能。

9.3.4 永春地区典型古塔单体

永春的古塔形式多样化，遵循我国传统风水学的方法。宋代时期，随着风水学的应用日益广泛，起风水作用的塔出现。明代风水塔得到广泛运用，形成了比较统一的风水塔体系。永春地区的古塔经历了从佛塔向风水塔的功能转变。这种转变不仅反映了社会文化的发展，也体现了人们对自然环境与建筑之间和谐共存的追求。后人把塔当做祈求风调雨顺的精神寄托，成为当地的风水地标，可以登高望远，享受自然景观，感怀天地，也具有脱俗的宗教氛围。这些塔在建筑上具有独特的美学价值，在文化上传递了积极、祥和的信息。

（1）留安塔（桃城镇）

留安塔原名仙洞塔是一座历史悠久的风水塔，坐落于永春县桃城镇留安社区的留安山上。明万历二年（1574年），由知县许兼善主持建造，后因城墙增高需要而被拆除。清乾隆四十七年（1782年），永春知州姚任道、周瑛先后重建，并更名为文峰塔。塔为石构密檐，素面实心，七层八角，展现了传统石构建筑的精湛技艺。

1961年留安塔被强台风摧毁。1984年，旅居港澳邑人颜彬声、梁披云和陈吴爱惜捐资10万元重建。留安塔重建时，出土了一批宋、明时期的铜钱、陶瓷器和印章等文物，为研究当地历史提供了珍贵的实物资料。

重建后的留安塔为石条垒砌，七层七间，斗拱飞檐，琉璃屋顶，总高25米，集台基、基座、梁、枋、柱、斗拱、出檐、亭、台、楼、阁于一体。内有扶梯可攀援，外绕回廊，可以登临眺望。楼阁式塔与我国固有的楼阁相结合，在三教合一的文化影响

下，雕刻题材有佛教和民间传说，现今依然清晰可见。留安塔不仅是永春的重要人文地标，也是当地风水体系的重要组成部分，承载着祈求风调雨顺、国泰民安的愿景（图9.44至图9.47）。

图9.44　留安塔远景

（图片来源：自摄）

图9.45　留安塔鸟瞰图

（图片来源：周鋆绘）

图9.46　留安塔细部

（图片来源：自摄）

图9.47　留安塔周边环境

（图片来源：周鋆绘）

（2）洑江塔（石鼓镇）

洑江塔又名凤美佛塔，位于石鼓镇凤美村与洑江村交界处。洑江塔建于清代，该塔以其精妙的建筑工艺和深厚的历史底蕴，成为该地区佛教文化与地方精神的象征。佛塔的平面布局遵循传统佛塔设计原则，尺寸严谨，长1.5米、宽1.5米，占地面积2.25平方米，建筑面积2.25平方米。塔身采用石结构，展现了清代建筑对材料耐久性与结构稳定性的高度重视。石塔的历史悠久，其设计不仅体现了佛教建筑的庄严与神圣，也融入了地方建筑的特色与精神。

洑江塔佛塔背山面水，这种布局符合佛教对和谐与平衡的追求，体现了风水学中对自然环境的尊重与利用。洑江塔与水域共同形成了一幅动静结合的自然画卷。洑江

塔不仅是石鼓镇的一处重要宗教建筑，更是当地文化遗产的重要组成部分。它见证了清代佛教文化的传播与发展，也承载了当地居民的信仰与祈愿（图9.48至图9.49）。

图 9.48　洑江塔

（图片来源：自摄）

图 9.49　洑江塔

（图片来源：自摄）

（3）新琼井塔（达埔镇）

新琼井塔位于达埔镇新琼村外井，也称为"井头塔"。新琼井塔的设计和装饰元素体现了中国传统文化和宗教艺术的融合。花岗岩是一种非常坚固的建筑材料，常用于建造耐久的建筑和雕塑。塔身的莲花瓣造型是佛教中常见的象征，代表纯洁和超脱，而高耸的塔顶可能象征着通向天堂的道路。佛教中的"塔"作为纪念和崇拜的场所。

（4）新琼四角塔（达埔镇）

新琼四角塔位于达埔镇新琼村琼美桥头。新琼四角塔采用花岗岩制作，造型独特，塔体层层缩进。这种设计增强了塔的立体感，使得塔身呈现出一种向上生长的动态美，象征着生命力的勃发。四角塔强调了四个边角的造型，使得形象更加方正有力。四角塔的设计不仅仅是一种建筑上的创新，它还承载着丰富的文化象征意义。四个角可能代表着四个方向，象征着宇宙的秩序和完整性，也可能寓意着佛教中的四圣谛，体现了宗教文化的深远影响（图9.50至图9.52）。

图 9.50　新琼四角塔

（图片来源：自摄）

图 9.51　新琼四角塔

（图片来源：自摄）

图 9.52　新琼四角塔

（图片来源：自摄）

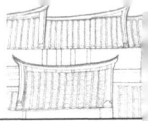

（5）白溪塔（湖洋镇）

白溪塔又名佛力塔，位于湖洋镇桃美村翠绿的田园之中。白溪塔建于清代，其塔形如春笋，高翘挺拔。塔顶如盖，塔刹如瓶，颜色似铁，白溪塔的设计灵感源自自然界的春笋，展现出一种向上生长的力量与周围的山地和标志形成鲜明的对比。

这座七层高的石塔，每一层都巧妙地向内收缩，形成了一种动态的视觉效果，使得塔身看起来更加高耸。塔身以不规则的石块构成，展现民间就地取材和采用乡土，体现了对自然资源的尊重，也展示了当地民间石构工艺的精湛技艺。白溪塔不仅是湖洋镇的一处历史遗迹，更是一处展现传统建筑美学和工艺的典范。这座塔以其独特的建筑语言，与周围的自然景观和谐共存，成为该地区的标志性建筑（图9.53至图9.55）。

图 9.53　白溪塔与周边环境

（图片来源：自摄）

图 9.54　白溪塔近景

（图片来源：自摄）

图 9.55　白溪塔局部

（图片来源：自摄）

9.3.5　永春地区古塔特征总结

（1）古塔和环境特色

闽南永春地区的古塔分布广泛，成为古建筑中的一道壮丽的风景线。古塔的存在大多和风水相关，作为风水建筑，或置于山上，或立于河沿，以勒住关口。例如留安塔，塔身雄伟、形制巧妙、浮雕精美，成为城市的象征，被赋予了风水塔的特殊地位。

古塔突破了古代建筑的格局，它们的高度和形态成为了地域显著标志，丰富了居民的视觉体验。古代的房屋、建筑大多只有一两层，少数楼阁能达到四五层。古塔的高耸，不仅在物理上突破了环境建筑的局限，更在精神上成为一种文化象征。塔与寺庙、山水有机融合的景观环境，是浑朴的自然美。石塔多选址于郊区，附近往往成为自然风景区。如留安塔位于花草绿树中，壮观又苍劲，其高耸的轮廓线丰富了天际线，成为该地域的标志性建筑。

古塔作为闽南地区特有的古建筑形式，不仅承载丰富的历史文化内涵，更以独特的建筑风格成为历史建筑遗产的一部分。古塔多位于寺庙、书院或村落附近，与当地的宗教信仰、文化教育和社区生活密切相关。永春地区的石塔融合了宗教、民俗、文学、艺术和技艺等元素，通过其形制、构造和装饰，表达了深厚的文化内涵、故事性和景观艺术价值，成为了该地区不可或缺的文化符号（表9.1）。

表9.1　永春县古塔一览表

序号	塔名称	所在地	建造年代	建造形制	高度/米	文物等级	备注
1	高垄石塔	五里街镇高垄村	南宋	台堡式石塔	4.6		
2	新琼井塔	达埔镇新琼村	宋	宝箧印经式石塔	2.86	县级保护单位	
3	魁星岩墓塔	魁星岩风景区	明嘉靖十五年（1536年）	窣堵婆式石塔			
4—5	蓬莱双塔	湖洋镇蓬莱村	明	平面八角五层楼阁式实心石塔	8	永春县文物	2座
6	留安塔	城郊桃城镇留安村	清乾隆四十七年（1782年），1984年重建	平面八角七层楼阁式空心钢筋水泥塔	25	永春县文物	
7	佛力塔（白溪塔）	湖洋镇桃美村	清道光二年（1822年）	平面八角七层楼阁式空心钢筋水泥塔	10		
8	盈美塔	达埔镇新琼村	清道光九年（1829年）	平面八角七层楼阁式实心石塔	5		
9	沊江塔（凤美佛塔）	石鼓镇凤美村与沊江村交界处		石结构佛塔	长1.5，宽1.5		

（2）古塔的造型特色

在14世纪以后，塔的建筑语言经历了一次显著的转变，逐渐从神圣的领域转向世俗化。随着社会结构趋于稳定和佛教作为政权辅助的作用减弱，塔的形态和功能开始多样化，有的脱离了佛教的束缚转向民间，服务于人们的情感和精神需求。

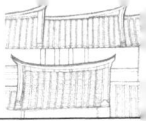

永春地区有很多珍贵的古塔，分布广泛，是当地历史的见证。有的古塔矗立于城镇中，有的立于青山环绕之间，有的位于田间，它们成为当地的一道风景线。这些古塔，以其独特的位置和形态，不仅丰富了地域的景观，也成为了连接过去与现在的桥梁。如蓬莱双塔位于湖洋镇蓬莱村，塔形如春笋，塔顶如一顶帽子，塔刹如瓶子，整体坚固朴实，彰显了标志性作用。山上的风水塔还被看成是文运的象征，更是风水观念的体现（图9.56至图9.57）。

图9.56　蓬莱双塔
（图片来源：自摄）

图9.57　湖洋镇桃美村佛力塔细部
（图片来源：自摄）

（3）古塔的结构特色

我国古塔在汉代和南北朝时以木塔为主，唐宋时期主要为砖石塔，还有土塔、金属塔和琉璃塔等，每一种材料的选择都映射出时代的技术进步和审美变迁。古塔不仅受到佛教的影响，更是民间信仰的圣地。它们在结构上融合了宗教的神圣与世俗的实用，展现独特的文化融合。

古塔的建造受到地理气候、地域文化、建筑技术和材料等多因素综合影响和制约。砖石塔具有构筑物和建筑物结合的坚固耐用特性，形制样式和构造手法丰富，不仅体现了当时的建筑营造技术水平，更反映了那个时代的艺术风格和地域民俗。

作为历史文化的见证，永春的古塔外形特征明显，受到中原文化的影响并结合了地方的建造特色和工艺。早期建有木塔，因木材易损坏，现都已不存。从宋代开始永春建塔采用石材与砖，留存的主要是石塔。石塔造型古朴，或立于田间或背靠树林，成为那个时代建筑艺术的代表。

位于永春县湖洋镇蓬莱村的两座石塔，称为"魁星塔"，它们建于清代康熙后期，由蓬莱黄氏家族建立的。魁星塔以花岗岩为主要建筑材料，具有稳重的基座和逐层收缩的塔身。这两座塔不仅在结构上展现了清代的建筑技术，更在艺术风格上体现了地

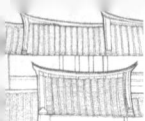

方的特色。

古塔的结构特色，是古代建筑师智慧的结晶，也是历史文化传承的载体，它们在历史的长河中屹立不倒，见证了时代的变迁，也承载了文化的传承（图 9.58 至图 9.59）。

图 9.58　高垅塔细部

（图片来源：林联勇摄）

图 9.59　介福石塔细部

（图片来源：林联勇摄）

（4）古塔的形态和细部

在永春地区，古塔不仅是佛教建筑的传承，更是地域文化的象征。这些塔的比例适中，形态讲究。永春地区的古塔的平面由方形发展到六角形和八角形，以方形和八角形最多。每层都有塔室，可以登临，体验塔的宏伟与精致。塔内的台阶用石材砌成，其造型丰富，展现了楼阁式塔模仿木结构多层建筑的高超技艺。这些塔有的可登临，有的则是小型实心塔，每一种设计都体现了建筑师的匠心独运。

古塔的形态和细部处理，普遍带有平坐和栏杆等，塔造型丰富，有的雄壮，有的清秀，有的小巧玲珑、亭亭玉立，每一种形态都展现了古塔独特的艺术魅力。古塔的雕刻精美，题材广泛，包含中国传统文化特色的装饰题材，如动物图案和建筑构件，以及佛教造型，如佛、菩萨、罗汉和天王等。佛教相关的装饰纹样，主要是佛祖圣像、佛本生故事和佛本身故事，都是对佛教文化的深刻体现。

古塔的形态和细部，是建筑师对美的追求和对文化传承的尊重。如留安塔是永春仿木构石塔的典范，古塔上的天王、神将和金刚的造像精致细腻，四大金刚造像，分别代表东方持国天王、南方增长天王、西方广目天王、北方多闻天王，四尊金刚代表着风调雨顺。这些形象的刻画，不仅展现了古塔的宗教意义，更体现了古人对自然和谐与社会秩序的向往。

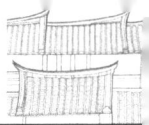

9.4　廊桥

廊桥是在桥面上建长廊或屋、亭、阁形成的特殊桥梁形式，又称为屋桥、亭桥、瓦桥、风雨桥。廊桥在我国广泛分布，浙江、福建、广西和贵州的廊桥各有不同的形式。这些桥梁不仅是交通纽带，更是体现地域性和多样性特征，蕴含着丰富的社会和文化价值。

闽南属于亚热带湿润季风气候，四季分明、气候温和，雨量充足、水资源丰富，山林茂密，廊桥是适应气候变化的结果。廊桥以青石和木构居多，有拱桥和梁桥两类形制，展现结构的多样性。

廊桥作为桥梁和建筑的结合，能保护桥身。廊桥是交通设施，为行人遮风避雨，也是人们交流、休息、集会、贸易、驿站、祭祀的公共场所，体现了地域文化的多元性。廊桥的建造受到自然环境、社会背景、造桥技术和地域建筑等多元影响，体现民俗、文化、经济社会和风水共同作用的结果等。

9.4.1　自然环境

闽南永春地区的廊桥尤其注重与山水的和谐统一，其选址策略考虑了地势多山，丘陵组成，气候温暖湿润、雨水充沛，区域内水网纵横交织，成为廊桥建设的理想环境。

永春地区的廊桥布局根据村落的地理环境特征而设计，常选择环抱式河流的下方，称为"水口"，力求在减少建造难度和成本的同时，创造出与自然环境相得益彰的美学效果。廊桥的布局位于高程较低的区域，利用自然水流的环抱之势，营造出一种宁静而秀美的环境。廊桥不仅是交通的纽带，更是文化地理的重要组成部分。桥的风水功能甚至大于交通功能，有的配上庙堂，周边种植风水林，使得村寨具有良好的风水环境。

桥是为了跨越水面或山谷修建的建筑。永春地区的廊桥连接河两岸，以特殊的空间形态，成为重要的依水景观。古桥本身也成为了景点，与周边景物共同构成了景观空间的重要节点，为人们提供了更多的停留和欣赏的空间。

9.4.2 社会背景

明清时期，闽南地区宗教兴盛，民间修建大量宗教建筑。廊桥的选址、布局、造景源于堪舆理论讲究藏风聚气。

廊桥以中轴为对称，风水理论认为水系能够聚气，面水能增强景深，营造理想的环境。东关桥山水与交通格局见图 9.60 所示。东关桥通过错落有致的造型美化山形，桥屋供人们歇脚避雨，点缀桃溪，给山水之间增添画意。山、水、植物和廊桥的搭配，营造出山水意境，形成山林生态美景。

图 9.60　东关桥山水与交通格局

(图片来源：自制)

东关桥的选址策略考虑了自然要素，桥的设立不仅考虑了交通功能，还融入了风水理念。桥梁的古朴、自然，构成平衡的视觉效果。东关桥周边的树用于维持村落生气，抵挡煞气，树林营造良好的风水环境。

明清造园思想对廊桥空间和层级性有深远的影响。山、水、植物和廊桥搭配，营造山水意境，形成山林生态美景。廊桥结合建筑、绘画和诗歌，风水林融入诗情画意，以内化人文情怀，体现自然山水和生命精神的天人合一。

9.4.3 选址和布局——以东关桥为例

廊桥依山傍水、因地制宜，选址考虑自然要素。桥的山水轮廓成为意境的主体，起伏的山脉营造丰富的层次。东关桥在聚落出入的关键之处，廊桥的布局重点在于组织景点布局、建筑和道路的关系，桥下的流水与廊桥共同构成了一幅别致的景观。在坡度较低的区域，桥的需求尤为显著，古桥的设计巧妙地解决了交通问题，同时为廊桥提供了良好的环境（图 9.61）。

图 9.61 古桥布局与山水关系图

(图片来源：卫星地图)

东关桥是东关镇的中心位置，位于桃溪和湖洋溪的交汇处。周边山体低矮，森林资源丰富，水面宽阔，水系流量相对较小。村落分布在河流两侧，形成"双侧分列型"。廊桥的选址有较好的景观视野，水利和交通设施建设，满足当地人民的需求。廊桥强化空间格局，增加建筑空间的自然氛围（图 9.62 至图 9.63）。

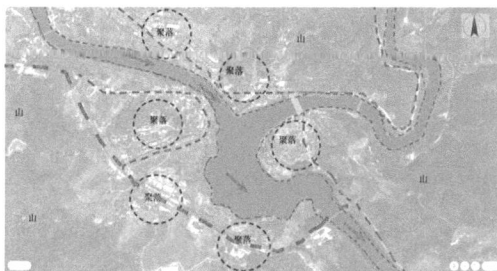

图 9.62 东关桥布局与山水关系

(图片来源：自制)

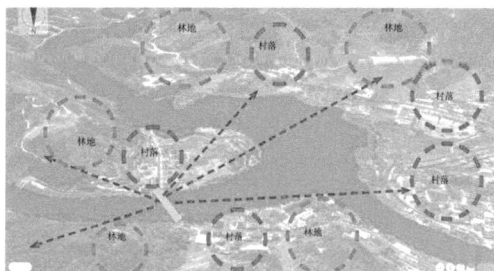

图 9.63 东关桥的景观格局

(图片来源：自制)

东关桥的建筑结构分为屋顶、桥身、桥基三段式。廊桥上廊下桥，上廊类似房屋，结构、造型和做法运用当地的材料和营造技术。桥身由木构件组成，采用榫卯结合，上面有精巧的梁柱体系。桥基托起桥身，底部敦厚，构成整体。

东关桥是长廊屋盖梁式桥，全长为 84.03 米，东西最宽处 4.5 米，桥面最高处 4.67 米，有 2 台 4 墩 5 孔，建筑面积约 379 平方米。廊桥以木石混合结构。桥屋的立面也相当于三段式。廊桥对称布局，平面上呈现"一"字造型，从廊柱看划分为五段。

东关桥的神龛是桥廊内的中心，祭祀空间与空间序列形成节点，寓意财不外流，保佑村庄风调雨顺之意。神龛布置了观音雕像、神器，装饰精致，便于祭祀活动。神龛使得桥与庙统一，体现廊桥的文化特性（图 9.64）。

廊桥屋顶通常用小青瓦铺面，青砖砌脊，飞檐重叠。东关桥的屋顶与闽南传统建筑一样，通过弧度和起翘增加建筑立面的层次感。廊屋使用双坡硬山顶，屋面上有燕尾脊，廊桥中置葫芦刹，提升气势。东关桥的造型、尺寸和材料借鉴民居的形式，体现地域特征。

建筑中心

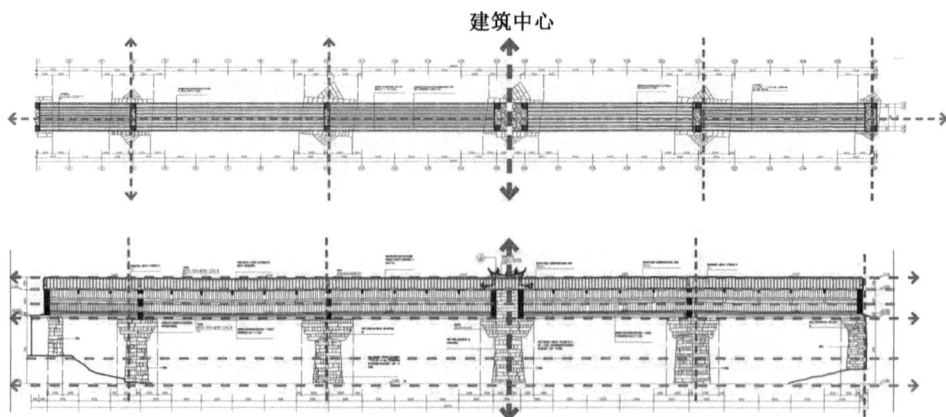

图 9.64　东关桥平面和立面分析

(图片来源：自制)

　　东关桥桥屋由排架组成，廊屋共有 25 间 76 柱。桥屋的中部是桥身，是一条长廊式的通道（图 9.65）。桥身为四柱十椽九檩的五架抬梁式构架，穿斗式梁架支撑悬山顶。廊桥满足民众的过河、休憩、祭祀、避风雨等功能以及社交的使用需求。两侧的木栏杆与固定座椅连接柱廊。栏杆外设置一层风雨檐，防止风雨侵蚀。

图 9.65　东关桥结构与桥基

(图片来源：自摄)

　　木拱廊桥又称为叠梁式风雨桥或虹梁式廊桥。东关桥属于木拱廊桥，桥梁结构由圆木纵横相置，形成木撑架式的主拱骨架。东关桥的木拱技术发展成榫卯结构，桥屋增强廊桥的稳定性。桥面铺设木板，神龛间铺设条石地面，两侧设木护栏。

　　东关桥的下部分是桥基，桥基采用花岗岩石条。东关桥的齿牙交错榫合叠压成船形桥墩，迎水面采用锐角，船尖形状像船头，减少水流产生的阻力。桥的两岸有石头砌筑的台，木构支撑基于桥墩和桥台的建造。

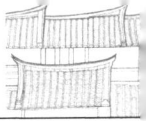

东关桥墩下的基础以大松木作卧桩，以荷载整座桥梁。枯水期，水浅木现。墩上用巨石叠涩三层，逐层悬挑而成伸臂石梁（图 9.66）。石梁上做砖墙砌体，以承架平梁原木（图 9.67 至图 9.69）。

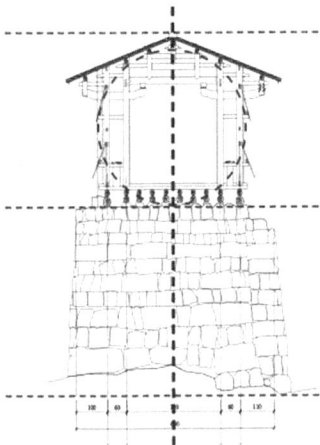

图 9.66　东关桥剖面图 1

（图片来源：自制）

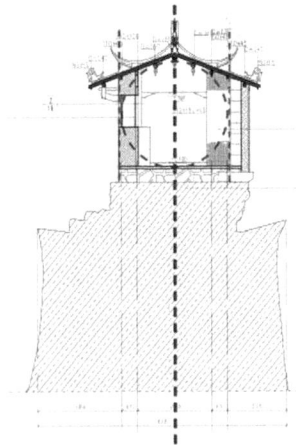

图 9.67　东关桥剖面图 2

（图片来源：自制）

图 9.68　东关桥廊桥与周边山水

（图片来源：姚海兰供图）

图 9.69　东关桥

（图片来源：自制）

9.4.4　廊桥内部装饰

廊桥通常都建造华丽，内部装饰丰富，建筑装饰不仅增强了结构的美学价值，更深化了其文化意义。

东关桥的桥廊木板漆成红色，这种色彩营造喜庆和祥和的氛围，在功能上有利于防腐。东关桥的装饰集中在桥墩、桥亭和彩绘（图 9.70 至图 9.71）。其中穿斗式梁架，形成韵律美。桥内装饰受地域传统建筑的影响，彩画为苏式风格，引用神话传说和历史故事题材，如"劈山救母"，"塞下将军"等（图 9.72 至图 9.73）。

图 9.70　廊桥的匾额和廊架

（图片来源：自摄）

图 9.71　廊桥内部的廊架和座椅

（图片来源：自摄）

图 9.72　廊桥彩画：劈山救母

（图片来源：自摄）

图 9.73　廊桥彩画：塞下将军

（图片来源：自摄）

彩绘中有云与山、林、水的图像符号，表达对神仙世界的向往。匾额、绘画、历代文人墨客的题词进一步体现文化内涵等。东关桥的建筑装饰，以其华丽的色彩、精致的内部装饰、丰富的彩绘题材和深邃的文化内涵，展现了闽南地区廊桥的独特魅力（图 9.74 至图 9.75）。

图 9.74　廊桥彩画：高山流水觅知音

（图片来源：自摄）

图 9.75　廊桥彩画：益寿延年

（图片来源：自摄）

桥连接两个空间，具有空间属性和园林文化价值。如达埔镇洪步村七星桥亭位，建于明代，作为廊桥码头，现在作为庙宇祠堂。七星桥是区域的核心景致，是重要的视觉焦点。廊桥可行、可望、可游。廊桥内，视野开阔，山林掩映，通过观景、框景和借景，营造虚实相生的美景。桥内可以透过连廊框景，让人们感受大自然的神妙。

桥内的神龛和彩画，增加文化景观。匾额、彩画和题词体现文化内涵等（图9.76至图9.79）。

图9.76　七星桥亭与周边环境

（图片来源：自摄）

图9.77　七星桥亭立面

（图片来源：自摄）

图9.78　七星桥亭屋脊侧面

（图片来源：自摄）

图9.79　七星桥亭内

（图片来源：自摄）

廊桥作为连接两岸的纽带，不仅在功能上承载着交通的重任，更在美学上与周围的自然景观和人文环境形成了一幅幅动人的画面。

9.4.5　桥梁与环境的和谐

我国的廊桥在材料和结构展现了丰富多样的特点。从材料来看，有全木结构、砖石结构和砖木结合三大类，每一种结构都与传统民间建材和结构体系相同。闽南地区的廊桥注重与山水、人文的和谐统一，其选址充分考虑自然地形的影响，力求在降低建造的难度和节约成本的同时，解决交通问题。廊桥的布局往往位于高程较低的区域，利用自然水流的环抱之势，构成景观。

廊桥文化最重要的是其风水功能和"庙桥合一"的精神功能。永春地区讲究风水，桥梁和园林周边环境优美，建筑与自然相融。廊桥建筑体现与地形和水系的关系，营造宁静而秀美的环境。

9.4.6 桥梁的空间特色

在园林建筑中，廊桥以其特殊的"线型"的建筑特征，使空间连接和渗透，起到了纽带的作用，成为有机整体。墩上用巨大的石头叠垒三层。每个桥孔用杉木作梁，梁上部分采用木结构。桥面上有青瓦屋顶，木架砖墙。永春地区的传统桥梁多采用廊桥，受到民居建筑的影响，无论是在建筑形式、结构、工艺和装饰上都借鉴民居的形式和建造方式，从而表现出浓郁的地域特色。

廊桥与山水自然融合，体现意境和精神自由。廊桥承担游憩、宗教等功能，解决交通问题。通过廊桥营造虚实相生的美景，融入造园景观。

永春的廊桥外观古朴简洁，但从开始建筑到落成，经过选址、桥型设计、实地放样、打桩、砌桥基、砌桥墩、安置拱券架、砌拱、压顶、装饰等基本的桥梁建筑营造步骤，每一步都体现了对自然环境的深刻理解和对建筑美学的精湛把握。

永春地区廊桥与园林的特色在于其与环境的和谐共生、空间艺术的巧妙运用，以及营造技艺的精湛传承。这些特色不仅体现了古代建筑的美学追求，更彰显了人与自然和谐相处的哲学思想。

9.5 其他建筑

在建筑的叙事中，地标性遗产以其独特的存在，成为了文化与历史的代言人。

9.5.1 牌楼

牌楼也称为牌坊，不仅承载着纪念与表彰功勋、科考及第、政德以及忠孝节义的使命，更是具有纪念性、标志性的建筑物。它们通常位于建筑群落的显要位置，是标志性的大门，有的宫观寺庙以牌坊作为山门，有的牌坊用来标明地名。

（1）牌坊的纪念性与标志性

牌坊被赋予文化、社会和历史意义。牌坊不仅是弘扬儒家伦理道德观的纪念性建筑，也是村落风貌的重要节点、文化的象征和地域文化的缩影。

（2）牌楼的构造艺术

牌坊是民间传统的门洞式建筑，用两根立柱上面加一两条横木组成大门，挑出的屋檐做成各种样式。牌坊可按照材质、空间形式、建筑形式、精神功能分类。按材质分可分为木材、砖材和石材，按形式分有"柱出头"式和"柱不出头"式，按立柱分可分为两柱一间、四柱三间和六柱五间等。牌坊的楼数多为单数，如三楼、五楼、七楼和九楼。以精神功能方面分可分为"忠"坊、"孝"坊、"节"坊、"义"坊、"科举"坊和"功德"坊。牌坊用题字突出主题。牌坊主要由小额坊、大额坊、平板坊和垫板足组成。题刻的文字采用石材仿木结构，牌坊的檐顶是仿木构建筑的斗拱和出檐。

（3）牌楼的文化与社会意义

在永春等地的牌妨不仅是文化的体现，更是社会价值观的传递者，历代的统治者把牌坊当做建筑形式的媒介，传颂符合社会需要的伦理道德标准的优秀者，达到树立良好社会风尚、稳定社会秩序的目的。牌坊的主要功能是标榜功德、表彰忠勇。牌坊有文化意义和建筑学的意义。牌坊多是因先人受到朝廷表彰而立，朝廷的批准。往往需要祠堂前的牌坊，彰显家族先人的丰功伟绩或高尚美德，兼有祭祖的功能。

（4）牌楼的营造技艺

牌坊的营造技艺，是历代工匠智慧的结晶。从选址、设计到施工，每一步都凝聚了工匠的心血和对建筑美学的追求。永春常见的是两柱一间的石牌妨，石牌坊由基座、立柱、夹杆石（抱鼓石）、额枋、字牌和楼顶组成。基座是牌坊的基础部分，增强其坚固性，通常有浮雕装饰。石牌坊主要采用线刻、平雕、浅浮雕、深浮雕、透雕、圆雕等手法。石雕装饰遍布牌楼的各个部位。立柱起支撑作用的构件，正反面有雕刻的对联。夹杆石位于立柱的两侧，以稳定柱身的作用。建造的石牌坊是以石代木，额枋有明显的仿木结构。牌楼的装饰，从浮雕到透雕，每一种雕刻手法都展现了工匠的精湛技艺和对美的追求。

（5）牌楼的环境艺术

牌楼作为一种空间艺术，通过顶盖和柱子的围合，创造了一种隔而不断、划分和界定空间的效果。它们不仅具有纪念性、装饰性和门户性的特点，更在视觉上为人们提供了崇高与亲切的双重审美感受。

村口的牌楼，如石构牌坊"世德流芳"建于明代万历三十四年（1606 年），位于永春县东坪镇太平村太平旧街，是当地建筑一个重要历史古迹。"世德流芳"牌坊是为表彰李开芳、李开藻家族而立，属于贞节牌坊，牌坊不仅是视线的焦点，更是美德的象征，成为了村落的公共活动场所（图 9.80 至图 9.83）。

牌坊具有纪念性、装饰性和门洞性的特点，创造庄重性、公益性的艺术环境，牌坊具有旌表和引导性功能。寺庙园林中的牌坊，也受到棂星门的影响。

图9.80 世德流芳坊：东坪镇

（图片来源：自摄）

图9.81 世德流芳坊立面

（图片来源：自摄）

（6）牌楼的美学价值

牌楼是石构艺术的杰作，它们包含了精美的工艺和深厚的文化内涵。无论是作为文化学、社会学，还是景观学的研究对象，都具有重要的借鉴意义。牌坊本身具有工艺价值、文化价值以及其在环境艺术中的地位等。牌坊的工艺主要体现在"雕""画""砌"上，石牌坊有精美的雕刻技艺。牌坊具有远看崇高，近看亲切的效果，视觉上获得多种审美感受，如图9.82至图9.83。牌楼作为中国古代的标志性建筑，不仅在结构上展现了建筑艺术的精湛，更在文化上承载了深厚的社会意义。

图9.82 世德流芳坊细部

（图片来源：自摄）

图9.83 世德流芳坊文字

（图片来源：自摄）

9.5.2 石敢当

石敢当作为一种古老的民俗文化符号，不仅是驱邪避灾的守护石，更是地域文化特色的体现。石敢当常见的形式是在石碑上刻着"石敢当"，有的加上神祇符号图案，

增加威仪。在永春，石敢当或竖在巷端，或立在街衢，或嵌在墙上显眼的地方。石敢当的尺寸一般为长 38 厘米至 110 厘米、宽 17 厘米至 86 厘米不等。这些尺寸的多样性，既满足了不同场所的需求，也体现了石敢当在形式上的灵活性。

9.5.3　炮楼

闽南地区的炮楼具有独特的特点，不仅是防御工事的代表，还蕴含着丰富的文化内涵。永春的炮楼采用了传统的土石混合结构，展现了闽南民居建筑的营造技艺。

（1）结构与材料

永春炮楼的建造初衷是防御外敌和盗匪的侵袭，其结构通常十分牢固，墙体使用花岗岩或石头砌筑。厚度可观，足以抵御一般枪炮的攻击。

（2）历史与文化

永春炮楼不仅是建筑物，更是历史变迁的见证者。它们承载着地区的历史记忆，如抗击外来侵略，地方治安维护等。炮楼的设计质朴美观，体现了闽南地区的土石混砌工艺水平和审美风格。

（3）功能与象征

炮楼与当地的文化和生活方式密切相关，它们不仅是当地人根据自己生活环境和审美情趣创建的，保留了闽南传统的建筑风格，又吸收了外来文化的特点。炮楼也是社区或家族的象征，除了防御功能外，还可能具有居住或其他使用功能。例如，在一些炮楼内可能设有房间、仓库、水井等生活设施，具有多功能性。

永春塘溪村炮楼是一座清末咸丰时期的建筑，至今已有 160 多年的历史。炮楼结构呈长方形，长约 15 米，宽约 5 米，两层楼高，建筑面积约 80 平方米。室内设有地下室，四周顶端有多个枪眼，墙体全部用石头砌筑，厚度超过 1 米，展现了其卓越的防御功能。

夹际民国炮楼位于仙夹镇夹际村，是 20 世纪 20 年代的历史见证，这座炮楼的设计和建造充分展现了地域性建筑的特点和防御功能。作为近现代防御型建筑，该炮楼采用乡土的石头垒成，长 5.3 米，宽 4.5 米，高 7.1 米。楼上楼下都可以住人。炮楼外部保存完好，楼壁上可以清晰地看到枪眼设计细节，反映了当时军事建筑的战术考虑和建筑工艺。炮楼位于路旁的险要山坡，居高临下，可清楚地望见前方 550 米县道，可查看敌情。炮楼依山势而建，具有地域特色（图 9.84 至图 9.85）。这种依地形而建的设计，不仅增强了炮楼的防御功能，也体现了地域建筑的特色和对环境的尊重，也提供了良好的视野和射击条件。

炮楼见证了特定时期的军事防御思想和建筑技术，同时也承载了当地居民的历史记忆和文化传承。炮楼以其坚固的材料、紧凑的结构、战略性的地理位置、地形适应性设计，以及丰富的历史文化意义，成为了近现代防御型建筑案例。

图 9.84　夹际民国炮楼与周边环境

（图片来源：自摄）

图 9.85　夹际民国炮楼细部材料

（图片来源：自摄）

9.5.4　旗杆

古代科举制里，功名的取得不仅是个人荣耀的体现，也是家族声望的象征。旗杆作为荣誉的物理载体，其设计和构造反映了古代社会对功名的尊崇和对后人的激励。获得功名者可在祠堂大门或厅堂上高悬"进士及第"或"金榜题名"等，门前可竖立"石旗杆"。旗杆彰显身份，用于激励后人。清代，除了进士，凡举人、贡生和监生等，都可竖立石旗杆。根据文武官员和级别高低，旗杆在长度、底座和杆身的雕刻都有区分。

旗杆用花岗岩条石凿成，高度有五六米，其形状有圆形或方形，以适应不同的建筑和审美需求。底座多样，包括方形、六角形和八角形等，以展示主人的身份与地位。旗杆的柱身中段常刻画立杆的年代，旗杆主人的身份、辈序和姓名。顶端有雕饰，文官的旗杆顶端雕上"笔"，武官雕刻坐狮，这些细节的刻画体现了古代官职体系的严谨。

旗杆石为旗杆底部磐石支撑，其形状和材质根据主人的科举等级和官职有所区别。举人、进士无需再垫础石，贡生等则需在磐石上加一块圆础石。石旗杆凿成后，家族要举行庄重的仪式，全村的庆祝活动不仅是对个人成就的认可，也是对家族荣耀的彰显。"石旗杆"因此成为功名、荣誉、权势和地位的象征（图 9.86）。

由于石旗杆的造价比较，有人便选用造价比较低的杉木作为替代材料。旗杆的下半部开凿两个孔，与旗杆夹的孔相一致。竖立后，两边用两块石柱固定，木旗杆也能激励人们建功立业。

前埕石旗杆立得越多，不仅是个人功名的象征，也表明家族中人才辈出，光宗耀祖。其设计和构造反映了古代社会的价值观念和审美趣味，同时在建筑空间和视觉效果方面，显得有层次和威仪，激励后人追求卓越和荣耀（图 9.87 至图 9.88）。

图 9.86 石旗杆周边环境

(图片来源：自摄)

图 9.87 石旗杆细部

(图片来源：自摄)

图 9.88 石旗杆细部雕刻

(图片来源：自摄)

9.5.5 城墙

在闽南地区，传统村落的城墙不仅是物理的防御结构，更是文化和历史的载体。这些城墙的建造艺术，融合了装饰美感和质地对比，展现了闽南建筑的独特风格和审美情趣。

闽南传统村落的城墙在材料选择上偏爱花岗岩或青石、卵石，不仅坚固耐用，而且在视觉上形成一种装饰美感和质地的对比。闽南古厝的墙体通常使用白色花岗岩青

石和卵石。城墙的布局和设计受风水因素的影响，往往与自然环境相协调，营造一个和谐、繁荣的居住环境，寓意着对子孙繁衍兴旺的美好祈愿。部分闽南村落城墙具有防御功能，城墙不仅是保护村民安全的屏障，其周边也与自然发展成为乡村公共活动空间，成为社区生活的重要组成部分。

永春城墙的建造特色明显，主要采用乡土材料和施工工艺，如用石块、鹅卵石和夯土堆砌而成，体现城墙的建造受到材料、经济和工艺等影响。城墙的边门常伴有小庙，带有宗教和吉祥祈福的文化内涵（图9.89至图9.90）。

村落城墙内的宗族文化深厚，民宅门楣上都刻有堂号，体现了宗族和姓氏的多样性。永春传统村落细节装饰体现其独特的建筑风格和审美情趣，反映了闽南地区深厚的历史和文化底蕴。

图9.89 卵石累积的城墙（湖城村）
（图片来源：自摄）

图9.90 卵石城墙（湖城村）
（图片来源：自摄）

如湖洋镇湖城村的城防结构即汪城内，是居住的主要村落。宋朝时期砌筑的城堡，城高3米，宽2.6米，设有东西南北四个城门，围合面积有0.5平方公里。城墙用大石砌成，每个城门有宫庙供奉守门神（图9.91）。东门有观音亭，供奉观音；西门有洞公宫，供奉库司大王；北门有关帝庙。西城的门顶原由石拱建成。

图9.91 西门附近（洞公宫）供奉着库司大王
（图片来源：自摄）

图9.92 南门庙
（图片来源：自摄）

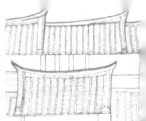

城墙不仅提供了必要的安全保障，也兼顾了宗教信仰和社区生活的需要。南门有镇城神庙，也称南门庙（图9.92）。南门庙为二进的土木结构，明嘉靖年间、清康熙年间和乾隆年间均有修缮。这种布局体现了对神灵保护的信仰。宗教建筑不仅是信仰的中心，也是文化传承的重要场所。这些建筑的建立和修缮历程，反映了社区对历史人物的敬仰和对传统的维护。

明嘉靖四十二年（1563年）十月，在湖城堡南门为义勇将军黄光甫（十三公）建造生祠，又称为"义士祠"或"东泉祠"。清嘉庆十六年（1811年）翻修。2000年9月永春县人民政府公布生祠为第二批县级文物保护单位。这座祠堂不仅是对历史人物的纪念，也是湖城村城墙周边建筑的重要组成部分，城墙作为历史变迁的见证，承载着地区的历史记忆和文化传承。它们不仅是建筑物，更是连接过去与现在的桥梁，让后人得以窥见先辈们的生活和智慧。

9.5.6　古城堡（石鼓镇）

古代的永春建有较多的城堡，以保证聚落的安全。永春的石鼓镇古城堡的遗址不仅是历史防御工事的证明，也是地域文化与建筑智慧的展现。万全堡（上场城）建于清顺治四年（1647年），是为抗击倭寇而建造。在明末清初的动荡时期，郑成功、郑鸿逵的历史活动密切相关。在明末清初的动荡时期他们率明军准备围攻清军据守的泉州城而构筑此堡，郭符甲（晋江人，明朝最后一科进士）在泉州府属邑联合反清缙绅与乡勇，收复永春、德化二县，其军事行动与堡垒的建设，共同构成了这一时期的历史记忆。

万全堡的建筑特色体现在其坚固的构造与战略布局上。城堡采用当地的石块与夯土混合堆砌，这种材料的选择既考虑了地理环境的适应性，也充分利用了当地的资源。城堡的设计兼顾了防御与居住的双重功能，其坚固的墙体与城门的设置，展现了古人在军事建筑上的深思熟虑（图9.93至图9.94）。

图9.93　万全堡（上场城）

（图片来源：自摄）

图9.94　古寨门

（图片来源：自摄）

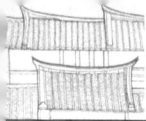

　　城堡的布局充分考虑了风水因素，以确保聚落的安全与繁荣。城堡不仅是物理的防御工事，也是社区精神生活的一部分。其位置的选择与周边环境的和谐共生，体现了古人对自然环境的尊重与利用。永春万全堡不仅是历史见证，也是地域文化象征，更是风水观念的具体体现。

9.5.7　苦寨坑窑址

　　苦寨坑窑址位于永春县介福乡紫美村环山之中，海拔大约 674 米，是青铜时代斜坡式龙窑的杰出代表。这一窑址不仅是陶瓷工艺的发源地，也是古代文明的重要见证。出土物以原始瓷器、陶器为主，器型有尊、罐、钵、豆、纺轮等。

　　紫美村的自然地理环境为苦寨坑窑址提供了独特的背景。四面环山的地形，不仅为窑址提供了天然的保护，也为陶瓷原料的采集和运输提供了便利。窑址发掘面积约 300 平方米。窑炉结构分层次建造，窑炉内壁宽约 1.24 米，残长约 3.84 米，呈斜坡状，有助于热能的传递和控制，体现了古人对窑炉科学原理的深刻理解。窑址坐西北向东南，考古发掘共揭露出 9 条龙窑遗迹。

　　苦寨坑是夏商原始青瓷的窑址，窑址年代为距今 3 400 年至 3 700 年，相当夏代晚期至商代中期，包括窑炉、作坊等。每一座窑炉都有窑头、火膛、窑室、出烟室等，结构完整。原始的青瓷和印文硬陶装饰有弦纹、菱格纹、方格纹、直条纹等，大部分器物都是单件烧制。

　　苦寨坑窑址是目前发现最早的原始青瓷窑址，保持清晰完整的遗迹。2019 年，苦寨坑窑遗址列入第八批全国重点文物保护单位名单。苦寨坑窑址是青铜时代陶瓷工艺的宝贵遗产，其独特的地理位置、规模布局、窑炉设计、陶瓷工艺和历史价值，共同构成了这一古代文明的实证。通过对苦寨坑窑址的研究和保护，我们可以更深入地了解古代社会的生产方式、生活方式和文化特征，为传承和发扬中华优秀传统文化提供坚实的基础（图 9.95 至图 9.96）。

图 9.95　苦寨坑遗址

（图片来源：姚海兰供图）

图 9.96　苦寨坑遗址鸟瞰

（图片来源：林联勇供图）

本章小结

永春地区有丰富多样的传统建筑类型，包括民居、文庙、书院、宗祠、古塔和古桥等，它们不仅在形式上各具特色，更在文化和生态层面上展现了永春深厚的地域性建筑传统。

永春的传统建筑通过精心选择地域性建筑材料和工艺，营造出理想的生态环境。这些建筑不仅在视觉上与自然和谐相融，更在功能上实现了与环境的共生，体现了古人对自然环境的深刻理解和尊重。

书院作为山区型私学，不仅扩大了教育层面，更促进了文化的传播。书院园林环境营造了良好的学术氛围。书院园林择胜而建，就地选材、因材施艺，创造了空间多样化、建筑园林化，蕴含深厚的文化内涵。书院园林的精巧紧凑、尺度宜人，体现了闽南园林的特色，同时，书院的空间处理和均衡布局，展现了传统文化的深远影响。

永春的古塔源于佛教，又具有风水塔的象征，是镇水辟邪的吉祥物，也是航标和景观节点。这些塔的结构和位置，反映了古人对宗教信仰和自然环境的双重考量。

廊桥在特殊的地理环境、人文背景中形成。它们不仅是交通空间和园林建筑，更是提供了遮风挡雨、休息、观景和祭祀的多功能空间，与周边自然环境和谐统一，体现古人的营造智慧。廊桥在营造上采用闽南传统建筑的材料和手法，突出了精神文化、建筑防灾、民间信仰与生产生活相关。廊桥还受到神仙思想、隐逸思想、宗教信仰等影响，它们是自然和人文的纽带，暗含园林美学，体现哲学思想的融入。

永春的传统建筑，无论是书院、古塔还是廊桥，都不仅仅是物理空间的构建，它们是文化传承、生态智慧和哲学思考的载体。这些建筑的物质性和精神性共生，展现了人与自然统一的思想、美学观念和工艺造诣，以及人们对居住、游览、修心和信仰的精神追求。它们是永春历史文化的宝贵遗产，也是对未来建筑设计和文化传承的启示。

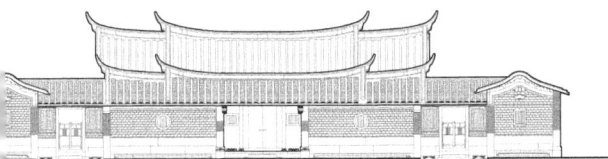

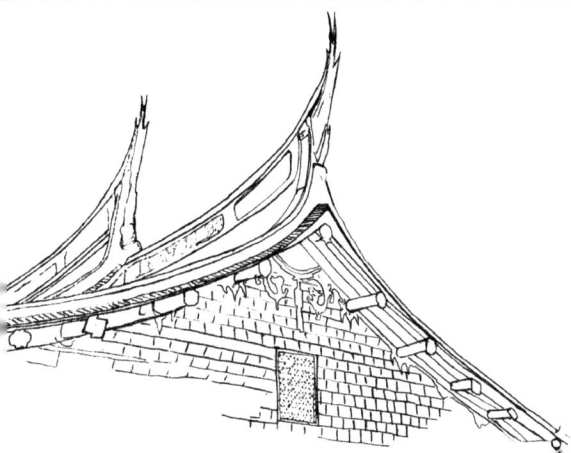

建筑装饰与文化

10

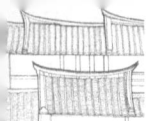

建筑装饰是文化传承的载体，它不仅反映了社会的审美趣味，还体现了特定时代的工艺水平和文化价值观。永春传统建筑装饰从民居到宗祠，无不展现出其独特的风格和丰富的文化内涵，是闽南地区历史文化的重要组成部分，体现了地域文化的深厚的历史文化积淀和独特的风格。建筑装饰的题材广泛，这些装饰不仅美化了建筑的外观，更赋予了建筑以生命和故事，使其成为地域文化的重要表达。

10.1 装饰范围

永春传统建筑类型丰富、因材施工、发挥材料的特色，装饰的美通过雕刻、彩绘等工艺手法表现出来。装饰细节遍布建筑的各个部分，如入口、镜面墙、中堂、门窗和屋顶等处，工艺包括木雕、石雕、砖雕、彩绘、灰塑和剪粘等，每一处装饰都经过精心设计，以彰显建筑的美学和功能性（图10.1）。

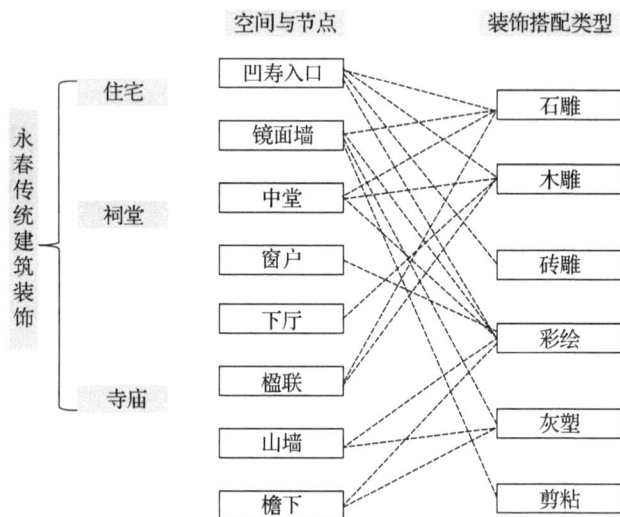

图 10.1 永春传统建筑的装饰分类

(图片来源：自制)

10.1.1 入口

入口作为建筑标志性部分，其装饰尤为重要，渗透着审美情调和文化意蕴。永春地区的凹寿装饰集中于牌楼面、两角门和两侧壁堵。凹寿不仅在视觉上形成了内外空间的过渡，更在文化上体现了主人的社会地位和审美追求。装饰工艺的运用，如木雕、石雕、砖雕和彩绘，进一步强化了入口的标志性和美学价值。

永春传统建筑装饰的地域特征明显，无论是材料的选择还是工艺的运用，都体现了就地取材和工艺丰富的原则。

牌楼面一般分为三堵到七堵，由上而下为顶堵、身堵、腰堵、裙堵和柜台脚等，彰显主人的身份地位（图 10.2）。檐口以下的狭长石块称为"顶堵"，顶堵以下称为"身堵"，身堵之下的条状装饰称为"腰堵"，腰堵之下的方块面为"裙堵"（图 10.3）。牌楼面常用白色花岗岩和青斗石的装饰，用浮雕或线雕的手法雕刻图案（图 10.4）。角门又称为"员光门"和"弯光门"，是半圆形的拱门。角门的门额常有丰富雕刻。壁堵是前步口廊两端相对的墙壁，在寺庙和宗祠的左边常雕龙，右边雕虎，所谓"龙蟠虎踞"。

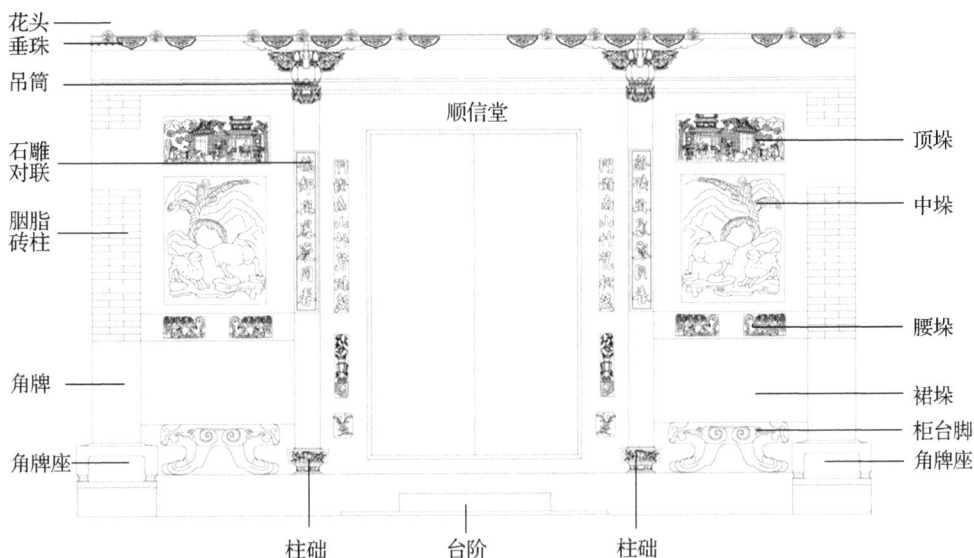

图 10.2　凹寿装饰部位名称（和林村顺信堂）

（图片来源：自制）

图 10.3　凹寿布局分析（永春崇德堂）

（图片来源：自制）

吊筒
门额
顶堵

窗楣雕刻

腰堵

裙堵雕刻

柜台脚雕刻

图10.4　凹寿入口-铺上村仁美堂正立面

（图片来源：自制）

凹寿装饰性比较强，凹寿装饰依据主人的地位和经济条件，选择相应的材料和工艺。通常运用木雕、石雕、砖雕和彩绘等。宗祠、家庙和富裕之家甚至运用三种以上材料搭配。

（1）木雕牌楼面与彩绘对看堵

永春传统建筑以木构为主，木雕包含线雕、浮雕、透雕和漏雕等。线雕用于边框和细节，高浮雕主要用于牌楼面的顶堵和裙堵，浅浮雕一般用于腰堵和窗楞等视线集中的地方，透雕多用于窗楞等。牌楼面的顶堵由两块花草纹木雕组成，身堵为镂空的木雕窗，身堵以下没有雕刻；对看堵上部有挑出的木质半拱，下方雕刻莲花花瓣（图10.5至图10.6）。

图10.5　普通建筑牌楼面（永春福德堂）

（图片来源：自摄）

图10.6　富裕商家牌楼面（永春福兴堂）

（图片来源：自摄）

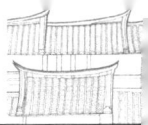

永春传统民居顶堵的装饰带称为"水车堵"或"水车垛"。水车堵的装饰题材包含山水花鸟、人物故事和亭台楼阁，对看堵常运用泥塑、剪粘和彩绘等装饰，体现了主人的审美情趣和吉祥文化内涵。

（2）木雕牌楼面与砖雕对看堵

永春普通民居的凹寿常见木雕牌楼面和砖雕对看堵的搭配。永春砖雕以红砖为依托，主要用于门额和墙堵。小块砖雕拼接成的墙面，一种是六边形砖，有凤凰、仙鹤和牡丹纹样，是"窑前雕"，造型清晰。另一种以印刻的方式进行雕琢，采用线刻凸显图案，称为"窑后雕"，窑后雕的线条较浅、硬直、表面平整。砖雕质感朴实、造价低廉，运用范围广泛。

（3）石雕牌楼面和对看堵

石材构筑的凹寿牌楼面称为"石垛"或"石堵"，最上面的称"顶堵"，常见浮雕的动植物纹。"身堵"常见镂雕的螭虎窗，中间为人物图案。"腰堵"以动植物搭配浮雕的青石或白石。腰堵以下的"裙堵"，常用花草纹或文字纹的浮雕石板。裙堵下方的"柜台脚"，常用青斗石雕刻的兽蹄。门楣的上方是匾额，一般包含姓氏和家族迁徙地等。角门以石材构成弧形门框，边框雕刻浅浮雕，门楹常用高浮雕装饰。石雕牌楼面和对看堵运用多种石雕工艺，石雕最能体现建筑的等级、主人的身份和经济实力，常用于富商官宦的府邸、祠堂和庙宇。

（4）石雕和砖雕搭配

石雕和砖雕是富商之家常用的类型。石雕牌楼面通过不同石材和雕刻手法丰富墙面。一般身堵和腰堵运用青斗石雕刻，边框和裙堵运用白石，雕刻浅浮雕。裙堵运用石刻浅浮雕装饰。砖雕大多用窑后雕，以浅浮雕为主，常用于对看堵。

永春的传统建筑装饰，是地域文化、社会地位和个人品味的集中体现。通过精心的设计和工艺的运用，这些装饰不仅美化了建筑，更赋予了建筑以深厚的文化内涵和历史价值。

建筑装饰的等级和象征意义也在永春建筑中得到了充分体现。从大门的高度、宽度到牌楼面的装饰，每一处细节都透露出主人的社会地位和经济实力。

10.1.2　木构架及装饰

在永春地区的传统建筑中，木构架及装饰艺术的运用展现了深厚的文化根基与精湛的工艺技术。这些建筑通过精心设计的木结构和装饰细节，体现了地域文化的独特性及居住者的审美情趣。

木雕可分为大木作和小木作，承受重量的梁、柱和檩等被称为"大木作"，用于装饰的称为"小木作"，主要指门窗棂上的木雕装饰（图10.7）。

（1）大木装饰

永春地区中堂多为三开间，等级较高，是整座建筑的核心。中堂装饰最精美，装饰集中在梁架、斗拱、雀替、柱子等构件。中堂通常采用抬梁式，也有穿斗式。抬梁式的大梁称为月梁，月梁的两端有卷草或卷草龙雕饰纹样、花卉纹样、松竹梅石和各种动物纹样。中堂前檐梁架的雀替基本是花鸟纹样，随梁枋的雕刻以花草为主题。梁枋两端雕饰卷草形叶脉，暗含家族欣欣向荣的愿望（图10.7）。梁托也雕饰了各种精美的图案。

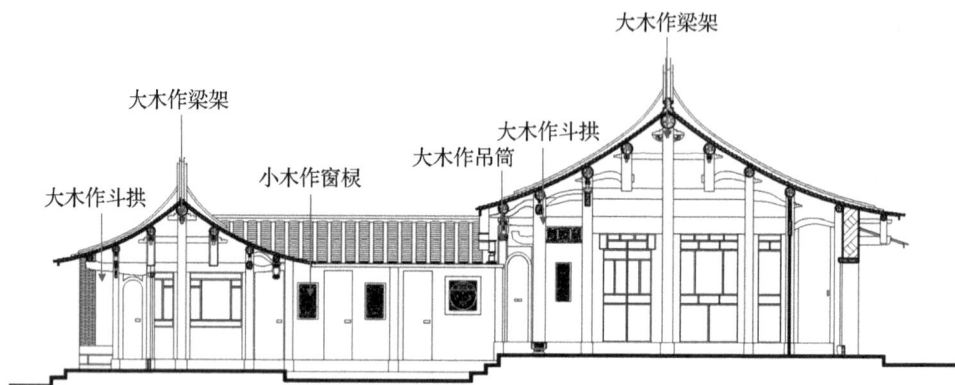

图 10.7　大木作和小木作-茂霞村锦溪堂

（图片来源：自制）

永春传统民居的大部分前后檐梁架装饰莲花短柱。垂花柱头被雕刻成宫灯、花灯、莲花、绣球等样式，越靠近中堂的越华丽，雕刻越精致（图10.8）。

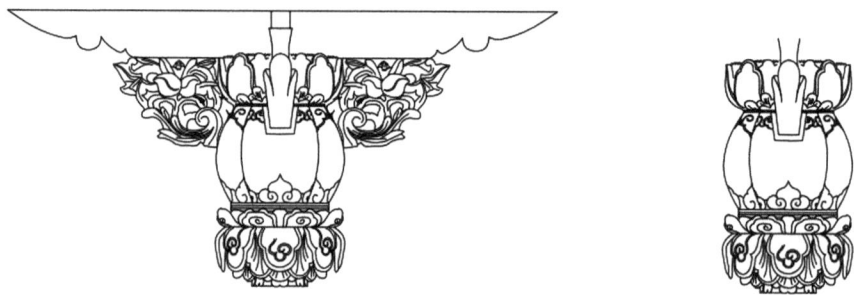

图 10.8　垂花吊筒（集福堂）

（图片来源：自制）

永春传统民居梁架上有托木，雕刻的纹样有兰花、喜鹊、菊花等，增强了中堂的艺术表现力，为明间增添华丽的色彩。斗拱常见有装饰性的丁头拱。中堂前檐廊卷棚轩，圆光构件往往雕刻花草等纹样。

厅堂的装饰最多，雕饰的等级最高（图10.9）。中堂的空间界定传承"前朝后寝""前堂后室"的秩序。中堂灯梁作为虚空间的界定，中堂的梁枋、托架、门窗、柱础布满了楹联、匾额，显示家族荣誉和高尚道德。中堂的彩绘和贴金，暗含平安富贵等愿望。

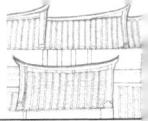

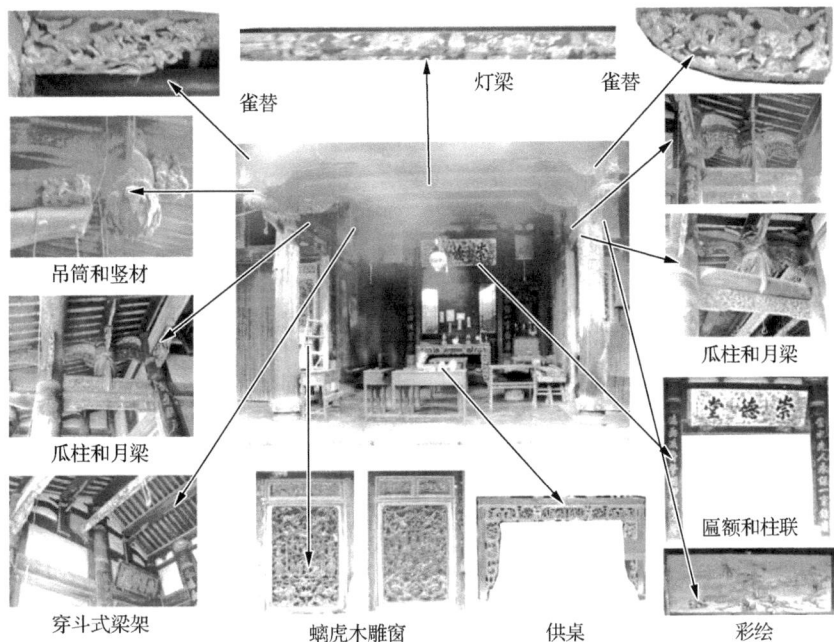

图 10.9   中堂重要结构装饰（崇德堂）

（图片来源：自制）

（2）小木作装饰

小木作装饰主要集中在厅房的槅扇窗、槅扇门和栏杆栏板等部位（图 10.10）。永春传统建筑中的门窗等小木装饰华丽，雕刻精致，通过戏曲故事传达文化内涵，达到寓教化于的作用。

在两进的住宅中，左右厢房的门窗一般是螭虎木雕窗。前厢房和门厅两侧次间的窗户，窗棂的装饰丰富。卧室的窗户，通常雕刻有拐子龙、暗八仙、琴棋书画，还有文字装饰等。窗格心的构图变化很大，有的是几何图案或吉祥图案，有的是多层雕刻，题材以人物纹为主。

图 10.10   木雕窗

木雕艺术在永春传统建筑中占据了重要地位，从大木作的结构性雕刻到小木作的装饰性细节，木雕艺术贯穿于建筑的每一个角落（图 10.11 至图 10.12）。

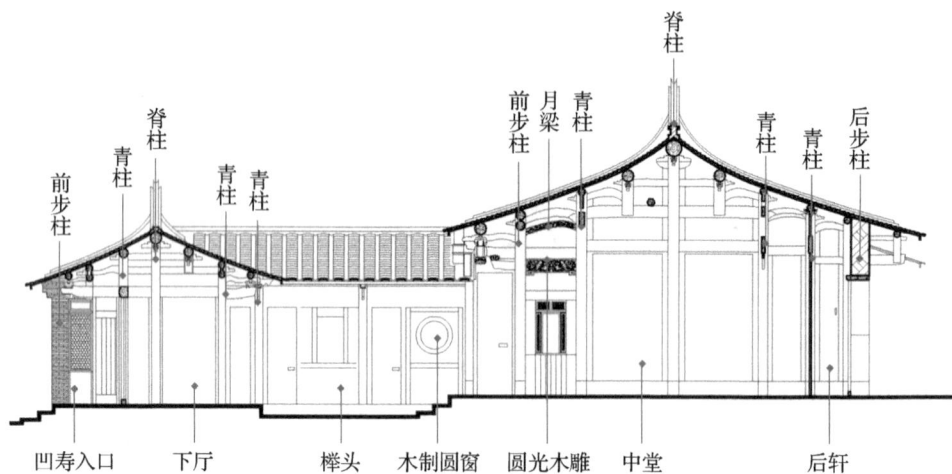

图 10.11　前厅和中堂剖面图（金玉堂剖面图）

（图片来源：自制）

图 10.12　木雕-龙聚堂

（图片来源：自摄）

石雕和砖雕则多用于入口、墙面和基座等部位，它们的质感和色彩与木构件形成对比，增强了建筑的视觉效果和文化氛围。图 10.13 至图 10.15 是民居集福堂的平面图、正立面图及侧立面图。

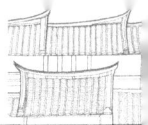

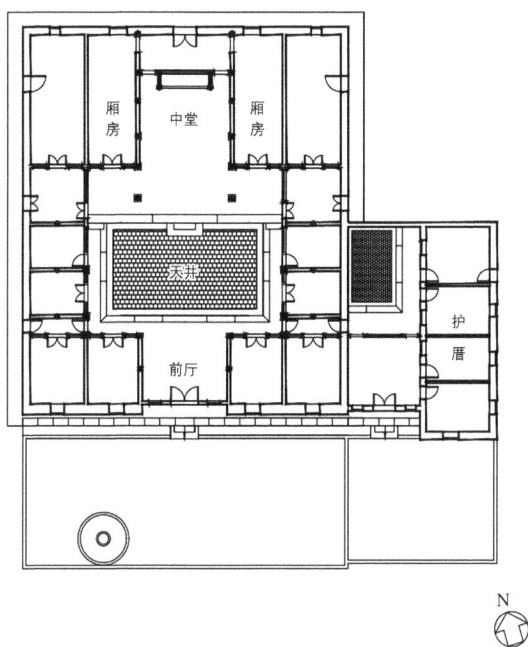

图 10.13 平面图（集福堂）

（图片来源：自制）

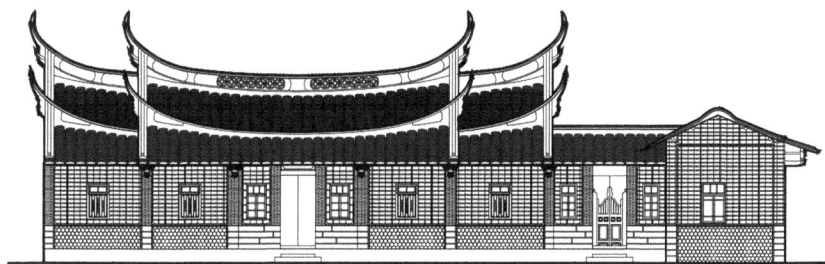

图 10.14 民居正立面和装饰（集福堂）

（图片来源：永春县岵山传统村落测绘图集，戴志坚供图）

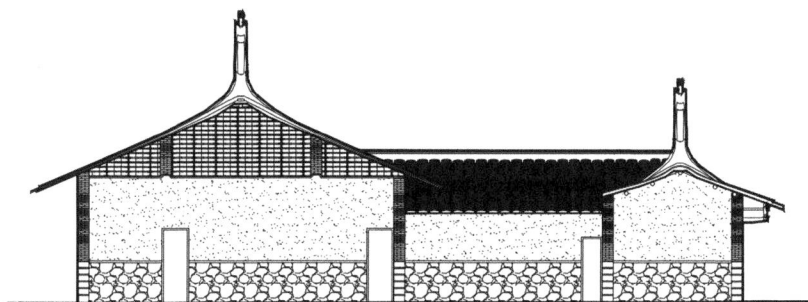

图 10.15 集福堂西立面图

（图片来源：永春县岵山传统村落测绘图集，戴志坚供图）

永春地区的传统建筑通过木构架及装饰艺术的精心设计和工艺，实现了结构的稳定性和居住的舒适性，同时通过丰富的装饰图案和精细的工艺，展现了地域文化的独特魅力和居住者的审美追求。

10.2 装饰工艺

闽南传统建筑中建筑装饰工艺的精湛与多样性构成了其独特的建筑语言，这些装饰不仅美化了建筑的外观，更赋予了建筑深厚的文化内涵和历史价值。

闽南传统装饰建筑工艺结合石雕、砖雕、灰塑、木雕、彩画等多种艺术形式，形成了一种独特的建筑表达。

福建地区盛产木材，为木雕艺术在住宅装饰中普遍运用提供了广阔的舞台。在永春传统建筑中，木雕被广泛应用于梁架、瓜柱及柱头、斗拱等部位。民居中厅堂梁架雕饰，大型宅邸则是雕梁画栋。雕饰内容有荷、莲、卷草、鱼、龙纹等，无不体现了木雕艺术的精细与生动。

永春传统建筑装饰工艺在继承中原文化的基础上，吸收了外来文化的影响，形成地域特色。传统民居的装饰手法包括木雕、石雕、砖雕、彩绘，还有中西合璧的装饰元素，如山花、琉璃瓶、拱门和栏杆等，这些元素的运用使得永春建筑在传统与现代之间找到了完美的平衡。

传统建筑通常采用石柱础，可以防潮、防碰撞，加强柱子的稳定性。柱础的形状随木柱子的形状做成圆形，方形，六角形，八角形或壁柱形式。柱础上通常雕刻线脚和花草瑞兽等。

10.2.1 红砖砌筑

永春传统建筑广泛使用红砖，红砖与周边环境和谐搭配，形成独特的古村落景致（图 10.16 至图 10.19）。红砖在烧制时，由于堆叠形成特有的印记，而印记在建筑时因刻意整齐堆叠，形成别具一格的建筑装饰。普通砖墙的砌筑方法，如一顺一丁、三顺一丁等，不仅提升了建筑的实用性，更赋予了建筑独特的装饰效果。

一顺一丁是一皮全部顺砖与一皮全部丁砖间隔砌成。上下皮竖缝相互错开 1/4 砖长。这种砌法效率较高，适用于砌一砖、一砖半及二砖墙。

图 10.16　达埔春晖楼的水形山墙

（图片来源：自摄）

图 10.17　达埔春晖楼的红砖山墙

（图片来源：自摄）

图 10.18　崇德祖宇的砖墙

（图片来源：自摄）

图 10.19　红砖镂空墙面（生本堂）

（图片来源：自摄）

三顺一丁是三皮全部顺砖与一皮全部丁砖间隔砌成。上下批顺砖间竖缝错开 1/2 砖长；上下批顺砖与丁砖间竖缝错开 1/4 砖长。这种砌法因顺砖较多效率较高，适用于砌一砖、一砖半墙。

（1）砖雕

砖雕又称为"画像砖"或"砖刻"。砖雕始于东周时期，经过历代的发展，形成了独特的风格。明代以后，闽南的工匠将砖雕运用于建筑装饰。清代砖雕比较成熟，广泛运用在建筑。砖容易雕琢，也有一定的耐久性。砖雕的制作分为窑前雕和窑后雕。其中窑前雕是在土坯入窑前进行雕刻，如长方形、正方形、八角形、六角形、古钱形和几何形等，线条流畅。工匠们采用组砌和实砌等镶嵌手法，增添墙面的趣味性（图 10.20 至图 10.22）。窑后雕的线条浅、硬直，边缘有锯齿状。永春的砖雕大多属于窑后雕，用印刻的方式进行雕琢，装饰对看堵、门额和墙堵。牌楼面的对看堵用大块的方砖雕刻而成。雕刻时采用阳刻，将图案凸显出来，内部造型采用线刻手法，底子上涂白色灰浆，使得对比明显，以石灰、红糖和糯米等调成黏合剂连接起来，并用红砖做成矩形框线。

　　永春红砖砖雕能够适应闽南地区湿热的气候，并与石雕、木雕等装饰完美结合。红砖雕分布在入口对看堵，体现主人的审美品位和文化，并且能够防潮（图10.20至图10.21）。交趾陶装饰与红砖雕效果相近，有立体感的浮雕效果，色彩对比明显（图10.22至图10.25）。砖雕的题材多样，从瑞兽到花草，无不展现了砖雕艺术的丰富性和表现力。

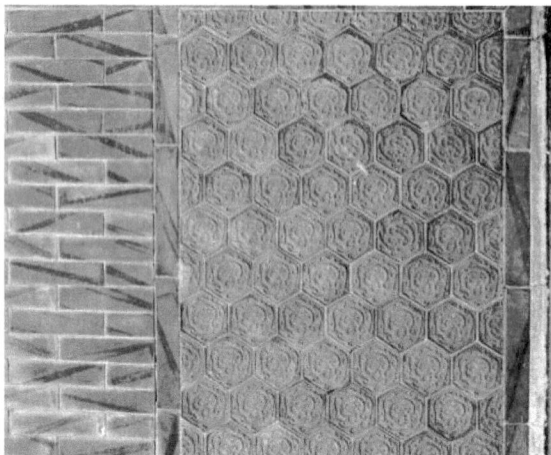

图10.20　砖雕艺术：窑前雕（心德堂）

（图片来源：自摄）

图10.21　砖雕艺术：窑后雕

（图片来源：自摄）

图10.22　交趾陶装饰

（图片来源：自摄）

图10.23　交趾陶砖雕

（图片来源：自摄）

（2）花式砖墙

　　花式砖墙又称"漏砖墙"或"花墙"，是在墙体不封闭的部位装饰镂空的砖瓦，也是构成园林和住宅景观的一种建筑艺术手法。计成在《园冶》中把它称为"漏砖墙"或"漏明墙"。漏砖墙就是在墙体镂空的地方砌上花砖，使得镶嵌的花砖变化丰富。花砖搭配简洁的几何纹样，避免单调，减少墙面的闭塞、沉闷感，增加了墙体的

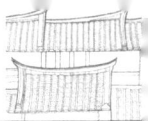

通透性和轻盈感，还丰富了建筑的视觉效果，使得建筑更加生动和有趣（如图 10.26 所示）。

图 10.24　交趾陶艺术

（图片来源：自摄）

图 10.25　交趾陶艺术

（图片来源：自摄）

图 10.26　漏砖墙（巽来庄）

（图片来源：自摄）

10.2.2　木雕

在永春地区，木雕艺术的运用贯穿于传统建筑的各个构件之中，形成了一种独特的建筑语言，不仅展现了工匠的精湛技艺，也体现了地域文化的深厚底蕴。

在永春地区，木雕成为主要的装饰技法。木雕构件集中在梁架、枋头、月梁、瓜筒、托木、雀替和斗拱等部位（图 10.26）。木雕构件展现了其在建筑中的结构与美学双重作用。这些部位的木雕，通过精细的工艺，增强了建筑的装饰效果，同时也承载了丰富的文化象征意义。

永春木雕工艺发达体现在线雕、透雕、浮雕和镂雕等多种技法的应用上。这些技法不仅丰富了木雕的表现力，也使得木雕作品具有了独特的艺术风格。

木雕在梁架、枋头、月梁、瓜筒、托木、雀替和斗栱等结构性构件上的运用，展现了其在建筑中的结构与美学双重作用。这些部位的木雕，通过精细的工艺，增强了建筑的装饰效果，同时也承载了丰富的文化象征意义。

线雕通过阴线或阳线的雕刻，强调了构件的轮廓、线脚、边框和细部花纹，通常与浮雕和圆雕手法结合，运用较广。阳刻是将线性纹样刻画在构件上。阴刻也称为"阴雕""沉雕"，运用线条雕刻物体的轮廓线，将图案凹入木料的平面。阴刻常用于屏风、匾额和隔扇门等。

透雕又称镂雕，通过背景的镂空，突出了纹样的立体感，使得效果接近圆雕，是一种立体层次明显的技法。透雕分为立体透雕和平面透雕，空隙较大，四周镂空。平面透雕正面做雕花，背面一般不作雕刻（图 10.27 至图 10.31）。

图 10.27　浮雕与镂雕（窗棂）

（图片来源：自摄）

图 10.28　圆光：浮雕（沈家大院）

（图片来源：自摄）

图 10.29　镂雕窗（浮雕与镂雕）（昭灵宫）

（图片来源：自摄）

图 10.30　镂雕窗（浮雕与镂雕）（金泰堂）

（图片来源：自摄）

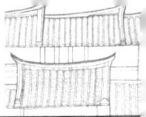

图 10.31　圆雕吊筒（浮雕与圆雕）（友恭堂）

（图片来源：自摄）

　　浮雕分为浅浮雕和高浮雕。浮雕运用于次承受构件，如撑栱、瓜筒、门板、狮座、屏风、屏门、栏板和窗格等。高浮雕常用于雀替和圆光等（图 10.32 至图 10.36）。

图 10.32　浅浮雕、镂雕和圆雕（贻赞堂）

（图片来源：自摄）

图 10.33　高浮雕和圆雕（龙田堂）

（图片来源：自摄）

图 10.34　浮雕梁面纹样（金玉堂）

（图片来源：自制）

　　传统梁、枋、柱和檩等建筑承重构件中雕刻简单的线脚，展现了其结构与美学。次要承重构件如斗栱、梁坨，则雕刻浮雕。非承重的构件如垂花、雀替、门簪等采用透雕装饰。托木题材有花草和瑞兽等。中堂两侧的门窗、隔扇常用浮雕和镂雕的手法，雕刻花卉或人物，常见"螭虎窗"，寓意吉祥平安（图 10.35 至图 10.36）。这些部位的木雕，通过精细的工艺，增强了建筑的装饰效果，同时也承载了丰富的文化象征意义。

图 10.35　镂空窗（容安堂）

（图片来源：自摄）

图 10.36　浅浮雕集福堂榉头窗花

（图片来源：自制）

圆雕作为一种立体雕刻手法，其轮廓线的突出和榫卯与胶的结合使用，使得作品具有强烈的三维效果。这种技法常用于表现仙人、佛像、珍禽和瑞兽等形象，增强了建筑的文化内涵和艺术表现力。

清代以来发展了嵌雕和贴雕。嵌雕是用木条拼接起来的多层的立体花纹图案，用于门罩、窗棂、屏风和隔扇。嵌雕的构件使用透雕，用粘贴或是铁钉固定，层次丰富。贴雕是指在浮雕的基础上，再用胶贴成榫接在浮雕花样板面上。

10.2.3　石雕

闽南地区盛产花岗岩，石雕艺术的运用在传统建筑中占据了举足轻重的地位，其不仅体现了建筑的坚固与耐久，更通过精细的工艺展现了地域文化的深厚底蕴。永春传统建筑的石雕运用广泛，主要分布在建筑的关键部位，如牌楼面、对看堵、柜台脚、台基、抱鼓石、石窗、门窗框、柱础、石牌坊、石狮子和石香炉等。富商建筑和宗祠常用石雕装饰，青石雕的浮雕和镂雕，用于楹联匾额或塌寿周边装饰。石牌坊常见于寺庙山门，以及表彰功勋、忠孝和科第的石碑等。牌坊融合浮雕、线刻、镂雕和圆雕。石材坚固耐磨、防潮防晒。石雕装饰质感高雅，是寺庙祠堂和大户人家常用材料。

永春的石雕工艺种类丰富，以早期的线刻和阴刻，到后来逐步发展为减地平钑、浮雕、圆雕等。传统建筑的石雕构件包含素平、平花、水磨沉花、剔地雕和透雕等，每一种工艺都体现了工匠的精湛技艺（图 10.37 至图 10.44）。石雕的技法包括：

（1）素平

石材表面凿平。宋《营造法式》记载：素平，将石材表面凿平的技法，石材表面

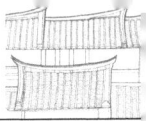

无花纹。石条窗运用素平手法，排列成百叶形状。在石材上凿出细小颗粒称为"荔枝皮"，常用铺地和台阶。

图 10.37 立面装饰石雕（沈家大院）

（图片来源：自摄）

图 10.38 台阶石雕装饰

（图片来源：自摄）

（2）平花

也称为"线雕"或"线刻"，相当宋《营造法式》的"减地平钑"。民居建筑表面的局部装饰，如台基、柱础、腰线、窗框等框线和次要的部位。

（3）水磨沉花

水磨沉花与宋《营造法式》的"压地隐起"相似。整体形象下凹，底上则凿出点子，形体起伏较低。沉雕常用于柱础、台基等部位，展现立体感。

（4）剔地雕

剔地雕相当宋《营造法式》中描述的"剔地起突"，即高浮雕或半圆雕，通过对形体进行压缩，以层次表现立体感，常用于门额、窗棂、柜台脚和柱础等部位。

（5）透雕

透雕又称为镂空和镂雕，背景镂空。通常雕刻龙柱和螭虎窗，立体感比较强。透雕石窗有利于采光、通风和防盗（图 10.39 至图 10.42）。

图 10.39 石雕装饰牌楼面（敦福堂）

（图片来源：自摄）

图 10.40 石雕装饰

（图片来源：自摄）

图 10.41 民居石雕装饰（福兴堂）

（图片来源：自摄）

图 10.42 雕纹窗（成兴堂）

（图片来源：自摄）

（6）圆雕

圆雕称为四面雕或立体雕刻，圆雕相当《营造法式》的"混作"，造型逼真。圆雕有利于塑造生动传神的造型，如寺庙的须弥座、人物、狮子、门墩、石柱、柱础和龙柱等（图 10.43）。

永春地区的石雕艺术以其丰富的种类、精湛的工艺和深远的文化意义，成为传统建筑中不可或缺的装饰元素（图 10.44）。石雕不仅增强了建筑的美观性和象征性，更在结构上提供了稳固支撑，体现了永春人民对建筑艺术的深刻理解和高超技艺。

图 10.43 圆雕石柱

（图片来源：自摄）

图 10.44 石雕门簪（华美楼）

（图片来源：自摄）

10.2.4 油饰彩绘

油漆彩绘是传统建筑中重要工艺。彩画不仅有利于使木结构表面减少潮湿、避免风化，可防虫蛀，还能增加建筑的华丽感，标示建筑的等级。在永春地区，油漆彩绘工艺是传统建筑中不可或缺的一环，它不仅赋予建筑以美学价值，更通过其独特的表现手法，展现了地域文化的深厚底蕴。

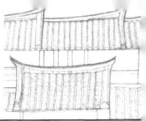

油漆彩画是闽南地区独具特色的传统建筑技艺，它融合了深厚的历史文化底蕴和独特的艺术风格。这种技艺在保护建筑、展示地方特色文化等方面发挥着重要作用。油漆彩画工艺主要包括油漆作和彩画两大类。油漆作主要是对木构件进行表面处理，以保护木材并增加美观性。彩画则通过各种颜料和漆料的搭配使用，创造具有地方特色的装饰图案。彩绘内容包括历史故事、神话传说、二十四孝图以及花鸟瑞兽等，体现了闽南人崇尚忠孝、尊崇道德的文化特性。

永春传统彩画工艺题材自由度、技法的多样化，融合了传统国画的工笔重彩和水墨渲染技法，展现了闽南地区独有的艺术风格。

永春古建筑油漆彩画的色彩运用丰富，红黑色梁架与木雕构件结合，再配以金箔和金粉点缀，形成了独特多彩效果。油漆彩绘的工艺流程包括"地仗"（底子处理）、"过稿"（图案拷贝）、"安金"（金箔贴附）和"着色"（颜色应用）等。油漆彩绘工艺在永春传统建筑中的应用，不仅是一种装饰艺术，更是文化传承的重要载体。它要求工匠有较高的技艺，还需要对民俗和宗教文化有深刻的理解。图10.45和图10.46是民居的梁枋和檐下彩画。

图 10.45　梁枋彩画（庆星堂）

（图片来源：自摄）

图 10.46　檐下彩画（沈家大院）

（图片来源：自摄）

10.2.5　水车垛

在闽南地区的传统建筑中，水车垛是一种独特的建筑装饰元素，它不仅丰富了建筑的视觉层次，还体现了匠人的精湛技艺和地域文化的独特性。

水车垛也称为水车堵，是在建筑物墙上靠近屋檐处的水平带状装饰，垛内布置山水人物泥塑或交趾陶艺。水车垛流行在闽南漳泉与台澎地区的传统建筑中。水车垛被设计在墙体上方，靠近木结构的部位。常见的部位是歇山重檐屋顶上檐下方，或是廊墙上方。有时也出现在正面檐口下、左右廊墙之上。山墙外侧的鸟踏、正面门楣或窗子之上。

水车堵两端以塈头为框，有自然的收尾。若在山墙上，通常不作框。水车堵本身常分段，划分为堵头（藻头）、堵仁（枋心）。较长的水车堵常分隔为三段，每段之间以灰塑的堵头分隔。堵头起框边作用，是一个难度较高的工艺，堵头工匠在现场以精细的灰匙制作，塑出粗坯，再以硬纸片描绘堵头图案，以确保左右对称。堵头图案多为螭龙、蝴蝶、蝙蝠或云雷纹，线条细致，对比强烈（图 10.47 至图 10.48）。

图 10.47 檐下水车堵装饰 1

（图片来源：自摄）

图 10.48 檐下水车堵装饰 2

（图片来源：自摄）

堵仁是装饰主题的核心区域，题材为山水、花鸟、楼台、亭阁、博古与人物等，表达忠孝节义或者描绘祥瑞景物等，有的还题上诗句，有图章落款。

水车堵在建筑结构中具有墙头收头的作用，使墙体有顶，成为墙的边缘。其上通常可衔接瓦片或梁柱结构。在歇山重檐顶的博脊中，水车堵环绕下檐瓦顶，起到类似屋脊的作用。此外，水车堵还兼有悬挑及止水的功能，层层出挑的砖线，在阳光照射下形成明暗分明的视觉效果。水车堵的断面细部有如脊身，上下凸出，而中部凹入。它的功能较多，是较复杂的构件，往往需由专业的匠师承制（图 10.49 至图 10.51）。

图 10.49 水车堵细节（庆裕堂侧面墙）

（图片来源：自摄）

图 10.50 水车堵彩画林氏祠堂

（图片来源：自摄）

图 10.51 水车堵装饰紫南宫

（图片来源：自摄）

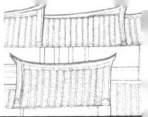

水车堵实际上具有装饰、收边、止水、悬挑与压瓦的作用，是闽南地区传统建筑中一种独特的装饰艺术，它不仅丰富了建筑的美学表现，还承载了丰富的文化意义和象征。

10.2.6 灰塑和彩描

在永春地区的传统建筑中，灰塑与彩描是两种重要的装饰艺术，它们不仅丰富了建筑的视觉效果，还体现了匠人的精湛技艺和地域文化的独特性。

灰塑俗称"彩塑""灰批"或"泥塑"，是一种包含绘画和塑造的装饰艺术。灰塑的成分是石灰、麻绒，加入红糖和糯米水等材料混合，能塑造各种纹样，常用于水车堵、山花、屋脊和规带等。灰塑的可塑性强、耐高温、成本低和容易施工等特点。灰批指用灰塑塑造，常用于屋脊、山墙墙面和牌楼面等，立体纹样。浮雕式灰批用于门楣、窗楣、窗框、墀头等，增强建筑的立体感和艺术表现力。灰塑常被用于位置较高的装饰，如山墙装饰，题材多为花鸟和仙人，增添了建筑的文化氛围。

彩描主要描绘山水、人物、花鸟等自然和人文元素为题材，被称为墙身画。彩描制作要求墙面平整、细腻且光滑，以模仿国画作画方式，追求线条流畅与自然。彩描通常用于檐下，水车堵内檐彩描用于室内屋坡檩下斜面墙楣部分，为室内空间增添了艺术气息。

灰塑与彩描在永春地区的传统建筑中发挥着不可替代的作用，它们不仅为建筑提供了丰富的视觉享受，还承载了地域文化的深厚内涵（图 10.52 至图 10.53）。

图 10.52 灰塑与彩描水车堵
（图片来源：自摄）

图 10.53 灰塑与彩描的水车堵
（图片来源：自摄）

10.2.7 剪粘

在永春地区的传统建筑装饰中，剪粘艺术以其独特的工艺和鲜明的视觉效果，成为了具有地域特色的装饰手法。这种技艺不仅体现了对材料的创新利用，还展现了匠

人对美的追求和对传统文化的传承。

剪粘亦称"堆剪""堆花"或"嵌瓷"等，是一种将废弃的次品瓷和碑瓷片重新利用的工艺。在德化等陶瓷的生产地，大量丰富的陶瓷资源为剪粘技艺的发展提供了物质基础。到了清代末年，专门为剪粘生产的低温瓷碗的出现，标志着这一技艺的成熟和普及。

剪粘的制作需要将铁丝扎成骨架，用石灰、贝壳、细沙和麻制作的灰泥在其表面做成坯，再粘上几何图形的彩色瓷片。剪粘艺术在永春祖祠和寺庙的脊端、脊堵、水车堵、壁堵和山尖规尾等广泛运用。剪粘的色彩鲜艳、造型生动，尤其适合远观，为建筑增添了一抹亮丽的色彩。

根据材料和施工工艺的不同剪粘可分为平瓷、半浮瓷和浮瓷三个类型。平瓷指将彩色瓷片拼接在灰泥的表面，形成表面平整的视觉效果。半浮瓷是将造型设计得凹凸不平，用瓷片进行嵌入。浮瓷需要用铁丝将骨架固定后，用灰塑堆砌造型，将瓷片嵌入表面。

剪粘题材多样，使其在寺庙和祠堂等传统建筑中得到了广泛应用。剪粘艺术不仅展现了对材料的创新利用，还体现了匠人对美的追求和对传统文化的传承（图 10.54 至图 10.55）。

图 10.54　灰塑与剪粘（修德堂雨篷）
（图片来源：自摄）

图 10.55　灰塑和剪粘（沈家大院雨篷）
（图片来源：自摄）

10.3　装饰题材

装饰题材的运用是一种深刻的文化表达，它通过丰富的形象组合映射出地域文化的独特性。永春传统建筑的装饰题材包含动物纹、植物纹、人物纹、八宝博古和几何纹饰等。

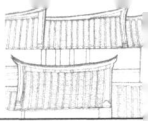

10.3.1 人物纹

人物纹是装饰艺术中最为复杂和精细的类别，人物纹需要工匠精准刻画表情、身份、年龄和神韵，最能体现工艺水平。建筑装饰中人物纹通常处于视线中心。其设计和布局反映了屋主的社会地位和个人品位（图 10.56 至图 10.57）。

图 10.56　石雕人物纹样（寻医问药）崇德堂
（图片来源：自制）

图 10.57　石雕纹样（天王送子）崇德堂
（图片来源：自制）

人物纹的题材多样装饰形象可分为仙界人物和凡间人物。仙界人物分布于壁堵的上方，代表诸神，便于人们仰望观赏。

永春传统建筑人物题材丰富，多源自于古典文学、民间传说、戏剧故事、历史人物和巾帼英雄等（图 10.58），表达忠孝节义为主题的二十四孝图，寄托了主人希望儿孙传承孝顺的美德。历史故事如桃园结义、渔樵耕读、荣归故里、杨门女将、木兰从军和岳母刺字等，表达忠诚、勇敢、智慧和长寿的崇尚。每一种形象都承载着特定的象征意义和文化内涵。

崇德堂在凹寿石雕中，以人物组合表现向仙人"寻医问药"的题材（图 10.56）。仙界人物的表现称为"偶像式"，人间题材的表现称为"情节式"。

偶像的神仙人物往往是正面表现，情节式的人物常用半侧面或全侧面。凡人的人物装饰包含较强的情

**图 10.58　带汽车的人物
纹窗楹（沈家大院）**
（图片来源：自摄）

节性。崇德堂石雕人物图像的主题是向上天求子，上方是天王带着神仙，抱着一个婴儿，表现天王送子的故事（图 10.57）。

　　镂雕窗常常表现人物纹。人物纹反映华侨生活，体现主人丰富的经历（图 10.59 至图 10.60）。窗棂寓意现福、禄、寿、喜、吉祥、平安、富贵等（图 10.60）。神仙人物在门窗和撑拱上，如道教八仙和福禄寿三神等，寓意"天官赐福"。永春传统建筑，人物装饰体现了主人的身份地位、价值观念和中西文化交融等，反映时代特色。

图 10.59　镂雕木窗（沈家大院）

（图片来源：自摄）

图 10.60　螭虎卷草纹窗棂后新厝大样图

（图片来源：自制）

10.3.2　动物纹

　　动物纹在建筑装饰中的应用，源自对自然和图腾的崇拜，它们象征着权力、繁荣和保护。动物纹传承自中原文化，体现原始社会的泛灵信仰。龙纹象征神圣和威严，主要用于庙宇的屋脊和石柱等（图 10.61 至图 10.62），龙纹还分布在窗棂、裙堵、门簪和柱头等。祠堂对看堵遵循"左青龙，右白虎"的布局。虎、龙与卷草纹结合，又称为螭虎、螭龙，寓意祥瑞（图 10.63 至图 10.64）。凤凰象征美好幸福、光明远大、消灾灭祸。妈祖的寺庙以凤凰为主要的装饰题材，民居砖雕对看堵中常见凤纹装饰。龙凤组合寓意吉祥，凤与牡丹组合寓意富贵（图 10.65）。

　　麒麟常用于庙宇和宗祠两侧的裙堵雕刻，麒麟隐喻地位尊贵、德才兼备、仁厚贤德的子孙。狮子被视为护法神兽，象征平安吉祥。寺庙门口有石雕狮子，柁墩常雕成狮子，吊筒上也有爬狮竖柴。狮子滚绣球象征喜庆，闽南地区的风狮爷用于镇风和辟邪，狮子与花瓶寓意平安富贵。仙鹤象征长寿、祥瑞、为官清廉，仙鹤与松石组合隐喻神佑。白虎是高贵权势的象征，虎纹常见于牌面楼的裙堵和对看堵下方。蝙蝠纹样

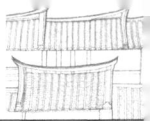

常用于窗棂、对看堵、镜面墙、门楹和匾额，蝙蝠象征吉祥如意，蝙蝠纹与寿桃寓意福寿，蝙蝠与古钱纹寓意福在眼前。鱼纹泛指鲤鱼、金鱼和其他鱼等。鱼隐喻人丁兴旺、多子多福（图10.66至图10.72）。

图 10.61　寺庙龙纹装饰的屋顶

（图片来源：周璺绘）

图 10.62　寺庙龙柱纹样

（图片来源：周璺绘）

图 10.63　螭龙纹窗棂

（图片来源：自摄）

图 10.64　螭龙窗

（图片来源：自摄）

图 10.65　凤纹砖雕

（永春桃联 158 号）

（图片来源：自制）

图 10.66 蝙蝠纹样

（图片来源：自摄）

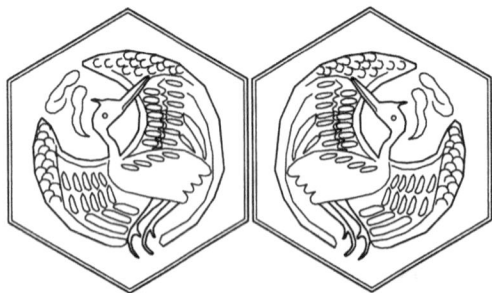

图 10.67 鹤纹砖雕

（图片来源：自制）

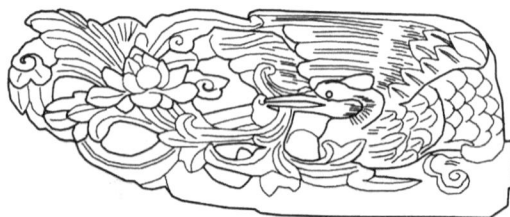

图 10.68 鹤纹托木

（图片来源：自制）

图 10.69 螭龙纹山墙灰塑

（图片来源：自摄）

图 10.70 蝙蝠装饰的四角边框

（图片来源：自摄）

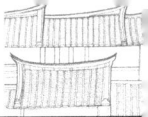

图 10.71　柱础的猪纹、荷花、小鸟和麒麟装饰

（图片来源：自摄）

图 10.72　狮豸装饰

（图片来源：自制）

　　动物纹在永春建筑装饰中的应用，体现了人们对权力、繁荣的渴望，增强了建筑的活力和动感，同时也传递了对和谐与平衡的追求。

10.3.3　植物纹

　　永春传统建筑的植物的装饰，运用广泛，牡丹、蝙蝠和凤凰寓意富贵吉祥，体现人们对生命力和繁荣的向往。牡丹寓意花开富贵、广泛运用于寺庙、民居和祠堂。"岁寒三友"指的是松、竹、梅具有傲骨迎风的品格。松象征长寿。梅、兰、竹、菊，隐喻君子高尚品德，莲荷象征高贵品格。梅花寓意傲雪，喜鹊与梅花寓意"喜上眉梢"。竹子寓意谦虚高节。菊花象征淡泊功名。荔枝、杨桃、柚子和木瓜等礼果寓意丰收。蔓草和楚尾花等寓意富贵连绵。石榴、寿桃、佛手柑和葫芦象征多子多福。法轮草寓意吉祥。这些不仅以其形态美装饰建筑，更以其寓意丰富了建筑的文化内涵。植物纹样的运用，增添了建筑的自然气息，同时也象征着生命的延续和家族的兴旺（图 10.73 至图 10.74）。

图 10.73　花卉喜鹊的木雕圆光装饰

（图片来源：自制）

图 10.74　植物卷草纹的托木装饰

（图片来源：自制）

10.3.4 古器宝物

古器宝物纹包含宗教宝物、青铜器、玉器、瓷器、花瓶和琴棋书画等。佛教八大件：法轮、法螺、宝伞、白盖、莲花和盘长等。道教八大件：葫芦、渔鼓、花篮、阴阳板、宝剑、笛子和荷花等。葫芦象征福气，法轮寓意生生不息，法螺象征运气，宝伞隐喻平安，宝瓶象征圆满，盘长象征长寿。宝珠、古钱、珊瑚、银子、如意、犀角、玉簪和方胜等象征财富。博古架与青铜器皿、酒具、香炉和花瓶等组成雅趣。如意纹与云纹、琴棋和书画隐喻知书达理。灯寓意人丁兴旺。太极与八卦暗含吉祥和平安。从宗教宝物到青铜器，从玉器到瓷器，每一种器物都承载着吉祥和繁荣的寓意。

10.3.5 几何纹

几何纹源自原始社会的图腾与符号，具有节奏感和秩序美。永春传统建筑凹寿空间和镜面墙常用红砖堆砌成的几何图形以增强韵律感（图10.75至图10.76）。几何纹组合方式包括重复、对比、近似、错视等。重复体现整齐，砖砌纹具有错觉效果，八角形的龟背纹寓意长寿，近似纹构成和谐美，对比纹具有构成美，钱纹象征圆满和财富（图10.77至图10.78）。万字纹象征生生不息，方胜纹寓意幸福长久，锦纹图案密，钱纹等寓意幸福繁荣。清纹包含回纹、汉纹、拐子纹、龟背纹和如意纹等。这些组合方式，不仅体现了建筑的美学追求，也传递吉祥文化内涵与和谐与统一的向往。

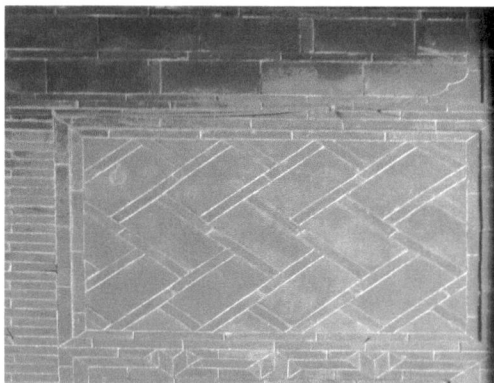

图 10.75　红砖纹饰组合

（图片来源：自摄）

图 10.76　红砖钱纹组合（福兴堂）

（图片来源：自摄）

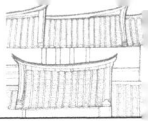

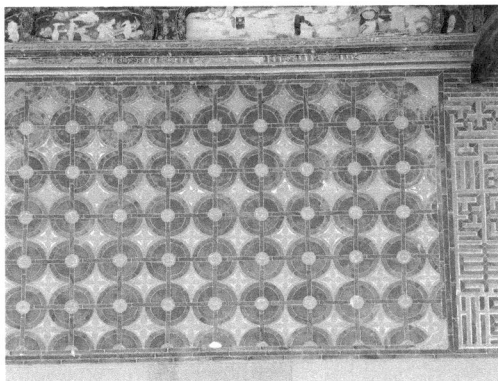

图 10.77　钱纹组合（福兴堂）
（图片来源：自摄）

图 10.78　六角纹、八角纹与十字纹组合（华美楼）
（图片来源：自摄）

10.3.6　山水题材

山水题材的装饰，以其自然景观的再现，体现了人们对自然美的欣赏和对儒家审美情趣的追随。水车堵表现山水题材，有彩绘和水墨画。山水元素如石头和远山形象增加画面的空间感。山水题材体现儒家审美情趣，如《论语·雍也》中提到"智者乐水，仁者乐山"，用"比德"的方法论将山水形象人格化，比喻道德品格。

10.3.7　文字装饰

永春文字装饰包含长寿、富贵、好德、善终和康宁等，体现人们的美好理想，提升了建筑的文化韵味，也起教化和传承的作用。文字装饰则以其直接和明确的表达，点明了建筑的主题和屋主的价值观。

文字装饰指建筑中运用匾额和楹联等表达建筑的主题和主人的价值观。文字装饰中一种是单字装饰，如福、禄、寿、囍、忠、孝、礼、义等，通过变体的书法，表达对吉祥、富贵的生活向往。"螭虎团字"常运用于裙堵，包含美好的祝福。二个到四个字的文字通常装饰在匾额、门联和镜面墙等。门额、牌匾，一般是长方形。对看堵中常见"诗礼传家"、"竹苞"和"松茂"等，表达修身治家理念的传承。楹联分布在大门、隔墙和立柱上。门联包含楷书、行书、隶书和草书等文字装饰。名人题字可提升建筑的艺术价值，蕴含主人的审美情趣和价值观等。如福兴堂邀请近代著名画家李霞，书法家、诗人和末代举人郑翘松[①]题写楹联。楹联体现中庸、忍让、谦和和自省等。角门"国顺""家齐"，体现修身治国的儒家思想。文字装饰常与多种材料相结合，如石

---

① 郑翘松（1876—1955），一名庆荣，字奕向，号苍亭，福建永春人。清光绪二十八年（1902 年）考中举人，著有《卧云诗草》。

刻、砖雕、灰塑、贴金字、木刻和红纸书等，增加建筑的文化韵味和教化作用。

永春传统建筑的装饰题材，通过其丰富的形象和深刻的寓意，展现了地域文化的独特魅力和人们对美好生活的追求（图10.79）。

图 10.79　文字装饰

（图片来源：自制、自摄）

10.4　装饰内涵

图像学将符号分类，一种是图像，另一种是象征，作为符号起作用。永春传统建筑装饰主题突出，装饰题材丰富，形成多元文化融合。建筑装饰是文化传承的载体，是人们对美好生活感受的具象化表达。

10.4.1　建筑装饰的文化意蕴

永春传统建筑装饰包含丰富的文化内涵，表达吉祥文化，体现地域特色。

（1）谐音

永春传统建筑装饰继承中原的传统。蝙蝠的谐音是福，四隅雕刻蝙蝠，谐音为"四福"。狮子隐含事事如意。鸡的谐音为"吉"，寓于鸡鸣富贵。灯谐意为"丁"，表达人丁兴旺。羊的谐音为"祥"，寓意三羊开泰。马寓意马到成功。鹿的谐音为"禄"，寓意福禄双全。"莲"的谐音是"连"，寓意连年有余。鱼谐音为"玉"，表达金玉满堂。梅的谐音是"眉"，暗含"喜上眉梢"。

纹样蕴含丰富内涵，鲤鱼化龙寓意事业成功，香炉和牡丹寓意平平安安，燕子寓意亲人的回归，鱼纹寓意多子多福。八仙过海寓意神仙保佑，三国演义寓意忠心仁义，二十四孝隐喻孝敬父母，麻姑献寿寓意长寿等，文字装饰隐喻长寿吉祥。

（2）象征

象征是装饰常见的手法。装饰的象征性是以文化为背景，满足实用功能，根据审

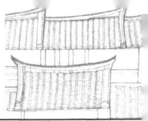

美需要创造意趣。象征手法使图像内涵丰富。永春传统建筑装饰以象征的手法表现理想。苍松和寿桃象征长寿，莲花象征高贵清纯，龙象征神圣，凤象征吉祥，金鱼象征幸福，麒麟象征尊贵，狮子象征平安，螭虎象征祥瑞（图 10.80），古器宝物象征着高雅趣味（图 10.81）。

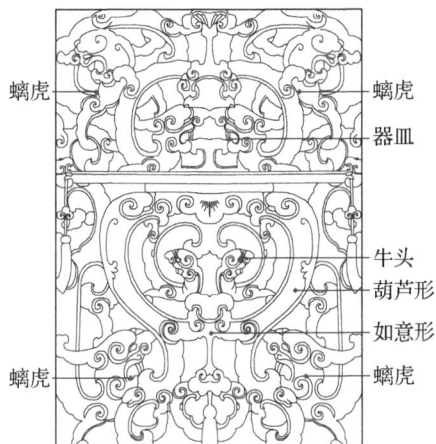

图 10.80　多种纹样结合的木雕窗棂

（图片来源：自制）

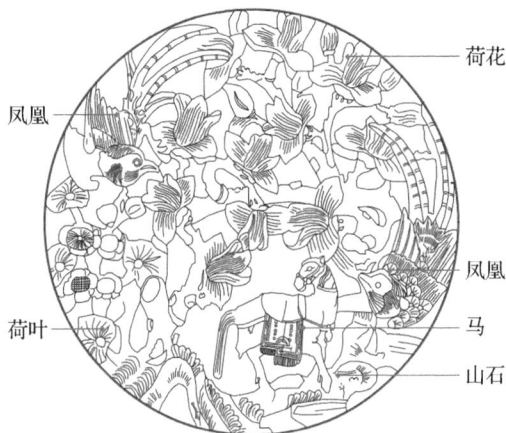

图 10.81　圆窗装饰纹样

（图片来源：自制）

材料与色彩具有象征性，如红砖象征吉祥，花岗岩象征着坚固，木材象征自然，竹材象征君子风范，砖雕象征美好，剪粘象征轻巧，彩画贴金象征富贵。

（3）装饰符号

装饰符号可以通过几何图形、动植物图案和文字形式，表现出丰富的文化内涵和美学价值。如八角形寓意吉祥，六角形隐喻长寿，圆形寓意圆满，钱纹寓意财富，葫芦寓意运气，法轮隐喻生生不息，宝瓶寓意圆满，回字纹寓意源远流长（图 10.82 至图 10.85），它们以简洁的形式和深远的内涵，为建筑装饰增添了文化深度（图 10.85）。

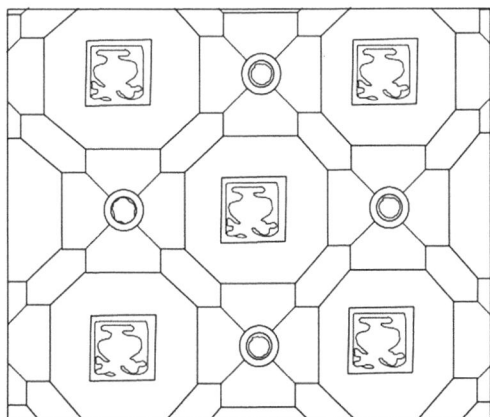

图 10.82　八角形、六边形等组合纹 1（福兴堂）

（图片来源：自制）

图 10.83　钱纹组合（福兴堂）

（图片来源：自制）

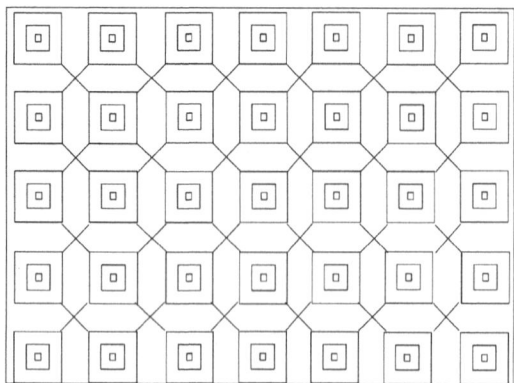

图 10.84　回字纹与八角形

（图片来源：自制）

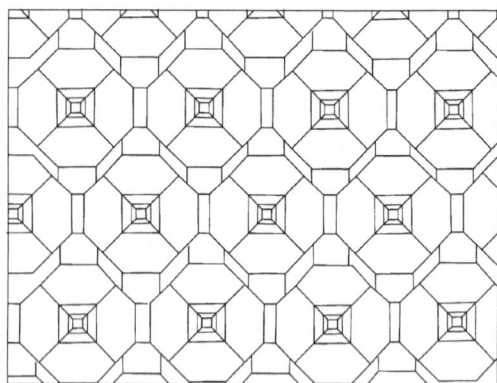

图 10.85　多边形组合纹 2

（图片来源：自制）

　　永春传统建筑装饰符号是地域文化和审美情趣的集中体现，作为思想的载体，反映价值观念和文化内涵。这些装饰不仅美化了建筑，更通过其形象和寓意，传递了人们对美好生活的追求和对传统文化的尊重。

10.4.2　陈设之美

　　在永春传统建筑的室内空间中，陈设之美体现在其功能性和舒适性上，从家具到装饰品中，能看出主人的品位和追求。

　　（1）儒家文化的体现

　　永春传统建筑的室内陈设，受仁、义、礼、德、孝等儒家文化的影响，传统大厅需放置祖宗灵位，体现孝文化。牌匾、对联传递着主人的精神追求和道德理念。对联表达对家族和未来的期望，不仅是对祖先的尊敬，成为室内空间的文化符号。

　　（2）家具的款式与风格

　　家具包含桌椅、茶几、台等。家具的选择与摆放，反映了时代的审美趋势和居住者的生活态度。明代家具简洁大方，比例适宜。而清代家具用材广泛，线脚繁复，雕饰较多，风格华丽。永春传统建筑的室内家具与建筑空间搭配协调，既满足了生活需要，又展现了审美情趣。

　　（3）家具的功能性与陈设

　　家具的款式和种类根据人们的生活习惯而设计，陈设集中在堂屋。在厅堂设置方桌和长案等，通风阴凉、阳光温暖、视线开阔，不仅满足了日常使用，也成为室内陈设的焦点。寿屏前的中案桌，也称为神桌，用于摆放庆典的贡品，常以人物和文字雕刻，腿脚雕刻成兽足。两旁常放置条形椅子，便于议事和迎客，民国时期流行在黑漆底色上采用莳绘手法。精美的雕刻和装饰，体现了主人的尊贵和对神灵的敬仰。

（4）神龛的装饰艺术

神龛是祭祀祖先、安放牌位的重要陈设，其外观成柜形，高者有三米多，体现了极高的工艺水平。精致的木雕装饰，装饰题材如历史人物、神话和建筑楼阁等，使得神龛不仅是祭祀的场所，更是室内装饰的艺术珍品。神龛的边框上漆，以黑色为主，框线为金色，制作精致，彰显了主人的品位和对祖先的尊敬。

（5）卧室家具的装饰

在卧室中，床占据主要的位置。其设计和装饰尤为讲究。传统民居的木床，红漆黑底，雕刻华丽，题材丰富多样，展现了主人对生活品质的追求。床围和床架雕刻精致，室内有橱柜、琴椅、脸盆架和梳妆台等家具的摆设，都以红色和黑色为主色调，结合木雕和贴金箔装饰，营造出一种温馨而典雅的氛围。

永春传统建筑的室内陈设，是实用功能和审美追求的完美结合。从家具的选择到装饰品的摆放，每一处细节都体现了主人的文化品位和生活态度。这些陈设品，不仅是室内空间的重要组成部分，更是传统文化的重要载体（图10.86、图10.87）。

图 10.86　聚禄堂的中堂

（图片来源：自摄）

图 10.87　雕刻精美的崇德堂案桌

（图片来源：自摄）

10.4.3　装饰的分布

在永春传统建筑的语境中，装饰艺术的分布不仅是美学的展现，更是文化与社会价值的体现。装饰的巧妙布局，既彰显了工匠的细腻技艺，也映射出建筑主人的经济实力与审美趣味。

永春传统建筑的装饰，主要集中在门厅、大厅次间、稍间与榉头房等关键区域。这些位置的选择旨在突出建筑的入口与过渡空间，以及居住的核心区域。装饰通过线雕、浮雕、透雕和圆雕等技法，与建筑结构结合，展现精美的工艺与视觉层次的丰富性。

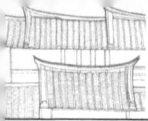

（1）重要结构的装饰

在永春传统民居中，装饰常与结构紧密结合。砖木混合结构的建筑，通过综合多种石雕技法，装饰重要承重结构，将美观与实用相结合。柱子形态多样，如福兴堂的立柱，塌寿的步口柱是八角形柱，檐柱是方形柱，前金柱是圆形柱。八角形柱的柱头呈梯形，前步口柱和室内檐柱采用方形，圆柱位于大厅的前方。镂空雕刻表现群组的人物形象，高浮雕飞天形象增加立体感，雕刻承载着文化的象征重量（图10.88 至图10.93）。

图 10.88 柱头装饰（中堂）

（图片来源：自摄）

图 10.89 柱头装饰（玉津堂）

（图片来源：自摄）

图 10.90 角门门额装饰（佑德塘）

（图片来源：自摄）

图 10.91 柱身装饰（圆柱）

（图片来源：自摄）

图 10.92 柱础装饰（圆柱）

（图片来源：自摄）

图 10.93 门额装饰

（图片来源：自摄）

（2）空间界定

装饰在界定空间中扮演着重要角色。石雕集中在塌寿、角门和厢房门等部位。塌寿作为内外空间的过渡，暗示室内空间的开始。门是空间界定的重要元素，以浮雕装饰门额和门框。石雕门额，强调空间的界定。塌寿的门楣、门柱和门簪等暗含空间的重要性，增加门的立体感。角门是空间的过渡，门额以文字或是人物纹装饰（图10.94）。厢房门装饰界定半公共空间和私密空间，通过其图案与文字，传达了空间的重要性与家族的价值观（图10.95）。

图 10.94　大门背面门额装饰（庆丰堂）

（图片来源：自摄）

图 10.95　厢房门的装饰

（图片来源：自摄）

（3）公共空间的装饰

在闽南传统民居中，公共空间装饰尤为丰富。永春普通民居以木雕为主，辅以石雕装饰。这些装饰分布在入口窗棂、柱子和壁堵等部位。装饰的内容如神仙佑福和宗教崇拜等。外立面的圆形窗是螭虎石雕窗，满足通风和采光功能，还包含吉祥长寿等内涵。中堂用于供奉神灵、祭祀祖宗、接待宾客、婚嫁寿庆等的公共场所。石雕多分布在天井周边和中堂，包含窗棂、隔墙、立柱、匾额等。中堂的石雕显示主人的社会地位、文化修养、装饰审美和家族文化，表达期盼求平安富贵、子孙知书达理和家族丁财两旺的美好祈愿。永春传统建筑的装饰艺术，通过其在建筑中的分布与布局，展现了地域文化的独特魅力和居住者的审美追求。装饰的分布，不仅美化了建筑，更在文化与社会层面上，传递了深远的意义（图 10.96 至图 10.97）。

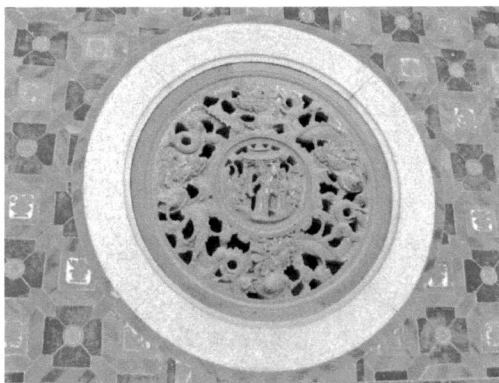

图 10.96　圆窗装饰（镜面墙）

（图片来源：自摄）

图 10.97　方窗装饰（厢房）

（图片来源：自摄）

10.4.4 装饰的价值观念

在闽南传统民居的装饰艺术中，每一处细节都透露着深厚的文化意蕴和审美追求。这些装饰不仅美化了居住空间，更是居住者价值观念的直观展现。

（1）吉祥富贵的观念

永春传统装饰艺术题材广泛，包含山水、人物、花鸟、禽兽、文字和图案等。图案以比喻、谐音和象征等手法寓意吉祥文化。如福兴堂的石雕，运用动植物纹样，蕴含吉祥富贵。龙纹螭虎石雕窗（也称草龙）、山墙楚花等运用龙纹，龙纹显示主人的身份地位，体现主人追求神圣力量的心理。植物题材用于裙堵和边框等，象征农业文明，暗含主人的审美品位。镜面墙的几何纹样隐喻吉祥，也映射出对和谐与幸福的向往。

（2）儒家伦理的观念

闽南地区深受中原文化的影响，儒家传统思想成为闽地的主流文化。在永春传统建筑中，石雕文字和楹联等装饰，精巧地表达了儒家伦理道德观念。这些装饰不仅美化了建筑，更起到了教化的作用，强调了伦理思想和家族荣誉。

（3）工艺美学的追求

闽南的石雕传承自中原文化，带有民间艺术和地域特色。明清以来，永春传统民居建筑装饰趋向于更加精细和复杂的工艺，体现了对工艺美学的极致追求。石雕装饰使建筑精致优雅、意境深邃。石雕有广泛的适应性，图案表达文化内涵，体现永春传统建筑的工艺美学。

本章小结

在永春传统建筑中，装饰以独特的语言和丰富的表现手法，展现了闽南地区深厚的文化价值和精湛的建筑技艺。这些建筑装饰不仅是美学的体现，更是历史和文化的载体。

永春传统建筑的装饰艺术，以其多姿多彩的表现形式，反映了闽南地区的地域特色。装饰主要分布在屋顶、立面、凹寿入口、中堂、天井周边等部位。装饰材料主要有木雕、石雕、红砖拼砌、砖雕等。木雕主要应用于梁枋、垂花、窗扇、门扇及木隔栅等部位。雕刻手法包括线雕、浮雕、半透雕和镂空雕等，内容多为山水人物、珍禽异兽等。木雕的精细华美，展示了永春传统工匠的高超技艺。石雕主要用于墙面装饰、柜台脚、墙堵及柱础、门枕石、门簪等部位。工艺手法包括线雕、浮雕、透雕等，具有很高的艺术水平。装饰题材多为动物、花卉、戏曲人物等，砖雕主要用于大门对看堵、正门屋檐下、墙壁裙堵等部位。砖雕内容丰富多彩，常见吉

祥图案，形成独特的装饰效果。油饰彩绘用于室内装饰，如厅堂内的描金画、匾额等。彩绘色彩艳丽，主要用于门额、檐下的水车堵，富有艺术魅力。灰塑主要用于墙面装饰，如山墙、屋顶、水车垛等部位。灰塑图案多为吉祥文字和动物花卉。剪粘以灰塑为载体，构成艳丽多彩的花纹，通常装饰在屋脊、水车堵等部位。这些装饰手法不仅丰富了闽南传统建筑的视觉效果，也体现了闽南人民对美的追求和对传统文化的传承。

永春传统建筑装饰题材广泛，以包含人物纹、动物纹、植物纹、器物纹、几何纹、山水纹、文字纹等，装饰结合建筑结构，以精巧的工艺和丰富的内涵表现闽南建筑文化。装饰暗含传统建筑的审美和精神价值，承袭了民族传统，凸显了地域特色。

闽南地区民间信仰发达，使得人物雕刻常融入佛教文化元素。清末和民国时期的传统建筑装饰，更是体现华侨文化和生活气息，成为时代特色的体现。

结　语

永春县位于闽南地区的内陆，以丰富的山地资源和相对稀缺的耕地，孕育了独特的民居建筑文化。这一文化既传承了中原文化的精髓，又融合了海洋文化的特点，形成了红砖建筑的过渡区域。永春县的民居分布广泛，类型多样，在功能布局、空间结构和材料使用上展现出鲜明的地域特色。传统建筑多采用横向发展模式，随着人口增长和功能需求的增加，逐渐向合院式演变，体现了对传统文化和地域气候的深刻适应性。

（1）村落布局与自然环境和谐共生

永春县的传统村落类型丰富，其村落布局严格遵循当地的山水格局和乡土景观特征，以确定轴线和主干道的走向。村落与自然山水格局呼应，以及空间布局的精心规划，共同体现自然景观与文化景观的和谐共建。永春地处亚热带季风气候区，其传统建筑在设计上深受气候、材料、地貌、风俗和审美的影响，形成独特的地域风格。

（2）地域过渡特征与建筑适应性

永春县传统建筑在地域过渡特征上表现明显，其建筑立面形态与沿海民居在材料、工艺上存在差异。传统民居建筑根据气候和风向设计，通过"天井"和"冷巷"等元素增强通风效果，避免阳光直射。建筑装饰如灰塑、剪粘、砖雕和石雕，均展现了持久的美学价值。木构架主要采用穿斗式，而祠堂则运用抬梁式和混合插梁式，丰富了建筑的结构形式。永春传统建筑屋顶以硬山式和悬山式为主，青瓦便于挡雨和排水。寺庙多采用歇山式屋顶。传统民居依据地形而建，中轴对称、主次分明，内向布局，注重采光通风。木梁承重，以砖、石、土砌护墙。永春民居的类型主要包括闽南大厝、山区木构建筑、洋楼和夯土民居等，其建筑特色在周边环境、墙身、勒脚、檐边以及材料、工艺和造型上得到充分体现。

（3）祠堂建筑的地域特色

永春的祠堂以三合院和四合院为主，规模宏大、建造考究、分布广泛，具有浓郁地方特色。祠堂建筑的选址、朝向、形式和布局需要考虑风水的理想模型。祠堂的色彩以红色和黑色为主，装饰手法结合木雕、石雕、彩绘和灰塑等，展现了丰富的艺术表现力。

（4）外廊式建筑的影响

在19世纪永春建筑受到外廊式建筑的影响，民居的式样发生了转变。建筑群的设

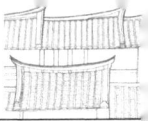

计受到海上丝绸之路和多元文化的影响，体现了建筑工艺技术，反映了地域文化、主人的经历和商贾文化。这些建筑对称格局、外廊设计、柱头装饰、拱券形式、琉璃瓶和栏杆等元素，展现土洋结合的特色。

（5）佛教文化与古塔建筑

永春受到佛教等宗教文化的影响，古塔分布广泛，呈现出较大程度的乡土化特征。古塔不仅是佛教的象征，也是当地的景观节点和标识物，成为当地历史文化的见证，为古建筑增添了一道壮丽的景观，美化了周边环境。

（6）桥梁与园林的地域性建筑特色

永春传统建筑的特色延伸到了桥梁和园林等领域，造就了一批具有地域性特色的建筑，如古代的廊桥、文庙、书院和园林等。这些建筑在设计上采用地域建筑材料、乡土工艺、建筑技术和装饰细部，营造出理想的生态环境。

（7）五里街的建筑特色

永春五里街骑楼依托良好的地理位置，在建筑营造上，采用了传统的闽南骑楼风格，结合砖造技艺和木工。建筑的立面具有极大的相似性，建筑元素自由运用，建筑的平面布局开间不一，根据地形和经济条件灵活使用。建筑的剖面前低后高，继承了传统大厝的高低落差，街区的设计既符合人视点，也便于居民的日常生活。

（8）传统建筑装饰的丰富性

永春传统建筑装饰类型丰富，充分发挥了材料的特色。装饰主要分布在入口、牌楼面、角门、壁堵、镜面墙、中堂、门窗和屋顶等部位。装饰题材包含动物纹、植物纹、人物纹、几何纹和文字装饰等。装饰工艺主要有石雕、砖雕、木雕、彩绘、灰塑和剪粘等，体现了就地取材、工艺技法的丰富性。建筑构件的精心结合，为传统建筑带来了丰富的细节和文化内涵。传统建筑的装饰丰富程度往往与建筑的等级成正比，工艺难度和建造成本也相应增高。

（9）新农居与乡村人居环境的融合

新农居作为乡村人居环境的重要部分，通过示范性住宅的建设，助力乡村设计的发展。新农居的设计传承了地域传统文化和建筑元素，提炼了地域建筑特色，探讨了新农村住宅的地域特色、立面造型和建筑文化等。新农居建设不仅强化了建筑特色，还提升了村民对传统建筑文化的认识和文化自信，为乡村的可持续发展注入了新的活力。

附录1 传统建筑的传承与创新

在乡村振兴和生态文明建设的大背景下，传统建筑的传承与创新成为了一个重要议题。永春地区的传统民居，以其独特的地域特色和深厚的文化底蕴，为新农村住宅的设计与建造提供了丰富的灵感和参考。

永春传统民居的建筑特色，不仅体现在其对称布局和封闭外观的中原传统建筑文化中，还体现在其对海洋文化的吸收和融合上。这些建筑巧妙地利用了当地的自然条件和材料，创造出了适应环境、富有变化的居住空间。

1）乡村建筑的挑战

随着乡村建设的速度加快，传统建筑文化面临多方面的挑战，一些新住宅因缺乏设计而地域特色的式微，导致乡村景观的同质化，乡村建设的问题逐渐成为焦点。近年来，设计介入乡村的案例较多，从公益项目、扶贫项目到商业开发，有的是政府委托的项目，有的是乡民合作的项目，有的是设计师主动介入乡村建设。可见地域特色的总结、传承逐渐成为迫在眉睫的重要内容。

（1）乡村建设概况

随着城镇化的开展，乡村人居环境发生巨大变化，但是传统建筑中不宜居的空间形式及其导致的不方便的生活方式使得大部分年轻人迁出。尤其是改革开放以来，农村新农居四处林立，新建筑不仅失去地域特征，而且色彩、式样、风貌与传统建筑不和谐，对乡村整体景观造成破坏。

因此，如何在新农居的建设中，既满足现代生活的需求，又保留和强化地域特色，成为了设计师和规划者需要面对的问题。

（2）政策与实践

住建部提出了人居环境整治并发布了关于开展农村住房建设试点工作的通知，将以人为本的思想作为指导，倡导共建共治共享的理念。在实践中尊重农民的生活需求，符合当地的实际情况，以政府为引导，村民为主体，建设功能现代化、风貌乡土化、成本经济、结构安全、具有地域特征的农宅，促进村容村貌的提升。

如新农居建设，旨在改善农村生活环境，提升农民的生活质量，是当前国家新型城镇化规划中社会主义新农村建设的主要内容，对统筹城乡协调发展具有重要意义。其中，农村住宅一直是乡村建设的重点内容。示范农宅的设计应遵照布局合理、功能齐全、特色鲜明、质量可靠、设施配套、装修无害的标准。示范农宅就是以设计带动乡村振兴，通过设计强化地域建筑特色，改善人居环境，提升乡村文化自信。

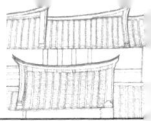

（3）地域建筑特色的式微

民居作为建筑的形态，是时代生活习俗、文化理念与建造技术等的直接映射，它记录的是详尽的人类社会史册。乡村住宅，这些以家庭为单位的建筑实体，不仅集居住生活与部分生产活动于一体，还能够展现可持续发展适应性日益淡化。然而自改革开放以来，乡村建筑缺乏专业设计人员的参与，导致地域特色缺失。

当前，传统住宅房屋的采光、通风、卫生等方面存在诸多不足，其建造结构和式样亦显得陈旧，水电、通信、空调等设施不完善。此外，对农村住宅的地域元素和文化传承的忽视，使得很多新建筑在地域特色和文化传承上显得苍白无力，导致"千村一面"的同质化现象。

在城市化的过程中，乡村地区的青年对地域传统建筑文化和地域特色认识不清楚，建筑文化的传承面临危机。乡村的传统民居，具有明显的地域特征，成为新农居设计的重要参考。设计师需要深入调研历史建筑的特色，通过与相关的政府部门、地方官员、民俗专家以及普通家庭的对话，从多角度把握地域特色。

2）传统建筑保护与现状

单德启教授曾指出："社会进步、功能变化、经济和技术发展，'传统'的旧有形态要更换，但真正的传统是不会消亡的。"亟待保护的建筑遗产多散布在城市的边缘地带，而对其的保护力度往往力不从心。

党的十六届五中全会明确提出了新农村建设的宏伟蓝图："生产发展、生活宽裕、乡风文明、村容整洁、管理民主。"传统建筑是村容的重要组成部分，更是乡村不可再生的文化遗产。习近平总书记在党的十九大报告中提出乡村振兴战略，开展农村人居环境整治行动，全面提升农村人居环境质量，振兴乡村经济、维护乡土建筑的完整性。建议采取下列策略。

（1）整体环境的维护

建筑与景观的和谐共生是不可分割的，传统建筑的保护同样离不开其地域环境的维护。聚落的保护需要整体保护，以维护地域特色和乡村景观的和谐统一（附录图 1.1至附录图 1.2）。

习近平总书记特别强调，建设美丽乡村，"不能大拆大建，特别是古村落要保护好"。传统村落的历史街区需要得到整体的保护，确保周边的环境、景观和文化的有机融合与活化。

传统建筑的整体保护对于乡村建设的各个方面都至关重要，整体保护有利于增强乡村旅游的吸引力，促进民族文化的传承、文化标识的建立和文化自觉的提升。乡村聚落和传统社区的维护需要特别注重传统村落的整体保护。在乡村规划中，应充分尊重地形、农田和建筑等自然和人文要素。整体保护能够激发乡村的内在活力，增强村民的文化保护意识（附录图 1.3）。

附录图 1.1　湖城村传统建筑的整体保护

（图片来源：自制）

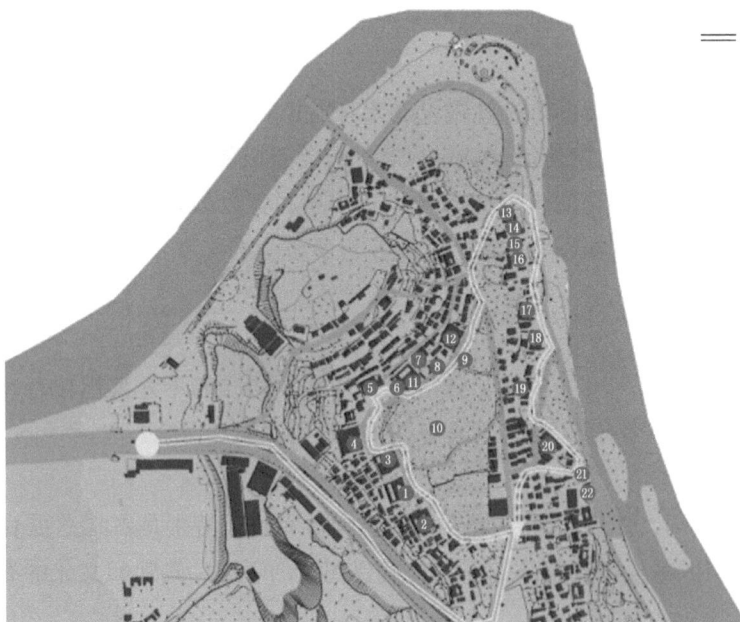

图例：
❶ 村口公园
❷ 绳湖堂
❸ 戏台
❹ 南门庙
❺ 东泉祠
❻ 刘氏二世宗祠
❼ 种德堂
❽ 永安堂
❾ 北门和关帝庙
❿ 顶厝堂
⓫ 顶聚堂
⓬ 漏公宫
⓭ 桷檽堂（楼脚厝）
⓮ 万全厝
⓯ 西门城墙
⓰ 后继堂283号
⓱ 瑞美堂286号
⓲ 石头壁厝
⓳ 天后宫
⓴ 丁字街
㉑ 二世坝
㉒ 人工岛

══ 花石村乡村古厝线路游

图例：
❶ 金榜堂
❷ 安溪堂
❸ 济美堂
❹ 八斗堂
❺ 斗星堂
❻ 红军书院
❼ 崇德堂
❽ 星聚堂
❾ 生产队旧址
❿ 洋中田
⓫ 内圣园厝
⓬ 外圣园厝
⓭ 竹林堂
⓮ 永庆堂
⓯ 因斋堂
⓰ 郑氏祠堂
⓱ 种德堂
⓲ 草植园
⓳ 崖善堂
⓴ 厦厝园
㉑ 隐善堂
㉒ 刘氏祠堂

附录图 1.2　传统村落促进乡村旅游（花石村）

（图片来源：自制）

（2）内外环境的优化

永春县的传统建筑在居住功能上存在一定的不适应。在永春美丽乡村的建设过程中，必须对建筑的内部和周边环境进行综合整治。内部空间的优化需要增加现代化的生活设施，以提升居住的便利性。

346

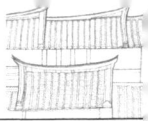

桃星社区游览图

- 桃星社区居委会
- 停车场
- 南湖小学
- 种传堂
- 竞成堂
- 顶少房
- 郑氏宗祠
- 半月池
- 百二间
- 西门
- 永春县政府旧址

附录图 1.3　石鼓镇桃星社区传统村落的整体保护

（图片来源：自制）

传统建筑保护的价值发掘，能够促进乡村旅游的发展，推进新农村建设与传统建筑保护的协调发展。对于文化价值较高的传统建筑，应予以特别保护。政府可以通过资助或贷款的方式，保持其古朴的外观，同时在内部增加现代设施，以改善村容村貌（附录图 1.4 至附录图 1.5）。

附录图 1.4　五里街骑楼建筑更新

（图片来源：自摄）

附录图 1.5　岵山传统建筑内部得到提升

（图片来源：自摄）

（3）专业人员参与

传统建筑的保护与美丽乡村建设需要政府的支持、专家的指导和人民群众及施工单位的协作，同时还需要加强对相关专业人才的培养和队伍建设。在国际上，建筑师参与历史建筑保护工作包含前期调研、设计、施工和归档的全过程。在整体保护的过

程中，需要不同领域的专家进行紧密的协作与参与。

传统建筑的装饰和结构维护需要在专业人员指导下进行，以保护其结构和装饰的完整性，同时还需要发掘具有工艺技能的工匠，组建专业的维修队伍。保存状况较好的传统建筑应由各级的文物单位进行评定，明确保护人员与保护范围，制定长期与短期的维修计划，并安装防盗设置，确保装饰构件的安全。

永春县现存的晚清和民国时期的传统建筑数量众多，尤其是名人故居和富商大宅保存较为完整，地域风格鲜明。这些建筑应实行重点保护，采取先进的技术手段，加强管理和维修，以确保其历史价值和文化意义得到传承。

（4）装饰性构件的重点保护策略

闽南地区传统建筑装饰，如木雕、砖雕、石雕和交趾陶等，由于其容易损坏，常常成为盗窃和破坏的目标，需要重点保护。如增加金属构件进行加固，增加结构支撑和替换毁坏的构件等。

在对受损的闽南传统建筑装饰进行修复时，需分析损坏的原因，并移除所有不明显的添加物和无价值的添加物。修复工作应遵循"修旧如旧"的原则，如果传统工艺失传，则可采用现代可替代的工艺。修复的材料、技术与原有材料相协调，并且具有可辨别性。修复工作应设法修复已经损坏的装饰，而非简单地更换建筑构件。

① 木雕装饰的保护

永春地区传统建筑的木雕装饰，容易受到虫蚁侵蚀、风雨侵蚀以及人为的破坏和盗窃，需要重点保护。木雕保护措施应包括防止构件的松动脱落、木材腐化，以及对表面进行清洗，以去除有害的物质。

② 砖墙的保护和修复

传统建筑砖墙的受损可能包含风化、发霉、凹蚀、晶状盐沉淀、脱层、龟裂、剥落、地基的倾斜等。自然因素如植物生长、污染物入侵、潮湿和地震等也会损坏砖墙。在保护和修复过程中，应该尊重砖墙原有的色彩和形状，采用相似的材料、传统技术和方法进行修复，确保修复材料与原有材料有明显的区别。

③ 石雕的保护

石雕包含石柱、石狮、柱础、石雕窗、门簪和柜台脚等，是传统建筑中的重要组成部分。石雕的损坏原因主要可能包括风化、龟裂、凹蚀、发霉、坑洞、损蚀、开裂以及盗窃和不合理施工等。工艺精美的装饰构件如门簪和石雕窗等，应重点保护。在保护和修复中，应尽量保持原有的色彩、技术和方法，采用最小的材料修补和构件替换，并使用树脂的黏合剂以增加结构牢固性等。

④ 灰塑和交趾陶的保护

灰塑和交趾陶的保护工作应包括对表面进行清洗，以及使用相近的材料和工艺对

破损和材料脱落部分进行修复。在修复过程中，应确保装饰的色彩以及材料的真实性和完整性。

（5）保护与可持续发展的融合

随着永春地区城市化的不断推进，传统建筑日益减少。在美丽乡村建设中，我们要进一步去发掘和保护宝贵的建筑遗产，对优秀的传统建筑要进行完整性保护及周围的环境的维护，利用老建筑资源，在保护的基础上提高和完善周边环境以及服务设施。

永春传统建筑的保护应探索可持续发展的道路，将改造与利用相结合，充分利用老建筑的资源，并结合当地实际情况，通过结构维护和环境提升，在保护的前提下，引导旧建筑功能的合理利用。

建筑保护不仅有利于民间工艺、民俗等非物质遗产的传承，还能在永春乡村建设中发挥重要作用。应保留和修缮具有历史价值的建筑，并将其改造成公共活动的载体，如特色的博物馆、宾馆或商业建筑，也可以改为茶道、南音戏剧厅和酒吧等休闲场所。一些老建筑可作为公共性的空间载体，如社区活动中心、老人学校和居委会等。在保留建筑装饰元素的同时，结合现代材料和技术，使得建筑焕发新的活力，成为景点和旅游服务设施。永春县玉斗镇的宗祠改为老人的活动空间，榜头玉津堂改造成农家餐馆。这些建筑在保留形式及装饰的同时，改善基础设施，转型为娱乐、住宿和餐饮等多功能空间。通过保护建筑文化遗产，发挥建筑的功能，满足人们的需要（附录图1.6至附录图1.7）。

附录图1.6　岵山和塘荔苑休闲站

（图片来源：自摄）

附录图1.7　募集资金修缮传统建筑

（图片来源：自摄）

目前，永春县已经完成了对历史建筑的全面普查、评价，并针对重点建筑进行了详细的测绘记录，包括结构、材料、装饰特征、细部和形式等，为未来的保护、研究和修复工作奠定了基础。为了加强传统建筑的保护管理，需要从以下几方面改进：

政府应在乡土建筑保护中发挥主导的作用，制定相关政策，引导建筑保护与管理，并寻求文化保护与地方经济发展的平衡。资金问题除了申请国家对传统建筑保护的专项资金外，还应调动当地农民的积极性，探索建筑产权与使用权的转让方式，通过发展乡村旅游等途径，获得可持续的资金来源。

3）新农居的传承与创新探索

农村作为传统社会结构的重要组成部分，近年来受到城市化的浪潮中经历了深刻的变革。随着农村居民生活水平的提升，其住房需求已从生存型向舒适与功能完善型的转变，对改善居住环境的渴望也日趋强烈。新时代的乡村建设为建筑设计提供开阔的空间。新农居的设计不仅要体现地方历史风貌，还要满足现代生活的功能需要，成为传承地方建筑特色的重要载体。

在新时期，永春县的新民居设计通过深入挖掘地域建筑元素，助力乡村建设，帮助居民重新认识地域建筑的独特魅力。

新农宅设计需围绕当地的气候特征、地理风貌、民俗文化和现代生活的功能要求，对地域传统建筑元素和空间结构进行分析。在尊重个性需求的同时，结合现代生活方式，提炼建筑特色元素，探索具有现代生活的多样化农村住宅设计方案。建筑内部空间布局应合理划分居住、储物和生产生活区域等。在材料上结合乡土材料、工艺，推进新技术、新工艺，以加强对传统建造方式的传承和创新。

针对永春地区的地域特色和生活需求，新农居的设计主要归纳为下面几点。

（1）地域建筑元素的提炼与应用

在中国多数乡村地区，自然条件、物质资源及基础设施相对落后，对于优秀传统文化的认识不足，导致地域特色的逐渐淡化。设计之初应对地方文脉进行梳理，挖掘并提炼地域建筑的要素。

传统民居不仅包含物质形态的美，更是宝贵的建筑文化资源。永春地域特色主要体现在屋顶、山墙、栏杆、窗户和门楣等部位。永春传统民居的屋顶设计特色明显，如燕尾脊、马背山墙以及三川脊等，这些设计不仅美观，还体现了地域文化的独特性。屋顶的设计应根据平面布局形成多种组合与交接方式，以创造出高低错落、层次丰富、变化生动的视觉效果。

新农居建筑布局通常采用横向三开间或五开间的模式，立面则分为三段到五段。建筑多数是三层的结构，入口设计凹入，祖厅前设置露台，每层留出分段线，以丰富立面层次，以实现视觉效果平衡。

民居风貌的把控涉及布局的合理性、建筑高度的控制、地域元素引导和材料的选择等方面。建筑朝向以坐北朝南为佳，有单户、双户和联排等方案。宅基地占地面积基本控制在 100 平方米左右，住宅前后的间距留出 1：1 左右且不小于 9 米的空间，相

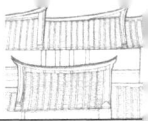

邻间接不小于 4 米。建筑高度控制在三层以内，每层高度约 3 米，空间布局以直接采光通风为主，同时考虑卫生间和车库的需求。

　　建筑的地域特征体现在屋顶、山墙、栏杆、红砖墙、空调罩、围墙、墙门和门窗等元素上。屋顶作为传统建筑造型的核心元素，对形成鲜明的地域特征至关重要。通过图集展示当地传统建筑多种屋顶和其他元素的组合，可以进一步强化地域建筑的特色，如附录表 1.1 所示。

附录表 1.1　永春地域传统元素特征

屋顶和山墙	
墙体	
栏杆和空调罩	
围墙	
围墙	

续表

院门		
门窗		

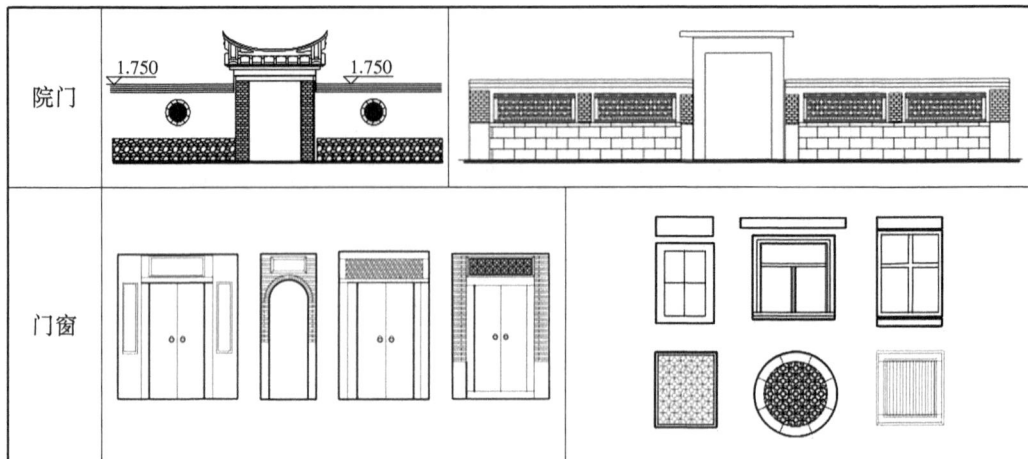

通过上述设计原则的遵循与创新，新农居设计需要满足现代生活的需求，还应有效地传承和展现永春地区独特的地域文化和建筑特色。

（2）材料与结构的创新

新农居设计继承了传统坡屋顶建筑体系，这不仅有助于排水还能在夏季增加室内的阴凉感。新农居比起传统的砖混结构，框架的结构设计，以有利于抗震性能和整体稳定性。在结构上，选用混凝土作为主要材料，外层进行粉刷和包瓷砖，以实现美观和耐久性的统一。楼梯设计采用框架式，以营造整齐的视觉效果。室内布局的灵活性，允许居民根据个人需求进行自由规划，以满足多种居住需要。设计中特别注重开窗引入自然采光，同时将卫生间和厨房布置在北面，以减少热量和冷负荷的直接接收，而南面的阳台保持通透，以优化采光和通风。

（3）地域建筑色彩的传承

在乡村建设中，新农居的设计旨在传承地域建筑色彩，强化乡村地域特色，提升乡村环境的整体美感。永春地区的传统建筑以红砖建筑和夯土建筑为代表。红砖以其深暗红色调，象征着吉祥和喜庆，是地域文化的重要体现。在永春内陆地区，由于红砖材料有限，夯土墙体的使用更为普遍，通常以黄色夯土和白灰墙面为搭配，形成黄白相间的地域特色。屋顶采用传统的青瓦，而墙基由大理石或卵石砌成，增添了建筑的耐久性和美观性。在新农居的设计中，根据所在区域的特点选择相应的建筑色彩和材料，以增强建筑的地域性特征。

（4）与周边环境的和谐

长期以来，尤其是闽南地区的乡村，新农村住宅的建设往往缺乏特色，成为整体环境中不和谐因素。为了改善这一现象，新农居的设计应基于乡村的多样性地域特征，结合乡村的实际情况，进行差异化、个性化的建设，以满足不同家庭的需求。在实施的过程中，新农居的建筑高度、体量、形式应与周边环境相适应。同时在单体设计上

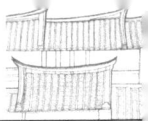

展现个性特征和可识别性，以组成一个整体和谐的乡村人居环境。在城镇化背景下，新住区的建设应考虑地貌类型、自然条件，以及传统民居的地域特色和周边环境，以实现建筑与周围环境的整体和谐。

（5）合理布局的居住空间

住宅设计深刻反映了本地居民的生活习惯和建造者的深思熟虑。以某村新农居建设为例，新农居的室内设计应结合自然条件、社会状况、地方文化，以满足居住者的实际需要。新农宅的主要空间包括客厅、餐厅、门厅、卧室、书房、卫生间、厨房、阳台、储藏室和祖厅等。设计策略通过分析传统空间和现代生活的需求，提出新农宅的设计原则，如附录表 1.2 所示。在新农居设计中，功能的合理是首要考虑的标准，新农居通常为三层结构，以提高土地的利用率。住宅空间按照功能分为四类：生活空间、私密空间、服务空间和文化空间。新农居的设计旨在引导农民建设合理化和现代化的居住空间，同时激发他们自强自立的奋斗精神，提升追求美好生活的积极性、主动性和创造性。

① 起居室设计

起居室作为住宅的核心空间，承担着交通组织和家庭休闲的双重功能，在现代的农宅设计中，更注重起居室的通风采光。通过增大窗户尺寸，不仅优化了自然光照条件，也增强了空间的通透感。起居室的设计旨在满足看电视、家庭交流、聚会和接待客人等多样化活动需求，同时确保良好的采光效果，如附录表 1.2 所示。

附录表 1.2　永春地区传统建筑空间特征和新住宅的设计策略

空间	传统空间特征	居住行为	新农居的设计策略
起居室	展示家族文化的祭祀空间	待客、休息、聊天、喝茶	融入茶文化的家庭聚会公共空间
卧室	阴暗私密的休息空间	休息、休闲活动	增加光线，现代家具的宜居空间
卫生间	房屋边上	生理需要	住宅内增加卫生间，方便住客
厨房	大厅旁半开放厨房	吃饭和备餐	厨房和餐厅分开，准备食物和聚会空间
阳台	晾晒	晾晒和观景	晾晒衣服和观景阳台分开，增加露台
天井	采光和绿植的空间	纳凉	采光和活动的空间
储藏室	两侧护厝	存储	布置在楼梯间藏储生活用品

② 卧室设计

新住宅的卧室设计强调现代居住的舒适性，并特别考虑了卫生间的便捷性。老人房和主卧通常布置在朝南的方向，以利用充足的光照和良好通风条件，这有助于提升居住者的身心健康。其他卧室根据朝向配备生活阳台，以满足不同的居住需求。

③ 厨房设计

传统厨房因光线较弱和存储空间小而受到限制。新农居设计中，厨房空间被重新规划，以适应烹饪过程中的置物、洗摘、切拌、烹饪和洗碗等行为需求。厨房通常朝向北面或西面，并在旁侧增设小门，便于农作物直接运送到厨房。同时根据村民的实际需要，设置柴火炉灶，以适应传统与现代的双重烹饪方式。

④ 卫生间设计

新农居的卫生间设计充分考虑了家庭的实际需要，融入现代的便利性，室内卫生间的设计更加现代化，卧室内配置小型卫生间，特别老人房的卫生间增加无障碍设施。卫生间内部干湿分离的设计，以提高空间的使用效率和便利性。

⑤ 阳台设计

永春地区地形多变，新农居的阳台设计充分利用了地形特点，南面的阳台可以眺望远山，同时在起风时客厅内就可以感受自然的气息。东、西的阳台则用于衣服晾晒，而北向的阳台让房间有穿堂风，为夏季带来凉爽。在三层祖厅前设置的露台，不仅视野开阔，符合传统风水观念，也为家族提供了观赏远景、儿童娱乐、种植花草、户外泡茶和社交活动。

⑥ 其他

随着生活水平的提升，居家运动的需求也随之增加。在新农宅中，儿童需要运动场地和游乐室，可在一楼设置儿童房。大型的玩具可放置在庭院、露台和儿童房中。在三层活动房中布置健身器材和露台，提供健身场地。

（6）地域特色

新农居的立面设计不仅体现了自然属性，也融合了社会属性。村民对建筑形式的关注和认同来源自乡村的传统文化和社会价值观。对于传统村落和旅游乡村，建筑形式应与传统文化相协调，以塑造文化认同感，并营造传统与现代融合的整体氛围。

① 坡屋顶

坡屋顶的设计运用广泛，既考虑遮阳的实用性，也与庭院空间和传统建筑特征相呼应。新农居的屋顶设计采用平坡结合的形式，遵循传统形态，又适应现代功能的需求。部分屋顶结合平屋顶进行重构，通过高低、大小和坡度的变化，实现形态的多样性和功能的实用性。

② 立面特色

新农居的立面设计在继承传统风格的基础上，进行了创新性提炼改造，体现了对

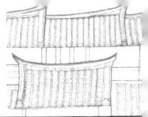

传统元素的尊重与现代设计的融合。立面墙体采用了分段式，通过红砖贴面、勾勒白色线条，实现了线面结合。檐、脊、架（屋架）的形式在立面上强化出来，通过对大墙面进行有效的划分，从而减轻建筑体量的视觉压迫感。墙面下部分用灰色石材或卵石贴面，丰富视觉效果也增添了质感与色彩的丰富性。墙面上部分进行分段划分，对檐下部分和转角细节的处理，进一步强调了墙体与屋顶的结构关系。

③ 门窗细部

新农居的门窗设计充分考虑了自然通风和采光的需求，大门布置在南面，起居室上层南面设置阳台，兼做雨篷的功能。在建筑材料的选择和搭配可考虑乡土石材，立面使用涂料和红砖饰面的结合。院落设计中采用镂空的墙面，增加借景效果，使得室内外空间的界限更加模糊，增强了空间的流动性。在立面设计中注重局部的装饰构件，以增加层次变化和韵律感。

④ 共同缔造

设计师的介入为乡村建设提供了智力支持，有助于提升村民的自信。新农居建设应根据村庄的基本条件、经济发展和区位特点，发动群众参与"共谋、共建、共管"等活动，开展"共同缔造"。通过居民的参与，业主和施工方、政府部门多方介入，尊重传统建筑文化，广泛听取意见，激发群众的参与热情，将建筑文化的发展和乡村治理结合起来。农村住宅的建设模式可以多样化，如自筹自建、集体主导、村企共建、市场开发等，也可以借鉴都市的"业委会"模式，鼓励村民参与乡村治理。

新农居的设计应适应不同人口的结构需要，包含小单体、大单体、四合院、两户相邻、两户联排和多户联排的建筑形式，以适合镇区的街道、聚落和山地的多样化需求。在户型设计上，家庭人口适合 4 人至 10 人，以满足不同家庭的居住需求。如附录表 1.3 所示。

附录表 1.3　新农居设计案例

编号	设计方案	编号	设计方案
方案 1		方案 2	
适合人口	单户建筑，4 人至 6 人	适合人口	两户联排，8 人至 12 人
用地面积	87 平方米	用地面积	200 平方米

续表

编号	设计方案	编号	设计方案
方案 3		方案 4	
适合人口	多户联排，8 人至 16 人		
用地面积	300 平方米		

⑤ 弘扬文化自信

乡村作为中国传统文化的重要载体。其传统民居不仅是文化传承的重要媒介，也深受历史文化和地域文化的影响。在新农居设计中，重视文化性、地域性、民俗文化和人们的生活习俗是至关重要的。通过突出地域特色，不仅能够促进村民地域建筑特色重新认识和文化自信，还能进一步培育弘扬优秀的地域文化。

永春地区的传统建筑注重入口的设置，入口称为"凹寿"，它们不仅承载家族的文化象征，如"太原衍派""清河衍派""开闽传芳"等，而且通过匾额的形式，表达了对宗族文化的传承和对归属感的追求。现代民居入口空间的预留，旨在通过家族文化和优秀传统文化的传承，激发村民对家族的认知和文化自豪感。

新农居的设计关注日常和仪式性的传承。永春地区深厚的尊祖敬天文化传统，使得祭祖活动成为加强亲情、维系家族团结的环节。家族文化的传承不仅强化光宗耀祖的使命感，也是生命延续的象征。

单独户型的建筑设置祖厅，两户联排的民居可以分设祖厅，有利于维系亲情。祖厅的大门朝南开，露台前视野开阔，符合传统建筑的风水观念。祖厅的左侧设置神龛，木雕装饰体现了宗教文化的传承。现代民居的祖厅入口设计了贴红联和挂灯的空间，以彰显文化传承的重要性。

通过新农居的设计，为村里提供乡村建设的样板，也激发村民追求更高品质生活的愿望。在新农居周边，以民众的需求为导向，设置公共空间，开展文化活动，丰富了群众生活，提升了群众对传统建筑文化和新建筑的认识，增强乡村的内在动力。

新建筑室内的布置应体现主人的个性、兴趣和爱好。在永春地区，注重茶文化，室内布置体现品茶的需求，满足招待客人喝茶的需要，符合地域生活习惯。

（7）新农居案例

附录图 1.8 至附录图 1.17 是永春新农居的设计案例探索。

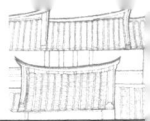

附录图 1.8　永春新农居探索（单户）

（图片来源：自制）

附录图 1.9　永春新农居探索（单户）

（图片来源：自制）

附录图 1.10　永春新农居探索（双户）

（图片来源：自制）

附录图 1.11　永春新农居探索（合院）

（图片来源：自制）

附录图 1.12　永春新农居小区探索

（图片来源：刘时安供图）

附录图 1.13　永春新农居探索 1（双户）

（图片来源：自制）

附录图 1.14　永春新农居连排探索

（图片来源：自制）

附录图 1.15　永春新农居探索 2（单户）

（图片来源：自制）

附录图 1.16 永春新农居单户探索

（图片来源：自制）

附录图 1.17 永春新农居探索 3（双户）

（图片来源：自制）

中央美术学院何葳和陈龙团队设计的吾西村新农居探索（附录图 1.18 至附录图 1.20）。项目地点位于山顶有树林和水塘，山脚下与村庄原有建筑相连。项目采用点状供地方式，统一规划设计，由村民自己出资建设住宅。

附录图 1.18 吾西村新农居 1（何葳、陈龙设计）

（图片来源：自摄）

附录图 1.19 吾西村新农居 2（何葳、陈龙设计）

（图片来源：自摄）

附录图 1.20 吾西村新农居 3（何葳、陈龙设计）

（图片来源：自摄）

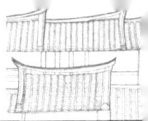

建筑色彩以暗红、白、青灰为主，建筑高低起伏，屋顶层次丰富，外立面使用暗红色砖，配以镂空的砖饰等。设计在继承地方传统民居风貌特征创新，如屋顶形式、色彩、立面、围墙等，使用地方材料，运用地方工艺建构。如瓦片选择永春县岵山镇传统工艺瓦片，挡墙的毛石采用当地花岗岩，工匠选择有经验老工匠。房屋的楼梯、楼板采用了装配式技术体现了建筑技术的结合。

城镇化进程和乡村居住环境的优化是实现乡村振兴战略的关键基础。在推进永春新农村的住宅设计过程中，我们需要尊重乡村文化，保护和传承地方特色，以乡村元素、布局和色彩规划为引导确保乡村建设的方向与文化脉络相一致。

新农居的建设应从生产生活出发，尊重群众的意愿，提升村民对传统文化的认识。新农居应并适应不同的区域、地形条件、经济背景和家庭人口的多样化需求。

通过永春提炼地域建筑符号，旨在实现新农村住宅的多样性和地域性。新农居建筑外部应体现地域化，而内部空间则应追求现代化、人性化，营造小尺度和现代化的空间等，以满足家庭交往、聚会、品茶的多样化日常生活需求。设计中应用新设计手法和新材料，推动建筑文化的传承与创新，提升乡村环境的整体品质，构建和谐统一、富有地域特色的新农村居住环境。

附录2 永春代表性历史建筑名单

附录表 1.4 永春代表性历史建筑名单

乡镇名称	历史建筑名称
岵山镇：102 座	1 裕德堂；2 文福堂；3 顺信堂；4 顺安堂；5 双美堂；6 福兴堂；7 昌大堂；8 东兴堂；9 福兴堂；10 龙聚堂；11 顺德堂；12 无名；13 兴寿堂；14 永兴堂；15 大贻福堂；16 敦福堂；17 敦好堂；18 福春堂；19 福海堂；20 福茂寨；21 合兴堂；22 集福堂；23 金谷堂；24 金角厝；25 金玉堂；26 锦溪堂；27 晋美堂；28 旧殿溪堂；29 龙庆堂；30 明德堂；31 腮福堂；32 泗州堂；33 霞溪堂；34 祥奏小宗；35 小贻福堂；36 怡德堂；37 贻华堂；38 贻兴堂；39 贻赞堂；40 玉溪堂；41 赞福堂；42 朱庆堂；43 福德堂；44 福龙堂；45 龙水院；46 太平远庆；47 维则堂；48 赞兴堂；49 德兴堂；50 广陵宫；51 南山陈氏私塾；52 南山陈氏宗祠；53 仁美堂；54 瑞美堂；55 源隆堂；56 振德堂；57 成美堂；58 成兴堂；59 德美堂；60 墩中厝；61 景生堂；62 武略厝；63 裕美堂；64 赞美堂；65 丰芩头厝；66 福美堂；67 嘉德堂；68 世德堂；69 世美堂；70 树德堂；71 心德堂；72 振德堂；73 过坑厝；74 合兴堂；75 内新厝；76 兴春堂；77 荣福堂；78 渊泉堂 .；79 述志堂；80 成志堂；81 至寿堂；82 裕德堂；83 崇德祖宇；84 福兴堂；85 美前堂；86 如在室；87 儒丰苑堂；88 儒林堂；89 儒苑堂；90 泰德堂；91 仰奎堂；92 成兴堂；93 顶云美堂；94 鼎兴堂；95 福善堂；96 聚德堂；97 泰华堂；98 中华堂；99 德成堂；100 福成堂；101 榕德堂；102 安厚堂
湖洋镇：70 座	1 连坡堂；2 回坡堂；3 西湖堂；4 西坡堂；5 四点金；6 振坡堂；7 墩坡堂；8 玉美堂；9 刘氏雁塔纪念堂；10 莲坂堂；11 美莲堂；12 光和堂；13 西莲堂；14 美林堂；15 含厝；16 新莲堂；17 小宗；18 天全祖厝；19 桃源祖殿；20 旗杆厝；21 红砖厝；22 白云宫；23 锦凤溪尾厝附凤堂；24 山岭庙宇；25 登村境；26 坑内宫；27 黄龙景；28 云龙堂；29 坂头宫；30 中厝堂；31 锦凤村四世祖；32 锦凤许氏祖厝；33 蓬莱双塔；34 蓬湖殿；35 继锦堂；36 佩锦堂；37 尚炯堂；38 舒锦堂；39 双楼堂；40 福美堂；41 拱云堂；42 蓬锦堂；43 晓霞堂；44 李氏宗祠；45 苏庄宫；46 龙垅三落大厝；47 仙溪大宫；48 仙溪郑氏大祖；49 兴龙堂；50 泰德堂；51 龙光堂；52 墩兜堂；53 龙田堂；54 扳龙堂；55 塔阳堂；56 光后堂；57 吴氏家庙；58 上厝堂；59 龙潜堂；60 福龙堂；61 龙华堂；62 坽口宫；63 苏坂宫；64 并受堂；65 水口宫；66 白溪塔；67 岩仔宫；68 洞口厝；69 四点宫；70 下新大厝
五里街镇：32 座	1 兴德堂；2 尚德堂；3 基督教大同堂；4 容安楼；5 善福堂；6 林氏宗祠；7 华美楼；8 鹏德堂；9 竹脚张；10 全益堂；11 下厝堂；12 隆兴堂；13 贞寿之门牌坊；14 介福堂；15 福庆堂；16 登云堂；17 湖安岩；18 杨处祖厝；19 陈氏祖祠；20 蔡氏祖厝；21 崇德堂；22 孙氏家庙；23 荣源厝；24 植德堂；25 联和堂；26 崇鹏堂；27 羲德堂；28 郑文存故居；29 树南山庄；30 承德堂；31 进士第；32 诒燕堂

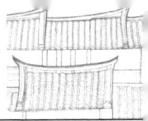

乡镇名称	历史建筑名称
达埔镇：26 座	1 刘氏宗祠；2 福安堂（民国）；3 福源堂（清）；4 颜子俊故居；5 七星桥亭；6 竹林室（清）；7 同兴土楼；8 靖居岩（清）；9 溪源祖宇（元）；10 长泰新居（清）；11 信美堂；12 福美堂；13 崇节堂；14 洋美楼（清）；15 凤拱堂（清）；16 春晖楼；17 光裕楼；18 春魁堂（清）；19 联兴堂（清）；20 燕山堂（清）；21 燕翼堂（新中国成立后）；22 成章堂（新中国成立后）；23 联桂堂（新中国成立后）；24 新琼井塔；25 新琼四角塔；26 金宝楼（民国）
仙夹镇：23 座	1. 锦美堂；2. 郭氏宗祠；3. 瀛善堂；4. 庆善堂；5. 布衢堂；6. 云村堂；7. 厚德堂；8. 中山堂；9. 凤池堂；10. 明德堂；11. 聚星堂；12. 前柱祖宇；13. 福聚堂；14 福春堂；15 华端堂；16 郑氏祖宇；17 夹际民国炮楼；18 杏春堂；19 寿山楼；20 阳春堂；21 永泰堂；22 怡发堂；23 季成楼
石鼓镇：16 座	1 黄氏宗祠；2 凤美佛塔；3 凤美堂；4 双发堂；5 庆成堂；6 万美堂；7 益星堂；8 龙德堂；9 关帝廟；10 集德堂；11 世德堂；12 林氏祖宇；13 颜氏家庙；14 桃陵故居；15 华桂园；16 引水渠
东平镇：13 座	1 云峰岩（明）；2 黄氏家庙；3 美玉堂；4 云美堂；5 兴诗堂；6 明良堂（清）；7 东山农会（明）；8 联庆堂（明）；9 四省文宗（明）；10 世德流芳坊（明）；11 前园亭（明）；12 昆仑古寨（明）；13 昆仑洞（明）
东关镇：12 座	1 莲英堂（明）；2 菁英堂（明）；3 慈善堂（清）；4 光垂堂（清）；5 种德堂（清）；6 德成堂；7 钟玉堂（民国）；8 美升莲内宫（清）；9 建盛堂（清）；10 茂桂堂（明）；11 培玉堂（清）；12 钟玉堂（清）
桃城镇：11 座	1 陈氏宗祠；2 丰山顶祖厝；3 庆星堂；4 玉津堂；5 忏堂宫；6 修爵堂（留从效故居）；7 龙聚堂；8 上沙万兴堂；9 林氏祖厝；10 坂内堂；11 新坂堂（余光中故居）
介福乡：10 座	1 光垂堂；2 迎瑞堂；3 林俊德故居；4 紫南宫；5 垂裕堂；6 贻裕堂；7 锦进宫；8 锦峰宫；9 光裕堂；10 如在堂
吾峰镇：8 座	1 林氏祠堂；2 昭灵宫；3 金泰堂；4 天马岩；5 重卿堂（吾顶梁披云故居）；6 友恭堂；7 龙田堂；8 继美堂
蓬壶镇：5 座	1 联魁堂；2 美中仰贤楼；3 军卯吕氏宗祠；4 盖德桥；5 王氏家庙
横口乡：5 座	1 登云斋；2 壶中堂；3 溪阳堂；4 儒林堂；5 三堡
苏坑镇：4 座	1 王氏家庙；2 修德堂；3 泮林祖厝；4 福安堂
下洋镇：4 座	1 姚氏宗祠；2 涂友情故居；3 龙德堂；4 肖氏宗祠
桂洋镇：2 座	1 联升堂；2 林氏祖祠（清）
一都镇：2 座	1 福斗堂；2 重兴岩
玉斗镇：2 座	1 御使洋堂；2 康氏宗祠
外山乡：1 座	1 余庆堂
呈祥乡：1 座	1 陈氏信房祖祠（明）

附录3 永春县古塔一览表

附录表1.5 永春县古塔一览表

序号	塔名称	所在地	建造年代	建造形制	高度/米	文物等级	备注
1	高垄石塔	五里街镇高垄村	南宋	台堡式石塔	4.6		
2	井头塔	达埔镇新琼村	宋	宝箧印经式石塔	2.86	县级保护单位	
3	魁星岩墓塔	魁星岩风景区	明嘉靖十五年（1536年）	窣堵婆式石塔			
4—5	蓬莱双塔	湖洋镇蓬莱村	明	平面八角五层楼阁式实心石塔	8	永春县文物	2座
6	留安塔	城郊桃城镇留安村	清乾隆四十七年（1782年），1984年重建	平面八角七层楼阁式空心钢筋水泥塔	25	永春县文物	
7	佛力塔（白溪塔）	湖洋镇桃美村	清道光二年（1822年）	平面八角七层楼阁式空心钢筋水泥塔	10		
8	盈美塔	达埔镇新琼村	清道光九年（1829年）	平面八角七层楼阁式实心石塔	5		
9	洑江塔（凤美佛塔）	石鼓镇凤美村与洑江村交界处	清代	石结构佛塔	1.5		
10	新琼井塔	达埔镇新琼村外井					
11	新琼四角塔	达埔镇新琼村琼美桥头					

附录4 永春名人故居列表

永春县历史悠久，文化底蕴深厚，孕育了许多杰出的名人。以下是一些永春名人及其故居。

附录表1.6 永春名人故居列表

名称	介绍	地址
梁披云故居	梁披云是著名诗人、国学大师、书法家、教育家、社会活动家，其故居位于永春县吾峰镇吾顶村。梁披云故居已经修缮，并建立了纪念馆及广场，以展示其生平事迹和贡献	吾峰镇吾顶村
梁灵光故居	永春梁灵光故居，也称为"重卿堂"，是爱国侨领梁披云和梁灵光兄弟的出生地，位于永春县吾峰镇吾顶村。这座故居不仅是两位杰出人物的诞生地，也是他们家族文化的象征	吾峰镇吾顶村
李铁民	李铁民故居位于永春县达埔镇岩峰村院前角落，这里是爱国侨领李铁民的出生地。李铁民，字原周，笔名半鲜，是一位在中国近现代历史上有着重要影响的人物。他曾任"南侨总会"秘书、民盟马来亚支部代主任、全国政协委员、中央人民政府侨务委员会副主任、全国侨联副主席等职	达埔镇岩峰村院前角落
林俊德故居	林俊德是中国爆炸力学与核试验工程领域的著名专家，其故居位于永春县介福乡紫美村。林俊德曾当选为中国工程院院士，对国家科技进步做出了巨大贡献	介福乡紫美村
林一心故居	林一心，1912年出生于福建省永春县蓬壶镇西昌村。他的故居位于这个历史悠久的村落中，这个地区不仅是他的出生地，也是他早期生活和成长的场所。林一心的一生与中国共产党的历史紧密相连，他在上海从事党的地下工作，并在1938年调往浙江担任中共金（华）衢（州）特委常委兼宣传部长、中共金华县委书记（兼）	蓬壶镇西昌村
黄际良故居	黄际良，字豪亭，永春卿园人，清乾隆年间商人。他曾在菲律宾、广东、福建间经商致富。故居简朴，却因黄际良的善行吸引众多文史爱好者。他曾被海盗囚禁，用货物赎身，回家后变卖家产，救出100多名乡人。其事迹被《永春县志》和《卿园黄氏族谱》记载，被誉为"黄善人"。黄际良的故居并不豪华，也没有雕梁画栋，但每年仍有不少文史爱好者前去参观，主要是因为黄际良的感人事迹	石鼓镇卿园村
黄重吉故居	黄重吉（1892—1966），永春人，马来西亚华侨，工商业巨头、侨领、华文教育倡导者和社会活动家。16岁赴马来西亚，后成企业家。抗战时支持抗日，1958年在家乡创办文明中学。黄重吉的故居，即陞茂堂，位于卿园前墘山下，始建于清光绪年间，是典型的闽南古大厝，为两进五开间双护龙式，格局颇为讲究。堂内有精美的石雕、木雕，正厅上还挂有鼎建者黄品厚的油画像	石鼓镇卿园
林奉若故居	林奉若，永春蓬壶西昌村人，受维新思想影响，热衷新学，是永春试验发电第一人。他对天文学有研究，与蔡尚质通信，加入中国天文学会。1925年重修永春县志时，主写天文纬候，以经纬线定永春地理位置，推算日出日落时间，对家乡贡献重大。晚年隐居普济寺，1944年去世	蓬壶西昌村

名称	介绍	地址
福兴堂 （李家大院， 李武宗）	福兴堂又称李家大院，位于永春县岵山镇塘溪村。始建于 1942 年，由李武宗、李武庸兄弟建造。建筑风格融合中西，体现民国时期闽南建筑特色。占地面积 5 380 平方米，建筑面积 1 570 平方米，为二进悬山式土木砖石结构，采用抬梁、穿斗式混合木构架。平面长方形，面阔 50.3 米，进深 31.1 米，对称布局，含 22 间房、6 间厅堂、5 个天井和 1 个广庭	岵山镇 塘溪村
林连玉故居	林连玉，原名林采居，永春蓬壶镇西昌乡人，出身书香门第。他是马来西亚著名教育家，主张维护母语教育、教育平等和华语华文官方地位。林连玉在马来西亚享有盛誉，但其永春老家"一经堂"却年久失修。"一经堂"是传统一进两厢建筑，供奉林氏先祖照片，林连玉遗照亦在其中	蓬壶镇 西昌乡
李俊承故居	李俊承故居位于福建省永春县五里街镇仰贤村，是一处清代古建筑，也是永春县的县级文物保护单位。这座故居占地面积约 900 平方米，坐北朝南，由正门、两厢、正厅和东西护厝组成。正厅面阔三间，进深三间，采用穿斗式木结构，悬山顶。故居内部装饰精美，拥有精细的木雕和石雕艺术	五里街镇 仰贤村
李开芳李开藻 （东平太山）	永春李开芳和李开藻故居位于东平镇太山村。李开芳故居"天风堂"紧邻太平李氏家庙，李开芳是明代进士，以书画见长。李开藻故居"东衙大厝"则位于家庙左侧。东衙大厝建于明万历四十三年，汉宫殿式民宅，占地 3.24 亩，实建 1 720 平方米，三进大厝，面阔七间，进深十间，左翼护厝，右畔与祠堂接壤，共 32 间	东平镇 太山村
刘应望 （湖洋桃源村） 故居	刘应望，明代永春湖洋桃源村人，少年时在灵山佛寺攻读，1568 年中进士。他的故居位于永春县湖洋镇桃源村。刘应望以清廉著称，曾任江苏吴县知县，后升任池州府同知、刑部郎中等职。在广州知府任内，他清除奸恶，深受民众赞誉。面对福建灾荒，他因申请救济未果而辞官，仅携图书数卷归乡	湖洋镇 桃源村
林兴珠故居 （虎榜堂）	林兴珠故居"虎榜堂"坐落永春蓬壶镇汤城村，是二进歇山式土木结构宗祠。始建于 1350 年，背靠戴云山，面对五班飞凤山，左右有白鹤、金鸡二山，历史悠久。宗祠外立有县级文物保护碑，标识其为林兴珠祖地及故居	蓬壶镇 汤城村
沈逢源故居	永春德兴堂（沈家大院，沈逢源故居）是一座典型的闽南侨乡特色古民居，建成于 1941 年，由永春籍台胞、著名企业家沈逢源所建。这座建筑占地面积约 2 000 平方米，采用二进悬山式土石木结构，共有房间 32 间、5 个天井。德兴堂以其精雕细作和结构讲究而著称	蓬壶镇 仙岭村
宋渊源故居	宋渊源故居，也称为儒林宋氏祖居，是辛亥革命人物宋渊源的出生地和成长地。宋渊源是永春儒林社区人，自幼聪颖好学，十八岁就考取秀才，名列榜首。他在日本求学期间加入中国同盟会，并在 1911 年积极参与福州光复，为辛亥革命做出了贡献。故居大门两边石柱镌刻有对联，上联"梅赋流传唐朝名宦裔"，下联"榕垣光复民国伟人家"，体现了宋氏家族的历史渊源和贡献	五里街镇 儒林村
盛均（其 别业为 现毗蓝岩）	盛均，唐朝南安桃林场（今永春县）人，永春首位进士，曾任昭州刺史。晚年隐居于永春县桃城镇桃溪社区盛畔角落的毗蓝岩。故居毗蓝岩原为盛均别业，后改建为佛刹，位于乌石山，是一座千年古刹，保留着盛均园林别墅的特色	桃城镇 桃溪社区

名称	介绍	地址
生本堂	生本堂（进士厝，武功将军林春庆），位于永春县五里街镇埔头村，是清代武德将军春庆及其家族的故居。生本堂占地约 10 亩，建筑面积约 1 600 平方米，始建于清光绪年间，是闽南古建筑风格的典范。这座古厝也是永春县"桃谷恩荣第一家"的代表，见证了林家从武世家的历史与传统	五里街镇埔头村
尤扬祖故居	尤扬祖是著名侨领，其故居金宝楼位于永春县达埔镇蓬莱村。尤扬祖曾引种芦柑、兴办永春酿造厂，被誉为"永春芦柑""永春老醋"之父	达埔镇蓬莱村
余光中故居	余光中是中国著名的乡愁诗人，故居位于桃城镇洋上村新坂堂，始建于清代，为省级文物保护单位。余光中的故居不仅是他乡愁诗歌的起点，也是他多次回乡寻根的地方	桃城镇洋上村
余承尧故居	余承尧故居——坂内堂，位于永春县桃城镇洋上村，年代为清，类别为古建筑，为县级文物保护单位	桃城镇洋上村
留从效留正故居	留正是南宋时期的宰相，其故居位于永春县桃城镇留安村。留正历孝宗、光宗、宁宗三朝，是名副其实的"三朝元老"，为政清正廉明，文武并用	桃城镇留安村
颜子俊故居	颜子俊故居，又称福善堂，位于永春县达埔镇达中村，是一座历史建筑。该建筑坐东朝西，有五间张双护龙结构，悬山顶，黑瓦覆盖，墙面为红砖白石和乱石堆砌。颜子俊（1887—1959），永春人，17 岁赴越南西贡谋生，从炊事员升至经理，后经营布庄等实业。他是旅越爱国侨领，曾任多个商会主席，商业成功，亦热心公益慈善，捐资办学、赞助革命	达埔镇达中村
颜隆故居（桃场）	颜隆，明代福建永春人，曾任江西吉安府推官。颜隆故居，三房衙，位于永春石鼓镇桃场村，是桃场村历史文化的代表。颜氏家庙——永思堂，始建于五代，占地 2 600 平方米，建筑面积 860 平方米，为三进悬山顶土木结构，内有杨士奇题写的《永思堂颂》碑	石鼓镇桃场村
颜廷榘故居丛桂堂	颜廷榘，明代诗人和书法家，故居丛桂堂位于福建永春石鼓镇桃场村。丛桂堂是颜廷榘的文学创作地，其诗文广泛流传，后由孙尧揆、曾孙镰辑成《丛桂堂全集》。颜廷榘书法和文学影响深远，故居丛桂堂因而具有文化价值	石鼓镇桃场
周自超的故居	周自超的故居，也称为"环谷草堂"，位于永春桃溪的虎溪山坳。这座别业的特色在于其简朴而淡泊的风格，体现了周自超晚年的生活态度和精神追求。环谷草堂是周自超告病乞归后所建，他在这里过着赋诗弹琴的隐逸生活，远离尘世的纷扰。他著有《环谷草堂诗集》	永春桃溪的虎溪山坳
郑礼故居	郑礼故居，即仰星堂，位于永春县大羽村，是白鹤拳宗师郑礼的住所。这座清初建筑展现了闽南古建筑风格：红砖青瓦、飞檐翘脊、大木构造、砖石墙、游廊庭院以及石墁地，不仅是居住之地，也是传统文化的传承场所	五里街镇大羽村
庄府（庄夏、庄际昌故居）	永春庄府，宋代庄夏故居，位于福建永春县湖洋镇。庄夏故居始建于宋代，占地 1 000 多平方米，坐北朝南，由正门、两厢、正厅组成，五开间，三进深，单檐歇山顶，砖木结构。特色包括前落三个门呈凹字形，正门两边壁垛用精雕岩石砌筑，四边辉绿岩砌成花框，中间镶嵌八角形、六龙透雕青草石花窗。大门前有方形石柱刻对联，展现庄氏家族文化传承。庄际昌故居现仅存门墙、石板台基、平屋和硬山式屋顶门亭，挂"状元"匾额，为晋江市文物保护单位	湖洋镇

附录5　永春古寨建筑列表

附录表1.7　永春古寨建筑列表

乡镇（20）	寨名
一都镇（22）	羊角寨，南峰寨，吉初寨，洋尾寨，占子寨，碧溪寨，华盖寨，福山寨（龙卿村），铜头寨（苏合村），尾路寨（苏合村），大寨（苏合村），险荐寨，屏峰寨（吴殊村），山头寨（光山村），寨仔兜（光山村），马崎林寨（光山村），和介寨（黄沙村），杀狗寨（黄沙村），三扶寨（仙友村），军寨崙，双碧寨，劈山格寨
横口乡（4）	覆鼎寨（姜埕村），船尾寨（福德村），金山寨（云贵村），西卿寨（下西坑村）
下洋镇（18）	君王寨（军湖寨）（下洋村），龙公山寨（下洋村），朱仔寨（下洋村），洋寨（下洋村），大平寨（上姚村），清平寨（上姚村），平安寨（上姚村），平安寨（郭坑寨）（上姚村），陈蓬壶寨（涂山村），金鸡岐寨（涂山村），鹤山寨（横山寨、鳌头寨）（涂山村），鲤鱼寨（新坂村），凤山寨（大荣村），铜洋寨（大荣村），太平寨（长汀村），土楼寨（含春村），桂竹坪寨（含春村），大垵仔寨（含春村）
坑仔口镇（2）	魁斗寨（溪口寨）（玉西村），西坪寨（西坪村）
玉斗镇（5）	土楼寨（云台村），伯兴寨（玉美村），大帽寨（大模寨）（凤溪村），炉地寨（炉地村），五埕寨
桂洋镇（13）	灯火寨（罗城寨）（桂洋村），马头寨（桂洋村），寨格寨（茂春村），白珩寨（金沙村），山口寨（山斗寨）（文太村），福坪寨（文太村），壶山寨（壶永村），永水寨（壶永村），银瓶寨（岐山村），佛前寨（岐山村），无门寨（岐山村），福鼎寨（岐山村），山腰寨（岐山村）
锦斗镇（10）	虎珩寨（虎荐寨、虎形寨）（锦溪村），锦斗寨（九斗寨）（锦溪村），八埕寨（锦溪村），石城寨（锦溪村），船形寨（龙船寨）（云路村），岩上寨（云路村），珍卿寨（居仁堡）（珍卿村），土寨（卓湖村），寨子（卓湖村），大湖寨（长坑村）
呈祥乡（5）	大帽寨（大雾寨）（呈祥村），马头寨（呈祥村），尖子寨（呈祥村），内洋寨（西村村），东溪寨（东溪村）
苏坑镇（5）	洋田寨（嵩山村），东坑寨（万古寨）（东坑村），洋坪寨（洋坪村），福寿寨（洋坪村），青山寨（光明村）
蓬壶镇（24）	升平寨（山美寨）（美山村），长永仑寨（美山村），龙墩寨（美中村），壶窟寨（魁都村），马跳寨（陈岩寨）（军兜村），覆船寨（汤城村），万年寨（汤城村），石狮寨（观山村），灵山寨（都溪村），魁园寨（魁园村），尾宫寨（仙岭村），芹菜寨（鹏溪村），孔内寨（丽里村），重仑寨（丽里村），仙洞寨（仙洞山顶），和尚头寨（中夯寨）（美林村），福鼎寨（八乡村），尾厝寨（联星村），虎碇寨（联星村），杰头宫（壶中村），杰山祖宇（壶中村），福魁堂（壶中村），金衙堂（壶中村），德隆堂（壶中村）

资料源于林联勇整理

参考文献

[1] 《永春东关桥》编委会.永春东关桥[M].福州:福建教育出版社,2019.

[2] 曹春平.闽南传统建筑[M].厦门:厦门大学出版社,2006.

[3] 曹春平.闽台私家园林[M].北京:清华大学出版社,2013.

[4] 陈从周,蒋启霆,赵厚均.园综:新版.下册[M].上海:同济大学出版社,2011.

[5] 陈戍国.礼记校注[M].长沙:岳麓书社,2004.

[6] 储兆文.中国园林史[M].上海:东方出版中心,2008.

[7] 褚良才.易经·风水·建筑[M].上海:学林出版社,2003.

[8] 戴志坚,陈琦.福建古建筑[M].北京:中国建筑工业出版社,2015.

[9] 戴志坚.福建民居[M].北京:中国建筑工业出版社,2009.

[10] 戴志坚.闽海民系民居[M].广州:华南理工大学出版社,2020.

[11] 戴志坚.闽台民居建筑的渊源与形态[M].福州:福建人民出版社,2003.

[12] 福建师范大学地理系.福建省地理[M].福州:福建人民出版社,1993.

[13] 黄汉民,范文昀,张峥.屏南传统建筑[M].福州:福建科学技术出版社,2023.

[14] 黄汉民,范文昀,周丽彬.福清传统建筑[M].福州:福建科学技术出版社,2020.

[15] 黄汉民,范文昀,周丽彬.尤溪传统建筑[M].福州:福建科学技术出版社,2021.

[16] 黄汉民,范文昀.永定传统建筑[M].福州:福建科学技术出版社,2023.

[17] 金学智.中国园林美学[M].北京:中国建筑工业出版社,2000.

[18] 李诫.营造法式[M].杭州:浙江人民美术出版社,2013.

[19] 李敏,何志榕.闽南传统园林营造史研究[M].北京:中国建筑工业出版社,2014.

[20] 李秋香,张力智,庄荣志,等.闽台传统居住建筑及习俗文化遗产资源调查[M].厦门:厦门大学出版社,2014.

[21] 林联勇.桃谷寻源集[M].北京:九州出版社,2019.

[22] 陆琦.粤海民系民居[M].广州:华南理工大学出版社,2022.

[23] 罗德胤,刘文炯,张雅沛.暖泉古镇[M].北京:中国建材工业出版社,2024.

[24] 罗德胤.乡土聚落研究与探索[M].北京:中国建材工业出版社,2019.

[25] 罗德胤.走读中国乡村[M].北京:中国建材工业出版社,2019.

[26] 毛兵,薛晓雯.中国传统建筑空间修辞[M].北京:中国建筑工业出版社,2010.

[27] 闽台文缘编委会.金门传统建筑与文化[M].福州:海峡文艺出版社,2016.

[28] 彭一刚.中国古典园林分析[M].北京:中国建筑工业出版社,1986.

[29] 斯克鲁顿.建筑美学[M].刘先觉,译.北京:中国建筑工业出版社,2003.

[30] 孙大章.中国民居之美[M].北京:中国建筑工业出版社,2011.

[31] 王其钧.图说民居[M].北京:中国建筑工业出版社,2004.

[32] 王受之.世界现代建筑史[M].2版.北京:中国建筑工业出版社,2012.

[33] 王受之.世界现代设计史[M].北京:中国青年出版社,2002.

[34] 谢鸿权.福建宋元建筑研究[M].北京:中国建筑工业出版社,2016.

[35] 薛颖.近代岭南建筑装饰研究[M].广州:华南理工大学出版社,2017.

[36] 永春县佛教协会.永春佛教概览[M].北京:中国文化出版社,2022.

[37] 张家骥.园冶全释:世界最古造园学名著研究[M].太原:山西古籍出版社,1993.

[38] 张杰,庞骏.移民文化视野下闽南民居建筑空间解析[M].南京:东南大学出版社,2019.

[39] 郑慧铭.闽南传统建筑装饰[M].北京:中国工业出版社,2018.

[40] 中共永春县委党史和地方志研究室,永春行政学校.永春魁星文化和书院文化[M].福州:海峡书局,2023.

[41] 周维权.中国古典园林史[M].北京:清华大学出版社,1990.

[42] 住房和城乡建设部.中国传统建筑解析与传承:福建卷[M].北京:中国建筑工业出版社,2017.

[43] 住房和城乡建设部.中国传统民居类型全集[M].北京:中国建筑工业出版社,2014.

[44] 郑慧铭.闽南传统建筑凹寿的装饰形态和象征意义[C]//王贵祥.中国建筑史论汇刊(2016第13辑).北京:中国建筑工业出版社,2016:271-298.

[45] 郑慧铭.闽南传统民居的墙面装饰语汇[C]//陆琦,唐孝祥.民居建筑文化传承与创新:第二十三届中国民居建筑学术年会论文集.北京:中国建筑工业出版社,2018:801-806.

[46] 郑慧铭.闽南廊桥东关桥的营造特色和文化内涵[C]//金荷仙,王磐岩.中国风景园林学会女风景园林师分会2023年论文集.北京:中国建筑工业出版社,2024:216-221.

[47] 郑慧铭.清代闽南儒家文化在书院的传承:永春侯龙书院为例[C]//陆琦,唐孝祥.民居建筑文化传承与创新:中国风景园林学会2019年会论文集(上册).2019:172-178.

[48] 郑慧铭.统筹推进传统民居保护与美丽乡村建设的探讨[C]//清华大学中国农村研究院.当代中国三农问题论丛.北京:中国发展出版社,2016:231-239.

[49] 郑慧铭.闽南永春五里街骑楼建筑的营造智慧[C].唐洪刚,黄用,龚鑼.建和美乡

村—续古韵民居:第二十九届中国民居建筑学术年会论文集.北京:中国建筑工业出版社,2024:117 - 121.

[50] 蔡永辉.略谈泉州古建筑石构件的雕刻艺术[J].泉州师范学院学报,2009,27(5): 109 - 113.

[51] 曾智焕.闽南民间古石雕艺术现状思考[J].重庆科技学院学报(社会科学版),2012 (21):166 - 168.

[52] 陈伟长.闽南传统雕刻艺术的生态调查报告[J].福建艺术,2008(2):21 - 22.

[53] 冯纪忠.人与自然:从比较园林史看建筑发展趋势[J].中国园林,2010,26(11):25 - 30.

[54] 何志榕.古代闽南传统园林的营造理论[J].广东园林,2016,38(2):4 - 7.

[55] 林从华.闽南与台湾传统建筑匠艺探析[J].福建工程学院学报,2003(2):10 - 18.

[56] 许丽娟.潮汕与闽南民居建筑形态的渊源[J].设计,2013(12):171 - 172.

[57] 闫爱宾.宋元泉州石建筑技术发展脉络[J].海交史研究,2009(1):73 - 112.

[58] 郑慧铭.明清时期北京四合院与闽南传统民居建筑比较[J].古建园林技术,2019 (3):89 - 92.

[59] 郑慧铭,姚洪峰,黄金仕.清代闽南侯龙书院园林艺术特色[J].古建园林技术, 2019,3(144):69 - 74.

[60] 郑慧铭.传承闽南传统建筑文化基因的永春县岭头新农居[J].中国艺术,2020(5): 37 - 42.

[61] 郑慧铭.从福兴堂石雕装饰看闽南传统民居的装饰审美文化内涵[J].南方建筑, 2017(1):21 - 25.

[62] 郑慧铭.闽南传统民居的文字装饰[J].民艺,2018(5):89 - 93.

[63] 郑慧铭.闽南永春漆篮艺术造型与文化意蕴研究[J].艺术生活,2023(01):72 - 78.

[64] 郑慧铭.清代闽南崇德堂民居中堂装饰探析[J].建筑与文化,2024(07):281 - 283.

[65] 朱高正.从阴阳五行、天人合一谈《太极图说》:纪念周敦颐诞辰1000周年[J].船山学刊,2017(5):59 - 64.

[66] 朱立文,刘淑玮.试谈闽南文化与海洋文化的情结[J].闽都文化研究,2004(1): 117 - 124.

后　记

我的孩提时光在永春县城的怀抱中悄然流逝，记忆中奶奶的老房子，那座充满故事的华侨小洋楼，承载着书房的静谧、厅堂的温馨、天井的清凉，以及传统建筑式样与雕花窗户、栏杆的精致，构筑成一座两层的历史见证。立面上，木雕与花砖交织成一幅幅精美的装饰画面，讲述着岁月的故事。

从奶奶家出发，前往桃城小学和县政府的路途上，一条长长的小巷承载着我童年的脚步，边之巷、侨领李延年故居等地标，成为留在我记忆深处淡淡的轮廓。

永春的传统建筑，蕴藏着丰富的文化元素，但在新城镇建设的浪潮中，许多还未被世人充分认识其价值的古建筑，正在迅速消逝。

2014 年，福建省启动了历史建筑普查，对全省的历史建筑进行登记。那个暑假，我有幸跟随厦门大学戴志坚教授的学生们，顶着炎炎烈日，深入城镇乡村，追寻和记录那些传统建筑的足迹。在此，我要特别感谢戴教授及其团队对永春历史建筑的初步调查和对岵山传统村落的保护规划所做出的贡献。

永春的传统建筑，是传统与现代的时空交汇，它们类型丰富，文化内涵深厚，折射出闽南传统文化的独特魅力。近年来，随着美丽乡村建设、研学、乡村旅游的兴起，这些传统建筑越来越受到人们的重视。

在本书的写作过程中，我得到了永春县住房和城乡建设局的无私帮助与支持，各级镇政府、村委会的热情接待与积极配合，让我深感温暖。最初，出版这本书的想法因经费问题而搁置，但我从未放弃。参与民居研究、测绘，一点一滴积累着对闽南传统建筑的理解和经验。随着资料的不断积累，我持续进行田野调查、收集资料、补充图片，汇总整理和分析，始终不忘初心。从 2014 年到 2024 年，十年的时间里，尽管没有经费的支持，我依然坚持田野调查，每年补充新的调研资料，投入的时间、精力和情感是最真挚的。这本书稿虽然写作过程断断续续，但正是这份坚持和积累，让我有了今天的阶段性成果。书中，我从理论和实践相结合的角度，尝试探讨永春传统建筑的特色。这本书的每一页都凝结了我对建筑的热爱，以及对故乡的深深眷恋。

在这段漫长而充实的调研旅程中，我深感荣幸能得到众多领导和朋友们的关心与支持。在此，我要向永春县的历任领导们——庄永智书记、郭宁副书记、吕建成书记、

陈佩芳副县长——表达我最诚挚的感谢，感谢他们给予的鼓励。

我同样要感谢永春住房和城乡建设局的陈志国、黄金仕、徐智贤、蔡耿艺等，他们的大力支持，成为我调研路上的宝贵财富。感谢永春县文化体育和旅游局洪晓君的帮助，感谢林联勇先生提供了地方历史文化附录内容的补充。同时，对于永春县自然资源局的陈东明局长、庄保龙副局长，我也要表示深深的谢意，他们为本书的研究提供了调研协助。

在调研期间，林康、施立新、颜尧民、徐志勇、郑胜植、梁白瑜、陈志宏、林文永、苏永刚等朋友，以及施由森、陈庆先、杨天来、苏福彬、姚海兰、姚德纯、陈旭军等，他们为我的实地调研提供帮助，我对他们的贡献表示由衷的感激。

特别鸣谢厦门大学戴志坚教授、福建理工大学的姚洪峰教授和厦门大学王量量教授和韩洁副教授，他们为本书提供了部分测绘图纸和素材，丰富了本书的内容。感谢我的导师王受之教授，以其严谨的治学态度给予的悉心指导，他为本书题写的序言更是增添了光彩。同时，特别感谢福建省建筑设计院黄汉民大师不仅为本书题写序言、提供缺漏图片，还言传身教，赠送珍贵的福建传统建筑的书籍，分享学术体会，给本书添彩。感谢清华大学建筑学院楼庆西教授、贾珺教授、罗德胤教授分享学术心得，为本书提供修改建议并赠送宝贵的书籍。感谢求学中对我影响较多的干贵祥、张宝玮、邹义等教授。这些都极大地丰富了我的研究视野。

我还要感谢我的学生周曌、刘时安，他们参与了部分插图的绘制。此外，各个镇、村民委员会、村落的协助和热心帮助，也是我完成这项工作不可或缺的力量，在此表示衷心的感谢！

在调研的收集和编写过程中，许多朋友给予了无私的帮助。在此，我要向所有在这段旅程中给予我帮助和支持的人表示最深切的感谢。同时，我也要感谢那些默默守护着传统建筑的工匠和居民，是你们的努力和坚持，让这些宝贵的文化遗产得以传承。感谢出版社的编辑，不耐其烦，精益求精打造细节。最后，我要感谢我的家人，他们的理解和支持是我不断前行的动力。本书的出版，不仅是我个人努力的成果，也是对家人支持的最好回报。我希望通过这本书，与同行和读者朋友分享传统建筑之美，从不同的视角探讨和欣赏它们的独特之处，期待得到同行和爱好者的共鸣。

衷心感谢教育部人文社科基金和北京联合大学艺术学院对本书出版的大力支持。没有这些支持，本书的完成和出版将不会如此顺利。我将以这本书作为起点，继续在传统建筑研究的道路上探索和前行。

郑慧铭

2024 年 9 月 16 日